"十二五"全国高校动漫游戏专业骨干课程权威教材

子午影视课堂系列丛书

中文版 3ds Max

影视动画制作 模型卷

子午视觉文化传播　主编

彭　超　编著

专家编写

本书由多位资深三维动画制作专家结合多年工作经验和设计技巧精心编写而成

灵活实用

范例经典、步骤清晰并配备制作流程图，内容丰富、循序渐进，实用性和指导性强

光盘教学

10个经典范例的模型部分视频 + 附赠25个3ds Max相关视频教学文件 + 128款

常用光域网 + 2013张贴图

DVD 高清晰视频
教学光盘

● 三维建模基础

● 道具模型制作

● 机械模型制作

● 角色模型制作

● 场景模型制作

海洋出版社

内 容 简 介

本书是"中文版 3ds Max 影视动画制作"系列丛书中的模型卷，通过丰富实用的基础讲解与范例制作，详细介绍了三维动画软件 3ds Max 制作影视动画模型的基础知识和制作技巧。

本书共分为 9 章，主要介绍了三维计算机图形学与动画电影、三维电脑动画软件基础、菜单与主工具栏、创建物体、三维模型制作基础，并以范例"游戏机"和"军用卡车"介绍了道具模型的制作方法，以范例"机器人瓦力"和"博派大黄蜂"介绍了机械模型的制作方法，以范例"卡通猴子"、"恐龙头像"和"盔甲战士"介绍了角色模型的制作方法，最后以范例"水面荷花"、"室内客厅"和"宁静庭院"介绍了场景模型的制作方法。

本书特点：1. **激发学习兴趣**：内容丰富、全面、循序渐进、图文并茂，边讲边练，适用性强（**本书适用于 3ds Max2013 和 3ds Max 2014 版本**）。2. **实践和教学经验的总结**：范例经典、步骤清晰并配备制作流程图，实用性和指导性强。3.**多媒体光盘教学**：光盘中包括 10 个范例模型制作部分的视频文件，方便学习。

适用范围：全国高校影视动画和游戏专业三维模型制作相关专业教材；用 3ds Max 制作三维模型等从业人员实用的自学指导书。

图书在版编目（CIP）数据

中文版 3ds Max 影视动画制作·模型卷/彭超编著. —北京：海洋出版社，2013.9
ISBN 978-7-5027-8638-0

Ⅰ.①中… Ⅱ.①彭… Ⅲ.①三维动画软件 Ⅳ.①TP391.41

中国版本图书馆 CIP 数据核字（2013）第 197107 号

总 策 划：刘　斌
责任编辑：刘　斌
责任校对：肖新民
责任印制：赵麟苏
排　　版：海洋计算机图书输出中心　晓阳
出版发行：海洋出版社
地　　址：北京市海淀区大慧寺路 8 号（716 房间）
　　　　　100081
经　　销：新华书店
技术支持：（010）62100055 hyjccb@sina.com

发 行 部：（010）62174379（传真）（010）62132549
　　　　　（010）68038093（邮购）（010）62100077
网　　址：www.oceanpress.com.cn
承　　印：北京朝阳印刷厂有限责任公司印刷
版　　次：2017 年 9 月第 1 版第 2 次印刷
开　　本：787mm×1092mm　1/16
印　　张：31.5
字　　数：762 千字
定　　价：68.00 元（含 1DVD）

本书如有印、装质量问题可与发行部调换

近几年来，全国高等院校新设置的数码影视动画专业和新成立的动画院校超过了 800 所，数码影视动画设计作为知识经济的核心产业之一，正迎来了它的"黄金期"。

3ds Max 由 Autodesk 公司出品，它提供了强大的基于 Windows 平台的实时三维建模、渲染和动画设计等功能，被广泛应用于广告、影视、建筑、工业、多媒体等领域。3ds Max 是世界上应用最广泛的三维建模、动画制作与渲染软件之一，可以完全满足制作高质量三维作品的需要，受到全世界上百万设计师的喜爱。

本书是"中文版 3ds Max 影视动画制作"系列图书中的一本，主要针对三维动画模型技术进行全面讲解。

本书内容分为 9 章。第 1 章为三维计算机图形学与动画电影，主要介绍三维动画模型种类、三维动画与立体动画；第 2 章为三维电脑动画软件基础，介绍了 3ds Max 软件简介、界面分布、界面自定义设置；第 3 章为菜单与主工具栏，介绍了 3ds Max 中的所有菜单栏和主工具栏；第 4 章为创建物体，介绍了标准基本体、扩展基本体、建筑对象、创建图形；第 5 章为三维模型制作基础，介绍了组合建模、多边形建模、NURBS 建模、面片建模、曲面建模、三维模型平滑处理、模型布线；第 6 章为道具模型制作，详细介绍了范例"游戏机"和"军用卡车"的制作过程与方法；第 7 章为机械模型制作，详细介绍了范例"机器人瓦力"和"博派大黄蜂"的制作过程与方法；第 8 章为角色模型制作，详细介绍了范例"卡通猴子"、"恐龙头像"和"盔甲战士"的制作过程与方法；第 9 章为场景模型制作，详细介绍了范例"水面荷花"、"室内客厅"和"宁静庭院"的制作过程与方法。

本书介绍了不同风格和样式的三维动画模型制作方法和步骤，整个学习流程联系紧密，范例环环相扣，一气呵成。配合本书配套光盘的多媒体视频教学课件，让您在掌握各种创作技巧的同时，享受了无比的学习乐趣。

为了能让更多喜爱三维动画制作、效果图设计、影视动漫设计等领域的读者快速、有效、全面地掌握 3ds Max 的使用方法和技巧，"哈尔滨子午视觉文化传播有限公司"、"哈尔滨子午影视动画培训基地"、"哈尔滨学院艺术与设计学院"、"黑龙江动漫产业（平房）发展基地"的多位专家联袂出手，精心编写了本书。主要由彭超老师执笔编写，王永强、马小龙、鞋迪杰、张桂良、唐传洋、漆常吉、齐羽、黄永哲、景洪荣也参与了部分编写工作。另外，也感谢孙鸿翔、李浩、谭玉鑫、张国华、解嘉祥、周旭、张超、周方媛等老师在本书编写过程中提供的技术支持和专业建议。

如果在学习本书的过程中需要有技术咨询的问题，可访问子午网站 www.ziwu3d.com 或发送电子邮件至 ziwu3d@163.com 了解相关信息并进行技术交流。同时，也欢迎广大读者就本书提出宝贵意见与建议，我们将竭诚为您提供服务，并努力改进今后的工作，为读者奉献品质更高的图书。

6.2　范例-游戏机

6.3　范例-军用卡车

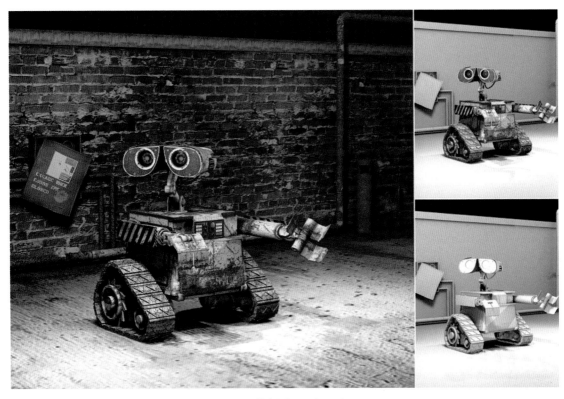

7.2　范例-机器人瓦力

7.3　范例-博派大黄蜂

8.2　范例-卡通猴子

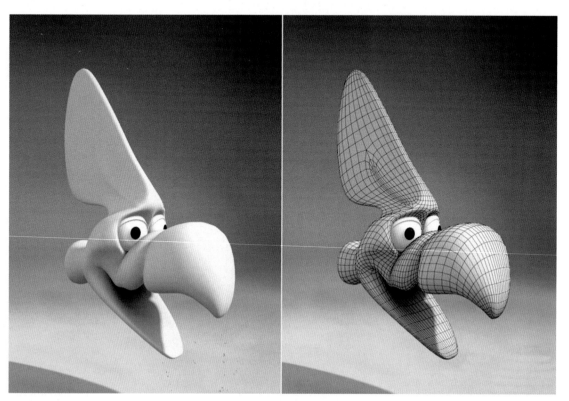

8.3　范例-恐龙头像

8.4 范例-盔甲战士

9.2 范例-水面荷花

9.3　范例-室内客厅

9.4　范例-宁静庭院

目录

目　录

Contents

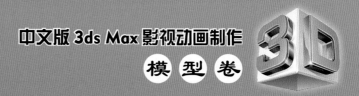

第1章
计算机图形学与动画电影

　　本章主要对计算机图形学在动画电影的组合模型、角色模型、道具模型和场景模型中的应用知识进行讲解，最后对三维动画电影的发展方向进行分析，认识具有前景的立体动画电影。

计算机图形学（Computer Graphics，简称 CG）是一种使用数学算法将二维或三维图形转化为计算机显示器的栅格形式的科学。简单地说，计算机图形学主要研究在计算机中表示图形以及利用计算机进行图形的计算、处理和显示的相关原理与算法。

CG 通常是指数码化的作品，包括技术和艺术，几乎囊括了当今电脑时代中所有的视觉艺术创作活动，如平面印刷品的设计、网页设计、三维动画、影视特效、多媒体技术，以及计算机辅助设计为主的建筑设计和工业造型设计等，CG 行业已经形成一个以技术为基础的视觉艺术创意型经济产业。

近几年来，三维动画几乎引领了整个世界的动画潮流，全三维的动画电影有《玩具总动员》、《怪物公司》、《怪物史莱克》、《海底总动员》、《鲨鱼黑帮》、《快乐大脚》、《机器人总动员》、《马达加斯加》、《超人总动员》、《料理鼠王》、《功夫熊猫》、《飞屋环游记》、《驯龙高手》、《怪兽大战外星人》等，在《加勒比海盗》、《罗宾森先生一家》、《超人集中营》、《加菲猫》、《生化危机》等与真人合成的电影中也大量使用了三维动画，不论是口碑还是票房，这些影片都取得了不俗的成绩，这也给传统动画带来了很大的冲击和压力。

从而，动画角色成为偶像，动画故事成为某种社会关怀下的叙述语境，动画场景成为人们梦寐以求的居所，动画台词成为流行语，动画道具成为大众手中的玩具，动画音乐成为耳塞里的所有。这时候，动画作为娱乐化的权力空间，没有道德化的判断，只有娱乐与覆盖。

1.1　三维动画模型种类

三维动画模型主要有组合模型、角色模型、道具模型和场景模型，在软件技术发展之中，Edit Poly（编辑多边形）已经成为建立模型的主要手段。

↗ 1.1.1　三维动画组合模型

三维物体组合模型是一种简单实用的建模方式，通过独立的几何体或物件，搭建组合成为一个完整的造型，特别适合制作机械类的模型。

在物体组合的建模过程中，要注意物体之间的吻合关系，适合制作零件组合的动画模型，在三维动画电影中使用率很高，其优点是制作者可以很快地掌握此种建立模型方式。

1.《虫虫危机》

1998 年，美国迪斯尼公司和皮克斯工作室联合出品了《虫虫危机》三维动画电影，主要讲述了蚂蚁王国不断遭到一群蚱蜢的恐吓和打搅，在贪得无厌的老大带领下，虫虫们以收取保护费为由，想要分享蚂蚁们辛辛苦苦采摘来的过冬食物。蚁民与昆虫志愿军的联合部队同仇敌忾，进行了英勇顽强的抵御蚱蜢侵略者的斗争，最终又施以妙计先用假鸟后让鸟儿来收拾狂傲的蚱蜢头领，故事更多了一些曲折和悬念，如图 1-1 所示。

《虫虫危机》中的蚂蚁、蚱蜢、甲虫、蜘蛛、苍蝇、蚊

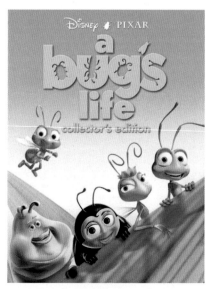

图1-1 《虫虫危机》电影海报

虫和竹节虫等造型经放大夸张，组合成了滑稽有趣的昆虫世界，每个造型都能做到形象与面部表情的生动传神，如图1-2所示。

蚂蚁中的主要角色就是飞力，主要通过若干个三维几何体搭建组合在一起，在组建身体的主要部件后，再用细小的零件将辅助部件填充，然后设置各部件之间的层次链接，使制作的模型不只是可以观看，还可以进行后期的动画设置，如图1-3所示。

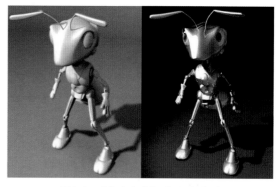

图1-2 《虫虫危机》电影剧照　　　　　　　　　图1-3 《虫虫危机》的飞力造型

使用三维几何体搭建组合建模，主要配合使用3ds Max软件中的Edit Poly（编辑多边形）修改命令进行加工，它适合团队协作与多角色制作。例如，如果影片中需要多只蚂蚁造型，便可以在完成一只蚂蚁模型后，用Edit Poly（编辑多边形）修改命令再进行变形编辑，从而简化了其他蚂蚁模型的制作，如图1-4所示。

图1-4 《虫虫危机》的蚂蚁造型

2.《变形金刚》

梦工厂在2007年推出的《变形金刚Ⅰ》更能代表三维物体组合的建模方式，其中的人物虽然大多数是机器人，但个个有血有肉、个性十足，在荧屏上可以随意将一辆汽车变形为20英尺高的机器人，《变形金刚Ⅰ》上映四天，中国票房冲过一亿，其全球的票房更是达到5.33亿美元，如图1-5所示。

《变形金刚Ⅱ》和《变形金刚Ⅲ》的上映发行规模和动画效果在第一部之上，使《变形金刚》三部曲的全球票房更是超过了 20 亿美元。作为一部混杂着回忆与欲望的"商业大片"，《变形金刚》把全世界的电影工作者和 CG 艺术家联系到了一起。影评人士表示，《变形金刚》所创造的是娱乐行业的终极消费模式，是电影工业和 CG 视觉技术行业最高密度的合作结果，是表演艺术、摄影艺术和 CG 科技发展的结晶。难怪，光怪陆离的 CG 效果也已经成为"商业大片"们吸人眼球的终极武器。

《变形金刚Ⅱ》中登场的机器人多达 60 个，他们学会了喷鼻涕、流汗、吐口水，并且辗转世界上更多的地方，如开场戏中的上海工厂、埃及金字塔等，同时也遭遇更多战斗特效，如在泥地里扭打、在树林里开火等，如图 1-6 所示。

图1-5 《变形金刚Ⅰ》电影海报

图1-6 《变形金刚Ⅱ》电影海报

在搭建庞大的机器人物体组合模型时，不要被繁多的零件吓到，要不嫌其烦地逐一进行添加。在进行模型制作时，要特别注意段数的合理应用，尽量将表面并主要的部件段数精细设置，将相对次要的模型尽量段数简化，避免因段数过多造成计算机运算过慢，从而影响到三维动画场景的整体效果，如图 1-7 所示。

图1-7 模型分解与组合

前期设定对作品的成败起到重要作用，要在平时注意知识的积累，要经常把自己的想法记录下来，还要多观摩优秀的设计作品，逐渐开拓自己的思路。草稿会快速地展现作品风格和思路，在实际制作时不一定严格按照草稿设计而制作，可以根据不同艺术形式的特点来突出亮点，如图 1-8 所示。

图1-8 《变形金刚》前期设计

1.1.2 三维动画角色模型

在所有的艺术形式中，角色是永恒的表现主题之一。没有人能够否认电影作为一种文化传媒对动画文化的侵蚀，反过来，动画文化又影响着电影的表现方式。无疑，三维动画电影是一种全新的表现方式，我们可以充分地领略数字创作的角色魅力。

1.《玩具总动员》

1995 年，美国迪斯尼公司和皮克斯工作室联合出品了《玩具总动员》三维动画电影，在主题、技术、处理等多方面均具有革命性意义。计算机动画的精密手法在本片充分发挥，从一景一物到人物所有表情全由计算机绘制而成，这项创举也使本片导演得到一座奥斯卡特殊成就奖，之后又相继推出《玩具总动员 2》和《玩具总动员 3》，如图 1-9 所示。

图1-9 《玩具总动员》电影海报

另外，在本片中出现的许多玩具，都是美国非常有名的经典玩具，像弹簧狗和蛋头先生等，迪斯尼在拍摄本片前，都一一从这些玩具的原制造公司取得授权允许，这些玩具才能出现在大银幕上，当本片票房长红之际，这些玩具顿时又成为玩具市场的抢手货，这也是三维动画电影对角色造型的肯定，如图 1-10 所示。

传统的迪斯尼动画片是理想主义精神通过儿童目光折射出来的结果，通常有着俊男美女的组合、扬善惩恶的主题、好坏分明的人物、幽默诙谐的配角。《玩具总动员》的人物不再是非黑即白的"木刻画"，而是进入人性的灰色领域。胡迪的嫉妒和巴斯光年的傲慢是人所共有的弱点，但这些品格缺陷并不表示他们就是"坏人"。胡迪是位牛仔警长，代表着古老的传统；巴斯光年是太空人，象征着现代高科技。他们之间有新与旧、传统与创新的矛盾，而导演并没有简单区分谁对谁错，而是细腻地挖掘每个人心态的形成和发展，胡迪和巴斯光年的角色造型设计如图 1-11 所示。

图1-10　弹簧狗和蛋头先生造型　　　　　图1-11　胡迪和巴斯光年的角色造型

2.《功夫熊猫》

梦工厂在 2008 年重磅推出了一部《功夫熊猫》三维动画电影。本片从 2005 年开机，台前幕后制作人员多达 500 余人。如图 1-12 所示。

在角色造型设计方面，影片胖胖的熊猫阿宝，因中国国宝的身份而得到许多人的喜爱，另外猴子、毒蛇、丹顶鹤、老虎、螳螂则是中国传统武术中几路最知名且最具特色的拳法武术代表。无数国人以及众多热爱中国武术的老外们想必都对"猴拳"、"蛇拳"、"虎鹤双形"、"螳螂拳"等名词谙熟于心。仅凭这些特点独具、鲜明代表的动画武林角色，便足以吸引全球不少武术迷关注的眼球，如图 1-13 所示。

图1-12　《功夫熊猫》电影海报　　　　　图1-13　《功夫熊猫》中的角色造型

《功夫熊猫》中的浣熊师傅是中国最出色的功夫教练，致力于培养"王中之王"的功夫高手，也是最没禅味儿的禅宗大师，动画的设计草稿也抓住了角色的特点，在 3ds Max 软件中可以使用多边形建模方式制作，如图 1-14 所示。

图1-14　浣熊师傅设计草稿

　　浣熊师傅是一个严厉的导师，却总是被自己过去的过失所困扰，这些信息通过三维动画角色造型所表现出来，丰满的角色特征更能抓到影片灵魂。在实际建模时，其较短的四肢在三维模型制作完成后，进入到骨骼与蒙皮阶段的难度非常大，如图 1-15 所示。

图1-15　浣熊师傅三维造型

3.《怪物公司》

　　《怪物公司》是迪斯尼公司历时 2 年 5 个月的时间推出的一部三维动画电影，这个速度比起传统动画片的制作已经是突飞猛进了，如果以传统的手工绘制制作一部像《怪物公司》这样长度的影片，至少需要 4 年左右的时间，如图 1-16 所示。

　　本片中许多怪异的三维动画角色模型，表情之丰富、动作之笨拙让人捧腹，对性格刻画也没有拘泥于浅表化，通过角色的言语行动发掘了内心的善良和可爱，如图 1-17 所示。

　　本片中的怪兽身上有大约三百万根毛发，三维设计师们还特意研发了毛发软件系统使毛发可以自主依照物理规律进行改变，其画面效果不仅可以乱真，甚至可以超过现实。如果将怪物的毛

皮全部脱掉，那就只剩下一个多边形制作的角色，毫无吸引观众眼球之处。所以，在三维动画角色模型制作时，还得考虑到材质与特效的配合。

图1-16 《怪物公司》电影海报

图1-17 《怪物公司》中的角色造型

迪斯尼动画中担任主要角色的大多是一些性格简单的"正面人物"，他们甚至完美得没有瑕疵。而《怪物公司》中外表古怪、性格奇异的怪兽出任主角，迪斯尼的历史上并不多见，这次可算是破天荒，虽然仍逃脱不了传统的温情结局，但角色造型的新意和三维技术可非以往的作品可比。为了适应时代和形势，迪斯尼动画除了保持独特的温馨和诚恳、无微不至人文关怀的同时，也在力图改变自己的童话世界过于单一和理想化的缺陷，在挖掘心理和结构现象方面作出的努力是大胆而令人鼓舞的。

4.《鲨鱼黑帮》

《鲨鱼黑帮》是梦工厂推出的一部三维动画片，如图 1-18 所示。

如果说迪斯尼的动画形象可爱讨巧的话，那梦工厂的动画形象则刻意在丑化，《鲨鱼黑帮》中的鲨鱼、水母和鸡泡鱼等外形可谓难看，不过也独特有型，从面部表情到肢体动作说白了根本就是活脱脱一个套着鱼皮的人，梦工厂一并移植了每位巨星面部特征，于是斯科西斯的粗眉、德尼罗右脸的大痣、朱丽的厚嘴唇以及饶舌史密斯的招牌式舞蹈等都被融合进了影片，如图 1-19 所示。

图1-18 《鲨鱼黑帮》电影海报

图1-19 《鲨鱼黑帮》中的角色造型

1.1.3 三维动画道具模型

动画电影绝不仅仅是消遣，它对当代社会造成的影响比我们想象的要深远得多。在动画电影当中，道具就是泛指场景中装饰、布置用的可移动物件。道具往往能对整个影片的气氛和人物性格起到很重要的刻画和烘托作用，在整部影片中占据着非比寻常的地位。

1.《怪物史莱克》

在《怪物史莱克》中，很有学问长老手中拿着的厚厚书籍、傲慢驴子发言时的辅助话筒、穿靴子猫的服装与佩剑、青蛙王子头顶的皇冠等都是道具，对整个影片的故事连接和交代线索都起着重要作用，如图 1-20 所示。

2.《马达加斯加》

《马达加斯加》比梦工厂过去制作的任何一部动画电影都要有卡通味，动画师运用这种风格来塑造形象，并按此来进行电影的全局设计。头大如斗的亚历克斯，大腹便便的格洛丽娅，脖颈细长的梅尔曼，蹑脚叮玲的马蒂等一个个可爱的形象已让人忍俊不禁，再配上造型各异的道具，更能令人捧腹不止，如图 1-21 所示。

图1-20 《怪物史莱克》中的道具

图1-21 《马达加斯加》电影海报

在《马达加斯加》的一段动物们浅入海洋镜头中，动物们身上佩戴着潜水装备和天空中飞行的直升机，这些道具模型虽然不能提升整体影片效果，但大大提升了此段镜头的趣味性，如图 1-22 所示。

3.《超人总动员》

《超人总动员》那个世界中最伟大的超人特工鲍勃，告别了惩恶扬善的日子，过着平民身份的生活。鲍勃是一名保险

图1-22 《马达加斯加》中的道具

公司理赔员，每天朝九晚五闲极无聊，在他那狭小的办公空间中，摆满了各种各样的办公道具，如图 1-23 所示。

更使我们记忆犹新的就是鲍勃那辆汽车，皮克斯的三维动画师使用夸张的表现手法，将一个硕大的身躯硬生生地塞入一辆小巧的老爷车之中，道具当然也产生了很大的效果，如图 1-24 所示。

图1-23　鲍勃的办公室道具　　　　　　　　　图1-24　鲍勃的汽车道具

4.《汽车总动员》

道具的性质也随着《汽车总动员》的推出而发生改变，以往的汽车道具一跃变成了主要角色，而故事的所有主人公都是孩子们痴迷的汽车，将主要角色与道具之间消除界限，所有的物件都是叙述故事的主角，又都是影片中的一个道具，如图 1-25 所示。

《汽车总动员》中的角色外形的设计至关重要，这也是一项颇有难度的工作，尤其是影片中出现各种各样的汽车形象，既要做到高度的拟人化，又要带有一定程度的卡通化和细节上的夸张。眼睛从惯用的车灯变成了车窗，通常会被设计成嘴的挡泥板被人为地忽略，而用更加拟人化的嘴取而代之，各种鲜亮的色彩也被用来表现角色的不同性格，而少数细节设计更让人拍手叫绝，比如老吊车马特的两颗大板儿牙就极富想象力和喜剧色彩，如图 1-26 所示。

图1-25　《汽车总动员》电影海报　　　　　　图1-26　老吊车马特的造型

↗ 1.1.4　三维动画场景模型

场景的设计可以说是动画电影中不可缺少的重要组成部分，主要担负着营造影片气氛和烘托视觉主题的作用，还可以主导整个影片的艺术风格。

动画电影的场景类型与所有影视作品的场景类型一样，都是依据文学剧本和导演分镜头中的内容进行设置，一般主要分为室内场景和室外场景两种。

1. 室内场景设计

室内场景指的是所有人物或动物居住的房屋、建筑、交通工具等的内部空间，观察《超人总动员》中的陈列和空间布局，从样式和色彩配置可以大致判断出主人的身份、性格、爱好、收入等诸多情况。所以，在设计室内场景时一定要结合人物的信息，营造出契合整个影片所表述的主题的场景，如图 1-27 所示。

在实际的三维动画场景制作过程中，应该先勾勒出场景的主要内容和镜头透视关系，然后建立三维场景并添加角色和丰富道具，接下来为场景的物体赋予材质，最后通过灯光模拟出需要的场景氛围，如图 1-28 所示。

图1-27 《超人总动员》的室内场景

图1-28 室内场景制作流程

2. 室外场景设计

室外场景的范畴相对更广，包括了一切自然和人工场景，例如宫殿庙宇、亭台楼阁、街道、山谷、森林、太空等。由于动画电影的场景完全是通过设计者制作的，所以既可以是二维绘制又可以是三维虚拟，也可以将多方元素进行结合，在场景的设置上有很大的自由度和可能性。

《功夫熊猫》中的场景设定在崇山峻岭之中，犹如曾名耀世界的中国传统山水画一般，透着一股朦胧的迷人气息，影片中和平谷的建筑风格更让人们想起了武当山的古迹，如图 1-29 所示。

图1-29 《功夫熊猫》的手绘场景设计

在实际的三维场景制作时，根据故事的叙述要求，使用了运动镜头拍摄出三维的场景，如图 1-30 所示。

在场景设计时，切忌只考虑场景的正面，而是要全方位地进行正、侧、背、顶、底等多角度设计，注意不同角度和细节的合理性、统一性和完整性。

场景设计的色彩还应该考虑地区和时代特征，在东方的中国，人们就对红色有着很强烈的偏爱，代表着一种积极和乐观的生活态度，《功夫熊猫》中的大部分场景设计就将其细节考虑其中，如图 1-31 所示。

图1-30 《功夫熊猫》的三维场景设计

图1-31 《功夫熊猫》的手绘场景设计

1.2　三维动画与立体动画

1953 年 5 月 24 日立体电影首次出现，其原因是好莱坞希望把观众从电视那里夺回来。戴着特殊眼镜的观众可以像在观看《布瓦那魔鬼》及《蜡屋》这类惊险片那样，发现自己躲在逃跑的火车及魔鬼的后面，从而将我们带入了立体电影的时代。

⤴ 1.2.1　立体电影制作原理

人在以左右眼看同样的对象时，两眼所见角度不同，在视网膜上形成的像也不完全相同，这两个像经过大脑综合以后就能区分物体的前后、远近，从而产生立体视觉。立体电影的原理即为以两台摄影机仿照人眼睛的视角同时拍摄，在放映时亦以两台投影机同步放映至同一面银幕上，以供左右眼观看，从而产生立体效果。

这时如果用眼睛直接观看，看到的画面是模糊不清的，要看到立体电影，就要在每架电影机前装一块偏振片，它的作用相当于起偏器，如图 1-32 所示。

从两架放映机射出的光通过偏振片后，就成了偏振光，左右两架放映机前的偏振片的偏振化方向互

图1-32　立体电影拍摄

相垂直，因而产生的两束偏振光的偏振方向也就互相垂直了，这两束偏振光投射到银幕上再反射到观众位置，偏振光方向将不改变。观众可以用上述的偏振眼镜观看，每只眼睛只看到相应的偏振光图像，即左眼只能看到左机映出的画面，右眼只能看到右机映出的画面，这样就会像直接观看那样产生立体感觉。

1.2.2　3D与4D立体电影

3D 立体电影是在普通投影数字电影基础上，在制作片源时，将片源画面使用左右眼错位 2 路显示，每个通道投影画面使用 2 台投影机投射相关画面，通过偏振镜片与偏振眼镜，片源左右眼画面分别对映投射到观众左右眼球，从而产生立体临场效果。

图1-33　3D立体影院

3D 立体影院一般设计成弧幕形式，主要由片源播放设备、多通道融合处理设备、投影机（左右通道数 ×2）、投影弧幕、偏振镜片、偏振影片、音响等其他设备组成，如图 1-33 所示。

4D 立体电影是相对 3D 立体电影而言的，它在 3D 立体的基础上，加上观众周边环境的各种特效，称之为 4D。环境特效一般是指闪电模拟、下雨模拟、降雪模拟、烟雾模拟、泡泡模拟、降热水滴、振动、喷雾模拟、喷气模拟、刮风模拟等，其真实度也就更高。

4D 影院的设备构成相对较为复杂，需要在 3D 立体设备基础上，增加特效坐椅以及其他特效辅助设备。

1.2.3　立体动画电影分析

随着数字影院的技术日趋成熟和规模不断扩大，近年来国际上不断推出了立体电影并得以快速发展，已成为电影行业的最热门话题，并被国内外专家认定为电影工业发展的新增长点。

立体电影是在 2K 数字影院放映系统的基础上发展起来的，通过目前 2K 数字影院的一台数字影院服务器、一台数字放映机，加上放映立体电影的辅助设备，如控制器、立体眼镜、高增益白幕或金属银幕就可放映立体电影。由此可见，立体电影的放映发展速度和规模依赖于 2D 数字影院的发展速度和规模。

截止 2012 年底，我国银幕总数达到 13118 块，其中数字银幕覆盖率达 94%，位居全球第 1，3D 银幕在国内放映终端高达 80%。适时开展我国数字立体电影的试验不但能使我国数字电影发展融入国际潮流，也对促进我国数字电影的进一步可持续发展、提高电影票房、满足观众对电影的多样化需求具有重要意义。

1.2.4　立体动画电影发展

好莱坞几位知名导演，如詹姆斯·卡梅隆、罗伯特·泽米基斯、斯蒂芬·斯皮尔伯格等，现在都不约而同地制作起了立体动画电影。而 2009 年的戛纳电影节的开幕影片就是由立体电影《飞屋

环游记》挑大梁，立体动画电影渐成潮流，如图 1-34 所示。

《怪物大战外星人》是梦工厂第一部完全用三维方式制作的立体动画电影，它采用了最新的三维动画技术，制作成本高达 1.75 亿美元。据估算，上市一周的总票房超过 5800 万美元，轻松登上票房榜首位，同时，该片在立体影院的收入高达 3260 万美元，创下三维立体电影最佳首映纪录，如图 1-35 所示。

图1-34　立体电影《飞屋环游记》　　　　　图1-35　立体电影《怪物大战外星人》

在立体电影中，艺术家需要对动画场景的左眼视觉形象和右眼视觉形象分别进行渲染，这意味着《怪兽大战外星人》的渲染需求是非立体动画作品的两倍。《怪兽大战外星人》的制作需要耗时 4000 万以上的计算小时，大约是《功夫熊猫》的两倍，是最早的《怪物史莱克》的 8 倍，从而将《怪兽大战外星人》中的创造性元素提升到了新的境界。

↗ 1.2.5　立体动画制作流程

IMAX 立体版的《阿凡达》使我们仿佛坐在一个巨大鱼缸面前，缸内流水潺潺、鸟语花香、层峦叠嶂、绵延跌宕。在三维角色模型的制作上应严格遵循面部结构与肌肉走向，在塑造模型的同时还要严格注意模型的网格布线，如图 1-36 所示。

图1-36　《阿凡达》三维角色模型

在三维角色模型制作完成后，需要对模型进行贴图绘制，才能确保大屏幕播出的效果，所以模型制作的不足都会在贴图方面进行弥补，如图 1-37 所示。

图1-37 《阿凡达》三维角色贴图

当所需镜头的前期动画工作完成后，可以通过模拟人眼建立两架摄影机进行立体渲染。当然，也可以通过 MakeMe3D、Stereo Movie Maker、AVS 等第三方软件将普通渲染的 2D 镜头转换为立体镜头，如图 1-38 所示。

当前期的三维动画部分渲染完成后，进入到后期合成与剪辑工作。如图 1-39 所示。

图1-38 《阿凡达》三维动画渲染

图1-39 《阿凡达》立体电影播出

总的来说，好莱坞将在未来两年半到三年的时段里推出 45 部立体电影，单是迪斯尼就要上映不下十部，被称为"立体片舰长"的梦工厂也许诺为每一部立体片多投资 1500 万美元。梦工厂还与美国银行合作，在银行的大堂和提款机上做立体影片广告，该银行还在网上提供低价入场券。华纳的目的是力挽电影在电视和互联网竞争中的颓势，并且努力在 2013 年将整体票房收入在 2008 年的基础上向上拉动 32%。三维立体动画电影将是迪斯尼、华纳、梦工厂等众多公司未来主要争夺的领域。

1.3 本章小结

本章主要对三维 CG 技术在动画电影中的组合模型、角色模型、道具模型和场景模型的基础

知识进行讲解，并对三维动画电影的发展方向进行分析，使读者认识立体动画电影的相关知识，对促进动画电影的持续发展和多样化需求具有重要意义。

1.4 课后训练

　　1. 简述三维动画模型的种类。
　　2. 简述立体动画的制作流程。

第 2 章
三维电脑动画软件基础

本章主要对三维电脑动画软件 3ds Max 的发展和特色进行介绍，然后对界面分布和自定义设置知识进行讲解，使读者可以快速认识 3ds Max 软件。

2.1　3ds Max软件简介

在众多三维电脑动画软件当中，Autodesk 3ds Max 2013 软件是一个功能强大、集成 3D 建模、动画和渲染解决方案并方便使用的工具。3ds Max 能使设计可视化专业人员、游戏开发人员、电影与视频艺术家、多媒体设计师（平面和网络）以及 3D 爱好者在更短的时间内制作出令人难以置信的作品。

2.1.1　3ds Max的发展

从最开始的 3D Studio 到过渡期的 3D Studio MAX，再到现在的 3ds Max 2013，3ds Max 软件的发展历史已有十多年，如图 2-1 所示。

图2-1　3ds Max的发展

3ds Max 是目前 PC 平台上最流行、使用最广泛的三维动画软件，它的前身是运行在 PC 机器 DOS 平台上的 3D Studio。3D Studio 曾是昔日 DOS 平台上风光无限的三维动画软件，它可以使 PC 平台用户也能方便地制作三维动画。

在 20 世纪 90 年代初，3D Studio 在国内得到了很好的推广，它的版本一直升级到 4.0 版。此后随着 DOS 系统向 Window 系统的过渡，3D Studio 也发生了质的变化，几乎全新改写了代码。1996 年 3D Studio MAX 1.0 诞生了，与其说它是 3D Studio 版本的升级换代，倒不如说是一个全新软件的诞生，它只保留了一些 3D Studio 的影子，加入了全新的历史堆积栈功能。在 1997 年经过重新改写代码后推出了 3D Studio MAX 2.0，在原有基础上进行了上千处的改进，加入了逼真的 Raytrace 光线跟踪材质、NURBS 曲面建模等先进功能。此后的 2.5 版又对 2.0 版做了 500 多处的改进，使得 3D Studio MAX 2.5 成为了十分稳定和流行的版本。3D Studio 原本是 Autodesk 公司的产品，到了 3D Studio MAX 时代，它成为 Autodesk 公司子公司 Kinetix 的专属产品，并一直持续到 3D Studio MAX 3.1 版，使得原有的软件在功能上得到了很多改进和增强，并且非常稳定。

面对同类三维动画软件的竞争，3D Studio MAX 以广大的中级用户为主要销售对象，不断提升其自身的功能，逐步向高端软件领域发展。在这段时间里，面对 SGI 工作站在销售方面日益

萎缩的局面，一些原来 SGI 工作站上的高端软件开始抢占 PC 平台市场，Power Animator 演变出了 PC 版的 Maya，Softimage|3D 演变出了 PC 版的 Softimage|XSI，还有同为工作站软件转变来的 Houdini 等，再加上同为 PC 平台的 LightWave 和 Cinema 4D 等同类优秀软件，这使得 PC 平台三维动画软件的竞争异常激烈。在电影特技制作的高端市场中，Maya、Softimage|XSI、Houdini 有着坚实的基础，但在游戏开发、电视制作和建筑装饰设计领域中，3D Studio MAX 却占据着主流坚实的地位，远远超过了同类软件，数百个插件的开发使 3D Studio MAX 更是如虎添翼、接近完美，也使 3D Studio MAX 成为了 PC 平台广泛应用的三维动画软件。

从 4.0 版开始 3D Studio MAX 更名为 3ds Max，相继开发了 3ds Max 4.0，开发公司也变为 Discreet，Discreet 在 SGI 平台的影响力是不言而喻的。2002 年 3ds Max 5.0 发布，2003 年末 3ds Max 6.0 发布，2004 年末 3ds Max 7.0 发布，显示 3ds Max 在朝更高的目标前进，定位的领域更加明确。Discreet 公司的 combustion 等软件对 3ds Max 的支持，使 3ds Max 在影视领域达到了一个崭新的高度。

2005 年以后相即又开发了 3ds Max 7.5、3ds Max 8，2006 年开发了 3ds Max 9，2007 年开发了 3ds Max 2008，2008 年 2 月 12 日发布了两个版本的 3ds Max，分别是 3ds Max 2009 和 3ds Max Design 2009。2009 年，在旧金山举行的游戏开发者大会上，欧特克公司推出了旗下著名 3ds Max 的 2010 新版本。

Autodesk 公司在 2010 年宣布 4 月份正式发布其 3ds Max 软体的最新版本 3ds Max 2011。3ds Max 2011 显示出强大的软件互操作性和卓越的产品线整合性，可以帮助艺术家和视觉特效师们更加轻松地管理复杂的场景；特别是该版本强大的创新型创作工具功能，可支持包括渲染效果视窗显示功能以及上百种新的 Graphite 建模工具。

3ds Max 2012 版本在 2011 年 4 月正式发布，随后又在 2012 年正式发布了 3ds Max 2013 版本，该版本为在更短的时间内制作模型和纹理、角色动画及更高品质的图像提供了令人无法抗拒的新技术。建模与纹理工具集的巨大改进可通过新的前后关联的用户界面调用，有助于加快日常工作流程，而非破坏性的 Containers 分层编辑可促进并行协作。同时，用于制作、管理和动画角色的完全集成的高性能工具集可帮助快速呈现栩栩如生的场景。而且，借助新的基于节点的材质编辑器、高质量硬件渲染器、纹理贴图与材质的视口内显示以及全功能的 HDR 合成器，制作炫目的写实图像空前容易，如图 2-2 所示。

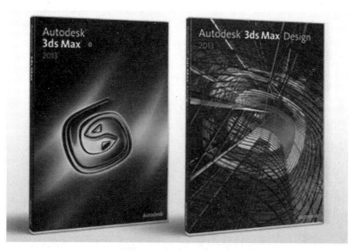

图2-2　3ds Max 2013

2.1.2　3ds Max 2013重点新功能

Polygon Modeling Tools（多边形工具）的更新，有助于加快日常工作流程；MassFX 工具新增了 mCloth（布料系统）与 Regdoll（布娃系统）模块，使用户得以将更多的精力专注在创作而不是解决技术难题上；而 State Sets 全新的 Render Pass 系统支持 PSD 多图层，还可同步更新到 After Effect 软件中进行特效处理；灵活的新自定义选项，使用户能够轻松进行配置并按个人的工作方式优化的接口间切换。

另外，3ds Max 2013 与 Autodesk Maya 2013 软件、Autodesk MotionBuilder 2013 软件和 Autodesk 2013 Revit Architecture 2013 软件的互操作性也得到提高。

1. 调整时间工具

Retime Tool（调整时间工具）更有助于掌握时间轴，可以实时对动画速度进行重新调整，非常方便；启动该工具之后，在窗口中双击以放置复位时标记，每对相邻垂直标记包括在高亮显示的轨迹上，然后可以移动这对标记来更改动画计时。如果使这对标记靠近其内的动画会加快，如果使这对标记远离则动画会减慢，如图 2-3 所示。

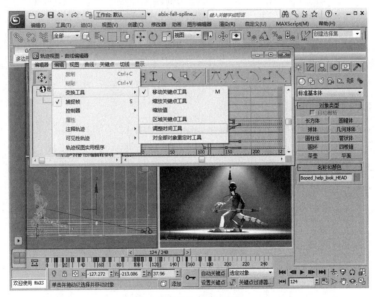

图2-3　调整时间工具

2. 视图布局更新

视图布局与之前的版本并没有太大差异，仅在视图左下侧位置多了一个简单储存与调用视图布局的功能，称作 Viewport Layout。借着这个新功能可以在单个场景中存储多个视图设置，尤其针对制作细节时更能快速切换视图，仅需透过单击鼠标便可以在这些视图之间切换，完全不需要担心刚刚设定好的视图布局是否会消失不见，如图 2-4 所示。

3. 非模式阵列对话框

Modeless Array Dialog（非模式阵列对话框）是个数组指令上的小改进。在旧版 3ds Max 中执行阵列指令时，无法在视图中直接旋转视图场景，3ds Max 2013 新的数组指令可以在对话框处于打开状态时平移和缩放窗口，此功能方便制图者更快地制图，如图 2-5 所示。

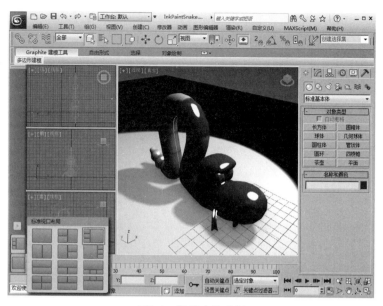

图2-4　视图布局更新

图2-5　非模式阵列对话框

4. 多边形工具更新

执行多边形建模工具的 Cut（切割）指令时可以随意浏览场景或切换 Snaps Toggle（卡项切换）模式，而不会中断切割指令，也可以使用栅格和捕捉设置工具，这样进行 Cut（切割）指令操作时就能更精确执行，极大提升了工作效率，如图 2-6 所示。

在多边形的线选择状态时，双击线段即可选取一整条线段，在 UVW 展开视图时也有此功能，这是非常棒的一个人性化设计。

此外，除了 Cut（切割）指令可以旋转视图外，大部分的多边形工具指令都能编辑、旋转、缩放视图，甚至还可以进行视图的切换等操作。

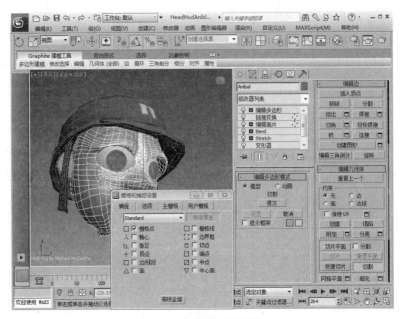

图2-6　多边形工具更新

5. 卵形样条线

3ds Max 2013 为了配合 Civil 软件，新增了有趣的线型工具"Egg"，它可以很轻松地绘制鸡蛋形曲线，如图 2-7 所示。

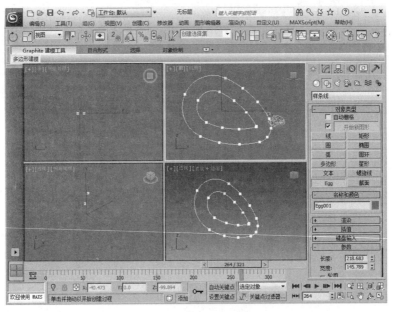

图2-7　卵形样条线

6. 蒙皮修改器的改进

在 3ds Max 2013 中新增了可以对骨骼列表按字母、数字顺序升序或降序排序的小功能，有助于更有效地管理附加到"蒙皮"修改器的骨骼，在选取骨骼时可以节省很多时间，如图 2-8 所示。

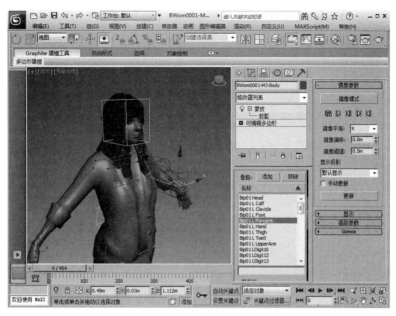

图2-8　蒙皮修改器的改进

7. 状态集

全新的 State Sets（状态集）系统可以更有效地为 Autodesk 2013 软件、Adobe After Effects、Adobe Photoshop 软件和其他图像合成应用程序创建渲染元素。使用此新功能的状态录制器，可以捕获、编辑并保存当前状态，同时将接口显示合成和渲染元素关联在一起以创建最终结果的过程。可以更快速地从单个档设置和执行多个渲染过程，可以修改各个过程，而无需重新渲染整个场景，且可转存至 Adobe After Effects、Adobe Photoshop 软件，然后在各软件直接做编修，从而提高了工作效率，如图 2-9 所示。

图2-9　状态集

8. Nitrous视图改进

在以往版本中显示时是没有阴影的，3ds Max 2012 增添了 Nitrous 实时显示功能，特别针对 mental ray 材质，预览能达到渲染时的效果，3ds Max 2013 版本更是在 Nitrous 视图的绘图核心实现加速。

除了在视图中旋转场景更加顺畅外，还可在视图中实时看到 DOF（景深）效果和 Motion Blur（动态模糊）效果，只要开启摄影机的景深选项，切换成景深（Mental ray）搭配调整焦距位置，就可以看到景深效果，使 3ds Max 能更专业地处理大型场景，如图 2-10 所示。

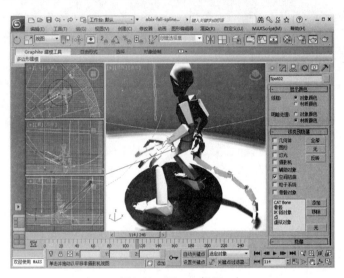

图2-10　Nitrous视图

9. 动力学功能改进

3ds Max 2012 动力学系统有 MassFx Rigid Body（钢体动力学）及 UConstraint（约束系统），现在 3ds Max 2013 版本增加了 mCloth（布料系统）与 Regdoll（布娃系统）模块，能做出非常自然而真实的动作，这也是非常大的进步，如图 2-11 所示。

图2-11　动力学功能改进

10. 材质编辑器功能改进

节点材质编辑器接口在多个方面都进行了更新，新功能包括增强的"右"键单击菜单功能，还有将材质的节点视图应用到选定对象选项，新材质库选项以及参数可见节点的特殊高亮显示，如图 2-12 所示。

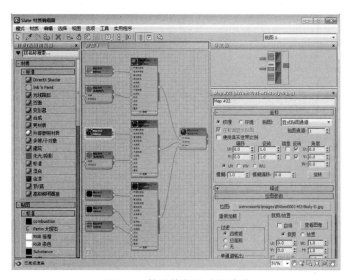

图2-12　材质编辑器功能改进

11. iray渲染器改进

3ds Max 2013 附带的 iray 渲染器版本已升级到 iray v2.1，支持运动模糊渲染，可以帮助创建更逼真的移动元素图像，且可以更快速地执行需要渲染的区域。此外，iray v2.1 还进行了大量改进，支持无漫反射凹凸、圆角效果和更多的程序贴图。另外，天空门户、光泽折射、半透明和 IOR 折射率也进行了改进；室外场景收敛更快速，输出分辨率处理也更高。其实使用 iray 作为彩现引擎不需要为一些细微的设定烦恼，像 GI 见间照明、采样等参数，只需要调整灯光设置、材质贴图的部分即可，如图 2-13 所示。

图2-13　iray渲染器改进

12. 多语言切换

3ds Max 2013 版本添增了 6 国语言切换，共有"英文"、"法文"、"德文"、"日文"、"韩文"、"简体中文" 6 种语言，即使安装好软件后仍可任意切换各国语言，如图 2-14 所示。

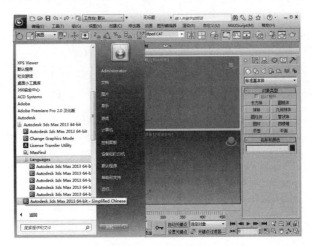

图2-14　多语言切换

2.2　3ds Max 2013界面分布

运行 3ds Max 2013 之后，主界面初始布局与以往版本的最大变化就是在主界面中添加了"视图布局选项卡"与"工作台切换栏"，可以通过"视图布局选项卡"对视图布局进行快速的设置，在"工作台切换栏"中可以快速切换不同的界面布局。还可以在菜单中选择【自定义】→【自定义 UI 与默认设置切换器】命令进行设置。3ds Max 2013 的主界面与 3ds Max 2012 的主界面大致相同，但 3ds Max 2013 初始布局中的"透视图"是以渐变颜色作为初始背景，习惯了使用纯色背景的老用户可以在菜单中选择【视图】→【视口背景】→【纯色】命令进行切换，3ds Max 2013 的初始布局如图 2-15 所示。

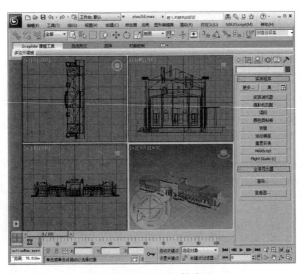

图2-15　主界面初始布局

↗ 2.2.1 标题栏

3ds Max 2013 窗口的标题栏包含常用的控件，用于管理文件和查找信息。其中的 ⑥ 应用程序按钮可以显示文件处理命令的应用程序菜单，快速访问工具栏提供了用于管理场景文件的常用命令按钮，信息中心可用于访问有关 3ds Max 和其他 Autodesk 产品的信息，最右侧的窗口控件与所有 Windows 应用程序一样，有三个用于控制窗口的最小、最大和关闭按钮，如图 2-16 所示。

图2-16　标题栏

↗ 2.2.2 菜单栏

3ds Max 2013 的标准菜单栏中包括 ⑥ 文件、编辑、工具、组、视图、创建、修改器、动画、图形编辑器、渲染、自定义、脚本和帮助，如图 2-17 所示。

图2-17　菜单栏

↗ 2.2.3 主工具栏

3ds Max 2013 中的很多命令可以由工具栏上的按钮来实现。通过主工具栏可以快速访问 3ds Max 中很多常见任务的工具和对话框，其中包括撤消、重做、选择并链接、取消链接选择、绑定到空间扭曲、选择过滤器列表、选择对象等 32 个功能按钮，如图 2-18 所示。

图2-18　主工具栏

↗ 2.2.4 View Cube导航器

View Cube 导航器可以快速、直观地切换标准工作视图，还可以控制工作视图的旋转操作，如图 2-19 所示。

如果想控制导航器的大小和显示信息，可以在导航器上单击鼠标"右"键，在弹出的菜单中选择"配置"命令进行导航器设置，如图 2-20 所示。

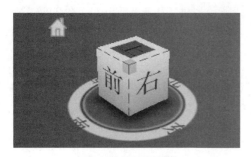

图2-19　视图导航器

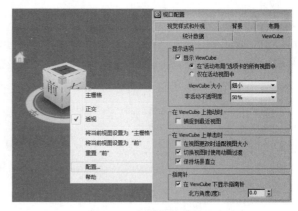

图2-20　设置导航器显示

2.2.5　命令面板

命令面板由 6 个用户界面面板组成，其中包括创建面板、修改面板、层次面板、运动面板、显示面板、工具面板。使用这些面板可以访问 3ds Max 的大多数建模功能，以及一些动画功能、显示选择和其他工具，如图 2-21 所示。

1. 创建面板

创建面板提供用于创建对象的控制，这是在 3ds Max 中构建新场景的第一步。创建面板将所创建的对象分为 7 个类别，其中包括几何体、图形、灯光、摄影机、辅助对象、空间扭曲对象和系统。每一个类别有自己的按钮，每一个类别内都包含几个不同的对象子类别。使用下拉列表可以选择对象子类别，每一类对象都有自己的按钮，单击该按钮即可开始创建。

图2-21　命令面板

2. 修改面板

修改面板中可以更改建立物体的参数或增加修改命令，可以修改的内容取决于对象是否是几何基本体（如球体）还是其他类型对象（如灯光或空间扭曲），每一类别都拥有自己的修改范围，内容始终特定于类别及决定的对象。

3. 层次面板

层次面板分为轴、IK、链接信息。通过层次面板可以访问用来调整对象间层次链接的工具。通过将一个对象与另一个对象相链接，可以创建父子关系，应用到父对象的变换同时将传递给子对象。通过将多个对象同时链接到父对象和子对象，可以创建复杂的层次。

4. 运动面板

运动面板提供用于调整选定对象运动的工具，还提供了轨迹视图的替代选项，用来指定动画控制器。如果指定的动画控制器具有参数，则在运动面板中显示其他卷展栏。如果路径约束指定给对象的位置轨迹，则路径参数卷展栏将添加到运动面板中。链接约束显示链接参数卷展栏，位置 XYZ 控制器显示位置 XYZ 参数卷展栏等。

5. 显示面板

🔲显示面板可以访问场景中控制对象显示方式的工具。使用显示面板可以隐藏和取消隐藏、冻结和解冻对象、改变其显示特性、加速视图显示以及简化建模步骤。

6. 工具面板

🪓工具面板可以访问各种工具程序。3ds Max 工具作为插件提供，因为一些工具由第三方开发商提供，所以 3ds Max 的设置中包含某些未加以说明的工具，可以通过选择帮助，查找描述这些附加插件的文档。

↗ 2.2.6 视图

启动 3ds Max 2013 之后，主屏幕包含 4 个同样大小的视图，如图 2-22 所示。"透视"视图位于右下部，其他三个视图的相应位置为顶部、前部和左部。默认情况下，"透视"视图是以平滑并高亮显示。可以选择在这 4 个视图中显示不同的视图，也可以在视图"右"键单击菜单中选择不同的布局。

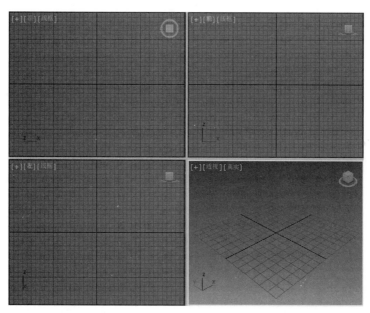

图2-22　标准视图布局

1. 视图布局

可以选择其他不同于默认配置的布局。要选择不同的布局，可以使用鼠标"右"键单击视图标签再选择配置命令，在选择视图配置对话框的布局选项卡来查看并选择其他布局。

2. 活动视图边框

在 4 个视图都可见时，带有高亮显示边框的视图始终处于活动状态。

3. 视图标签

在视图左上角显示标签。可以通过鼠标"右"键单击视图标签来显示视图菜单，以便控制视图的多个方面。

4. 动态调整视图的大小

可以调整 4 个视图的大小,它们可以以不同的比例显示。如果要恢复到原始布局,可以使用鼠标"右"键单击分隔线的交叉点并在菜单中选择"重置布局"命令。

5. 世界空间三轴架

三色世界空间三轴架显示在每个视图的左下角。世界空间三个轴的颜色分别是 X 轴为红色、Y 轴为绿色、Z 轴为蓝色。轴使用同样颜色的标签,三轴架通常指世界空间,而无论当前是什么参考坐标系。

6. 对象名称的视图工具提示

当在视图中处理对象时,如果将光标停留在任何未选定对象上,那么将显示带有对象名称的工具提示。

↗ 2.2.7 提示状态栏

3ds Max 2013 窗口底部包含一个区域,提供了有关场景和活动命令的提示及状态信息。这是一个坐标显示区域,可以在此输入变换值,左边有一个到 MAXS cript 侦听器的两行接口,如图 2-23 所示。

图2-23 提示状态栏

↗ 2.2.8 时间和动画控制

位于状态栏和视图导航控制之间的是动画控制,以及用于在视图中进行动画播放的时间控制,如图 2-24 所示。

在制作动画的过程中必须设置时间配置。在时间控制区域单击鼠标"右"键,在弹出的"时间配置"对话框中提供了帧速率、时间显示、播放和动画的设置。可以使用此对话框来更改动画的长度,还可以用于设置活动时间段和动画的开始帧、结束帧,如图 2-25 所示。

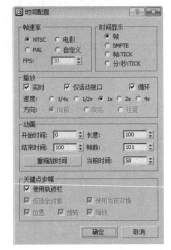

图2-25 时间配置

图2-24 时间和动画控制

↗ 2.2.9 视图控制

在状态栏的右侧部分按钮用来控制视图显示和导航,还有一些按钮针对摄影机和灯光视图进行更改,如图 2-26 所示。

图2-26　视图控制

2.2.10　四元菜单

当在活动视图中单击鼠标"右"键时，将在鼠标光标所在的位置上显示一个四元菜单，视图标签除外。四元菜单最多可以显示 4 个带有各种命令的区域，可以查找和激活大多数命令，而不必在视图和命令面板上的卷展栏之间相互移动。

1. 标准四元菜单

默认四元菜单右侧的两个区域显示可以在所有对象之间共享的通用命令，左侧的两个区域包含特定上下文的命令。四元菜单的内容取决于所选择的内容，以及在自定义 UI 对话框的四元菜单面板中设置的自定义选项。可以将菜单设置为只显示可用于当前选择的命令，所以选择不同类型的对象将在区域中显示不同的命令。如果未选择对象，则将隐藏所有特定对象的命令。

如果一个区域的所有命令都被隐藏，则不显示该区域。层级联合菜单采用与右键单击菜单相同的方式显示子菜单。在展开时，包含子菜单的菜单项将高亮显示，当在子菜单上移动鼠标光标时，子菜单将高亮显示。在四元菜单中的一些命令旁边拥有一个小图标，单击此图标即可打开一个对话框，可以在此设置该命令的参数。如果要关闭菜单，可供使用鼠标"右"键单击屏幕上的任意位置或将鼠标光标移离菜单，然后单击鼠标"左"键。如果要重新选择最后选中的命令，单击最后菜单项的区域标题即可。在显示区域后，选中的最后菜单项将高亮显示，如图 2-27 所示。

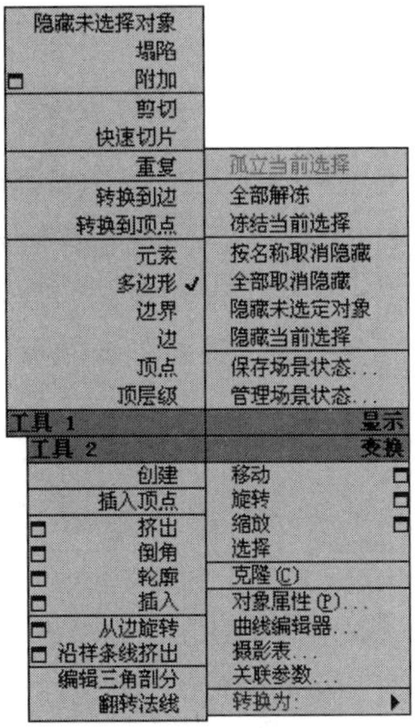

2. 其他四元菜单

当以某些模式（如 Active Shade、编辑 UVW、轨迹视图）执行操作或按"Shift"、"Ctrl"或"Alt"的任意组合键，同时鼠标"右"键单击任何标准视图时，可以使用一些专门的四元菜单。可以在自定义用户界面对话框的四元菜单面板中，创建或编辑四元菜单设置列表中的任何菜单，但是无法将其删除。

图2-27　标准四元菜单

3. 动画四元菜单

按住"Alt"键的同时"右"键单击，出现的四元菜单可以提供对动画有所帮助的命令，如图 2-28 所示。

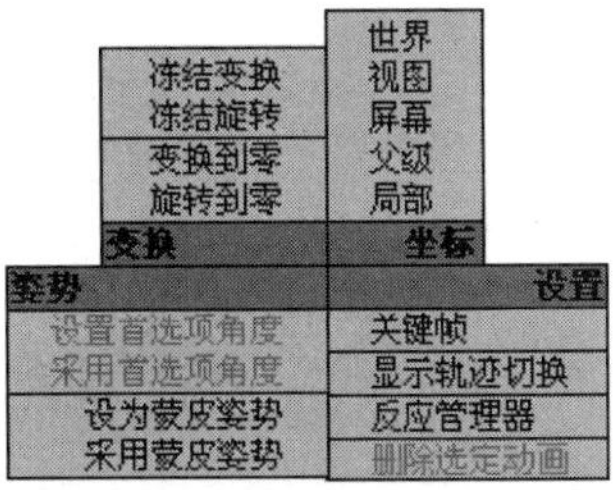

图2-28　动画四元菜单

2.2.11　浮动工具栏

在 3ds Max 2013 中，除了在主工具栏上的一些命令按钮之外，其他一些工具栏也可从固定位置分离，重新定位在桌面的其他位置，并使其处于浮动状态，这些工具栏就是浮动工具栏。包

括轴约束工具栏、层工具栏、MassFX 工具栏、附加工具栏、渲染快捷工具栏和捕捉工具栏，如图 2-29 所示。

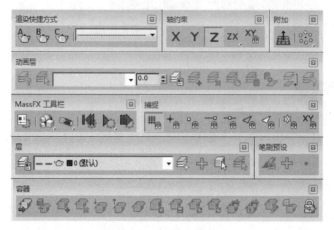

图2-29　浮动工具栏

↗ 2.2.12　视口布局选项

3ds Max 2013 中新增了"视口布局选项"，位于软件的左下角位置，其中主要提供了对视图窗口布局的切换功能。在其中可以创建新的视口布局，创建新的视口布局可以存储在选项中，通过单击即可完成快速的视口布局切换，如图 2-30 所示。

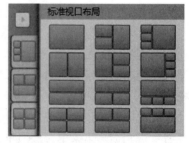

图2-30　视口布局选项

2.3　界面自定义设置

3ds Max 2013 的工作界面有所变化，如果不习惯可以进行自定义设置，主要包括了用户界面 UI 设置和软件语言设置。

↗ 2.3.1　用户界面UI设置

在"自定义"菜单包含了用于自定义 3ds Max 用户界面 (UI) 的命令，利用这些命令可以创建自定义用户界面布局。在菜单中选择【自定义】→【自定义 UI 与默认设置切换器】命令，如图 2-31 所示。

不同行业的艺术家和设计者以不同的方式使用 3ds Max，使用"自定义 UI 和默认切换器"可以快速更改程序的默认值和 UI 方案，以更适合所做的工作类型。

在默认状态下，在弹出的对话框中分布三个区域，左上侧位置为"工具选项的初始设置"，主要根据用户所使用的模块不同而进行设置；右上侧位置为"用户界面方案"，主要切换界面分布与颜色设置；下侧位置为已选择设置的内容提示，

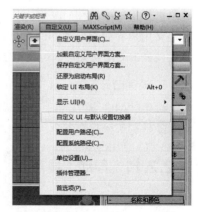

图2-31　自定义菜单

其中还有设置完成后的 UI 缩略图。默认的 3ds Max 2013 用户界面为深灰色，如图 2-32 所示。

由于默认的深灰色用户界面不利于书籍印刷的识别性，所以本书将默认 UI 设置为 ame-light(浅亮) 的 3ds Max 2013 用户界面，界面将会由深灰色变化为浅灰色，如图 2-33 所示。

图2-32　默认用户界面方案

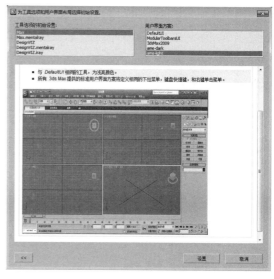

图2-33　设置用户界面方案

2.3.2　软件语言设置

3ds Max 2013 版本增加了 6 国语言切换，共有"英文"、"法文"、"德文"、"日文"、"韩文"、"简体中文" 6 种语言，即使安装好软件后仍可任意切换各国语言，非常适合用户自行切换。

在"开始"菜单中选择【程序】→【Autodesk】→【Autodesk 3ds Max 2013 64-bit】→【Languages】→【Autodesk 3ds Max 2013 64-bit - Simplified Chinese】命令，3ds Max 2013 将切换至简体中文语言模式，如图 2-34 所示。

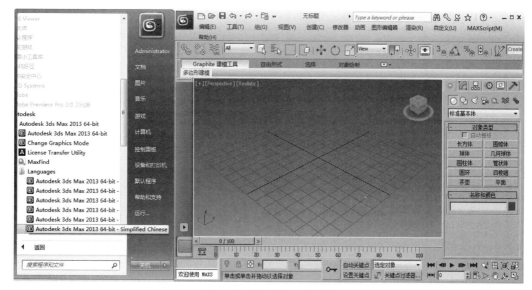

图2-34　简体中文语言模式

2.4 本章小结

本章首先介绍了三维电脑动画软件 3ds Max 的基础知识，接着对界面分布中的标题栏、菜单栏、主工具栏、View Cube 导航器、命令面板、视图、提示状态栏、时间和动画控制、视图控制、四元菜单、浮动工具栏和视口布局选项进行讲解，最后介绍了界面自定义设置。

2.5 课后练习

1. 简述 3ds Max 软件的发展史。
2. 上机练习 3ds Max 2013 的界面自定义设置。

第3章
菜单与主工具栏

　　本章主要对 3ds Max 基础应用进行讲解，其中包括了菜单中实用的命令和主工具栏中的所有工具，对提高工作效率会起到帮助。

菜单与主工具栏属于 3ds Max 2013 的基础应用部分，是工作中不可或缺的一部分。

3.1 菜单栏

3ds Max 2013 的标准菜单栏中包括文件、编辑、工具、组、视图、创建、修改器、动画、图形编辑器、渲染、自定义、脚本和帮助。

↗ 3.1.1 文件菜单

左上角位置的 ⑤ 3ds Max 图标即是"文件"菜单，可以在文件菜单中完成打开或者保存 max 文件，输入和输出扩展名不是 max 的文件，检查场景中的多边形数目并对文件进行其他操作，如图 3-1 所示。

"文件"菜单中除了常见的文件管理外，"归档"命令是一个非常实用的功能。在菜单中选择【文件】→【另存为】→【归档】命令，会创建列出场景位图及其路径名称的 zip 格式压缩存档文件或文本文件，如图 3-2 所示。

图3-1 文件菜单

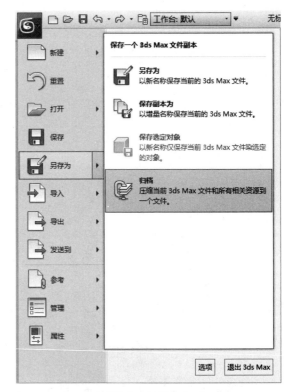

图3-2 归档命令

↗ 3.1.2 编辑菜单

"编辑"菜单主要用来编辑场景，也可以在编辑菜单中撤消和重复最新等命令，在"编辑"菜单中还可以对选择以及控制场景的方式进行设置，如图 3-3 所示。

🡕 3.1.3　工具菜单

"工具"菜单大部分在主工具栏中也设置了相应的快捷图标，可帮助用户更改或管理对象，特别是对象集合的对话框，在"工具"菜单中还可以快速生成静帧与动画的效果预览，如图 3-4 所示。

🡕 3.1.4　组菜单

"组"菜单包含一些将多个对象组或者组分解成独立对象的命令，组是在场景中组织对象的好方法。组菜单包含用于将场景中的对象成组和解组的功能，其中包括成组、解组、打开、关闭、附加、分离、炸开、集合，如图 3-5 所示。

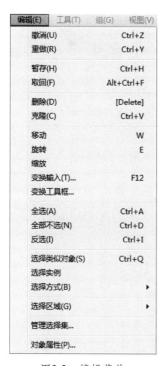

图3-3　编辑菜单

图3-4　工具菜单

图3-5　组菜单

🡕 3.1.5　视图菜单

"视图"菜单包含视图最新导航控制命令的撤消和重复、网格控制选项等工具，并允许显示适用于特定命令的一些功能。例如，可以在轨迹线上显示关键时间或者隐藏坐标。视图菜单还包含在视图背景中显示 2D 图像的命令。2D 图像可以是静态文件，也可以是动画文件。这是建模和动画的重要选项。在制作角色或者人物动画的时候，经常需要使用参考图像作为背景，如图 3-6 所示。

1. 视口配置

执行"视口配置"命令将会显示配置对话框，可以使用此对话框上的项目设置视图控制，如图 3-7 所示。

图3-6　视图菜单

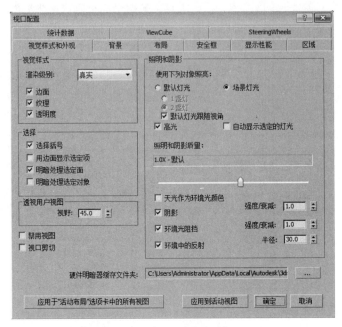

图3-7　视口配置对话框

在"视口配置"对话框中可以设置渲染、选择、透视、照明和阴影信息,进行不同项目的设置后,视口中的场景将会产生直接变化,如图 3-8 所示。

2. 从视图创建摄影机

"从视图创建摄影机"可以创建其视野与某个活动的"透视"视口相匹配的目标摄影机。同时,它会将视口更改为新摄影机对象的摄影机视口,并使新摄影机成为当前选择,如图 3-9 所示。

图3-8　视口显示

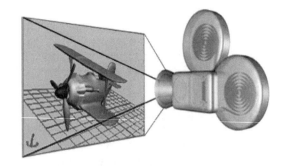

图3-9　从视图创建摄影机

3. 视口背景

"视口背景"对话框用于控制作为一个视口或所有视口背景的图像显示,可以将此功能用于建模,例如,通过将视图草图放置在对应的视口中来建模,或者使用"视口背景"来匹配带有数字摄像机连续镜头的 3D 元素或用于对位,如图 3-10 所示。

↗ 3.1.6 创建菜单

"创建"菜单可以创建某种几何体、灯光、摄影机和辅助对象等物体，该菜单包含各种子菜单，与创建面板功能相同，在实际操作中通常都会选择在创建面板中进行操作，所以 Create（创建）菜单在一般情况下不会经常使用，如图 3-11 所示。

↗ 3.1.7 修改器菜单

"修改器"菜单提供了快速应用常用修改器的方式，该菜单将划分为一些子菜单。此菜单上各个项的可用性取决于当前选择，如果修改器不适用于当前选定的对象，则在该菜单上不可用，与修改面板功能相同，如图 3-12 所示。

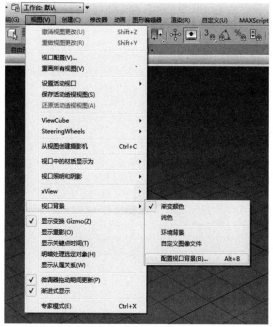

图3-10　视口背景

图3-11　创建菜单

图3-12　修改器菜单

↗ 3.1.8 动画菜单

"动画"菜单提供一组有关动画、约束、控制器以及新增关于"MassFX 动力学"的命令，其中的命令在制作动画时比较常用，如图 3-13 所示。

1. IK解算器

"IK 解算器"中包括 HI 解算器、HD 解算器、IK 分支解算器、样条线 IK 解算器。

"HI 解算器"使用目标来设置链动画。在设置目标动画时，IK 解算器移动末端效应器（链中最后一个关节的轴点）来匹配目标的位置。通常，目标是其他控制对象（例如点或虚拟对象、脊椎或骨骼）的父对象，而这些控制对象与视图或卷展栏滑块相关联。

通过使用"HD 解算器"设置动画，可以将滑动关节与反向运动学结合使用。它具有"HI 解算器"中没有的对弹回、阻尼和优先级的控制，还具有用于查看 IK 链的初始状态的快捷工具，设置机器类和其他装置的动画时可以使用它。由于此功能与历史有关，因此在较长动画结束时性能会下降。

"IK 分支解算器"专门用于设置人类角色肢体的动画，例如从臀部到脚踝或从肩膀到手腕。每个"IK 分支解算器"仅影响链中的两个骨骼，但可以将多个解算器应用于同一个链中的不同部分。它是一个分析性解算器，在视图中使用时速度非常快，而且十分精确。

"样条线 IK 解算器"使用样条线确定一组骨骼或其他链接对象的曲率，如图 3-14 所示。

图3-13　动画菜单

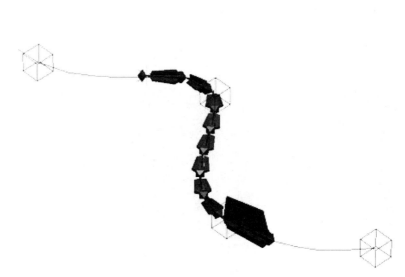

图3-14　样条线IK解算器

2. 约束

"约束"中包含了附着点约束、曲面约束、路径约束、位置约束、链接约束、注视约束和方向约束。

"附着约束"是一种位置约束，它将一个对象的位置附着到另一个对象的面上，目标对象不用必须是网格，但必须能够转化为网格。通过随着时间设置不同的附着关键点，可以在另一对象的不规则曲面上设置对象位置的动画，即使这一曲面是随着时间而改变的也可以，如图 3-15 所示。

"曲面约束"能将对象限制在另一对象的表面上。其参数包括"U 向位置"和"V 向位置"设置以及对齐选项。可以作为曲面对象的对象类型是有限制的，限制是它们的表面必须能用参数表示，如图 3-16 所示。

"路径约束"会对一个对象沿着样条线或在多个样条线间的平均距离间的移动进行限制。路径目标可以是任意类型的样条线，而样条曲线为约束对象定义了一个运动的路径。目标可以使用任意的标准变换、旋转、缩放工具设置为动画。以路径的子对象级别设置关键点，如顶点或分段，虽然这影响到受约束对象，但可以制作路径的动画，如图 3-17 所示。

"位置约束"引起对象跟随一个对象的位置或者几个对象的权重平均位置。为了激活约束，位置约束需要一个对象和一个目标对象，一旦将指定对象约束到目标对象位置，为目标的位置设置动画会引起受约束的对象跟随，如图 3-18 所示。

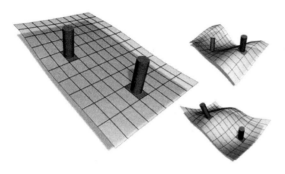

图3-15　附着约束

图3-16　曲面约束

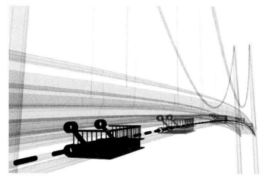

图3-17　路径约束

图3-18　位置约束

　　"链接约束"可以用来创建对象与目标对象之间彼此链接的动画，可以使对象继承目标对象的位置、旋转度以及比例。实际上，允许设置层次关系的动画，这样场景中的不同对象便可以在整个动画中控制应用约束的对象运动，如图 3-19 所示。

图3-19　链接约束

　　"注视约束"会控制对象的方向使它一直注视另一个对象，同时也会锁定对象的旋转度使对象的一个轴点朝向目标对象。注视轴点朝向目标，而上部节点轴定义了轴点向上的朝向。如果这两个方向一致，结果可能会产生翻转的行为，这与指定一个目标摄影机直接向上相似，如图 3-20 所示。

"方向约束"会使某个对象的方向沿着另一个对象的方向或若干对象的平均方向，而方向束的对象可以是任何可旋转对象，受约束的对象将从目标对象继承其旋转。一旦约束后，便不能手动旋转该对象，只要约束对象的方式不影响对象的位置或缩放控制器，便可以移动或缩放该对象，如图 3-21 所示。

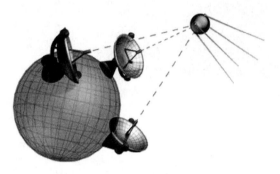

图3-20　注视约束

图3-21　方向约束

↗ 3.1.9　图形编辑器菜单

"图形编辑器"菜单用于访问管理场景及其层次和动画的图表子窗口，如图 3-22 所示。

1. 摄影表

"摄影表"编辑器使用"轨迹视图"在水平图形上显示随时间变化的动画关键点，以图形方式显示调整动画计时的简化操作，可以在一个表格中看到所有的关键点，与"轨迹视图"中另外一种"曲线编辑器"模式功能相似，只是在处理插值曲线功能上有差异，如图 3-23 所示。

图3-22　图形编辑器

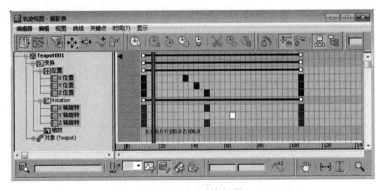

图3-23　图形编辑器

2. 粒子视图

"粒子视图"提供了用于创建和修改"粒子流"中粒子系统的主用户界面。主窗口（即事件显示）包含描述粒子系统的粒子图表。粒子系统包含一个或多个相互关联的事件，每个事件包含一个具有一个或多个操作符和测试的列表，而操作符和测试统称为动作。

默认情况下，事件中每个操作符和测试的名称后面是其最重要的一个设置或多个设置（在括号中）。事件显示上面是菜单栏，下面是仓库，它包含粒子系统中可以使用的所有动作，以及默认粒子系统的选择，如图 3-24 所示。

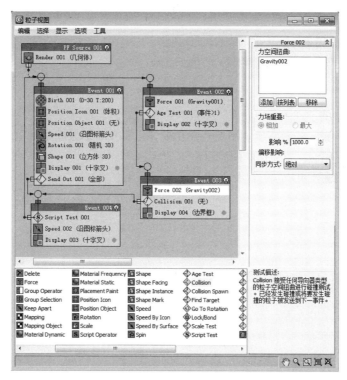

图3-24　粒子视图

3. 运动混合器

"运动混合器"可用于混合任何 Biped 或非 Biped 对象的运动文件（BIP 文件和 XAF 文件），这些运动文件也称为剪辑，可以经过交叉淡入淡出、延长、分层处理，最后混合成一个剪辑，如图 3-25 所示。

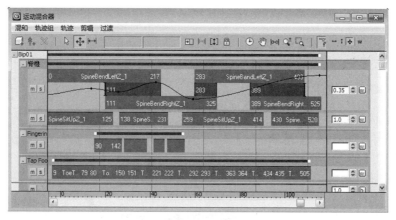

图3-25　运动混合器

3.1.10　渲染菜单

"渲染"菜单包含用于渲染场景、设置环境和渲染效果、使用 Video Post 合成场景以及访问 RAM 播放器的命令，其中的命令还可以在制作动画时生成动画的预览效果，如图 3-26 所示。

1. 环境和效果

"环境"面板主要用于设置大气效果和背景效果,"效果"面板可指定和管理渲染效果,还可以设置曝光控制、大气等效果,如图 3-27 所示。

2. 视频后期处理

3ds Max 2013 中的"视频后期处理"即是"Video Post",可以使用户合成并渲染输出不同类型事件,包括当前场景、位图图像、图像处理功能等。视频后期处理是独立的、无模式对话框,与"轨迹视图"外观相似,该对话框的编辑窗口会显示完成视频中每个事件出现的时间,每个事件都与具有范围栏的轨迹相关联,如图 3-28 所示。

图3-26　渲染菜单

图3-27　环境和效果

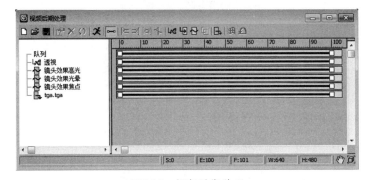

图3-28　视频后期处理

但是,由于软件特性与处理方式,许多用户还是选择专用的后期合成软件完成此部分效果。

3. 全景导出器

"全景导出器"是用于创建并随后查看 360 度球形全景的渲染工具,在场景中至少需要一台摄影机来使用全景导出器,如图 3-29 所示。

4. RAM播放器

RAM 播放器将一个帧序列加载到

图3-29　全景导出器

内存，然后使用选定的帧速率进行播放。RAM 播放器有两个通道：A 和 B，可以将两个不同的图像或序列一起加载到通道中来显示或播放，以便于对它们进行比较，如图 3-30 所示。

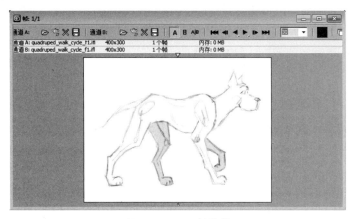

图3-30　RAM播放器

3.1.11　自定义菜单

"自定义"菜单包含用于自定义 3ds Max 用户界面（UI）的命令，利用这些命令可以创建自定义用户界面布局，包括自定义键盘快捷键、颜色、菜单和四元菜单。可以在"自定义用户界面"对话框中单独加载或保存所有设置，或者使用方案同时加载或保存所有设置。使用方案可以一次加载 UI 的所有自定义功能，如图 3-31 所示。

1. 自定义用户界面

使用"自定义用户界面"对话框可以创建一个完全自定义的用户界面，包括快捷键、四元菜单、菜单、工具栏和颜色，也可以通过选择代表此工具栏上的命令或脚本图标按钮来添加命令。

大多数 3ds Max 界面中的命令在此对话框中均显示为操作项目。操作项目仅仅是命令，可以指定给键盘快捷键、工具栏、四元菜单或菜单，此对话框的面板将显示可以指定的操作项目表，如图 3-32 所示。

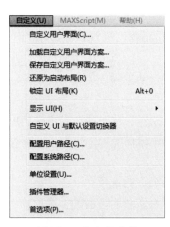

图3-31　自定义菜单

图3-32　自定义用户界面

2. 单位设置

"单位设置"对话框建立单位显示的方式，通过它可以在通用单位和标准单位（英尺和英寸，还是公制）间进行选择，也可以创建自定义单位，这些自定义单位可以在创建任何对象时使用。

除了这些单位之外，3ds Max 也将系统单位用作一种内部机制，只有在创建场景或导入无单位的文件之前才可以更改系统单位，如图 3-33 所示。

3. 首选项

3ds Max 提供了很多用于进行显示和操作的选项，这些选项位于"首选项设置"对话框的一系列标签面板中，如图 3-34 所示。

图3-33　单位设置

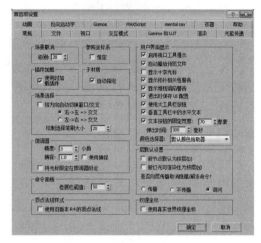

图3-34　首选项

- "常规"面板：可以设置用于用户界面和交互操作的选项。
- "文件"面板：可以设置与文件处理相关的选项，用于归档的程序并控制日志文件维护选项，自动备份功能可以在设定的时间间隔内自动保存工作。
- "视口"面板：可以设置视口显示和行为的选项。
- "Gamma 和 LUT"面板：可以设置选项来调整用于输入和输出图像以及监视器显示的 Gamma 和查询表 (LUT) 值。
- "渲染"面板：可以设置用于渲染的选项，如渲染场景中环境光的默认颜色，可以重新指定用于产品级渲染和草图级渲染的渲染器。
- "动画"面板：可以设置与动画相关的选项，这些选项包括在线框视口中显示的已设置动画的对象、声音插件的指定和控制器默认值。
- "反向运动学"面板：可以设置应用式和交互式反向运动学的选项。
- "Gizmo"面板：可以设置变换坐标的显示和行为方式。
- "MAXScript"面板：可以设置"MAXScript"和"宏录制器"首选项，启用或禁用自动加载脚本设置初始堆大小，更改 MAXScript 编辑器使用的字体样式和字体大小，并管理"宏录制器"的所有设置。
- "光能传递"面板：可以设置使用光能传递建立全局照明模型的选项。
- "mental ray"面板：用于使用 mental ray 渲染器及其关联材质和明暗器的首选项。
- "容器"面板：设置用于使用容器功能的首选项，可以使用"状态"和"更新"设置来提高性能。

●"帮助"面板：可以从将帮助系统下载或提取到的本地或网络驱动器中打开帮助。

↗ 3.1.12　脚本菜单

MAX Script（脚本）菜单包含用于处理脚本的命令，这些脚本是用户使用软件内置脚本语言创建而来的，如图 3-35 所示。

↗ 3.1.13　帮助菜单

"帮助"菜单可以访问 3ds Max 联机参考系统，其中包括新功能指南、用户参考、MAXS cript 帮助、教程等，如图 3-36 所示。

图3-35　脚本菜单　　　　　　　　图3-36　帮助菜单

3.2　主工具栏

3ds Max 中的很多命令可以由工具栏上的按钮来实现。通过主工具栏可以快速访问 3ds Max 中很多常见任务的工具和对话框，其中包括选择并链接、取消链接选择、绑定到空间扭曲、选择过滤器列表、选择对象等 31 个功能按钮，如图 3-37 所示。

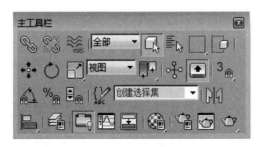

图3-37　主工具栏

↗ 3.2.1　选择并链接

"选择并链接"按钮可以通过将两个对象链接作为子和父，定义它们之间的层次关系。可以从当前选定对象（子）链接到其他任何对象（父），还可以将对象链接到关闭的组。执行此操作时，对象将成为组父级的子级，而不是该组的任何成员，整个组会闪烁，表示已链接至该组。子级将继承应用于父级的变换（移动、旋转、缩放），但是子级的变换对父级没有影响，如图3-38所示。

↗ 3.2.2　取消链接选择

"取消链接选择"按钮可以移除两个对象之间的层次关系，可以将子对象与其父对象分离开来，还可以链接和取消链接图解视图中的层次。

↗ 3.2.3　绑定到空间扭曲

"绑定到空间扭曲"按钮可以将当前选择附加到空间扭曲。空间扭曲本身不能进行渲染，但可以使用它们影响其他对象的外观，有时可以同时影响很多对象。空间扭曲是可以为场景中其他对象提供各种力场效果的对象，如图3-39所示。

图3-38　选择并链接

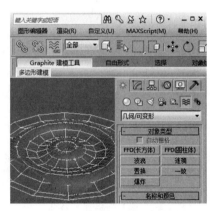

图3-39　绑定到空间扭曲

↗ 3.2.4　选择过滤器

"选择过滤器"列表可以限制选择工具选择对象的类型和组合。如果选择摄影机，则使用选择工具只能选择摄影机，其他对象将不会受到响应。使用下拉列表可以选择单个过滤器，从下拉列表中选择组合，可以通过过滤器组合对话框使用多个过滤器，如图3-40所示。

↗ 3.2.5　选择对象

"选择对象"可以用于选择一个或多个操控对象。对象选择受活动的选择区域类型、活动的选择过滤器、交叉选择工具的状态的影响。

图3-40　选择过滤器列表

⬈ 3.2.6 从场景选择

📇 "从场景选择"可以利用选择对象对话框从当前场景中所有对象的列表中选择对象,还可以通过激活与关闭相应的对象类型,对列表中所显示对象类型进行显示与隐藏的控制,如图 3-41 所示。

⬈ 3.2.7 选择区域

▢ "选择区域"按钮可以按区域选择对象,其中包括矩形、圆形、围栏、套索和绘制 5 种方式,如图 3-42 所示。对于前 4 种方式,可以选择完全位于选择区域中的对象,也可以选择位于选择图形内或与其触及的对象。如果在指定区域时按住"Ctrl"键则影响的对象将被添加到当前选择中;反之,在指定区域时按住"Alt"键则影响的对象将从当前选择中移除。

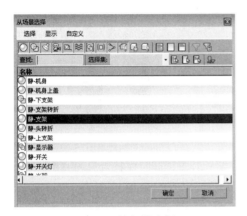

图3-41 从场景选择

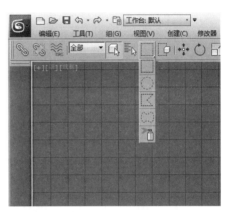

图3-42 选择区域

⬈ 3.2.8 窗口/交叉选择

▢ "窗口／交叉"按钮可以在窗口和交叉模式之间进行切换。在窗口模式中,只能对选择区域内的对象进行选择。在交叉模式中,可以选择区域内的所有对象,以及与区域边界相交的任何对象,对于子对象选择也是如此。

⬈ 3.2.9 选择并移动

✛ "选择并移动"按钮可以选择并移动对象,如图 3-43 所示。当该按钮处于激活状态时,单击对象进行选择,拖动鼠标以移动该对象。如果要将对象的移动限制到 X、Y 或 Z 轴或者任意两个

图3-43 选择并移动

轴,可以单击"轴约束"工具栏上的相应按钮或使用"变换 Gizmo"和鼠标右键单击对象从"变换"子菜单中选择约束。

⬈ 3.2.10 选择并旋转

⟳ "选择并旋转"按钮可以选择并旋转对象,如图 3-44 所示。当该按钮处于激活状态时,单

击对象进行选择，拖动鼠标即会旋转该对象。在围绕一个轴旋转对象时，不要旋转鼠标以期望对象按照鼠标运动来旋转，只要直上直下地移动鼠标即可，朝上旋转对象与朝下旋转对象方式相反。

3.2.11　选择并缩放

"选择并缩放"按钮用于更改对象大小的三种工具，按从上到下的顺序，这些工具依次为选择并均匀缩放、选择并非均匀缩放和选择并挤压，如图 3-45 所示。

图3-44　选择并旋转

图3-45　选择并缩放

- "选择并均匀缩放"：可以沿所有三个轴以相同量缩放对象，同时保持对象的原始比例。
- "选择并非均匀缩放"：可以根据活动轴约束以非均匀方式缩放对象。
- "选择并挤压"：可以用于创建卡通片中常见的"挤压和拉伸"样式动画的不同相位，挤压对象势必牵涉到在一个轴上按比例缩小，同时在另两个轴上均匀地按比例增大。

3.2.12　参考坐标系

视图　"参考坐标系"按钮可以指定变换所用的坐标系。包括"视图"、"屏幕"、"世界"、"父对象"、"局部"、"万向"、"栅格"和"拾取"。在"屏幕"坐标系中，所有视图都使用视图屏幕坐标。"视图"是"世界"和"屏幕"坐标系的混合体。使用"视图"时，所有正交视图都使用"屏幕"坐标系，而透视视图使用"世界"坐标系。因为坐标系的设置基于逐个变换，所以先选择变换再指定坐标系。

3.2.13　使用中心

"使用中心"按钮用于确定缩放和旋转操作几何中心的三种方法的设置。按从上到下的顺序，这三种方法依次为使用轴点中心、使用选择中心和使用变换坐标中心。

- "使用轴点中心"：可以围绕其各自的轴点旋转或缩放一个或多个对象，三轴架显示了当前使用的中心。
- "使用选择中心"：可以围绕其共同的几何中心旋转或缩放一个或多个对象，如果变换多个对象，该软件会计算所有对象的平均几何中心，并将此几何中心用作变换中心。
- "使用变换坐标中心"：可以围绕当前坐标系的中心旋转或缩放一个或多个对象。

3.2.14　选择并操纵

"选择并操纵"按钮可以通过在视图中拖动"操纵器"来编辑某些对象、修改器和控制器的参数。可以将这些自定义操纵器添加到场景中,可以使用锥体角度操纵器、平面角度操纵器和滑块操纵器这些功能具有内置的操纵器,更改对象上的参数。

↗ 3.2.15　快捷键覆盖切换

☝使用"快捷键覆盖切换"按钮可以在只使用"主用户界面"快捷键和同时使用主快捷键和组(编辑/可编辑网格、轨迹视图、NURBS 等)快捷键之间进行切换。

↗ 3.2.16　对象捕捉

图3-46　对象捕捉

³⎕ "对象捕捉"按钮提供捕捉 3D 空间的控制范围,如图 3-46 所示。

- 2D 捕捉:光标仅捕捉到活动构建栅格,包括该栅格平面上的任何几何体,将忽略 Z 轴或垂直尺寸。
- 2.5D 捕捉:光标仅捕捉活动栅格上对象投影的顶点或边缘。
- 3D 捕捉:为默认设置,光标直接捕捉到 3D 空间中的任何几何体,用于创建和移动所有尺寸的几何体,而不考虑构造平面。使用鼠标右键单击该按钮可以显示"栅格和捕捉设置"对话框,其中可以更改捕捉类别和设置其他选项。

↗ 3.2.17　角度捕捉

⎘ "角度捕捉"按钮确定多数功能的增量旋转,包括标准"旋转"变换。"角度捕捉"也影响摇移/环游摄影机控制、FOV 和侧滚摄影机及聚光区/衰减区聚光灯角度,如图 3-47 所示。

↗ 3.2.18　百分比捕捉

‰⎕ "百分比捕捉"按钮通过指定的百分比增加对象的缩放,如图 3-48 所示。在"栅格和捕捉设置"对话框中可以设置捕捉百分比增量,默认设置为 10%,使用鼠标右键单击"百分比捕捉切换"以显示"栅格和捕捉设置"对话框。这是通用捕捉系统,该系统应用于涉及百分比的任何操作,如缩放或挤压。

图3-47　角度捕捉

图3-48　百分比捕捉

3.2.19 微调器捕捉

⬛ "微调器捕捉"按钮主要设置 3ds Max 中所有微调器的单击增加或减少值,也就是数值的设置。通过"首选项"对话框"常规"面板上的设置可以控制微调器捕捉的量,默认设置为 1。

3.2.20 编辑命名选择

⬛ "编辑命名选择"按钮用于管理子对象的命名选择集。与"命名选择集"对话框不同,它仅适用于对象,它是一种模式对话框,这意味着必须关闭此对话框,才能在 3ds Max 的其他区域中工作。此外,只能使用现有的命名子对象选择,不能使用该对话框创建新选择。

3.2.21 命名选择集

⬛创建选择集▾ "命名选择集"按钮可以命名选择集,以便重新调用选择再次进行使用。如果命名选择集的所有对象已从场景中删除,或者其所有对象已从"命名选择集"对话框的命名集中移除,则该命名选择集将从列表中移除。对象层级和子对象层级的命名选择均区分大小写。可以将子对象命名选择从堆栈中的一个层级传输到另一个层级。使用"复制"和"粘贴"按钮可以将命名选择从一个修改器复制到另一个修改器。当处于特定子对象层级时,可以进行选择并在工具栏的命名选择字段中命名这些选择。

3.2.22 镜像

⬛ "镜像"按钮可以调出"镜像"对话框,使用该对话框可以在镜像一个或多个对象的方向时,移动这些对象。"镜像"对话框还可以用于围绕当前坐标系中心镜像当前选择。使用"镜像"对话框可以同时创建克隆对象。如果镜像分级链接,则可以使用镜像 IK 限制的选项。

3.2.23 对齐

⬛ "对齐"按钮提供了 6 种不同对齐对象的工具。按从上到下的顺序,这些工具依次为对齐、快速对齐、法线对齐、放置高光、对齐摄影机和对齐到视图。

3.2.24 层管理器

⬛ "层管理器"按钮可以创建和删除层的无模式对话框,也可以查看和编辑场景中所有层的设置,以及与其相关联的对象。使用"层"对话框,可以指定光能传递解决方案中的名称、可见性、渲染性、颜色、对象和层的包含。在该对话框中,对象在可扩展列表中按层组织,通过单击"+"或"−",可以分别展开或折叠各个层的对象列表,也可以单击列表的任何部位对层进行排序。

3.2.25 石墨建模工具

⬛ "石墨建模"工具控制视图是否显示 3ds Max 2010 增加的多边形石墨建模工具,可以通过此工具切换视图顶部的显示。

3.2.26 曲线编辑器

⬛ "曲线编辑器"工具是一种"轨迹视图"模式,采用图表上的功能曲线来表示运动。该模式可以使运动的插值以及软件在关键帧之间创建的对象变换直观化。使用曲线上关键点的切线控制柄，可以轻松观看和控制场景中对象的运动和动画，如图 3-49 所示。

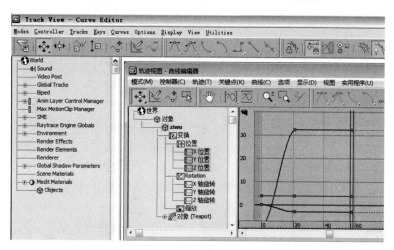

图 3-49　曲线编辑器

3.2.27　图解视图

"图解视图"按钮将打开基于节点的场景图，通过它可以访问对象属性、材质、控制器、修改器、层次和不可见场景关系，也可以查看、创建并编辑对象间的关系，还可以创建层次、指定控制器、材质、修改器或约束，如图 3-50 所示。

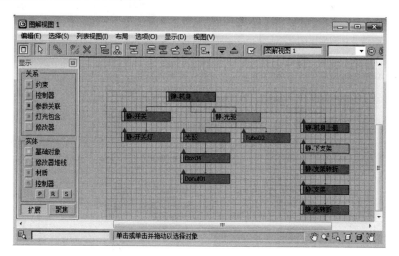

图 3-50　图解视图

3.2.28　材质编辑器

"材质编辑器"按钮用于打开 3ds Max 的材质编辑器与节点材质编辑器，以创建和编辑材质以及贴图，如图 3-51 所示。材质可以在场景中创建更为真实的效果，材质可以描述对象反射或透射灯光的方式，材质属性与灯光属性相辅相成，着色或渲染将两者合并，用于模拟对象在真实世界设置下的情况。可以将材质应用到单个的对象或选择集，一个场景可以包含许多不同的材质。

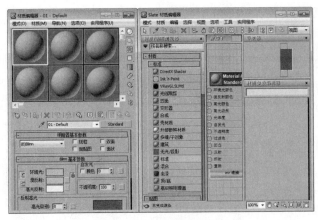

图3-51　材质编辑器

3.2.29　渲染场景

"渲染场景"按钮用于打开"渲染场景"对话框，该对话框具有多个面板，面板的数量和名称因渲染器而异。公用面板包含任何渲染器的主要控制，例如，渲染静态图像还是动画，设置渲染输出的分辨率等。渲染器面板包含当前渲染器的主要控制。渲染元素面板包含用于将各种图像信息渲染到单个图像文件的控制，在使用合成、图像处理或特殊效果软件时，该功能非常有用。

3.2.30　渲染帧窗口

"渲染帧窗口"按钮可以打开上次渲染完成的图像，从而节省预览上次的渲染效果。

3.2.31　快速渲染

"快速渲染"按钮可以使用当前渲染设置来渲染场景，而无需显示渲染场景对话框，如图 3-52 所示。可以在渲染场景对话框公用面板的指定渲染器卷展栏上指定要用于渲染的渲染器。

图3-52　快速渲染

3.3　本章小结

3ds Max 的菜单可以分为两种，一种是下拉式菜单，即菜单栏中包含的各个菜单项；另一种是单击右键时弹出的四元菜单，它可以更加灵活、方便地进行操作。在 3ds Max 中，同一命令，往往会出现在不同的地方，比如镜像、对齐等工具就同时出现在菜单和工具栏中，而创建对象的命令除了在菜单中以外，还存在于命令面板中，此外还可以使用快捷键进行操作。

3.4　课后练习

1. 3ds Max 2013 的标准菜单栏包括哪些菜单？
2. 3ds Max 2013 的主工具栏包括哪些功能按钮？

第 4 章
创建物体

本章主要对 3ds Max 基础物体创建进行讲解，包括标准基本体、扩展基本体、建筑对象以及各种三维图形等。

创建面板主要用于创建物体对象，这是在 3ds Max 中构建新场景的第一步。创建面板将所创建的对象按种类分为 7 个类别，每一个类别有自己的按钮，每一个类别内又包含几个不同的对象子类别。使用下拉列表可以选择对象子类别，单击按钮即可开始创建，如图 4-1 所示。

图 4-1　创建面板

4.1　标准基本体

标准基本体在现实世界中就像皮球、管道、长方体、圆环和圆锥形冰淇淋杯等对象。在 3ds Max 中，可以使用单个基本体对很多这样的对象进行建模，还可以将基本体结合到更复杂的对象中，如图 4-2 所示。

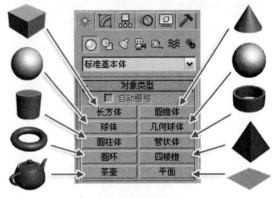

↗ 4.1.1　长方体

利用"长方体"可以生成最简单的基本体，立方体也是长方体的一种，可以改变宽度比例制作不同比例的矩形物体，如图 4-3 所示。

图 4-2　标准基本体

1. 参数设置

"长方体"的参数卷展栏主要设置尺寸与段数设置。其中包括设置对象的长度、宽度和高度，还有设置沿对象每个轴的分段数量和将生成坐标便于赋纹理贴图，如图 4-4 所示。利用"长方体"可以搭建桌子、椅子、书架等模型。

图 4-3　长方体

图 4-4　参数卷展栏

2. 利用"长方体"制作"椅子"模型

1 在"透视图"建立并设置长度为 45、宽度为 45、高度为 2，作为椅子的坐垫模型。

2 切换至"顶视图"，在座垫模型的边缘位置建立长方体，然后设置长度为 4、宽度为 4、高度为 -45，作为椅腿模型。

3 将建立的椅腿模型选择并按键盘"Shift"键进行复制，再将复制的模型放置到坐垫模型的四角位置。

4 将椅腿模型沿 Z 轴复制，作为椅子支架的模型。

⑤ 切换至"前视图"，在支架模型的顶部位置建立长方体，然后设置长度为 20、宽度为 45、高度为 2，作为椅子靠背模型。

⑥ 将椅子的靠背模型框选，再通过旋转工具进行角度调整，使其更加符合人体工程学。

⑦ 在椅子腿部之间添加支撑长方体，使椅子的腿部模型更加稳固。

⑧ 开启"材质编辑器"，为坐垫和靠背赋予木纹材质，为剩余的支架赋予灰色材质，丰富椅子模型的细节。

⑨ 为场景添加灯光并设置信息，完成最终利用"长方体"制作的椅子模型，如图 4-5 所示。

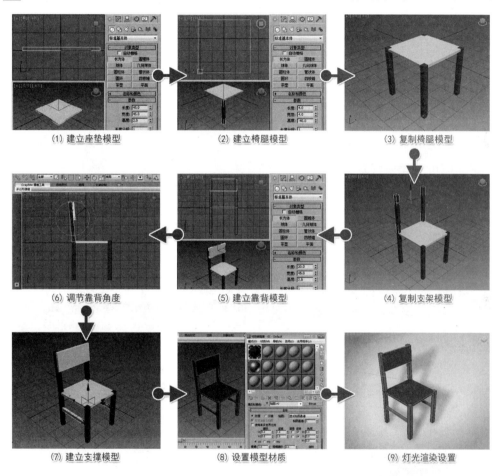

(1) 建立座垫模型　　　　　　(2) 建立椅腿模型　　　　　　(3) 复制椅腿模型

(6) 调节靠背角度　　　　　　(5) 建立靠背模型　　　　　　(4) 复制支架模型

(7) 建立支撑模型　　　　　　(8) 设置模型材质　　　　　　(9) 灯光渲染设置

图4-5　制作流程

↗ 4.1.2　圆锥体

使用创建命令面板上的"圆锥体"可以建立直立或倒立的圆锥体，如图 4-6 所示。

1. 参数设置

"圆锥体"的参数卷展栏主要包括了外形、段数与切片设置。"圆锥体"的参数卷展栏如图 4-7 所示。

● "半径 1"/"半径 2"：最小设置为 0，可以组合这

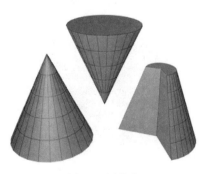

图4-6　圆锥体

些设置以创建直立或倒立的尖顶圆锥体或平顶圆锥体。

- "高度"：主要设置沿中心轴的高度，负值将在构造平面下方创建圆锥体。
- "高度分段"：设置沿着圆锥体主轴的分段数。
- "端面分段"：设置围绕圆锥体顶部和底部的中心的同心分段数。
- "边数"：设置圆锥体圆周的边数。
- "平滑"项目：可以控制混合圆锥体的面，从而在渲染视图中产生平滑的外观。
- "启用切片"：启用该功能将会得到圆锥体的局部。
- "切片从"与"切片到"：可以设置从局部 X 轴的零点开始围绕局部 Z 轴的度数。

图4-7　参数卷展栏

2. 利用"圆锥体"制作"松树"模型

1 在"透视图"建立并设置半径 1 为 40、半径 2 为 0、高度为 50，作为松树的尖部模型。

2 将建立的模型选择并按键盘"Shift"键进行垂直复制，得到第二组树叶与树干模型。

3 将复制的模型进行参数设置。为了便于模型的管理将模型进行"成组"操作，再将模型的轴设置到根部位置，进行多种树木与变形的操作，使多棵树木效果更佳自然。

4 对场景进行地面添加和灯光设置，完成的效果如图 4-8 所示。

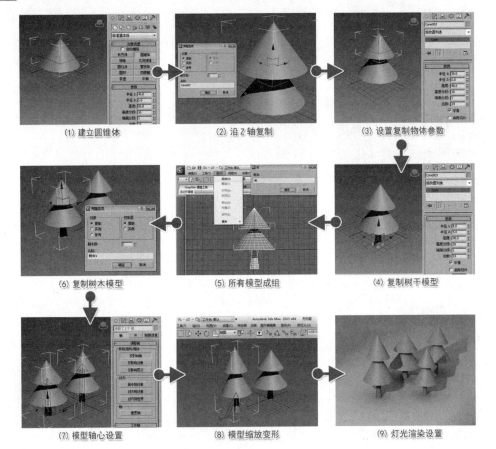

(1) 建立圆锥体　　(2) 沿 Z 轴复制　　(3) 设置复制物体参数

(6) 复制树木模型　　(5) 所有模型成组　　(4) 复制树干模型

(7) 模型轴心设置　　(8) 模型缩放变形　　(9) 灯光渲染设置

图4-8　制作流程

🡕 4.1.3 球体

"球体"可以生成完整的球体、半球体或球体局部，还可以围绕球体的垂直轴对其进行切片，如图 4-9 所示。

1. 参数设置

"球体"的参数卷展栏主要设置半径、分段、半球与切片等设置。"球体"的参数卷展栏如图 4-10 所示。"半径"值主要指定球体的尺寸，"分段"用于设置球体多边形的网格数目；"半球"值设置过大将从底部切断球体，以创建部分球体；"切除"项目通过在半球断开时，将球体中的顶点数和面数切除，从而减少它们的数量；"挤压"项目保持原始球体中的顶点数和面数，将几何体向着球体顶部挤压，变为越来越小的体积；"启用切片"功能可以使用"切片从"和"切片到"创建部分球体；"轴心在底部"可将球体沿着其局部 Z 轴向上移动，以便轴点位于其底部。

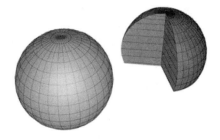

图4-9　球体

图4-10　参数卷展栏

2. 利用"球体"制作"老鼠"模型

1　在"透视图"建立并设置半径值为 50，然后对 X 轴进行缩放操作，使其变为椭圆形的效果。

2　在"前视图"继续建立半径值为 30 的球体，然后使用缩放工具对其操作，使模型呈现为薄薄的片状，再对称进行复制操作，完成耳朵的模型。

3　添加眼睛、嘴巴与胡须的球体模型，然后建立球体并完全操作，丰富尾巴部的模型。

4　对场景进行地面添加和灯光设置，完成的效果如图 4-11 所示。

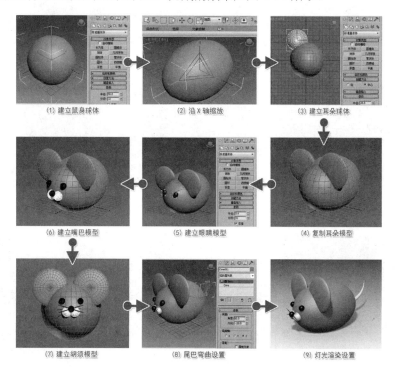

(1) 建立鼠身球体　　(2) 沿 X 轴缩放　　(3) 建立耳朵球体
(6) 建立嘴巴模型　　(5) 建立眼睛模型　　(4) 复制耳朵模型
(7) 建立胡须模型　　(8) 尾巴弯曲设置　　(9) 灯光渲染设置

图4-11　制作流程

↗ 4.1.4　几何球体

使用"几何球体"可以基于三类规则多面体制作球体和半球，如图 4-12 所示。

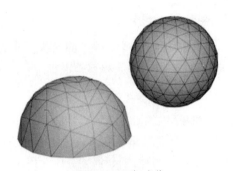

图4-12　几何球体

1. 参数设置

"几何球体"的参数卷展栏主要用于设置外形、段数与球体类型。"几何球体"除了与"球体"相同的设置以外，"基点面类型"中提供了 3 种分布方式，分别是四面体、八面体和二十面体，如图 4-13 所示。

2. 利用"几何球体"制作卡通的"贵宾犬"模型

1 在"透视图"建立并设置半径值为 100、分段值为 4。

2 配合键盘"Shift"键进行复制与变形调节，完成头部模型的制作。

3 建立颈部、鼻子、身体的基本球体，然后通过缩放进行变形处理，再逐一添加四肢、脚掌和尾巴的模型，完成的效果如图 4-11 所示。

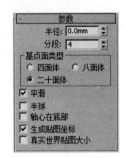

图4-13　参数卷展栏

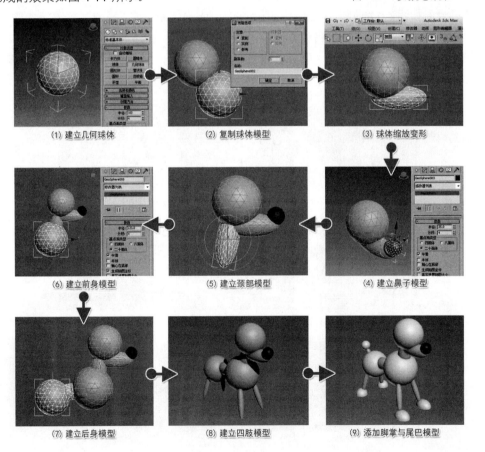

(1) 建立几何球体	(2) 复制球体模型	(3) 球体缩放变形
(6) 建立前身模型	(5) 建立颈部模型	(4) 建立鼻子模型
(7) 建立后身模型	(8) 建立四肢模型	(9) 添加脚掌与尾巴模型

图4-14　制作流程

↗ 4.1.5 圆柱体

"圆柱体"用于生成圆柱形物体，还可以围绕其主轴进行切片，如图 4-15 所示。

1. 参数设置

"圆柱体"的参数卷展栏设置与"球体"和"圆锥体"设置相同，主要包括了半径、高度、分段、边数和切片等，如图 4-16 所示。

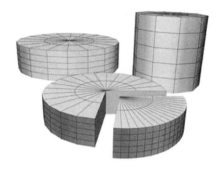

图4-15　圆柱体

2. 利用"圆柱体"制作的"椅子"模型

⎡1⎦ 在"透视图"建立并设置半径值为 20、高度值为 5、边数值为 10，作为椅子面模型。

⎡2⎦ 建立圆柱体并配合键盘"Shift"键进行复制腿部模型。

⎡3⎦ 调节倾斜角度与支持模型，再为模型进行赋予材质操作，通过添加"UVW 贴图"修改命令解决模型与材质的匹配。

⎡4⎦ 为场景添加地面模型，再设置灯光与渲染设置，完成的效果如图 4-17 所示。

图4-16　参数卷展栏

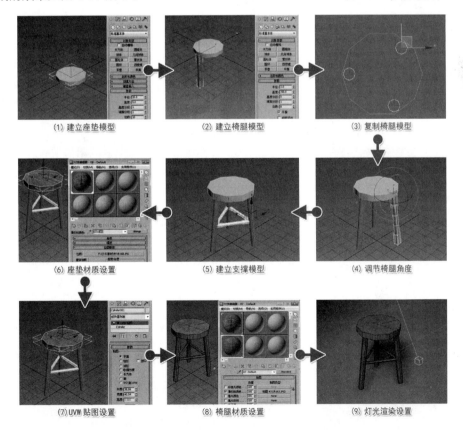

(1) 建立座垫模型　　(2) 建立椅腿模型　　(3) 复制椅腿模型

(6) 座垫材质设置　　(5) 建立支撑模型　　(4) 调节椅腿角度

(7) UVW 贴图设置　　(8) 椅腿材质设置　　(9) 灯光渲染设置

图4-17　制作流程

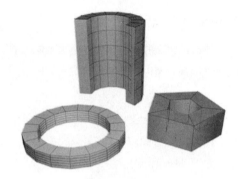

图4-18 管状体

↗ 4.1.6 管状体

"管状体"可以生成圆形和棱柱管道，主要用于制作类似于中空的圆柱体，如图4-18所示。

1. 参数设置

"管状体"的参数卷展栏与"圆柱体"设置基本相同，只是半径数目不同，"半径1"中较大的设置将指定管状体的外部半径，"半径2"中较小的设置则指定内部半径，如图4-19所示。

2. 利用"管状体"制作的"小鼓"模型

1 在"透视图"建立并设置半径值为30、高度值为20，作为鼓身的模型。

2 建立管状体并配合键盘"Shift"键进行复制边缘模型，然后再建立管状挂件、挂件切片与连接模型的操作。

3 将建立的挂件模型进行复制多个，再为场景添加地面模型并设置灯光与渲染，完成的效果如图4-20所示。

图4-19 参数卷展栏

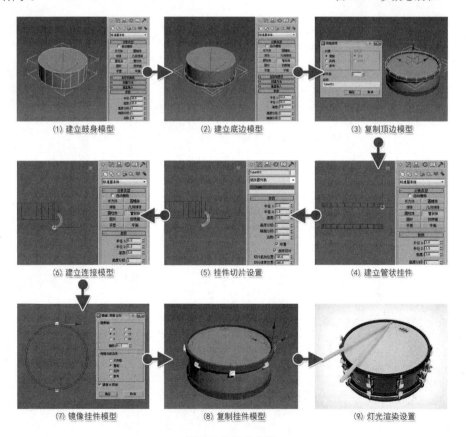

(1) 建立鼓身模型	(2) 建立底边模型	(3) 复制顶边模型
(6) 建立连接模型	(5) 挂件切片设置	(4) 建立管状挂件
(7) 镜像挂件模型	(8) 复制挂件模型	(9) 灯光渲染设置

图4-20 制作流程

↗ 4.1.7 圆环

"圆环"可以生成一个环形或具有圆形横截面的环体，还可以将平滑选项与旋转和扭曲设置组合使用，以创建复杂的变体，如图 4-21 所示。

图4-21 圆环

1. 参数设置

"圆环"的参数卷展栏中主要包括外形、段数、平滑与切片设置，大部分设置与"管状体"相同。"圆环"的参数卷展栏如图 4-22 所示。其中，"扭曲"用于控制横截面将围绕通过环形中心的圆形逐渐旋转，从扭曲开始，每个后续横截面都将旋转，直至最后一个横截面具有指定的度数；"平滑"项目中可以选择4 个平滑层级之一，其分别是全部、侧面、无和分段。

2. 利用"圆环"制作的"眼镜"模型

1 在"前视图"建立并设置半径 1 值为 150、半径 2 值为 15，作为镜框的模型。

图4-22 参数卷展栏

2 为建立的模型进行变形与弯曲操作。

3 使用镜像操作得到对称的镜框模型，再添加圆环切片，完成镜框的主体模型。

4 建立长方体作为镜腿的连接件，然后建立圆环并切片，再通过多边形使镜腿模型延长。

5 为场景添加地面模型并设置灯光与渲染，完成的效果如图 4-23 所示。

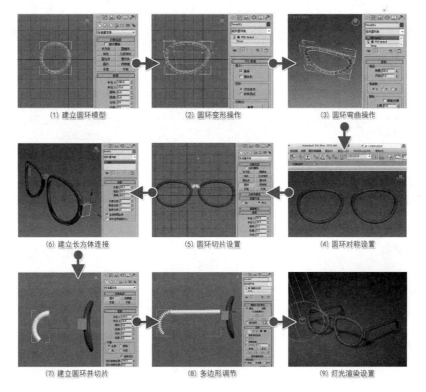

(1) 建立圆环模型　　(2) 圆环变形操作　　(3) 圆环弯曲操作

(6) 建立长方体连接　　(5) 圆环切片设置　　(4) 圆环对称设置

(7) 建立圆环并切片　　(8) 多边形调节　　(9) 灯光渲染设置

图4-23 制作流程

↗ 4.1.8 四棱锥

"四棱锥"可以生成方形或矩形底部和三角形侧面，如图 4-24 所示。

1. 参数设置

"四棱锥"的参数卷展栏中主要设置外形与段数。其中"宽度"、"深度"与"高度"分别对应设置四棱锥对应面的高度，而"分段"则对应设置四棱锥宽度、深度、高度面的分段数，如图 4-25 所示。

2. 利用"四棱锥"制作的"房子"模型

[1] 在"透视图"建立并设置宽度值为 50、深度值为 50、高度值为 20，作为房子顶的模型。

[2] 建立长方体作为房子的主体，再逐一添加门、窗、气窗、烟囱等模型。

[3] 为场景添加地面模型，再为场景设置灯光与渲染，完成的效果如图 4-26 所示。

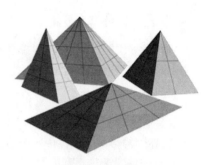

图4-24　四棱锥

图4-25　参数卷展栏

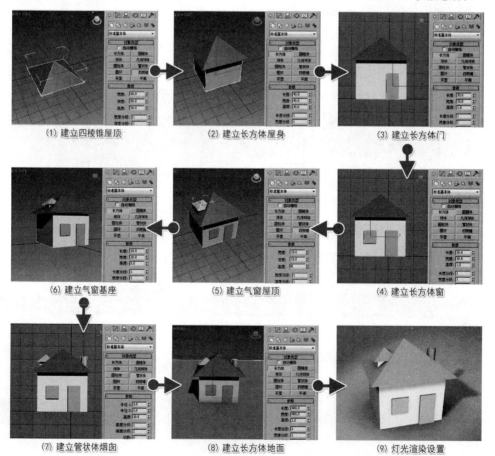

(1) 建立四棱锥屋顶　　　(2) 建立长方体屋身　　　(3) 建立长方体门

(6) 建立气窗基座　　　(5) 建立气窗屋顶　　　(4) 建立长方体窗

(7) 建立管状体烟囱　　　(8) 建立长方体地面　　　(9) 灯光渲染设置

图4-26　制作流程

↗ 4.1.9 茶壶

"茶壶"可以生成一个茶壶形状的模型，也可以选择一次制作整个茶壶或一部分茶壶。"茶壶"是参量物体，可以选择创建之后显示茶壶的任意部分，如图 4-27 所示。

图4-27 茶壶

1. 参数设置

"茶壶"的参数卷展栏主要用于设置外形与所需的部件。"茶壶"的参数卷展栏如图 4-28 所示。"半径"与"分段"用于设置茶壶的外形尺寸；"平滑"用于设置混合茶壶的面，从而在渲染视图中创建平滑的外观；"茶壶部件"可以启用或禁用茶壶部件的复选框，部件包括壶体、壶把、壶嘴和壶盖。

2. 利用"茶壶"制作的"角色"模型

1 在"透视图"建立并设置半径值为 30、分段值为 6，作为角色的身体模型。

2 将建立的模型进行复制，再对部件进行选择设置，使壶体与壶盖完全分离。

3 继续建立球体作为眼睛模型，建立半球作为眼珠与眼皮模型，再调节角度与对称设置，完成的效果如图 4-29 所示。

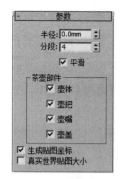

图4-28 参数卷展栏

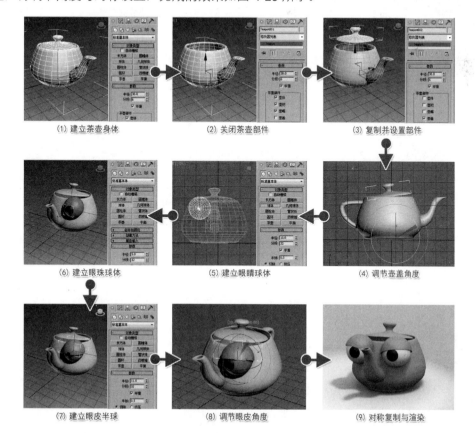

(1) 建立茶壶身体   (2) 关闭茶壶部件   (3) 复制并设置部件

(6) 建立眼珠球体   (5) 建立眼睛球体   (4) 调节壶盖角度

(7) 建立眼皮半球   (8) 调节眼皮角度   (9) 对称复制与渲染

图4-29 制作流程

4.1.10 平面

"平面"是特殊类型的平面多边形网格，可以在渲染时
无限放大，可以指定放大分段大小或数量的因子，用于创
建大型地等物体不会妨碍在视图中的显示，如图 4-30 所示。

图4-30 平面

1. 参数设置

"平面"的参数卷展栏中除了长宽与分段设置以外，"缩
放"项目用于指定长度和宽度在渲染时的倍增因子，可以
从中心向外执行缩放；"密度"项目用于指定长度和宽度分
段数在渲染时的倍增因子，也就是渲染分段。"平面"的参
数卷展栏如图 4-31 所示。

2. 利用"平面"制作的复杂模型的"参考"外壳

1 在"透视图"建立并按照贴图的尺寸设置，再建
立前部平面和侧部平面，使外壳组合为半封闭的结构。

2 逐一为各平面赋予对应贴图，完成后即可在外壳
的中心建立物体，得到各角度的参考作用，完成的效果如
图 4-32 所示。

图4-31 参数卷展栏

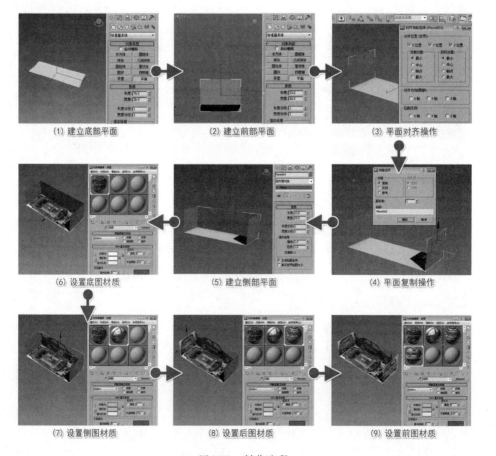

(1) 建立底部平面　(2) 建立前部平面　(3) 平面对齐操作

(6) 设置底图材质　(5) 建立侧部平面　(4) 平面复制操作

(7) 设置侧图材质　(8) 设置后图材质　(9) 设置前图材质

图4-32 制作流程

4.2 扩展基本体

扩展基本体是 3ds Max 复杂基本体的集合，可以通过创建面板中的对象类型卷展栏或【创建】→【扩展基本体】菜单创建这些基本体，如图 4-33 所示。

图4-33　扩展基本体

🠵 4.2.1　异面体

"异面体"基本体是通过几个系列的多面体生成的物体，如图 4-34 所示。

"异面体"的参数卷展栏如图 4-35 所示。

"系列"：可选择要创建多面体的类型，其中有四面体、立方体/八面体、十二面体/二十面体、星形 1 和星形 2。

● "顶点"：其中的参数决定多面体每个面的内部几何体，中心和边会增加对象中的顶点数，因此增加面数。

● "系列参数" P 和 Q：是为多面体顶点和面之间提供两种方式变换的关联参数。

● "轴向比率"：可以控制多达三种多面体的面，如三角形、方形或五角形，如果多面体只有一种或两种面，则只有一个或两个轴向比率参数处于活动状态。

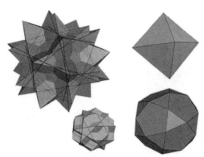

图4-34　异面体

图4-35　参数卷展栏

4.2.2 环形结

"环形结"基本体可以通过在正常平面中围绕 3D 曲线绘制 2D 曲线来创建复杂或带结的环形物体。3D 曲线既可以是圆形，也可以是环形结，如图 4-36 所示。

"环形结"基本体的参数卷展栏如图 4-37 所示。

- "基础曲线"：提供影响基础曲线的参数，其中有结 / 圆形、半径、分段、P、Q、扭曲数和扭曲高度。
- "横截面"：提供影响环形结横截面的参数，其中有半径、边数、偏心率、扭曲、块、块高度和块偏移。
- "平滑"：提供用于改变环形结平滑显示或渲染的选项，这种平滑不能移动或细分几何体，只能添加平滑组信息。
- "贴图坐标"：提供指定和调整贴图坐标的方法。

图4-36　环形结

图4-37　参数卷展栏

4.2.3 切角长方体

使用"切角长方体"基本体可以创建具有倒角或圆形边的长方体，如图 4-38 所示。

"切角长方体"的参数卷展栏如图 4-39 所示。

- "圆角"：控制切开切角长方体的边，值越高切角长方体边上的圆角将更加精细。
- "圆角分段"：设置长方体圆角边时的分段数，添加圆角分段将增加圆形边。

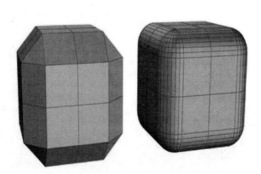

图4-38　切角长方体

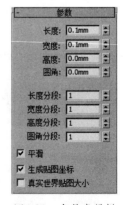

图4-39　参数卷展栏

4.2.4　切角圆柱体

使用"切角圆柱体"基本体可以创建具有倒角或圆形封口边的圆柱体，如图 4-40 所示。
"切角圆柱体"的参数卷展栏如图 4-41 所示。

- "圆角"：控制斜切切角圆柱体的顶部和底部封口边，数量越多将使沿着封口边的圆角更加精细。
- "圆角分段"：设置圆柱体圆角边时的分段数，添加圆角分段将增加圆形边。
- "端面分段"：设置沿着倒角圆柱体顶部和底部的中心同心分段的数量。

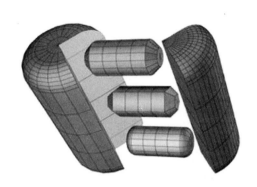

图4-40　切角圆柱体

图4-41　参数卷展栏

4.2.5　油罐

使用"油罐"基本体可以创建带有凸面封口的圆柱体，如图 4-42 所示。
"油罐"的参数卷展栏如图 4-43 所示。

- "封口高度"：设置凸面封口的高度，最小值是半径设置的 2.5%，除非高度设置的绝对值小于两倍半径设置，封口高度不能超过高度设置绝对值的 1/2，否则最大值是半径设置。
- "总体 / 中心"：决定高度值指定的内容，总体是对象的总体高度，中心是圆柱体中部的高度，不包括其凸面封口。
- "混合"：大于 0 时将在封口的边缘创建倒角。

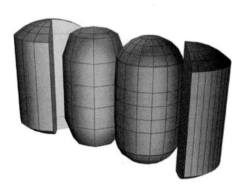

图4-42　油罐

图4-43　参数卷展栏

4.2.6 胶囊

使用"胶囊"基本体可以创建带有半球状封口的圆柱体，如图 4-44 所示。

"胶囊"基本体的参数卷展栏如图 4-45 所示。

- "总体"：可以指定对象的总体高度，不包括其圆顶封口。
- "中心"：可以指定圆柱体中部的高度，不包括其圆顶封口。

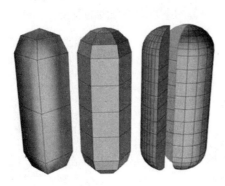

图4-44 胶囊

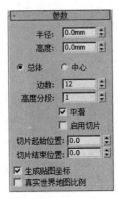

图4-45 参数卷展栏

4.2.7 纺锤

使用"纺锤"基本体可以创建带有圆锥形封口的圆柱体，如图 4-46 所示。

"纺锤"的参数卷展栏如图 4-47 所示。

- "封口高度"：设置圆锥形封口的高度。
- "混合"：大于 0 时将在纺锤主体与封口的会合处创建圆角。

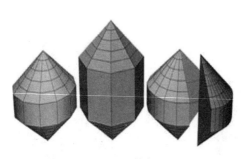

图4-46 纺锤

图4-47 参数卷展栏

4.2.8 L-Ext

使用"L-Ext"基本体可以创建挤出的 L 形物体，如图 4-48 所示。

"L-Ext"基本体的参数卷展栏如图 4-49 所示。

- "侧面 / 前面长度"：指定 L 每个脚的长度。
- "侧面 / 前面宽度"：指定 L 每个脚的宽度。
- "高度"：指定物体的高度。
- "侧面 / 前面分段"：指定对象特定腿的分段数。
- "宽度 / 高度分段"：指定整个宽度和高度的分段数。

图4-48　L-Ext

图4-49　参数卷展栏

4.2.9　球棱柱

使用"球棱柱"基本体可以利用可选的圆角面边创建挤出的规则面多边形，如图 4-50 所示。
"球棱柱"的参数卷展栏如图 4-51 所示。

- "边数"：设置球棱柱周围边数。
- "侧面分段"：设置球棱柱周围的分段数量。

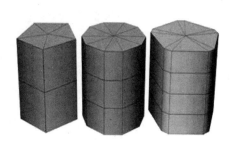

图4-50　球棱柱

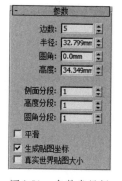

图4-51　参数卷展栏

4.2.10　C-Ext

使用"C-Ext"基本体可以创建 C 形物体，如图 4-52 所示。
"C-Ext"基本体的参数卷展栏如图 4-53 所示。

- "背面 / 侧面 / 前面长度"：指定三个侧面的每一个长度。
- "背面 / 侧面 / 前面宽度"：指定三个侧面的每一个宽度。
- "高度"：指定物体的总体高度。

- "背面 / 侧面 / 前面分段"：指定对象特定侧面的分段数。
- "宽度 / 高度分段"：设置该分段以指定对象的整个宽度和高度的分段数。

图4-52　C-Ext

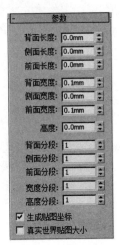

图4-53　参数卷展栏

4.2.11　环形波

使用"环形波"基本体可以创建一个环形，可以设定不规则内部和外部边，它的图形可以设置为动画，也可以设置环形波物体增长动画，还可以使用关键帧对所有数字参数设置动画，如图4-54所示。

"环形波"的参数卷展栏如图4-55所示。

- "环形波大小"：可以设置来更改环形波基本参数，其中有半径、径向分段、环形宽度、边数、高度和高度分段。
- "环形波计时"：环形波从零增加到其最大尺寸时，使用这些设置可记录环形波的动画。
- "外边波折"：主要用来更改环形波外部边的形状，为获得类似冲击波的效果。
- "内边波折"：用来更改环形波内部边的形状。

图4-54　环形波

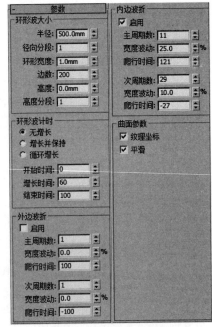

图4-55　参数卷展栏

↗ 4.2.12　软管

"软管"基本体是一个能连接两个对象的弹性物体，因而能反映这两个对象的运动。它类似于弹簧，但不具备动力学属性。可以指定软管的总直径和长度、圈数以及其线的直径和形状，如图 4-56 所示。

"软管"的参数卷展栏如图 4-57 所示。

- "端点方法"：提供自由软管和绑定到对象轴的设置。
- "绑定对象"：可以使用控制拾取软管绑定到的对象，并设置对象之间的张力。
- "自由软管参数"：其中的高度用于设置软管未绑定时的垂直高度或长度，不一定等于软管的实际长度。
- "公用软管参数"：提供软管的分段、启用柔体截面、起始位置、结束位置、周期数、直径、平滑、可渲染和生成贴图坐标设置。
- "软管形状"：提供软管的圆形软管、直径、边数、长方形软管、宽度、深度、圆角、圆角分段、旋转、D 截面软管、圆形侧面设置。

图4-56　软管

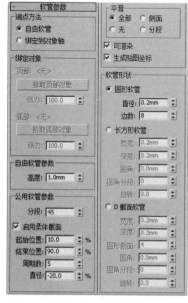

图4-57　参数卷展栏

↗ 4.2.13　棱柱

使用"棱柱"基本体可以创建带有独立分段面的三面棱柱，如图 4-58 所示。

"棱柱"的参数卷展栏如图 4-59 所示。

- "侧面长度"：设置三角形对应面的长度，以及三角形的角度。
- "高度"：设置棱柱体中心轴的维度。
- "侧面分段"：指定棱柱体每个侧面的分段数。
- "高度分段"：设置沿着棱柱体主轴的分段数量。

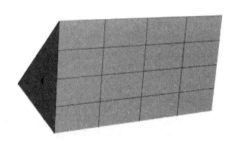

图4-58　棱柱

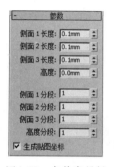

图4-59　参数卷展栏

4.3 建筑对象

建筑对象针对建筑、工程和构造领域而设计,其中包括门、窗、AEC 扩展和楼梯,如图 4-60 所示。

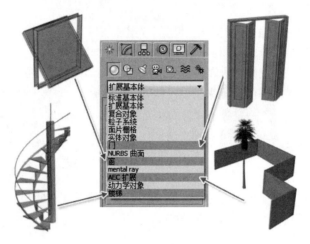

图4-60　建筑对象

4.3.1　门

使用提供的"门"系统模型可以控制门外观的细节,还可以将门设置为打开、部分打开或关闭,以及设置打开的动画。门的类型有枢轴门、推拉门和折叠门,如图 4-61 所示。

1．枢轴门

"枢轴门"是最常见的仅在一侧装有铰链的门,枢轴门效果如图 4-62 所示。"枢轴门"的参数卷展栏如图 4-63 所示。

图4-61　门

图4-62　枢轴门效果

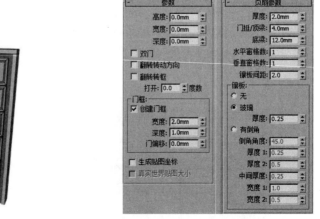

图4-63　参数卷展栏

2．推拉门

"推拉门"是有一半固定，另一半可以推拉的推拉门，效果如图4-64所示。"推拉门"的参数
卷展栏如图4-65所示。

图4-64　推拉门效果

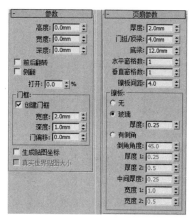

图4-65　参数卷展栏

3．折叠门

"折叠门"的铰链装在中间以及侧端，就像许多壁橱的门那样。也可以将此类型的门创建成一
组双门，折叠门效果如图4-66所示。折叠门的参数卷展栏如图4-67所示。

图4-66　折叠门效果

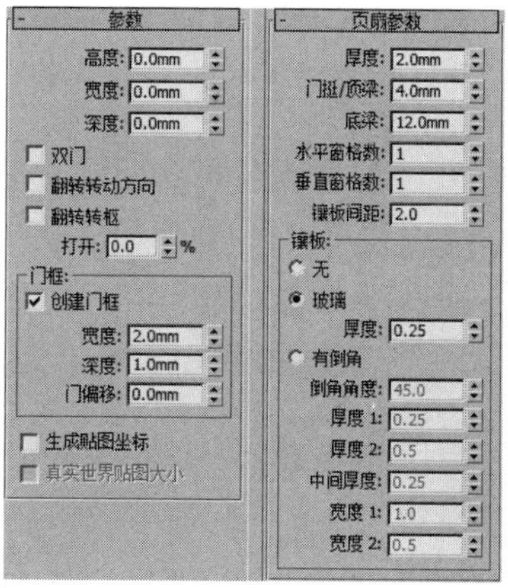

图4-67　参数卷展栏

4.3.2　窗

使用"窗"对象可以控制窗的外观细节，设置
窗为打开、部分打开或关闭，以及设置打开的动画。
窗的类型有遮篷式窗、平开窗、固定窗、旋开窗、
伸出式窗、推拉窗，如图4-68所示。

1．遮篷式窗

"遮篷式窗"是一扇或多扇可以在顶部转枢的
窗，效果如图4-69所示。遮篷式窗的参数卷展栏如

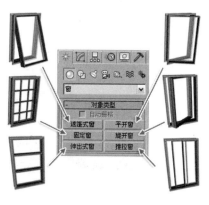

图4-68　窗

图 4-70 所示。

图4-69　遮篷式窗效果

图4-70　参数卷展栏

2. 平开窗

"平开窗"是一扇或两扇可在侧面转轴的窗，可以向内或向外转动，平开窗效果如图 4-71 所示。平开窗的参数卷展栏如图 4-72 所示。

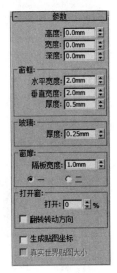

图4-71　平开窗效果

图4-72　参数卷展栏

3. 固定窗

"固定窗"不能打开，因此没有打开窗的控制。除了标准窗对象参数之外，固定窗还为细分窗提供了设置的窗格和面板组，固定窗效果如图 4-73 所示。固定窗的参数卷展栏如图 4-74 所示。

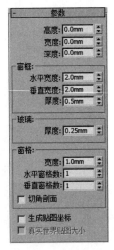

图4-73　固定窗效果

图4-74　参数卷展栏

4．旋开窗

"旋开窗"只具有一扇窗框，中间通过窗框面用铰链接合起来，它可以垂直或水平旋转打开，效果如图 4-75 所示。旋开窗的参数卷展栏如图 4-76 所示。

图4-75　旋开窗效果

图4-76　参数卷展栏

5．伸出式窗

"伸出式窗"具有三扇窗框，顶部窗框不能移动，底部的两个窗框可像遮篷式窗一样旋转打开，但却是以相反的方向，效果如图 4-77 所示。伸出式窗的参数卷展栏如图 4-78 所示。

图4-77　伸出式窗效果

图4-78　参数卷展栏

6．推拉窗

"推拉窗"具有两扇窗框，一扇固定的窗框，一扇可移动的窗框。可以垂直移动或水平移动滑动部分，效果如图 4-79 所示。推拉窗的参数卷展栏如图 4-80 所示。

图4-79　推拉窗效果

图4-80　参数卷展栏

↗ 4.3.3 AEC扩展

AEC扩展对象专为在建筑、工程和构造领域中使用而设计。扩展物体主要有植物、栏杆和墙，如图4-81所示。

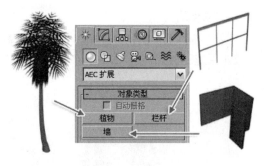

图4-81 AEC扩展

1. 植物

"植物"系统以网格的形式创建植物，可以快速、有效地创建漂亮的植物，如图4-82所示。可以控制高度、密度、修剪、种子、树冠显示和细节级别，可以为同一物种创建上百万个变体。植物的参数卷展栏如图4-83所示。

图4-82 植物

图4-83 参数卷展栏

2. 栏杆

"栏杆"对象的组件包括栏杆、立柱和栅栏，栅栏包括支柱或实体填充材质，如图4-84所示。在创建栏杆对象时，既可以指定栏杆的方向和高度，也可以拾取样条线路径并向该路径应用栏杆。栏杆的参数卷展栏如图4-85所示。

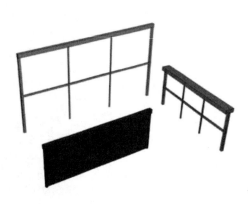

图4-84 栏杆

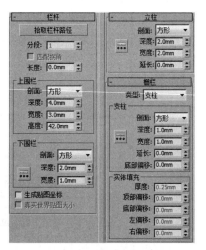

图4-85 参数卷展栏

3. 墙

"墙"对象用于创建多种墙体，如图 4-86 所示。在墙卷展栏中可以通过键盘输入和参数设置墙体的形状，如图 4-87 所示。

图4-86　墙

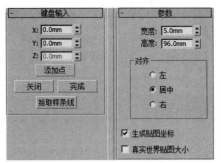

图4-87　参数卷展栏

4.3.4　楼梯

系统提供 4 种不同类型的楼梯，主要有 L 型楼梯、U 型楼梯、直线楼梯和螺旋楼梯，如图 4-88 所示。

1. 直线楼梯

使用"直线楼梯"对象可以创建一个简单的楼梯，其中侧弦、支撑梁和扶手可选，如图 4-89 所示。

2. L型楼梯

使用"L 型楼梯"对象可以创建带有彼此成直角的两段楼梯，如图 4-90 所示。

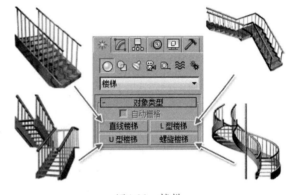

图4-88　楼梯

图4-89　直线楼梯

图4-90　L型楼梯

3. U型楼梯

使用"U 型楼梯"对象可以创建一个两段的楼梯，这两段彼此平行并且它们之间有一个平台，如图 4-91 所示。

4. 螺旋楼梯

使用"螺旋楼梯"对象可以指定旋转的半径和数量，还可以添加侧弦和中柱设置，如图 4-92 所示。

图4-91　U型楼梯　　　　　　　　　　　图4-92　螺旋楼梯

4.4　创建图形

　　图形是由一条曲线、多条曲线和直线组成的对象，大多数默认的图形都是由样条线组成。样条线中包括的对象类型有线形、矩形、圆形、椭圆、弧形、圆环、多边形、星形、文本、螺旋线、Egg、截面，如图 4-93 所示。

　　在"渲染"卷展栏中可以启用和禁用样条线的渲染性，在渲染场景中可以指定其厚度并应用贴图坐标，也可以设置渲染参数的动画，还可以通过应用编辑网格修改器或转化为可编辑网格，将显示的网格转化为网格对象，如图 4-94 所示。

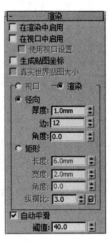

图4-93　创建样条线　　　　　　　　图4-94　渲染卷展栏

↗ 4.4.1　线形

　　使用"线"命令可以创建多个分段组成的自由形式样条线，如图 4-95 所示。

　　"线"的创建方法与其他样条线工具不同。在单击或拖动顶点时，通过创建方法卷展栏可以控制创建顶点的类型，也可以预设样条线顶点的默认类型，如图 4-96 所示。

　　角点可以产生一个尖端的角，平滑是通过顶点产生一条平滑线，而 Bezier 是通过顶点产生一条可以调节的平滑曲线。

↗ 4.4.2　矩形

　　使用"矩形"命令可以创建方形和矩形样条线，如图 4-97 所示。在参数卷展栏中可以更改创建矩形的参数，如图 4-98 所示。

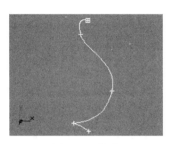

图4-95 线形

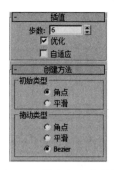

图4-96 创建方法卷展栏

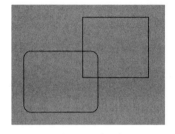

图4-97 矩形

图4-98 参数卷展栏

↗ 4.4.3 圆形

使用"圆"命令可以创建由 4 个顶点组成的闭合圆形样条线，如图 4-99 所示。在参数卷展栏中可以更改创建圆形的参数，如图 4-100 所示。

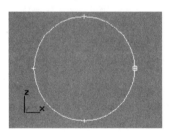

图4-99 圆形

图4-100 参数卷展栏

↗ 4.4.4 椭圆

使用"椭圆"命令可以创建椭圆形和圆形样条线，如图 4-101 所示。在参数卷展栏中可以更改创建椭圆形的参数，如图 4-102 所示。

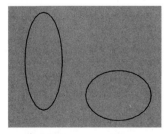

图4-101 椭圆

图4-102 参数卷展栏

↗ 4.4.5 弧形

使用"弧"命令可以创建由 4 个顶点组成的打开或闭合圆形弧形，如图 4-103 所示。在创建方法卷展栏中可以确定在创建弧形时鼠标的单击序列，如图 4-104 所示。在参数卷展栏中可以更改创建弧形的参数，如图 4-105 所示。

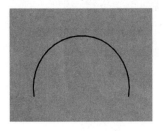
图4-103　弧形

图4-104　创建方法卷展栏

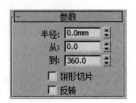
图4-105　参数卷展栏

↗ 4.4.6 圆环

使用"圆环"命令可以通过两个同心圆创建封闭的形状。每个圆都由 4 个顶点组成，如图 4-106 所示。在参数卷展栏中可以更改创建圆环形的参数，如图 4-107 所示。

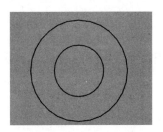
图4-106　圆环

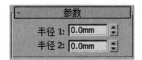
图4-107　参数卷展栏

↗ 4.4.7 多边形

使用"多边形"命令可以创建具有任意面数或顶点数的闭合平面或圆形样条线，如图 4-108 所示。在参数卷展栏中可以更改创建多边形的参数，如图 4-109 所示。

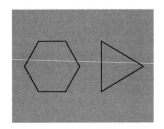
图4-108　多边形

图4-109　参数卷展栏

↗ 4.4.8 星形

使用"星形"命令可以创建具有很多点的闭合星形样条线，可以使用两个半径来设置内顶点和外顶点之间的距离,如图 4-110 所示。在参数卷展栏中可以更改创建星形的参数,如图 4-111 所示。

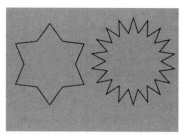

图4-110　星形

图4-111　参数卷展栏

↗ 4.4.9　文本

使用"文本"命令可以创建文本图形的样条线，如图 4-112 所示。文本可以使用系统中安装的任意 Windows 字体。在参数卷展栏中可以更改创建文本的参数，如图 4-113 所示。

图4-112　文本

图4-113　参数卷展栏

↗ 4.4.10　螺旋线

使用"螺旋线"命令可以创建开口平面或 3D 螺旋形，如图 4-114 所示。在参数卷展栏中可以更改创建螺旋线形的参数，如图 4-115 所示。

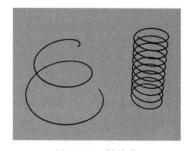

图4-114　螺旋线

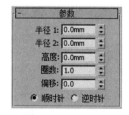

图4-115　参数卷展栏

↗ 4.4.11　Egg

使用"Egg"命令可以创建任意角度的两个同心卵形组成的封闭图形，如图 4-116 所示。在参数卷展栏中可以更改创建卵形的参数，如图 4-117 所示。

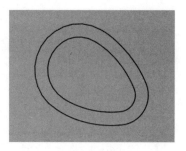

图4-116 Egg形

图4-117 参数卷展栏

4.4.12 截面

"截面"是一种特殊类型的对象，其可以通过网格对象基于横截面切片生成其他形状。截面对象显示为相交的矩形，只需将其移动并旋转即可通过一个或多个网格对象进行切片，然后单击生成形状按钮即可基于 2D 相交生成一个形状，如图 4-118 所示。在截面参数卷展栏中可以设置创建图形、更新截面及截面范围等项，如图 4-119 所示。

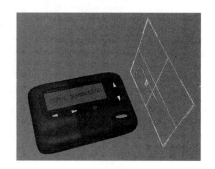

图4-118 截面

图4-119 截面参数卷展栏

4.5 本章小结

本章主要介绍了创建标准基本体、扩展基本体、样条线、门系统、窗系统、AEC 扩展对象、楼梯系统的方法，使读者可以掌握基础物体建模的方法。

4.6 课后练习

1. 尝试利用长方体创建书桌模型。
2. 尝试利用圆锥体创建古树模型。

第 5 章
三维模型制作基础

本章主要对 3ds Max 的组合建模、多边形建模、NURBS 建模、面片建模和曲面建模的基础命令和特色进行讲解，然后对平滑模型处理和模型布线知识进行介绍。

在 3ds Max 中有许多功能强大的建模方式，包括组合建模、多边形建模、NURBS 建模、面片建模和曲面建模等。随着软件的发展和功能延伸，NURBS 建模、面片建模和曲面建模因使用繁琐不容易出效果，正在逐渐地被制作者放弃掉，其中最复杂和难度最大的是多边形建模。

5.1　组合建模

物体组合建模是 3ds Max 中简单实用的一种建模方式，它主要通过独立而简单的几何体，搭建组合成为一个完整的造型。在物体组合的建模过程中，要注意物体之间的吻合关系，其特别适合制作零件组合的动画场景模型，如图 5-1 所示。

图5-1　组合建模

3ds Max 中的物体基本上有两种，一种是规则物体，另一种是不规则物体。不管是哪一种物体，都需要通过移动、旋转、缩放、捕捉和层级等工具进行调节，使多个物体堆砌组合在一起，构成丰富的三维模型。

↗ 5.1.1　变换工具

变换工具主要控制物体的位置、角度和比例，包括 ✛ 移动工具、↻ 旋转工具、⬜ 缩放工具，而缩放工具中又包括均匀缩放、非均匀缩放和挤压缩放，如图 5-2 所示。

✛ 移动工具主要是调节物体的位置，其中的移动坐标包括平面控制柄和中心框控制柄，可以选择任一轴控制柄将移动约束到此轴，还可以使用平面控制柄将移动约束到 XY、YZ 或 XZ 平面，如图 5-3 所示。

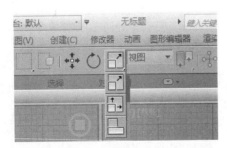

图5-2　变换工具

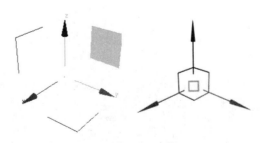

图5-3　移动控制

旋转工具可以围绕 X、Y 或 Z 轴或垂直于视图的轴自由改变对象角度，轴控制柄是围绕轨迹球的圆圈，当进行旋转操作时，一个透明切片会以直观的方式说明旋转方向和旋转量，如图 5-4 所示。

缩放工具主要通过更改缩放坐标大小和形状提供的反馈控制物体的比例，当坐标在拖动的同时将产生拉伸和变形，在释放鼠标按钮后，坐标将又恢复为原始的大小和形状，如图 5-5 所示。

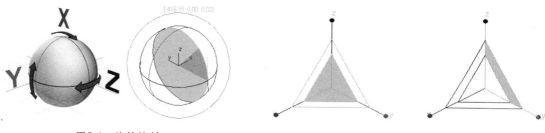

图5-4　旋转控制　　　　　　　　　　　　　　　图5-5　缩放控制

可以在视图中交互地变换对象时将其复制，此过程称为使用"Shift+ 复制"，此技术为按住"Shift"键的同时再使用鼠标来变换选定的对象，是复制对象时最为常用的方法。设置变换中心和变换轴的方式，还会决定复制对象的排列。

在进行模型制作时，很可能对键盘的一些错误操作变换坐标会进行不同显示，使用快捷键"+"和"–"可以控制变换工具坐标的大小显示，使用"X"键可以切换变换工具坐标的锁定，在菜单中选择【视图】→【显示变换 Gizmo】命令可以将坐标进行隐藏和显示。

5.1.2　辅助捕捉

辅助捕捉中提供了 对象捕捉、 角度捕捉切换、 百分比捕捉切换、 微调器捕捉切换，可以快速得到理想的三维操作，如图 5-6 所示。

辅助捕捉工具主要用于创建变换对象或子对象期间，捕捉现有几何体的特定部分，也可以捕捉栅格，可以捕捉切换、中点、轴点、面中心和其他选项。在任何一个对象捕捉工具按钮上单击鼠标右键，可以在弹出的栅格和捕捉对话框中设置与捕捉相关的选项，如图 5-7 所示。

图5-6　捕捉控制

图5-7　栅格和捕捉对话框

5.1.3　镜像与对齐

镜像工具与 对齐工具可以快速得到对称和物体之间的对齐操作，是手工控制很难达到的精确操作，如图 5-8 所示。

镜像工具可以在一个或多个对象的方向时移动这些

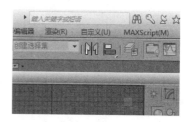

图5-8　镜像与对齐

对象，还可以用于围绕当前坐标系中心镜像当前选择，可以同时创建克隆对象，如果镜像分级链接，则可以使用镜像 IK 限制的选项，如图 5-9 所示。

对齐工具可以将当前选择与目标选择进行对齐匹配。在选择要对齐的对象后，使用对齐工具再选择要与第一个对象对齐的其他对象。对齐工具中还包括快速对齐、法线对齐、放置高光、对齐摄影机和对齐到视图，如图 5-10 所示。

图5-9　镜像操作

图5-10　对齐操作

↗ 5.1.4　轴控制

每个对象都具有代表其本地中心和本地坐标系统的轴点，对象的轴点主要适用作为旋转的中心，设置修改器中心的默认位置，定义对象链接子对象的变换关系，定义反向运动学（IK）的关节位置。使用层级面板的"调整轴"卷展栏中的按钮，可以随时调整对象轴点的位置和方向，调整对象的轴点不会影响链接到该对象的任何子对象，如图 5-11 所示。

调整轴卷展栏中的"仅影响轴"按钮对移动变换的轴和旋转变换的轴产生影响，而对缩放变换的轴没有影响，如图 5-12 所示。

图5-11　调节轴卷展栏

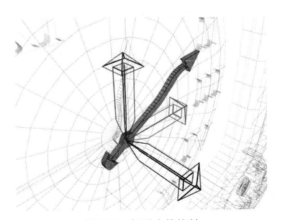

图5-12　仅影响轴控制

5.2　多边形建模

多边形建模是目前所有三维软件最为流行的建模方法之一，适用人群非常广泛。

多边形建模的优势在于构造灵活，可以跟随制作者的思绪构造出理想模型，主要通过点、线和面进行修改与创作，运行速度非常快，模型布线的控制简单，可以随意在模型上增加或减少修改，适合制作动画和角色模型。与多边形配合使用的还有网格平滑修改器，能够将粗略的网格细分为光滑效果，如图 5-13 所示。

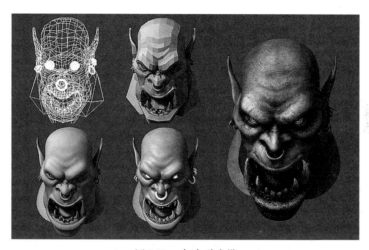

图5-13　多边形建模

5.2.1　编辑多边形模式卷展栏

“编辑多边形模式”卷展栏可以访问编辑多边形的两种操作模式，即用于建模和用于设置建模效果的动画。例如，可以为沿样条线挤出的多边形设置锥化和扭曲的动画。此时系统会分别记住每个对象的当前模式，同一模式在所有子对象层级都处于活动状态。另外使用该卷展栏，还可以访问当前操作的设置对话框，并提交或取消建模和动画更改，如图 5-14 所示。

图5-14　编辑多边形模式

编辑多边形（对象）功能在没有子对象层级处于激活状态时是可用的。另外，该项功能在所有的子对象层级都是可用的，并且在每一个模式中都起相同的作用，例外情况下面会有提示。

5.2.2　选择卷展栏

“选择”卷展栏提供了各种工具，用于访问不同的子对象层级和显示设置以及创建和修改选定的内容，还显示了与选定实体有关的信息，如图 5-15 所示。

图5-15　选择卷展栏

- 　（顶点）：单击该按钮，可以启用顶点子对象层级，选择区域时可以选择该区域内的顶点。

- 　（边）：单击该按钮，可以启用边子对象层级，选择区域时可以选择该区域内的边。

- ○（边界）：单击该按钮，可以启用边界子对象层级。使用该层级，可以选择为网格中的孔洞设置边界的边序列。边界始终由面只位于其中一边的边组成，且始终是闭合的。
- ■（多边形）：单击该按钮，可以启用多边形子对象层级，区域选择会选择该区域中的多个多边形。
- ◢（元素）：单击该按钮，可以启用元素子对象层级，从中选择对象中的所有连续多边形，区域选择用于选择多个元素。
- 使用堆栈选择：启用时，编辑多边形自动使用在堆栈中向上传递的任何现有子对象选择，并禁止手动更改选择。
- 按顶点：启用时，只有通过选择所用的顶点，才能选择子对象。单击某一个顶点时，将选择与该顶点相连的所有子对象。
- 忽略背面：启用后，选择子对象将只影响朝向正面的那些对象。
- 按角度：启用并选择某个多边形时，系统会根据复选框右侧的角度设置选择邻近的多边形。该值可以确定要选择的邻近多边形之间的最大角度。
- 收缩：通过取消选择最外部的子对象来缩小子对象的选择区域。如果无法再减小选择区域的大小，将会取消选择的子对象。
- 扩大：向所有可用方向外侧扩展选择区域。对于此功能，边界被认为是边选择。使用收缩和扩大，可以从当前选择的子对象中添加或移除相邻元素。该选项适用于任何子对象层级。
- 环形：通过选择与选定边平行的所有边来扩展边选择。环形仅适用于边子对象层级。选择环形时，可以向选定内容中添加与以前选定的边并行的所有边，如图 5-16 所示。
- 循环：尽可能扩大选择区域，使其与选定的边对齐。循环仅适用于边子对象层级，且只能通过四路交点进行传播，如图 5-17 所示。

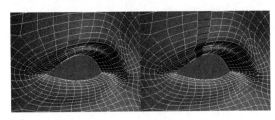

图5-16　环形

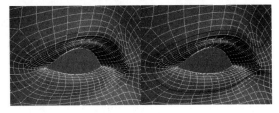

图5-17　循环

- 获取堆栈选择：使用在堆栈中向上传递的子对象选择替换当前选择。

5.2.3　软选择卷展栏

通过在"软选择"卷展栏中进行参数设置，可以在选定子对象和未选择的子对象之间应用平滑衰减。在启用"使用软选择"时，会与选择对象相邻的未选择子对象指定部分选择值。这些值可以按照顶点颜色渐变方式显示在视图中，也可以选择按照面的颜色渐变方式进行显示。它为类似磁体的效果提供了选择的影响范围，这种效果随着距离或部分选择的强度而衰减，如图 5-18 所示。

- 使用软选择：启动该选项后，将会在可编辑对象或编辑修改命令内影响移动、旋转和缩放等操作，如果变形修改命令在子对象选择上进行操作，那么也会影响到对象上的变形修改命令的操作。

- 边距离：启用该选项后，将软选择限制到指定的面数，该选择在进行选择的区域和软选择的最大范围之间。
- 影响背面：启用该选项后，那些法线方向与选定子对象平均法线方向相反的、未被选择的面就会受到软选择的影响。
- 衰减：定义影响选择区域的距离，它是用当前单位表示的从中心到球体的边的距离，如图 5-19 所示。
- 收缩：沿着垂直轴升高或降低曲线的最高点。
- 膨胀：沿着垂直轴展开和收缩曲线，设置区域的相对饱满。
- 软选择曲线：以图形的方式显示"软选择"将是如何进行工作的。
- 明暗处理面切换：用以显示颜色渐变，它与软选择范围内面上的软选择权重相对应。该选项只有在编辑面片和多边形对象时才可用。
- 锁定软选择：锁定软选择，以防止对程序的选择进行更改。
- 绘制软选择：可以通过在选择上拖动鼠标来明确地指定软选择。绘制软选择功能在子对象层级上可以为可编辑多边形对象所用，也可以为应用了编辑多边形或多边形选择修改命令的对象所用。

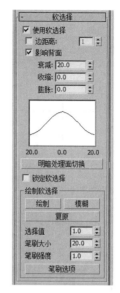

图5-18　软选择卷展栏

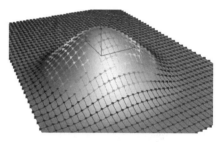

图5-19　衰减效果

↗ 5.2.4　编辑几何体卷展栏

当子对象层级未处于活动状态时，可以使用可编辑多边形的对象功能。另外，这些功能适用于所有的子对象层级，且在每种模式下的用法相同，"编辑几何体"卷展栏如图 5-20 所示。

- 重复上一个：重复最近使用的命令。例如，如果挤出某个多边形，并要对几个其他边界应用相同的挤出效果，可以单击"重复上一个"，如图 5-21 所示。
- 约束：可以使用现有的几何体约束子对象的变换，如图 5-22 所示。
- 保持 UV：启用时，可以对边界进行编辑，而不会影响对象的 UV 贴图，如图 5-23 所示。
- 创建：用于从孤立顶点和边界顶点创建多边形。
- 塌陷：通过将其顶点与选择中心的顶点焊接，使选定边界产生塌陷，如图 5-24 所示。
- 附加：用于将场景中的其他对象附加到选定的可编辑多边形中。可以附加任何类型的对象，包括样条线、面片对象和 NURBS 曲面。

图5-20　编辑几何体卷展栏

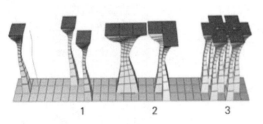

图5-21　重复上一个

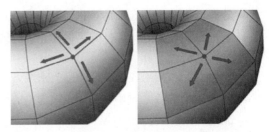

图5-22　约束

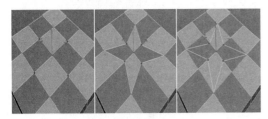

图5-23　保持UV

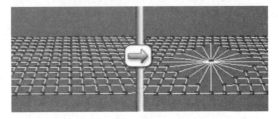

图5-24　塌陷

- 分离：从编辑多边形对象分离选定边框和附着的所有多边形，创建单独对象或元素。
- 切片平面：为切片平面创建 Gizmo，可以定位和旋转它来指定切片位置。
- 分割：启用时，通过迅速切片和切割操作，可以在划分边的位置处的点创建两个顶点集。这样，便可轻松地删除要创建孔洞的新多边形，还可以将新多边形作为单独的元素进行设置动画。
- 切片：在切片平面位置处执行切片操作。只有在启用"切片平面"时才能使用该选项。该工具对多边形执行切片处理的操作同切片修改器的模式相同，如图 5-25 所示。
- 快速切片：可以将所选对象快速切片，而不操纵 Gizmo。
- 切割：用于创建一个多边形到另一个多边形的边，或在多边形内创建边，如图 5-26 所示。

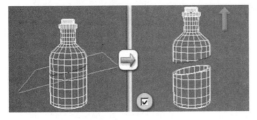

图5-25　切片

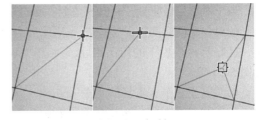

图5-26　切割

- 网格平滑：使用当前设置平滑对象。此命令具有细分功能，它与网格平滑修改命令中的 NURMS 细分类似，但是与 NURMS 细分不同的是，它立即将平滑应用到控制网格的选定区域上，如图 5-27 所示。
- 细化：根据细化设置细分对象中的所有多边形。
- 平面化：强制对象中的所有顶点共面。
- X/Y/Z：平面化对象中的所有顶点，并使该平面与对象局部坐标系中的相应平面对齐。
- 视图对齐：使对象中的所有顶点与活动视图所在的平面对齐，如图 5-28 所示。
- 栅格对齐：使选定对象中的所有顶点与活动视图所在的平面对齐。如果子对象模式处于活动状态，则该功能只适用于选定的子对象。该功能可以使选定的顶点与当前的构建平面对齐。

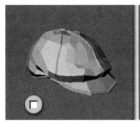

图5-27 网格平滑

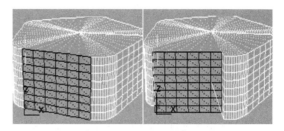

图5-28 视图对齐

- 松弛：使用"松弛"对话框中的设置，可以将"松弛"功能应用于当前的选定内容。"松弛"可以规格化网格空间，方法是朝向邻近对象的平均位置移动每个顶点。其工作方式与"松弛"修改命令相同。
- 隐藏选定对象：隐藏任何选定的顶点，隐藏的顶点不能用来选择或转换。
- 全部取消隐藏：将所有隐藏的顶点恢复为可见。
- 隐藏未选定对象：隐藏未选定的任意顶点。
- 命名选择：用于复制和粘贴对象之间的子对象的命名选择集。
- 完全交互：切换快速切片和切割工具的反馈层级以及所有的设置对话框。

↗ 5.2.5 编辑顶点卷展栏

顶点是空间中的点，定义组成多边形的其他子对象的结构。当移动或编辑顶点时，它们形成的几何体也会受到影响。顶点也可以独立存在，这些孤立顶点可以用来构建其他几何体。"编辑顶点"卷展栏如图 5-29 所示。

- 移除：删除选定顶点，并组合使用这些顶点的多边形，如图 5-30 所示。

图5-29 编辑顶点卷展栏

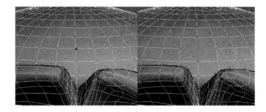

图5-30 移除

- 断开：在与选定顶点相连的每个多边形上都创建一个新顶点。
- 挤出：可以手动挤出顶点，方法是在视图中直接操作。单击此按钮，然后将选择的顶点进行垂直拖动，就可以挤出顶点，如图 5-31 所示。
- 焊接：在焊接对话框中将指定公差范围之内连续的选中顶点进行合并，所有边都会与产生的单个顶点连接，如图 5-32 所示。

图5-31 挤出

图5-32 焊接

- 切角：单击此按钮，然后在所选对象中拖动顶点，即可完成 1 变 N 的切角操作，如图 5-33 所示。
- 目标焊接：可以选择一个顶点作为目标顶点，然后单击该按钮，将其他顶点焊接到目标顶点上。
- 连接：在选中的顶点对之间创建新的边。连接不会让新的边交叉，如图 5-34 所示。

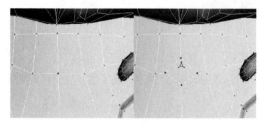

图5-33　切角

图5-34　连接

- 移除孤立顶点：将不属于任何多边形的所有顶点删除。
- 移除未使用的贴图顶点：某些建模操作会留下未使用的孤立贴图顶点，它们会显示在展开 UVW 编辑器中，但是不能用于贴图。
- 权重：设置选定顶点的权重，供 NURMS 细分选项和网格平滑修改命令使用。

5.2.6　编辑边卷展栏

编辑边是连接两个顶点的直线，它可以形成多边形的边。边不能由两个以上多边形共享。另外，两个多边形的法线应相邻，如果不相邻，应卷起共享顶点的两条边。编辑边卷展栏如图 5-35 所示。

图5-35　编辑边卷展栏

- 插入顶点：用于手动细分可视的边。启用插入顶点后，单击某边即可在该位置处添加顶点。只要命令处于活动状态，就可以连续细分多边形。
- 移除：删除选定边并组合使用这些边的多边形。
- 分割：沿着选定边分割网格。当对网格中心的单条边应用时，不会起任何作用。只有影响边末端的顶点是单独时，才能使用该选项。
- 挤出：直接在视图中操纵时，可以手动挤出边。单击此按钮，然后垂直拖动任何边，即可完成挤出操作。另外，也可以通过在挤出边对话框中设置参数来完成挤出操作，如图 5-36 所示。
- 切角：单击该按钮，然后拖动选择对象中的边，即可完成 1 变 2 的切角操作，如图 5-37 所示。

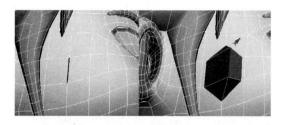

图5-36　挤出

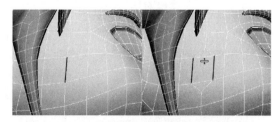

图5-37　切角

- 焊接：用于组合选定的两条边。另外，还可通过在焊接边对话框中设置焊接阈值来完成焊接操作。该选项只能焊接仅附着一个多边形的边，也就是边界上的边。

- 目标焊接：用于选择边并将其焊接到目标边。
- 桥：将选择的两组边自动生成连接。
- 连接：在选定边对之间创建新边，只能连接同一多边形上的边，连接不会让新的边交叉。连接设置用于预览连接，并指定执行该操作时创建的边分段数。如果要增加连接选定边的边数，可以增加连接边分段设置。
- 利用所选内容创建图形：选择一个或多个边后，单击该按钮，以便通过选定的边创建样条线形状。此时，将会显示创建图形对话框，在其中可为曲线命名，并将图形设置为平滑或线性。
- 权重：设置选定边的权重。增加边的权重时，可能会远离平滑结果。
- 折缝：指定对选定边执行的折缝操作量。如果设置值不高，该边相对平滑。如果设置值较高，折缝会逐渐可视。如果设置为最高值 1，则很难对边执行折缝操作。
- 编辑三角形：用于修改绘制内边或对角线时多边形细分为三角形的方式，如图 5-38 所示。
- 旋转：用于通过单击对角线修改多边形细分为三角形的方式，也就是转变操作。

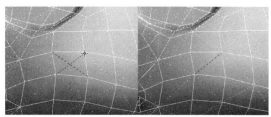

图5-38　编辑三角形

↗ 5.2.7　编辑边界卷展栏

边界是网格的线性部分，通常可以描述为孔洞的边缘。它通常是多边形仅位于一面时的边序列，如果在创建圆柱体时，删除末端多边形，相邻的一行边会形成边界。在可编辑多边形的边界子对象层级，可以选择一个和多个边界，然后使用标准方法对其进行变换。“编辑边界”卷展栏如图 5-39 所示。

- 插入顶点：用于手动细分边界边。启用插入顶点后，单击边界边即可在该位置处添加顶点。只要命令处于活动状态，就可以连续细分边界边。
- 封口：使用单个多边形封住整个边界环。选择该边界，然后单击封口按钮，如图 5-40 所示。

图5-39　编辑边界卷展栏

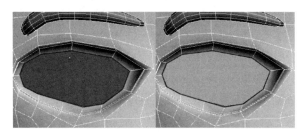

图5-40　封口

- 挤出：可以直接在视图中对边界进行手动挤出处理。单击此按钮，然后垂直拖动任何边界，即可完成挤出操作。当挤出边界时，该边界将会沿着法线方向移动，然后创建形成挤出面的新多边形，从而将该边界与对象相连。挤出时，可以形成不同数目的其他面，具体情况视该边界附近的几何体而定。
- 切角：单击该按钮，然后拖动活动对象中的边界即可完成切角操作。

- 桥：用于连接对象的两个边界。也可以单击其右侧的设置按钮，通过弹出桥对话框中的参数设置来交互操纵连接选定的边界，如图 5-41 所示。
- 连接：在选定边界边对之间创建新边。这些边可以通过其中点相连，只能连接同一多边形上的边，不会让新的边交叉。

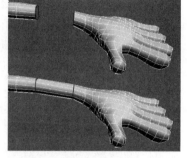

图 5-41　桥

5.2.8　编辑多边形/元素卷展栏

多边形 / 元素是通过曲面连接的三条或多条边的封闭序列，其中提供了可渲染的可编辑多边形 / 元素对象曲面，"编辑多边形"卷展栏如图 5-42 所示。

- 挤出：通过直接在视图中操作执行手动挤出。单击此按钮，然后垂直拖动任何多边形，便可将其挤出。挤出多边形时，这些多边形将会沿着法线方向移动，然后创建形成挤出边的新多边形，从而将选择与对象相连，如图 5-43 所示。
- 轮廓：用于增加或减小每组连续的选定多边形的外边。单击其右侧的设置按钮，打开多边形轮廓对话框，在其中可以根据轮廓量数值的设置执行轮廓操作。
- 倒角：通过直接在视图中操作执行手动倒角。单击此按钮，然后垂直拖动任何多边形，以便将其倒角。释放鼠标，然后垂直移动鼠标光标，以便设置倒角轮廓，如图 5-44 所示。

图 5-42　编辑多边形卷展栏

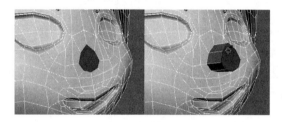

图 5-43　挤出

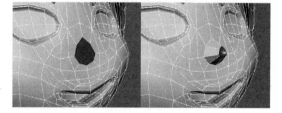

图 5-44　倒角

- 插入：执行没有高度的倒角操作，即在选定多边形的平面内执行该操作。单击此按钮，然后垂直拖动任何多边形，以便将其插入，如图 5-45 所示。
- 翻转：用于反转选定多边形的法线方向。
- 从边旋转：通过在视图中直接操作执行手动旋转。选择多边形并单击该按钮，然后沿着垂直方向拖动任何边，可以旋转选定多边形。如果鼠标光标放在某条边上，将会更改为十字形状。可以通过从边旋转多边形对话框中的参数设置来交互式操纵旋转选定的多边形。
- 沿样条线挤出：沿样条线挤出当前的选定内容，如图 5-46 所示。

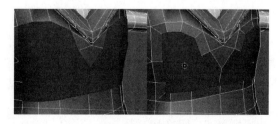

图 5-45　插入

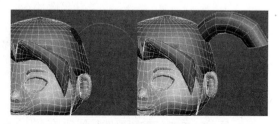

图 5-46　沿样条线挤出

5.2.9　多边形：材质ID

"多边形：材质 ID"卷展栏主要控制可以设置材质 ID 属性，
如图 5-47 所示。

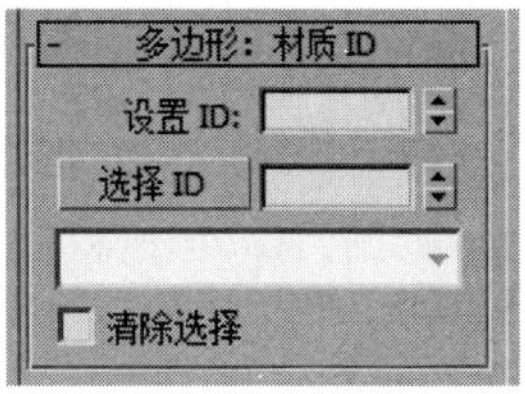

图5-47　多边形：材质ID卷展栏

- 设置 ID：用于向选定的子对象分配特殊的材质 ID 编号，
  以供多维 / 子对象材质和其他应用。使用该微调器或通过
  键盘输入编号，可用的 ID 总数是 65535。
- 选择 ID：选择与相邻 ID 字段中指定的材质 ID 对应的子对
  象，键入或使用微调器指定 ID，然后单击选择 ID 按钮即可。
- 按名称选择：如果已为对象指定多维 / 子对象材质，该下拉列表中会显示子材质的名称。
- 清除选定内容：启用时，选择新 ID 或材质名称会取消选择以前选定的所有子对象。

5.2.10　多边形：平滑组

"多边形：平滑组"卷展栏可以向不同的平滑组分配选定的多
边形，还可以按照平滑组选择多边形。如果要向一个或多个平滑
组分配多边形，可以选择所需的多边形，然后单击要向其分配的
平滑组数，如图 5-48 所示。

- 按平滑组选择：显示说明当前平滑组的对话框。通过单击相
  应数字按钮并单击"确定"，选择属于一个组的所有多边形。
- 清除所有：从选定片中删除所有的平滑组分配多边形。

图5-48　多边形：平滑组卷展栏

- 自动平滑：根据多边形间的角度设置平滑组。如果任何两
  个相邻多边形法线间的角度小于该按钮右侧的微调器设置的阈值角度，则这两个多边形处
  于同一个平滑组中。

5.2.11　绘制变形卷展栏

利用"绘制变形"卷展栏中的设置，可以推、拉或者在对象曲面上拖动鼠标光标来影响顶
点，在对象层级上，该操作可以影响选定对象中的所有顶点。若在子对象层级上，它仅会影响选
定顶点以及识别软选择。利用绘制变形卷展栏，可以将凸起和缩进的区域直接置入对象曲面，如
图 5-49 所示。

- 推 / 拉：将顶点移入对象曲面内（推）或移出曲面外（拉），推
  拉的方向和范围由设置推 / 拉值确定，如图 5-50 所示。
- 松弛：将每个顶点移到由它的邻近顶点平均位置所计算出来的
  位置上，来规格化顶点之间的距离。
- 复原：通过绘制可以逐渐擦除或反转由推 / 拉或松弛产生的效
  果，它仅影响从最近的提交操作开始变形的顶点。如果没有顶
  点可以复原，复原按钮就不可用。
- 推 / 拉方向：该设置用以指定对顶点的推或拉是根据曲面法线、
  原始法线或变形法线进行，还是沿着指定轴进行。用原始法线
  绘制变形通常会沿着源曲面的垂直方向来移动顶点；使用变形
  法线会在初始变形之后向外移动顶点，从而产生吹动效果；变

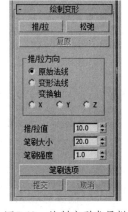

图5-49　绘制变形卷展栏

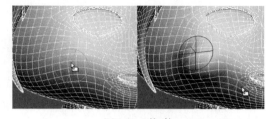

换轴 X/Y/Z 是对顶点的推或拉会使顶点沿着指定的轴进行移动，并使用当前的参考坐标系。

- 推 / 拉值：确定推 / 拉操作应用的方向和最大范围，正值将顶点拉出对象曲面，而负值将顶点推入曲面。

图5-50 推/拉

- 笔刷大小：设置圆形笔刷的半径，只有位于笔刷圆之内的顶点才可以变形。
- 笔刷强度：设置笔刷应用推 / 拉值的速率，低强度值应用效果的速率要比高强度值来得慢。
- 笔刷选项：单击此按钮打开绘制选项对话框，在该对话框中可以设置各种笔刷相关的参数。
- 提交：使变形的更改永久化，将它们烘焙到对象几何体中，在使用提交后就无法将复原应用到更改上。
- 取消：取消自最初应用绘制变形以来的所有更改，或取消最近的提交操作。

5.2.12 细分曲面卷展栏

"细分曲面"卷展栏可以将细分应用于使用网格平滑修改命令的对象，以便可以对分辨率较低的框架网格进行操作，同时查看更为平滑的细分结果。该卷展栏既适用于所有子对象层级，也适用于对象层级，如图 5-51 所示。

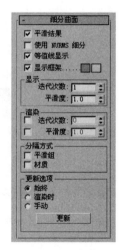

- 平滑结果：对所有的多边形应用相同的平滑组。
- 使用 NURMS 细分：通过 NURMS 方法将对象进行平滑，NURMS 在可编辑多边形和网格平滑中的区别在于，后者可以使用户有权控制顶点，而前者不能。
- 等值线显示：启用时，系统只显示等值线，平滑前对象的原始边。
- 显示框架：显示线框的颜色。
- 显示：将不同数目的平滑迭代次数或不同的平滑度值显示于视图。
- 渲染：将不同数目的平滑迭代次数或不同的平滑度值应用于对象。
- 分隔方式：用于防止在面之间的边缘处创建新的多边形，防止为不共享材质 ID 面之间的边创建新多边形。

图5-51 细分曲面

- 更新选项：如果平滑对象的复杂度对于自动更新太高，可以设置手动或渲染时更新选项；还可以选择渲染组下方的迭代次数，以便设置较高的平滑度，使其只在渲染时应用。

5.2.13 细分置换卷展栏

"细分置换"卷展栏可以指定曲面近似设置，用于细分可编辑的多边形。这些控制的工作方式与 NURBS 曲面的近似设置相同。对可编辑多边形应用位移贴图时，可以使用这些控制，如图 5-52 所示。

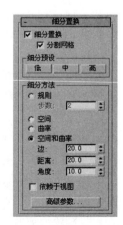

- 细分置换：启用时，可以使用在细分预设和细分方法设置区中指定的方法和设置，将相关的多边形精确地细分为多边形对象。

图5-52 细分置换卷展栏

- 分割网格：影响位移多边形对象的接合口，也会影响纹理贴图。启用时，会将多边形对象
分割为各个多边形，然后使其发生位移；这有助于保留纹理贴图。禁用时，会对多边形进
行分割，还会使用内部方法分配纹理贴图。
- 细分预设：用于设置细分置换的 3 种级别。
- 细分方法：可以指定启用细分置换时程序对位移贴图的应用方式，与用于 NURBS 曲面的
近似控制相同。

5.3　NURBS建模

NURBS 是 Non-Uniform Rational B-Splines 的缩写，是非统一有理 B 样条的意思。NURBS 是
一种非常优秀的建模方式，在许多高级三维软件当中都支持这种建模方式，但操作相对复杂并有
局限性。

NURBS 能够比传统的网格建模方式更好地控制物体表面的曲线度，从而能够创建更逼真、生
动的造型。NURBS 曲线和 NURBS 曲面在传统的制图领域是不存在的，它们是为使用计算机进行
3D 建模而专门建立的，在 3D 建模的内部空间用曲线和曲面来表现轮廓和外形，如图 5-53 所示。

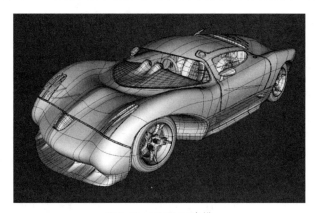

图5-53　NURBS建模

5.3.1　NURBS曲线

NURBS 曲线是图形对象，在制作样条线时可以使用这些曲线。使用挤出或车削修改器来生成
基于 NURBS 曲线的 3D 曲面。可以将 NURBS 曲线用作放样的路径或图形，也可以使用 NURBS
曲线作为路径约束和路径变形作为运动轨迹。可以将厚度指定给 NURBS 曲线，以便将其渲染为
圆柱形的对象，变厚的曲线渲染为多边形网格，而不是渲染为 NURBS 曲面。

在创建面板中可以选择创建 NURBS 曲线，
如图 5-54 所示。

点曲线是 NURBS 曲线的一种，这些点被约
束在曲面上。点曲线可以是整个 NURBS 模型的
基础，如图 5-55 所示。

CV 曲线是由顶点控制 NURBS 曲线，CV 点
不位于曲线上。它是定义一个包含曲线的控制晶

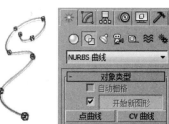

图5-54　NURBS曲线

格，每一 CV 具有一个权重，可以通过调整它来更改曲线。在创建 CV 曲线时可以在同一位置创建多个 CV，这将增加 CV 在此曲线区域内的影响。可以创建两个重叠 CV 来锐化曲率。可以通过创建三个重叠 CV 在曲线上创建一个转角，帮助整形曲线，如果此后单独移动了 CV，将会失去此效果，如图 5-56 所示。

图5-55　点曲线

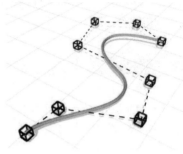

图5-56　CV曲线

5.3.2　NURBS曲面

NURBS 曲面对象是 NURBS 模型的基础。使用创建面板创建的初始曲面是带有点或 CV 的平面段。意味着它是用于创建 NURBS 面板的粗糙材质。如果已创建初始的曲面，可以通过移动 CV 或 NURBS 点附加其他对象和创建子对象等来修改调节曲面。可以在创建面板下几何体中选择，如图 5-57 所示。

图5-57　NURBS曲面

点曲面是 NURBS 曲面，其中这些点被约束在曲面上。由于初始 NURBS 曲面可编辑，所以曲面创建参数不出现在修改面板上，如图 5-58 所示。

CV 曲面是 NURBS 曲面，主要由顶点进行控制。CV 制顶点不位于曲面上，是定义一个控制晶格包裹整个曲面。每个 CV 均有相应的权重，可以调整权重从而更改曲面形状，如图 5-59 所示。

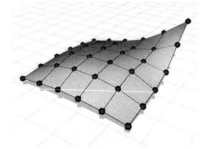

图5-58　点曲面

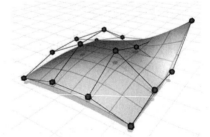

图5-59　CV曲面

5.3.3　NURBS工具箱

NURBS 工具箱包含用于创建 NURBS 子对象的按钮，其中主要包括点对象、曲线对象、曲面对象，如图 5-60 所示。

除了点曲面和点曲线对象构成部分的点之外，还可以创建独立式点。这样的点通过使用曲线拟合按钮来帮助构建点曲线。也可以使用从属点来修剪曲线。在工具箱中的创建按钮如图 5-61 所示。

曲线子对象是独立的点和 CV 曲线，或者是从属曲线。从属曲线是几何体依赖 NURBS 中其他曲线、点或曲面的曲线子对象，在工具箱中的创建按钮如图 5-62 所示。

曲面子对象可以是独立的点和 CV 曲面，与点曲面和 CV 曲面中描述的顶级点和 CV 曲线类似，也可以是从属曲面。从属曲面是其几何体依赖 NURBS 模型中其他曲面或曲线的曲面子对象。在更改原始父曲面或曲线的几何体时，从属曲面也将随之更改。在工具箱中的创建按钮如图 5-63 所示。

图5-60　NURBS工具箱

图5-61　点

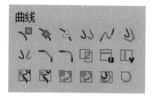

图5-62　曲线

图5-63　曲面

5.4　面片建模

使用面片建模方法可以创建四边形和三角形两种面片，其中的面片栅格以平面对象开始，通过使用"编辑面片"修改器可以在任意 3D 曲面中修改。自从多边形建模逐渐普及后，面片建模已经没有再继续改进，面片对象提供的控制柄可以编辑出平滑曲面，缺点是控制较为繁琐，如图 5-64 所示。

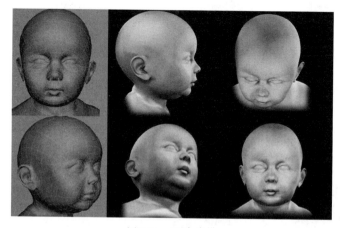

图5-64　面片建模

↗ 5.4.1　面片栅格

使用面片建模方法可以创建四边形和三角形两种面片表面，在创建面板中的几何体下拉列表中可以创建面片栅格，如图5-65所示。

"面片栅格"是以平面对象开始，通过编辑面片修改器可以任意修改3D曲面。面片栅格为自定义曲面和对象提供方便的构建材质，或将面片曲面添加到现有的面片对象中提供该材质，还可以使用各种修改器来设置面片对象的曲面动画。

四边形面片创建默认带有36个可见矩形面的平面栅格，隐藏的每个面被划分成两个三角形面，如图5-66所示。

图5-65　面片栅格

三角形面片将创建具有72个三角形面的平面栅格，该面数保留72个被划分的三角形面，不必考虑其大小。当增加栅格大小时，面会将变大以填充该区域，如图5-67所示。

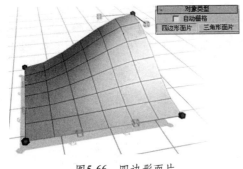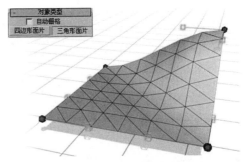

图5-66　四边形面片　　　　　　　　　　图5-67　三角形面片

5.4.2　可编辑面片

可编辑面片提供了各种控制，不仅可以将对象作为面片对象进行操作，而且可以在顶点、控制柄、边、面片和元素这5个子对象层级进行操作。将某个对象转化为"编辑面片"修改器时，3ds Max可以将该对象的几何体转化为单个Bezier（贝塞尔）面片的集合，其中每个面片由顶点和边的框架以及曲面组成。

5.4.3　选择卷展栏

"选择"卷展栏中提供了各种按钮，用于选择子对象层级和使用命名的选择，以及对显示和过滤器进行设置，还显示了与选定实体有关的信息，如图5-68所示。

图5-68　选择卷展栏

5.4.4　软选择卷展栏

"软选择"卷展栏允许部分选择显式和邻相接处的子对象。在对子对象选择进行变换时，在场景中被部分选定的子对象就会平滑地进行绘制，这种效果随着距离或部分选择的强度而衰减。这种衰减在视图中表现为选择周围的颜色渐变，它与标准彩色光谱的第一部分相一致，如图5-69所示。

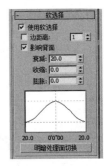

图5-69　软选择卷展栏

5.4.5 几何体卷展栏

在可编辑面片对象级别下可用的功能(即未选择子对象级别时)还可以适用于所有子对象级别，并且每个级别的工作方式完全相同，"几何体"卷展栏如图 5-70 所示。

- 细分：细分选定元素，选择一个或者多个元素，然后单击进行细分处理。
- 传播：启用时，将细分伸展到相邻面片。沿着所有连续的面片传播细分，连接面片时，可以防止面片断裂。
- 绑定：用于在两个顶点数不同的面片之间创建无缝无间距的连接。这两个面片必须属于同一个对象，因此不需要先选中该顶点。单击"绑定"命令后，然后拖动一条从基于边的顶点到要绑定的边的直线。此时，如果光标在合法的边上，将会转变成白色的十字形状，如图 5-71 所示。
- 取消绑定：断开通过绑定连接到面片的顶点。
- 添加三角形：添加一个三角形面片到每一个选定边，如图 5-72 所示。
- 添加四边形：添加一个四边形面片到每一个选定边，如图 5-73 所示。

图5-70　几何体卷展栏

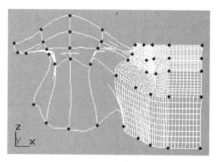

图5-71　绑定

图5-72　添加三角形

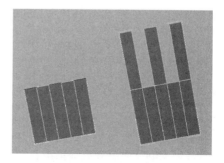

图5-73　添加四边形

- 创建：在现有的几何体或自由空间中创建三边或四边面片。
- 分离：用于选择当前对象内的一个或多个元素，然后使对象分离形成单独的面片对象。
- 重定向：启用时，分离的面片元素复制源对象的创建局部坐标系的位置和方向。
- 复制：启用时，将分离的面片元素复制到新面片对象，原始面片对象保持完好。
- 附加：将对象附加到当前选定的面片对象。重定向附加的对象，以使其创建局部坐标系与选定面片对象的创建局部坐标系对齐。
- 重定向：启用时，重新定向附加元素，使每个面片的创建局部坐标系与选择面片的创建局部坐标系对齐。
- 删除：删除选定的元素。
- 断开：为常规建模操作分割边功能。
- 隐藏：隐藏选定的元素。
- 全部取消隐藏：还原任何隐藏子对象使之可见。
- 选定：选择要在两个不同面片之间焊接的顶点，然后将该微调器设置有足够的距离并单击选定。
- 目标：启用后，从一个顶点拖动到另外一个顶点，以便将这些顶点焊接在一起。
- 挤出：单击此按钮后拖动任何元素，以便对其进行交互式地高低挤压操作。
- 倒角：单击该按钮后拖动任意一个元素，对其执行交互式的挤压操作，再单击并释放鼠标按钮，然后重新拖动，对挤出元素执行倒角操作，如图 5-74 所示。

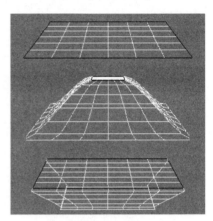

图5-74　倒角

- 轮廓：使用此微调器，可以放大或缩小选定的元素，具体情况视该值的正负而定。
- 法线：设置为局部时将沿选定元素中面片的各个法线执行挤出。
- 倒角平滑：启用此设置，能通过倒角创建曲面和邻近面片之间设置相交的形状，而形状是由相交时顶点的控制柄配置决定的。
- 切线：可以在同一个对象的控制柄之间复制方向或有选择地复制长度。
- 曲面：主要控制面片模型曲面的栅格分辨率。
- 杂项：杂项中的面片平滑可以调整所有切线控制柄，以平滑面片对象的曲面。

5.4.6　曲面属性卷展栏

通过"曲面属性"卷展栏可以使用面片法线、材质 ID、平滑组和顶点颜色，如图 5-75 所示。

- 翻转：翻转选定面片的曲面法线方向。
- 统一：翻转对象的法线，使其指向相同的方向，通常是向外。使用该选项，可以将对象的面片设置为相应的方向，从而避免在对象曲面中留下明显的孔洞。
- 翻转法线模式：翻转所单击的任何面片法线。重新单击此按钮或者在程序界面的任何位置右键单击。
- 材质：主要设置可以对面片使用的多维 / 子对象材质。

图5-75　曲面属性卷展栏

- 平滑组：使用这些控制可以向不同的平滑组分配选定的面片，还可以按照平滑组选择面片。
- 编辑顶点颜色：可以分配颜色、照明颜色和选定顶点的 Alpha（通道）透明值。

5.5 曲面建模

曲面建模可以将任何三边或四边样条线填充为三边面或四边面，通过绘制重要的结构线，再增加曲面修改器生成模型,然后再调节绘制结构线的贝兹轴。尽管曲面建模在拓扑结构上十分高效，但还是逐渐让位给了多边形建模，原因是控制复杂并缺乏扩展性，如图 5-76 所示。

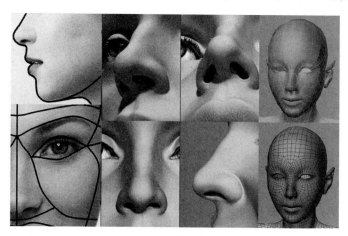

图5-76　曲面建模

5.5.1　曲面工具建模

使用"曲面"修改器来创建面片模型有两种主要的方法。一种是创建表示模型横截面的样条线，添加交叉连线修改器以连接交叉连线，然后再应用曲面修改器以创建面片曲面，此方法用于创建类似飞机或摩托车的模型，如图 5-77 所示。

另一种是手动创建样条线网络，然后应用曲面修改器或可编辑面片工具以创建面片曲面，此方法用于创建角色或怪兽的模型，如图 5-78 所示。

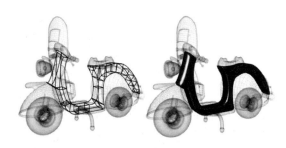

图5-77　摩托车曲面设置

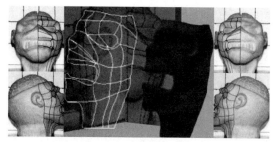

图5-78　怪兽曲面设置

5.5.2　曲面参数卷展栏

通过"曲面参数"卷展栏，可以设置闭合曲线转换为曲面的参数，如图 5-79 所示。

- 阈值：确定用于焊接样条线对象顶点的总距离。

- 翻转法线：控制面片曲面的法线方向。
- 移除内部面片：移除通常看不见对象的内部面片，这些面是在封口内创建的面，或是相同类型闭合多边形的其他内部面片。
- 仅使用选定分段：曲面修改器只使用编辑样条线修改器中选定的分段来创建面片。
- 步数：用以确定在每个顶点间使用的步数，步数值越高，所得到的顶点之间的曲线就越平滑。

图5-79　曲面参数卷展栏

5.6　三维模型平滑处理

"网格平滑"或"涡轮平滑"修改命令都可以为几何体进行光滑处理，使角和边变圆，就像它们被锉平或刨平一样，如图5-80所示。

↗ 5.6.1　平滑的控制

在进行平滑处理时，网格会对最近的边进行弧度处理，段数的多少将直接影响到光滑效果。段数越少的几何体相对弧线就越长，得到的转折角也就越圆；段数越多的几何体相对弧线就越短，得到的转折角也就越方，如图5-81所示。

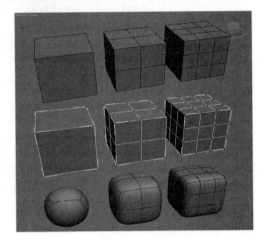

图5-80　光滑处理

光滑处理的级别会直接控制平滑效果，光滑级别为1将在源段数上增加4倍新段数，光滑级别为2就将在源段数上增加16倍新段数，光滑级别为3就将在源段数上增加64倍新段数，光滑级别为4就将在源段数上增加256倍新段数，所以光滑级别不要设置过高，避免加重计算机的运算负担，如图5-82所示。

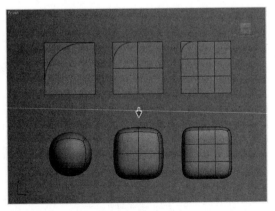

图5-81　平滑弧度

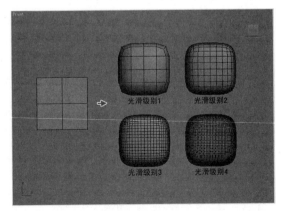

图5-82　平滑级别

↗ 5.6.2　网格平滑

"网格平滑"修改器可以通过多种不同方法平滑场景中的几何体，允许细分几何体，同时在角和边插补新面,使角和边变得圆滑,就像它们被锉平或刨平一样,如图 5-83 所示。

图5-83　网格平滑

在"网格平滑"修改器中主要以细分方法卷展栏和细分量卷展栏最为实用,如图 5-84 所示。

● 细分方法:在列表中提供了不同方式的细分平滑方式,"NURMS"是减少非均匀有理数网格平滑对象的缩写,"经典"是生成三面和四面的多面体,"四边形输出"则仅生成四面多边形,如图 5-85 所示。

● 应用于整个网格:启用时,在堆栈中向上传递的所有子对象选择被忽略,且"网格平滑"应用于整个对象,此时子对象选择仍然在堆栈中向上传递到所有后续修改器。

图5-84　网格平滑卷展栏

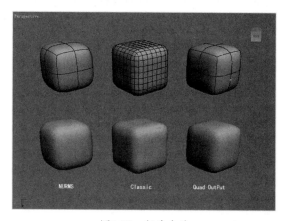

图5-85　细分方法

● 旧式贴图:使用 3ds Max 版本 3 算法将"网格平滑"应用于贴图坐标,此方法会在创建新面和纹理坐标移动时变形基本贴图坐标。

● 迭代次数:设置网格细分的次数。增加该值时,每次新的迭代会通过在迭代之前对顶点、边和曲面创建平滑差补顶点来细分网格,修改器会细分曲面来使用这些新的顶点。

● 平滑度:确定对尖锐的锐角添加面以平滑它,计算得到的平滑度为顶点连接所有边的平均角度。

- 渲染值：只用于渲染时才有效。一般情况下，将使用较低迭代次数和较低平滑度值进行建模，再使用较高的值进行渲染。这样，可以在视图中迅速处理低分辨率对象，同时生成更平滑的对象以供渲染。

5.6.3 涡轮平滑

"涡轮平滑"修改器可以使"网格平滑"更快并更有效率地利用内存。涡轮平滑允许新曲面角在边角交错时将几何体细分，并对对象的所有曲面应用一个单独平滑组。涡轮平滑的效果是围绕边角，就像它们已经归档或平滑化，如图 5-86 所示。

- 迭代次数：设置网格细分的次数，如图 5-87 所示。

图5-86　涡轮平滑卷展栏

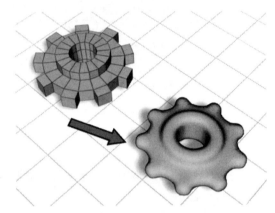

图5-87　迭代次数

- 渲染迭代次数：设置渲染时网格细分的次数。
- 等值线显示：显示对象在平滑之前的原始边，默认设置为禁用状态。
- 明确的法线：允许涡轮平滑修改器为输出计算法线，此方法要比网格对象平滑组中用于计算法线的标准方法迅速。
- 平滑结果：对所有曲面应用相同的平滑组。
- 材质：防止在不共享材质 ID 的曲面之间边创建新曲面。
- 平滑组：防止在不共享至少一个平滑组的曲面之间边上创建新曲面。
- 始终：更改任意平滑网格设置时自动更新对象。
- 渲染时：只在渲染时更新对象的视图显示。
- 手动：选中手动更新时，改变的任意设置直到单击更新按钮时才起作用。
- 更新：更新视图中的对象，使其与当前的网格平滑设置。

5.7 模型布线

沿模型结构和肌肉的走向编辑多边形，还要最大化地精简数量，但要保证物体的外形不会受到影响，这就是布线的重要规则，否则蒙皮以后结构和肌肉变形会不准确，缺乏真实感。如果要提高模型布线水平，就需要多收集关于模型网格分布的资料，还要长期坚持不懈地提高建模经验，如图 5-88 所示。

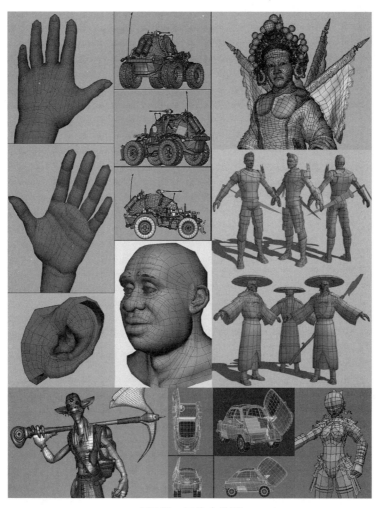

图5-88　网格布线图

5.8　本章小结

　　本章主要对组合建模、多边形建模、NURBS 建模、面片建模和曲面建模的基础命令和特色进行了介绍，还介绍了平滑模型处理中的平滑控制、网格平滑、涡轮平滑和模型布线知识，使读者可以在进行实际范例之前了解 3ds Max 的模型制作方法。

5.9　课后练习

　　1. 三维模型制作有哪些常用建模方法？
　　2. 简述多边形建模的方法。

第6章
道具模型制作

本章主要通过《游戏机》和《破旧卡车》两个范例，介绍了在 3ds Max 中使用 NURBS 和多边形建模技术制作道具模型的方法。

在三维动画电影中，道具就是泛指场景中任何装饰、布置用的可移动物件。道具往往能对整个影片的气氛和人物性格起到很重要的刻画和烘托作用，所以道具在整部影片中占据着非比寻常的地位。

6.1 道具模型制作

三维动画电影中的主要道具作为连接故事情节和交代故事线索都起着十分重要的作用，有时甚至是动画电影中的灵魂部分。

模型师在制作具体的道具模型时，必须要充分了解自己的制作目的，有选择性地将道具模型进行简单或烦琐的处理。例如，《飞翔企鹅》中的道具，根据突出角色的性格制作了眼镜、飞行器、储氧罐和背带等，如图 6-1 所示。

图6-1 《飞翔企鹅》的道具

↗ 6.1.1 网格段数细分

制作道具模型时需要考虑到使用率的高和低，根据需求设置细分程度，避免因道具模型的网格段数过多，从而影响到主要角色的计算速度，如图 6-2 所示。

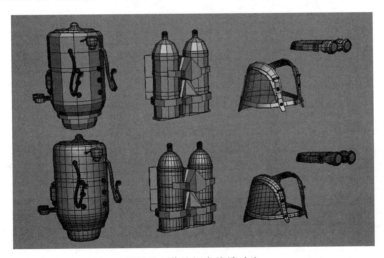

图6-2 道具细分效果对比

在制作道具模型时要合理地控制零件间的衔接。例如，制作植物模型时如果不考虑组合部分的衔接，那么植物模型就会显得生硬而不自然。而人造物品的衔接一般就十分明显，如果一个模型直接插入另一个造型，中间没有衔接的过渡，就容易给人不合理和不稳定的感觉。

6.1.2 视图显示设置

在默认状态下，3ds Max 2013 正交视图的背景显示为"纯色"类型，而"透视图"的背景显示为"渐变颜色"类型，如果需要自定义设置，可以在菜单中选择【视图】→【视口背景】命令，其中提供了"渐变颜色"和"纯色"的设置，如图 6-3 所示。

在菜单中选择【工具】→【栅格和捕捉】→【栅格和捕捉设置】命令，该命令中提供了建立捕捉的设置和选项、主栅格和用户定义的栅格设置。如果视图中的栅格影响到了模型制作的可视，可以配合键盘"G"键启用或关闭视图的栅格，如图6-4 所示。

图6-3　背景颜色设置

在菜单中选择【视图】→【显示变换 Gizmo】命令，可以控制选择物体的显示变换坐标，还可以执行键盘"X"键将选择的坐标进行锁定操作，如图 6-5 所示。

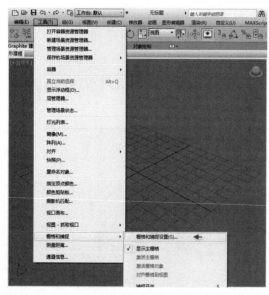

图6-4　视图栅格设置

图6-5　显示变换坐标

6.1.3 配置视图背景

在建立庞大复杂的道具模型时，辅助的参考图像会大大提高制作效率和道具的准确比例，在

3ds Max 中主要有"视图背景"和"参考板"两种方式。

视图背景用于控制活动视图中背景图像的显示，每个视图都可以显示不同的背景，可以使用此功能建模，即通过将草图放置在前、顶或侧视图对应的视图中来建模。设置视图背景的位置在【视图】→【视口背景】→【配置视图背景】菜单。

在增加视图背景之前，必须先选择需要的视图，然后选择"配置视图背景"命令或"Alt+B"进入对话框。在对话框中首先要设置"使用文件"类型，再单击背景来源的"文件"按钮，继续设置"锁定缩放 / 平移"项目，最后将纵横比设置为"匹配位图"，如图 6-6 所示。

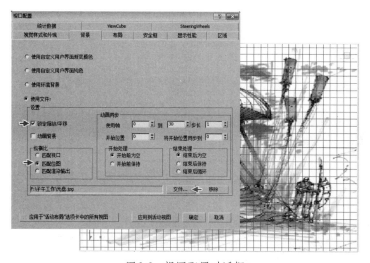

图6-6　视图配置对话框

- "纵横比"：控制视图背景的比例，方法是将其与位图、渲染输出或者视图本身进行匹配。
- "匹配视图"：以更改图像的纵横比来匹配视图的纵横比。
- "匹配位图"：锁定图像的纵横比为位图本身的纵横比。
- "匹配渲染输出"：更改图像的纵横比以匹配当前选择的渲染输出设备的纵横比。
- "锁定缩放 / 平移"：可以在正交视图或用户视图进行缩放或平移操作的过程中，将背景锁定至几何体，在缩放或平移视图时，背景会随视图一起缩放和平移。在"锁定缩放 / 平移"禁用时，背景会停留在原来位置，而几何体则会单独移动。如果"锁定缩放 / 平移"操作放大得太多，会超过虚拟内存的限制，而且会使 3ds Max 崩溃。当执行的缩放要求大于 16 兆字节的虚拟内存时，软件会发出警告询问是否在缩放过程中显示背景；选择"否"则执行缩放并禁用背景，选择"是"则在带有背景图像的情况下缩放。

6.1.4　参考板建模

参考板方式主要使用几何体搭建出围绕的空间，然后为几何体赋予正、俯和两侧的贴图，在参考板的中间建立模型就更为准确。建立的参考板同样是几何体，当然也会被选择和编辑，所以需要设置显示属性和冻结，如图 6-7 所示。

"冻结"卷展栏提供了通过选择单独对象来对

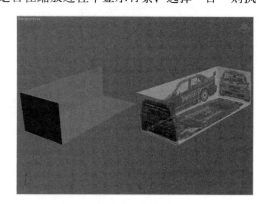

图6-7　参考板

其进行冻结或解冻的控制，而无须考虑其类别。冻结的对象仍会保留在屏幕上，但是不能对其进行选择、变换或修改。默认情况下，冻结的对象呈现暗灰色。冻结的灯光和摄影机及其相关联的视图如正常状态一般继续工作。

在视图中，可以选择使冻结的对象保留其平常颜色或纹理，使用"对象属性"对话框中的"以灰色显示冻结对象"切换。

6.2 范例——游戏机

"游戏机"范例主要使用"编辑多边形"修改命令对标准几何体进行调节，在制作时，应重点掌握模型的造型控制和网格光滑操作，效果如图6-8所示。

图6-8　范例效果

"游戏机"范例的制作流程分为6部分，包括①顶层模型、②按键模型、③中层模型、④底层模型、⑤材质设置、⑥渲染设置，如图6-9所示。

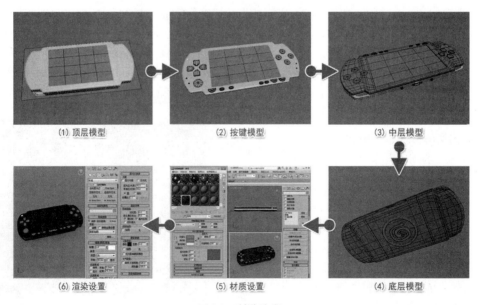

(1) 顶层模型　　(2) 按键模型　　(3) 中层模型

(6) 渲染设置　　(5) 材质设置　　(4) 底层模型

图6-9　制作流程

↗ 6.2.1 顶层模型

"顶层模型"部分的制作流程分为 3 部分，包括①参考设置、②编辑模型、③屏幕模型，如图 6-10 所示。

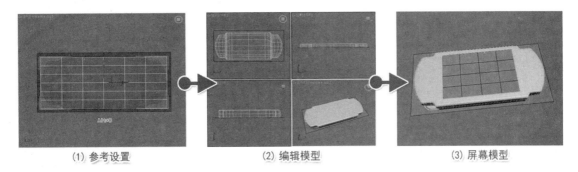

(1) 参考设置   (2) 编辑模型   (3) 屏幕模型

图6-10 制作流程

1. 参考设置

1 在菜单中选择【自定义】→【单位设置】命令，在弹出的"单位设置"对话框中设置显示单位比例为公制的"毫米"类型，为制作的三维模型指定尺寸标准，如图 6-11 所示。

"单位设置"对话框建立单位显示的方式，通过它可以在通用单位和标准单位（英尺、英寸或公制）间进行选择，也可以创建自定义单位，这些自定义单位可以在创建任何对象时使用。

2 在 ✦ 创建面板 ○ 几何体中选择标准基本体的"平面"命令，然后在"透视图"建立平面，再设置长度值为 85、宽度值为 18，作为游戏机模型的参考对象，如图 6-12 所示。

因为在"单位设置"中设置显示单位比例为公制的"毫米"类型，所以建立的物体单位均为 mm 显示。

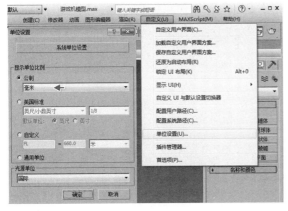

图6-11 单位设置

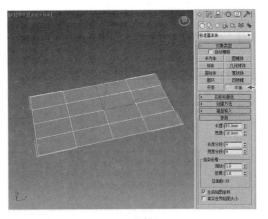

图6-12 创建平面

③ 在主工具栏中单击 材质编辑器按钮，然后在弹出的"材质编辑器"对话框中选择一个空白材质球，设置其名称为"参考"并在"漫反射"颜色中赋予本书配套光盘中的"参考"贴图，当材质调节完成后再将其赋予平面模型，使平面模型显示出参考的图像，如图 6-13 所示。

2. 编辑模型

① 在 创建面板 几何体中选择标准基本体的"长方体"命令，然后在"顶视图"中建立一个长方体，再设置长度值为 74、宽度值为 170、高度值为 10，及长度分段值为 6、宽度分段值为 6、高度分段值为 2，作为游戏机的顶层模型，如图 6-14 所示。

② 在视图中保持建立的"长方体"的被选择状态，配合使用"ALT+X"快捷键将模型半透明显示，使之便于模型的编辑操作，如图 6-15 所示。

图6-13　参考物体材质

提示

> 将模型设置为半透明显示的状态，在模型编辑操作时即可显示模型效果，又会透过半透明模型观察到参考图像，从而更加准确地编辑模型。

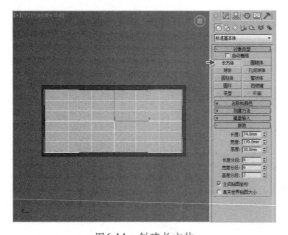

图6-14　创建长方体

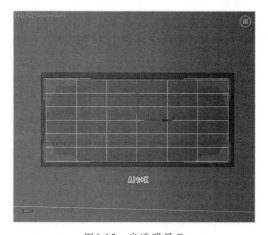

图6-15　半透明显示

③ 选择建立的"长方体"模型，然后在 修改面板中为其添加"编辑多边形"命令，如图 6-16 所示。

④ 将"编辑多边形"命令切换至 顶点编辑模式，准备调节模型的形状，如图 6-17 所示。

⑤ 在"顶视图"选择中间部分的三组垂直控制点，然后在主工具栏中选择 缩放工具并进行 X 轴调节，使控制点向两端位移，如图 6-18 所示。

提示 对多组控制点进行缩放操作会得到对称位置的调节。

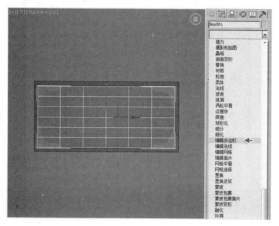

图6-16 添加编辑多边形

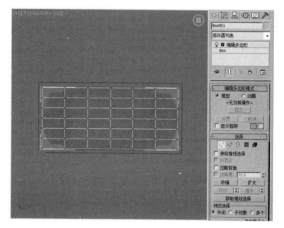

图6-17 切换顶点模式

6 在"顶视图"选择两组控制点并在主工具栏中选择 ✛ 移动工具沿 Y 轴向上调节，控制模型的顶部边缘位置，如图 6-19 所示。

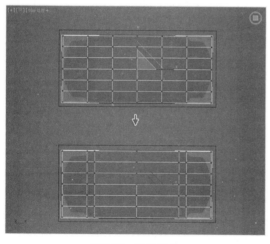

图6-18 缩放操作

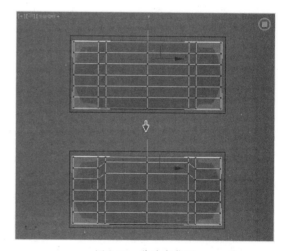

图6-19 移动点位置

7 将"编辑多边形"命令切换至 ✎ 边编辑模式，然后在"顶视图"中选择"长方体"两侧的横向边，再单击"连接"的 ▣ 参数按钮，准备为其添加垂直边，如图 6-20 所示。

8 在弹出的"连接边"参数中设置连接值为 2、收缩值为 68，为两侧分别添加两组垂直线段，如图 6-21 所示。

提示 连接的新线段目的为控制模型边缘转折更加平直，避免模型出现圆滑的转折过渡。

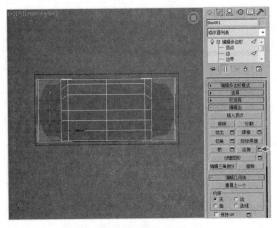

图6-20　选择连接

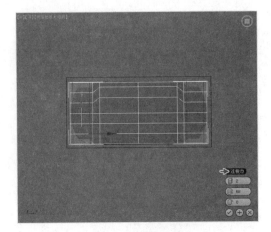

图6-21　连接设置

9　在"顶视图"中选择两侧的控制点并使用■缩放工具进行调节，使两侧的控制点沿 Y 轴向内侧进行缩小操作，如图 6-22 所示。

10　在"顶视图"中选择两侧的控制点并切换至■修改面板再为其添加"FFD 4×4×4（自由变形）"命令，准备调节两端的造型效果，如图 6-23 所示。

"自由变形"修改命令不只可以应用于整体模型，还可以应用于局部控制点，自由的操作方式可以提高制作效率。

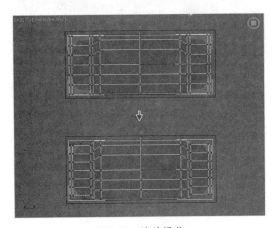

图6-22　缩放操作

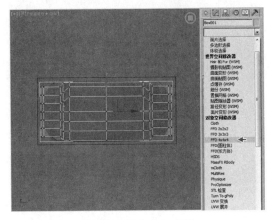

图6-23　添加自由变形

11　单击激活"自由变形"命令，然会在"顶视图"中调节出两端的弧度造型效果，如图 6-24 所示。

12　在■修改面板为其添加"编辑多边形"命令，使其可以在"自由变形"的基础上继续编辑模型效果，如图 6-25 所示。

13　将"编辑多边形"命令切换至■边编辑模式，分别选择顶部与底部的一条垂直边并单击"环形"按钮，将会选择顶部与底部的两组边，准备为其添加横向的边，如图 6-26 所示。

14　保持选择状态并单击"连接"的■参数按钮，在弹出的"连接边"操作中设置连接值为 2、收缩值为 20，分别为顶部与底部添加两条横向的边，对模型的光滑效果进行控制，如图 6-27 所示。

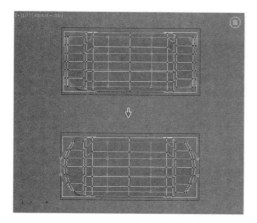

图6-24　调节弧度效果

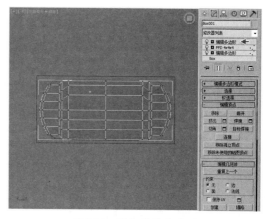

图6-25　添加编辑多边形

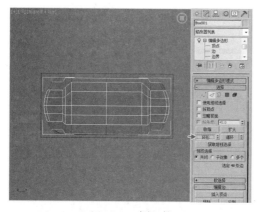

图6-26　选择边

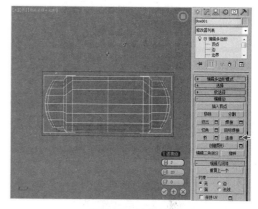

图6-27　连接边

[15] 选择左右两端的两组横向边并单击"连接"的■参数按钮，在弹出的"连接边"操作中设置连接值为 2、收缩值为 40，分别为两端添加两条竖向边，对模型的边缘光滑效果进行控制，如图 6-28 所示。

[16] 选择模型的横向边并使用"连接"工具添加垂直边，对模型转折处的光滑效果进行控制，如图 6-29 所示。

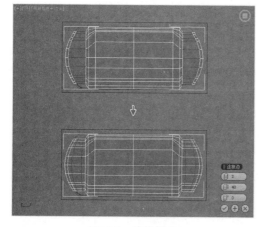

图6-28　连接操作

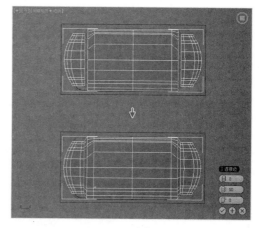

图6-29　连接操作

[17] 选择模型的横向边并使用"连接"工具添加垂直边，对模型的光滑效果进行控制，如图 6-30 所示。

 在进行多边形的光滑处理时，模型的线段数量将会直接影响到光滑效果，线段数量越多模型相对就会越方，线段数量越少模型相对就会越圆。

[18] 切换至 修改面板为游戏机顶层模型添加"网格平滑"命令，得到更加细腻的模型效果，如图 6-31 所示。

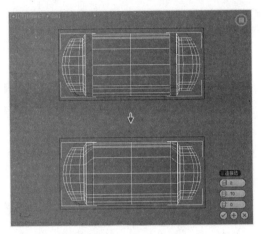

图6-30　连接操作

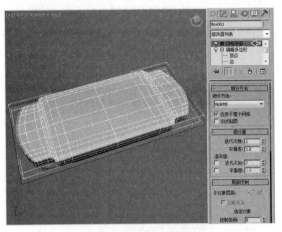

图6-31　添加网格平滑

[19] 将视图切换至四视图显示方式，便于观察模型的光滑整体效果，如图 6-32 所示。

3. 屏幕模型

[1] 将 修改面板切换至 多边形编辑模式，然后选择屏幕位置的多边形面，准备进行屏幕位置的凹陷操作，如图 6-33 所示。

[2] 单击"挤出"的 参数按钮，在弹出的"挤出多边形"操作中设置高度值为 −0.2，使选择的面向下挤压，如图 6-34 所示。

[3] 保持多边形的选择状态并继续单击"挤出"的 参数按钮，在弹出的挤出多边形操作中设置高度值为 −5，使选择的面继续向下挤压，如图 6-35 所示。

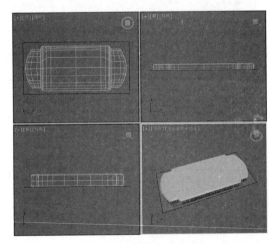

图6-32　模型光滑效果

 在多次挤压操作时，第一次的挤压目的为与顶面进行弧度转折控制，而第二次的挤压才是真正所需的挤压深度。

[4] 当挤出完成后，保持选择状态并使用键盘"Delete"快捷键将选择的面进行删除，使模型的屏幕位置产生镂空效果，如图 6-36 所示。

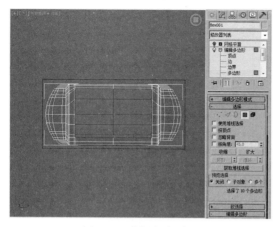

图6-33 选择多边形面

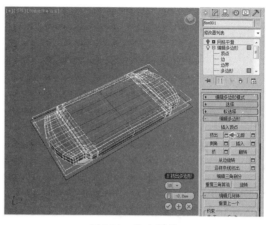

图6-34 挤出操作

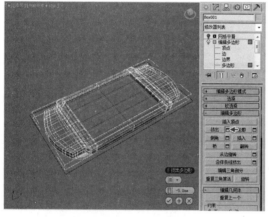

图6-35 挤出操作

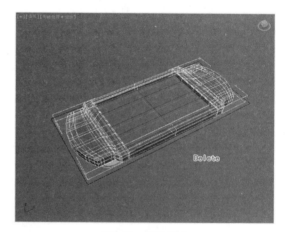

图6-36 删除操作

5 将"编辑多边形"命令切换至 ✎ 边编辑模式，然后在"顶视图"中选择模型中间位置的一组竖向边，准备将其进行切角操作，如图 6-37 所示。

6 保持边的选择状态，单击"切角"按钮对选择的边进行切分操作，由原来的一组边切分为两组边，对模型的屏幕边缘光滑效果进行控制，如图 6-38 所示。

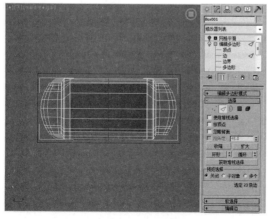

图6-37 选择边

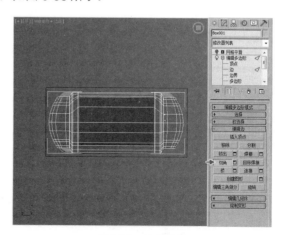

图6-38 切角操作

7 在创建面板几何体中选择标准基本体的"平面"命令，然后在"顶视图"模型的中部位置建立平面，再设置长度值为60、宽度值为98，作为游戏机的屏幕模型，如图6-39所示。

8 将"平面"模型放置到屏幕的准确位置，再将视图切换至"透视图"并调节视图的角度，观察游戏机顶层的模型效果，如图6-40所示。

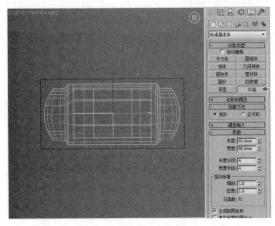
图6-39 创建屏幕

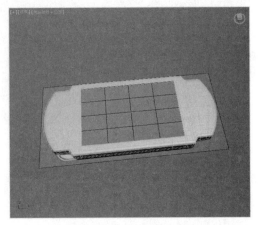
图6-40 顶层模型效果

6.2.2 按键模型

"按键模型"部分的制作流程分为3部分，包括①功能键模型、②方向键模型、③其他按键模型，如图6-41所示。

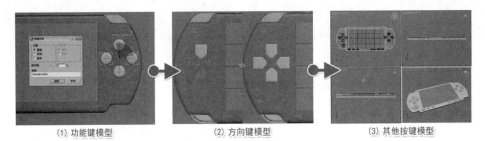

(1) 功能键模型 　　　　(2) 方向键模型 　　　　(3) 其他按键模型

图6-41 制作流程

1. 功能键模型

1 在创建面板几何体中选择扩展基本体的"切角圆柱体"命令，然后在"顶视图"中模型的右侧位置建立一个切角圆柱体并设置半径值为5、高度值为2、圆角值为0.5，作为游戏机右侧的按键模型，如图6-42所示。

2 选择"切角圆柱体"模型，在修改面板中为其添加"编辑多边形"命令并切换至多边形编辑模式，然后切换至"顶视图"，选择按键底部的多边形面并使用键盘"Delete"快捷键进行删除操作，如图6-43所示。

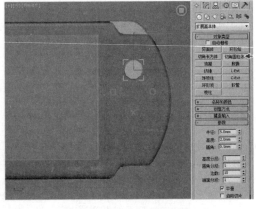
图6-42 创建切角圆柱体

因为按键只需要顶部的模型效果，所以将底部多边形进行删除，将模型的网格数量进行精简操作。

③ 切换至 修改面板，为游戏机按键模型添加"网格平滑"命令，得到更加细腻的模型效果，如图 6-44 所示。

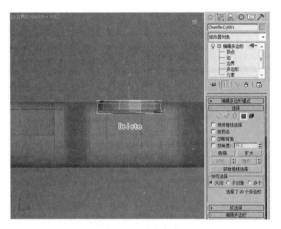
图6-43　删除操作

图6-44　添加网格平滑

④ 将视图切换至"顶视图"，选择按键模型并结合"Shift＋移动"组合键沿 Y 轴复制出下方的按键模型，如图 6-45 所示。

 当键盘"Shift"快捷键与任何一个变换工具进行组合时，均可对选择的物体进行复制操作。

⑤ 选择竖向的两个按键模型，然后结合"Shift＋旋转"组合键沿 Z 轴进行 90 度操作，复制出其他的按键模型，如图 6-46 所示。

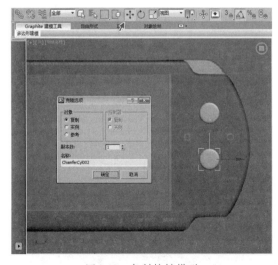
图6-45　复制按键模型

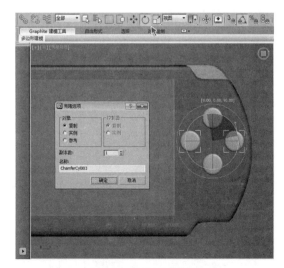
图6-46　复制按键模型

2. 方向键模型

1 在 创建面板 几何体中选择扩展基本体的"切角长方体"命令，然后在"顶视图"中模型的左侧位置建立一个切角长方体并设置长度值为 8、宽度值为 8、高度值为 2、圆角值为 0.5，作为游戏机的方向按键模型，如图 6-47 所示。

2 切换至"左视图"并选择"切角长方体"模型，然后在 修改面板中为其添加"编辑多边形"命令并切换至 顶点编辑模式，选择按键底部的控制点并使用键盘"Delete"快捷键进行删除操作，如图 6-48 所示。

3 在"顶视图"中使用 移动工具调节顶点的位置，调节出方向按键的形状，如图 6-49 所示。

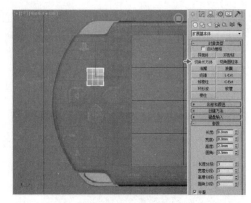

图6-47　创建切角长方体

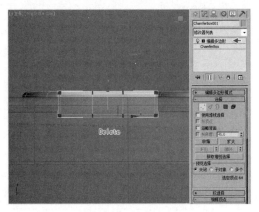

图6-48　删除操作

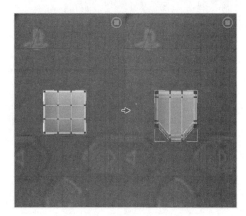

图6-49　调节按键形状

4 切换至 修改面板，为游戏机的按键模型添加"网格平滑"命令，得到更加细腻的模型效果，如图 6-50 所示。

5 通过"Shift + 旋转"的复制的方式继续得到其他的方向按键，完成方向键的模型制作，如图 6-51 所示。

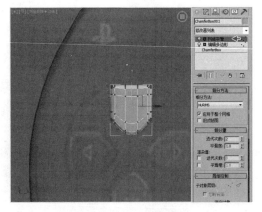

图6-50　添加网格平滑

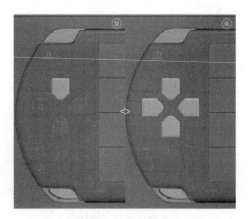

图6-51　复制操作

3. 其他按键模型

1 在 创建面板 几何体中选择扩展基本体的"切角圆柱体"命令，然后在"顶视图"中方向按键的下方建立一个切角圆柱体，作为游戏机的按键模型，如图 6-52 所示。

2 继续建立几何体，再为几何体添加"编辑多边形"命令，编辑制作出其他的按键模型，丰富游戏机的模型效果，如图 6-53 所示。

3 将视图切换至四视图显示方式，观察顶层模型与按键模型的整体效果，如图 6-54 所示。

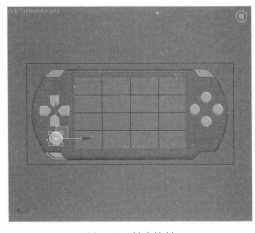

图6-52　创建按键

图6-53　其他按键模型

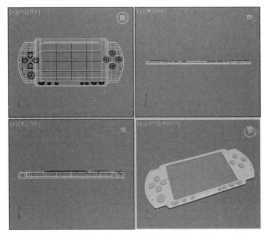

图6-54　按键模型效果

↗ 6.2.3　中层模型

"中层模型"部分的制作流程分为 3 部分，包括①复制模型、②编辑模型、③辅助接口，如图 6-55 所示。

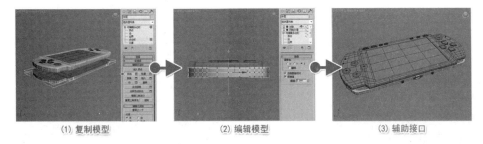

(1) 复制模型　　　　　　(2) 编辑模型　　　　　　(3) 辅助接口

图6-55　制作流程

1. 复制模型

1 将视图切换至"左视图"，选择顶层模型并切换至 多边形编辑模式，然后选择模型底部的一组多边形面，再使用"Shift＋移动"组合键沿 Y 轴向下进行复制，在弹出的"克隆部分网格"对话框中选择克隆到对象类型并设置对象名称为"中层"，如图 6-56 所示。

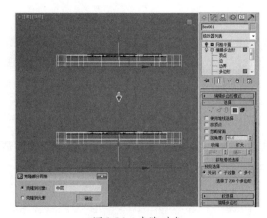

图6-56　克隆对象

提示　键盘"Shift"快捷键与变换工具进行组合操作时，不仅可以复制独立的模型与物体，还可以对选择的局部元素进行复制。

[2] 将视图切换至"透视图"，然后对复制出的多边形面进行选择，作为游戏机的中层模型，如图 6-57 所示。

[3] 保持模型的选择状态并切换至■多边形编辑模式，然后选择所有的多边形面，再单击编辑多边形卷展栏中的"挤出"按钮，对选择的面向上进行高度挤出，如图 6-58 所示。

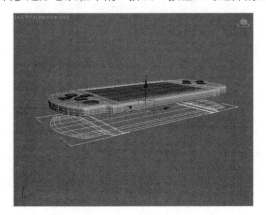

图6-57　选择模型

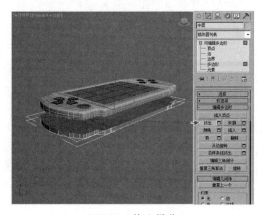

图6-58　挤出操作

2．编辑模型

[1] 选择中层模型边角处的两组面，准备制作边角位置的镂空造型，如图 6-59 所示。

[2] 单击编辑多边形卷展栏下的"挤出"按钮，将选择的面进行挤出操作，如图 6-60 所示。

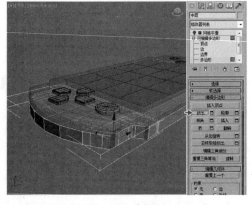

图6-59　选择面

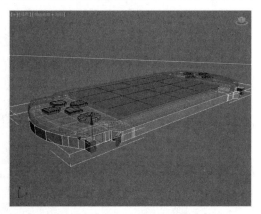

图6-60　挤出操作

③ 切换至"顶视图"，然后将"编辑多边形"命令切换至 顶点编辑模式，再调节挤出部分模型的形状，使挤出的模型可以产生围绕，如图 6-61 所示。

④ 切换至"透视图"并调节观察视角，然后将"编辑多边形"切换至 ■ 多边形编辑模式，对模型挤出部分的顶面进行选择，再使用"Delete"键进行删除；将"编辑多边形"切换至 ◎ 边界模式，然后选择删除位置的边界，再单击编辑边界卷展栏的"桥"按钮，将边界进行桥接操作，如图 6-62 所示。

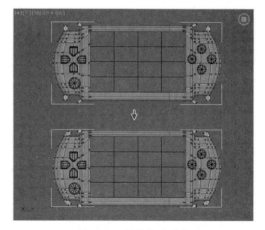

图6-61　调节模型形状

 使用"桥"连接时，直接可以在边界之间建立直线连接，但注意连接的两个"桥"网格数量需相同，才会得到正确的网格连接效果。

⑤ "桥"接操作完成后，可以将边界进行连接，得到正确的围绕模型，如图 6-63 所示。

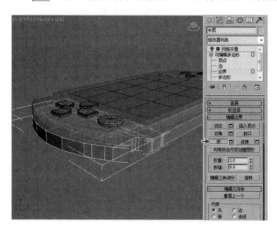

图6-62　桥接操作

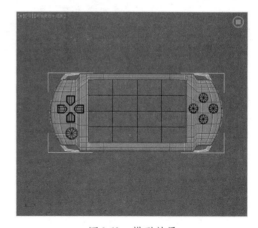

图6-63　模型效果

⑥ 将"编辑多边形"命令切换至 ◢ 边编辑模式，然后选择边角位置的 4 组边并单击编辑边卷展栏中的"切角"按钮，将选择的 4 组边切分为 8 组，对边角的光滑效果进行控制，如图 6-64 所示。

⑦ 切换至 ⚙ 修改面板，为中层模型添加"网格平滑"命令，模型的效果如图 6-65 所示。

⑧ 将"编辑多边形"命令切换至 ◢ 边编辑模式，然后在"左视图"中选择所有竖向边，再单击编辑边卷展栏中的"连接"按钮并设置滑块值为 –60，使连接边移动到模型靠上部的位置，如图 6-66 所示。

⑨ 切换至 ⚙ 修改面板为中层模型添加"对称"命令，然后设置镜像轴为 Z 轴，镜像出完整的中层模型，如图 6-67 所示。

 "对称"修改命令在构建模型时特别有用，注意可以围绕 X、Y 或 Z 平面镜像网格，还有必要移除其中一部分，系统将沿着公共缝自动焊接顶点。

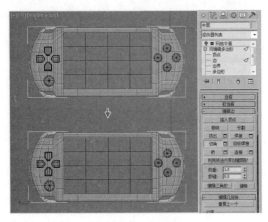

图6-64 切分操作

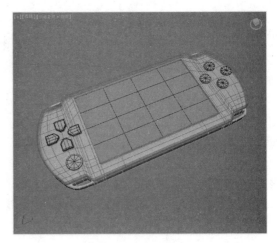

图6-65 光滑效果

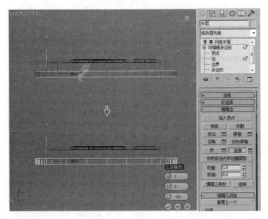

图6-66 连接操作

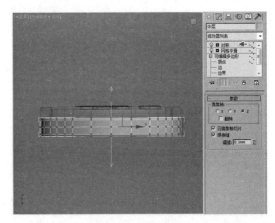

图6-67 添加镜像

3. 辅助接口

1 在 创建面板 图形中选择"线"命令并在视图中绘制出接口图形，然后开启"在渲染中使用"与"在视口中使用"项，再设置其相关参数，制作出游戏机的接口模型，如图 6-68 所示。

2 在 创建面板 几何体中选择扩展基本体的"切角长方体"命令，然后在视图中接口位置创建一个切角长方体，丰富接口模型的效果，如图 6-69 所示。

3 在 创建面板 几何体中选择扩展基本体的"切角圆柱体"命令，然后在视图中继续创建辅助按键模型，如图 6-70 所示。

4 在 创建面板选择"管状体"命令并在场景中建立，再将几何体转换为"编辑多边形"编辑模式，使用编辑多边形下的工具制作出电源接口的外壳模型，如图 6-71 所示。

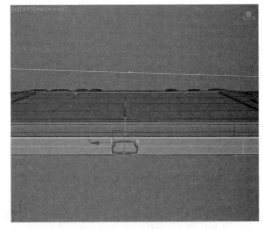

图6-68 创建接口模型

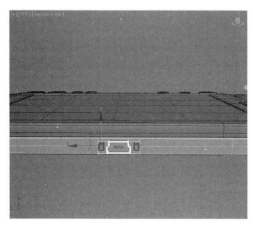

图6-69　丰富接口模型

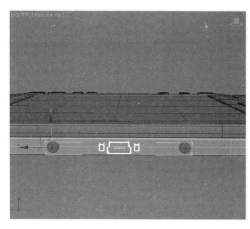

图6-70　辅助按键模型

⑤ 在☀创建面板◯几何体中选择标准基本体的"管状体"命令，然后在电源接口位置创建，作为电源接口模型，如图 6-72 所示。

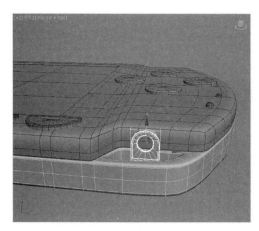

图6-71　接口外壳模型

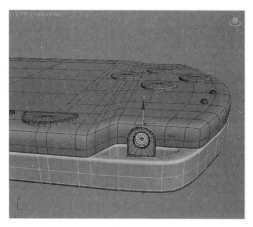

图6-72　电源接口模型

⑥ 切换至"透视图"并调节视图角度，观察底部电源接口模型的效果，如图 6-73 所示。

⑦ 在"透视图"中调节视图角度并观察顶部接口的模型效果，如图 6-74 所示。

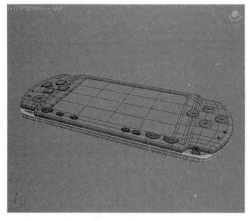

图6-73　接口模型效果

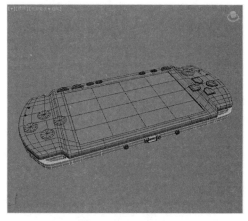

图6-74　接口模型效果

↗ 6.2.4 底层模型

"底层模型"部分的制作流程分为 3 部分，包括①复制模型、②区域划分、③标志模型，如图 6-75 所示。

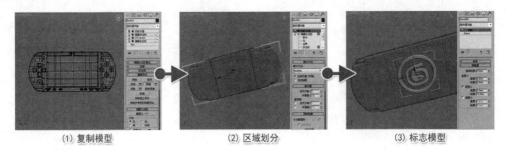

(1) 复制模型　　　　　　　(2) 区域划分　　　　　　　(3) 标志模型

图6-75　制作流程

1. 复制模型

$\boxed{1}$ 选择游戏机顶层模型，然后单击主工具栏中的 镜像工具，在弹出的对话框中设置镜像轴为 Y、偏移值为 1.2，再设置克隆当前选择为"复制"类型，将顶层模型复制作为底层模型的基本体，如图 6-76 所示。

镜像操作的偏移值就是对称复制出物体的位置，值越大对称复制的位置就越远。

$\boxed{2}$ 将镜像复制的游戏机下层物体的"编辑多边形"切换至 顶点编辑模式，然后在"顶视图"中选择屏幕两端位置的控制点，准备进行调节，如图 6-77 所示。

游戏机下层物体不需要屏幕结构，所以对复制模型不需要的结构进行编辑。

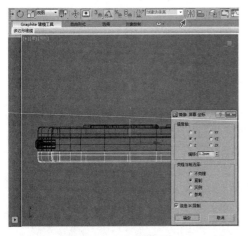

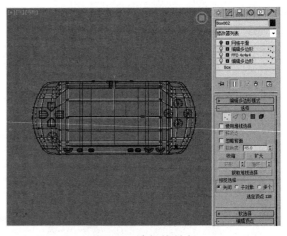

图6-76　复制模型　　　　　　　　　　　　图6-77　选择控制点

$\boxed{3}$ 保持选择顶点的状态并使用 缩放工具沿 X 轴向内进行缩小操作，使屏幕两端位置的控制点聚集到中心位置，如图 6-78 所示。

4 将"编辑多边形"命令切换至 ■ 多边形编辑模式,对底层模型中间部分的面进行选择并使用键盘"Delete"键进行删除,如图 6-79 所示。

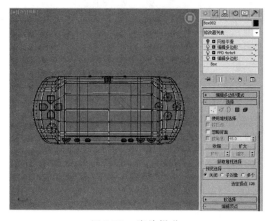

图6-78 缩放操作

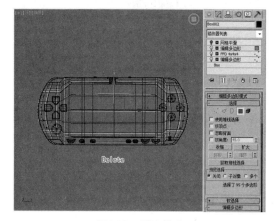

图6-79 删除操作

5 将"编辑多边形"命令切换至 ∴ 顶点编辑模式,然后选择模型中间部分的控制点,在编辑顶点卷展栏下单击"焊接"按钮,将所选择的控制点进行焊接,如图 6-80 所示。

 在进行顶点的焊接操作时,所需顶点的位置将会影响到自动焊接效果,如果所焊接顶点距离过远,则需要先设置"焊接"值大过距离值才可将其焊接到一起。

6 在"透视图"中调节视图角度观察底层模型效果,将屏幕结构清除后的效果如图 6-81 所示。

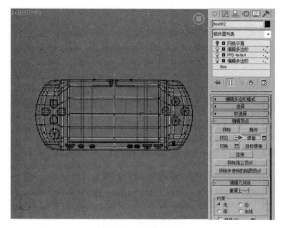

图6-80 焊接操作

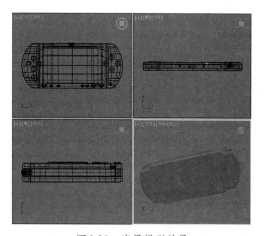

图6-81 底层模型效果

2. 区域划分

1 将"编辑多边形"命令切换至 ◢ 边编辑模式,然后选择模型中间部分的一组竖向边,如图 6-82 所示。

2 保持选择状态并单击编辑边卷展栏下的"切角"按钮,然后对所选择的边进行切角操作,由原来的一组边切分为两组边,如图 6-83 所示。

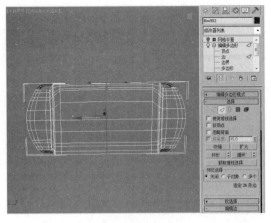

图6-82　选择边

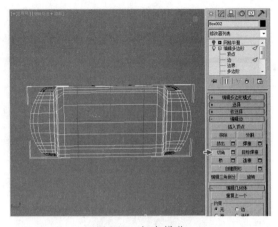

图6-83　切角操作

3 保持两组边选择状态并单击"切角"的
□参数按钮，在弹出的切角浮动对话框中设置边
切角量值为 0.2，切分出底部模型的两组细楞进
行区域划分，如图 6-84 所示。

4 将"编辑多边形"命令切换至□多边形
编辑模式，然后选择切分区域的多边形面，再
单击编辑多边形卷展栏下"挤出"后的□参数按
钮，在弹出的挤出多边形中设置为局部法线类
型、高度值为 –0.2，制作出分割区域的凹陷效
果，如图 6-85 所示。

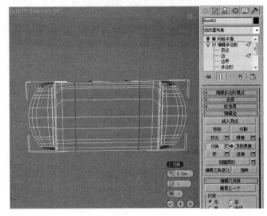

图6-84　切角操作

 局部法线类型会沿着每一个选定的多边形法线执行操作。

5 在 ✐ 修改面板中将"网格平滑"命令激活，然后再切换至"透视图"观察模型产生细楞
的效果，如图 6-86 所示。

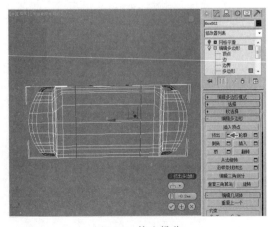

图6-85　挤出操作

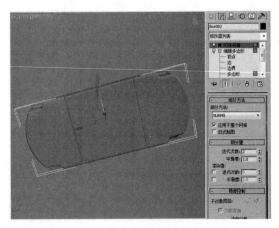

图6-86　模型效果

3. 标志模型

1 在 创建面板 图形中选择"线"命令，然后在"顶视图"中标志图形位置绘制出标志的图形，如图 6-87 所示。

2 在 创建面板 图形中选择"圆环"命令，然后在"顶视图"中进行创建一个圆环，设置半径 1 值为 24、半径 2 值为 20，丰富标志模型的效果，如图 6-88 所示。

3 在 修改面板为绘制的图形添加"倒角"命令，然后在倒角值参数卷展栏下设置级别 1 的高度值为 0.5，再设置级别 2 的高度值为 0.5、轮廓值为 –0.5，将二维图形转化为三维模型，如图 6-89 所示。

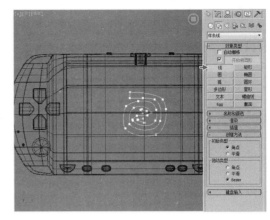

图6-87　绘制图形

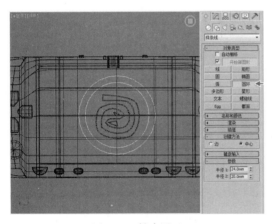

图6-88　创建圆环

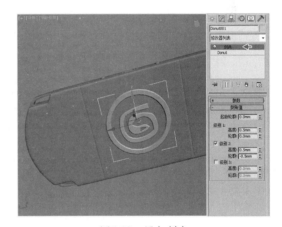

图6-89　添加倒角

4 切换至"透视图"并调节视图角度，观察模型正面的效果，如图 6-90 所示。

5 在"透视图"中调节视图角度，观察模型底面的效果，如图 6-91 所示。

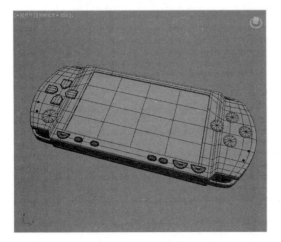

图6-90　正面效果

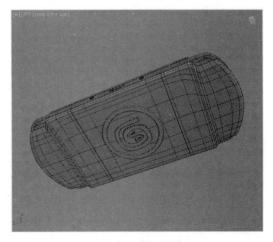

图6-91　底面效果

↗ 6.2.5 材质设置

"材质设置"部分的制作流程分为 3 部分，包括① UV 匹配设置、②按钮材质设置、③其他材质设置，如图 6-92 所示。

（1）UV 匹配设置 　　　　　　（2）按钮材质设置 　　　　　　（3）其他材质设置

图6-92　制作流程

1. UV匹配设置

1 单击主工具栏中的渲染设置按钮，在弹出的渲染设置对话框的"指定渲染器"卷展栏中设置为 V-Ray 渲染器，如图 6-93 所示。

提示　V-Ray 渲染器为第三方插件渲染器，需额外进行安装使用。

2 在主工具栏中单击材质编辑器按钮，在弹出的"材质编辑器"对话框中选择一个空白材质球，然后设置其名称为"正面"并单击"标准"材质按钮切换至"VR 材质"类型，如图 6-94 所示。

图6-93　指定渲染器

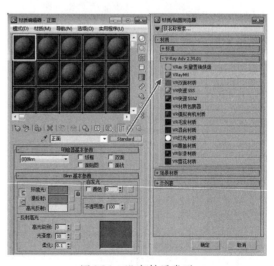

图6-94　设定材质类型

3 在基本参数卷展栏中设置反射颜色为深灰色、反射光泽度值为 0.8、细分值为 16，然后在贴图卷展栏中为漫反射颜色项赋予本书配套光盘的"正面"贴图，继续为凹凸项赋予本书配套光盘中的"正面凹凸"贴图，最后将设置完成的材质赋予至场景中的顶层模型，如图 6-95 所示。

凹凸贴图会将黑色区域进行凹陷模拟，白色区域进行凸起模拟。

④ 单击主工具栏中的 渲染按钮，通过渲染计算观察材质效果，如图 6-96 所示。

⑤ 通过渲染可以发现材质效果发生了错误，选择顶层模型并切换至 修改面板，为模型添加 "UVW 贴图" 命令，使材质可以正确地匹配，如图 6-97 所示。

 编辑多边形的操作会改变原始物体的贴图坐标，所以需要通过 "UVW 贴图" 命令纠正错误的贴图坐标。

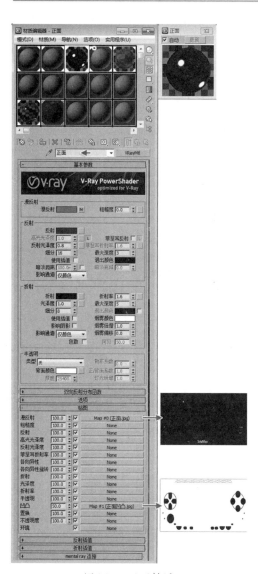

图6-95　正面材质

图6-96　渲染材质效果

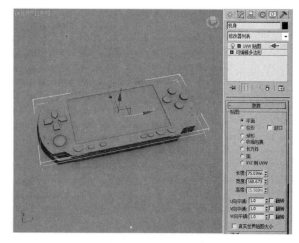

图6-97　匹配贴图

⑥ 单击主工具栏中的 渲染按钮，通过渲染计算观察正确的材质效果，如图6-98所示。

2. 按键材质设置

① 在"材质编辑器"中选择一个空白材质球并设置名称为"耳机口"，单击"标准"材质按钮切换至"VR材质"类型，然后在基本参数卷展栏中设置漫反射颜色为黄色、反射颜色为深灰色、反射光泽度值为0.8、细分值为16，最后将设置完成的材质赋予场景中的接口模型，如图6-99所示。

> **提示** "反射光泽度"通俗的理解是指反射的模糊值，也是反射的模糊程度。光泽度为1时是没有模糊的效果，反射光泽度同时控制着高光光泽度。

② 在"材质编辑器"中选择一个空白材质球并设置名称为"按钮"，单击"标准"材质按钮切换至"VR材质"类型，然后在基本参数卷展栏中设置反射颜色为深灰色、反射光泽度值为0.78、细分值为16，在贴图卷展栏中为漫反射颜色项赋予本书配套光盘的"按钮"贴图，继续为凹凸项赋予本书配套光盘中的"网眼凹凸"贴图，最后将设置完成的材质赋予场景中的按钮模型，如图6-100所示。

> **提示** "细分"设置主要在有磨砂效果的时候使用，增加细分很影响渲染速度，具体要根据电脑配置的高低而设置。

③ 单击主工具栏中的 渲染按钮，通过渲染计算观察按键材质效果，如图6-101所示。

3. 其他材质设置

① 在"材质编辑器"中选择一个空白材质球并设置名称为"屏幕"，然后单击"标准"材质按钮切换至"VR材质"类型，在基本参数卷展栏中设置漫反射颜色为黑色、反射颜色为深灰色、反射光泽度值为0.6，最后将设置完成的材质赋予场景中的屏幕模型，如图6-102所示。

图6-98　渲染贴图效果

图6-99　耳机口材质

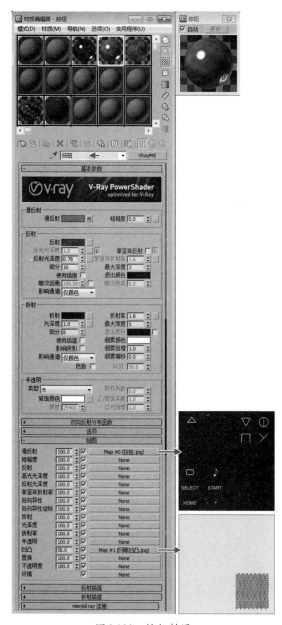

图6-100 按钮材质

图6-101 渲染材质效果

2 在"材质编辑器"中选择一个空白材质球并设置名称为"中层",然后单击"标准"材质按钮切换至"VR 材质"类型,在基本参数卷展栏中设置漫反射颜色为深灰色、反射颜色为灰色、反射光泽度值为 0.9、细分值为 16,最后将设置完成的材质赋予游戏机的中层模型,如图 6-103 所示。

3 将视图切换至"透视图",调节模型的材质预览角度,如图 6-104 所示。

4 单击主工具栏中的 渲染按钮,通过渲染计算观察模型材质效果,如图 6-105 所示。

图6-102 屏幕材质

图6-103 中层材质

图6-104 调节视角

图6-105 渲染材质效果

↗ 6.2.6 渲染设置

"渲染设置"部分的制作流程分为3部分，包括①建立摄影机、②灯光设置、③渲染设置，如

图 6-106 所示。

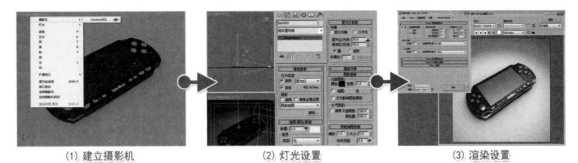

(1) 建立摄影机　　　　　　　　(2) 灯光设置　　　　　　　　(3) 渲染设置

图6-106　制作流程

1. 建立摄影机

1 进入 ＊ 创建面板的 摄影机子面板并单击"目标"按钮，然后在场景中拖拽建立目标摄影机，如图 6-107 所示。

2 保持摄影机的选择状态并在菜单中选择【视图】→【从视图创建摄影机】命令，将摄影机自动匹配到当前视图的角度，如图 6-108 所示。

将摄影匹配到"透视图"的角度还可以使用"Ctrl+C"快捷键执行。

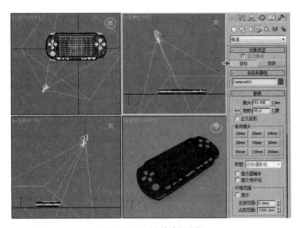

图6-107　创建摄影机

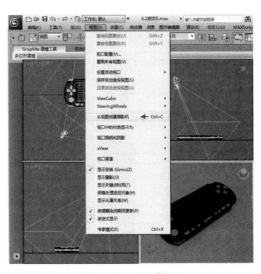

图6-108　匹配视图

3 在视图左上角提示文字处单击鼠标右键，从弹出的菜单中选择【摄影机】→【Camera01（摄影机 01）】命令，将视图切换至"摄影机视图"，如图 6-109 所示。

切换至"摄影机视图"可以使用键盘"C"快捷键执行。

[4] 单击主工具栏中的 渲染设置按钮开启渲染设置对话框，在公用选项卡的公用参数卷展栏中设置输出大小的宽度值为 500、高度值为 500，指定渲染画面的尺寸大小，如图 6-110 所示。

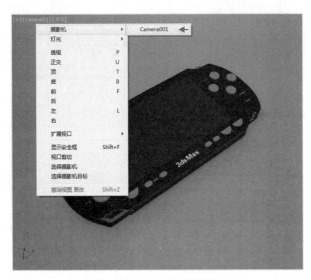

图6-109　切换摄影机视图

图6-110　设置输出大小

[5] 在视图左上角提示文字处单击鼠标右键，从弹出的菜单中选择"显示安全框"命令，可以在"透视图"中显示渲染的区域，如图 6-111 所示。

[6] 单击主工具栏中的 渲染按钮，渲染游戏机的模型效果，如图 6-112 所示。

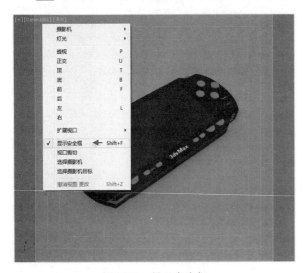

图6-111　显示安全框

图6-112　渲染模型效果

2. 灯光设置

[1] 在 创建面板 灯光中选择 VRay 下的"VR 灯光"命令按钮，然后在场景的"顶视图"中进行创建，作为场景中的主光源，如图 6-113 所示。

②在"前视图"中首先使用 移动工具调节灯光位置，然后再使用 旋转工具调节灯光角度，可以得到更好的灯光效果，如图6-114 所示。

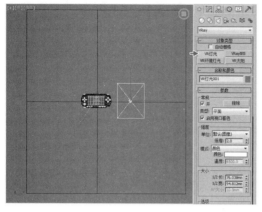

图6-113　创建灯光

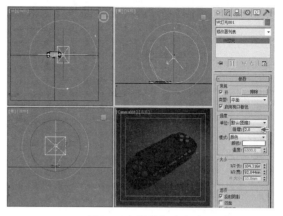

图6-114　调节灯光角度

③单击主工具栏中的 渲染按钮，通过渲染计算观察场景主灯光的照明效果，如图 6-115 所示。

④在 创建面板中单击 灯光面板下的"目标聚光灯"按钮，然后在"前视图"中拖拽建立灯光；在 修改面板的常规参数卷展栏中开启阴影项目并设置类型为"阴影贴图"，在强度／颜色／衰减卷展栏下设置倍增值为 0.5，在聚光灯参数卷展栏中设置聚光区／光束值为 20，在阴影贴图参数卷展栏中设置采样范围值为 5，为游戏机的顶部进行辅助照明，如图 6-116 所示。

图6-115　渲染灯光效果

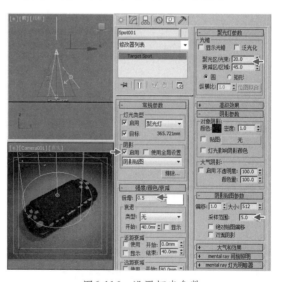

图6-116　设置灯光参数

⑤在"前视图"中继续创建"目标聚光灯"然后切换至 修改面板，在强度／颜色／衰减卷展栏下设置倍增值为 1、颜色为浅蓝色，在聚光灯参数卷展栏中设置聚光区／光束值为 20，在阴影贴图参数卷展栏中设置采样范围值为 5，为主照明方向进行补光，如图 6-117 所示。

⑥单击主工具栏中的 渲染按钮，通过渲染计算观察场景最终灯光的效果，如图 6-118 所示。

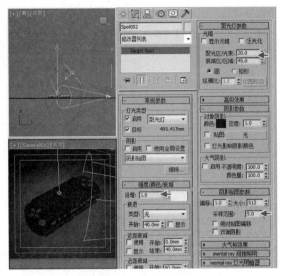

图6-117　设置灯光参数

图6-118　渲染灯光效果

3. 渲染设置

1 在图像采样器（反锯齿）卷展栏中设置图形采样器类型为"自适应细分"，然后在环境卷展栏中开启全局照明环境（天光）覆盖，如图 6-119 所示。

　V-Ray 渲染器的环境卷展栏主要用来模拟周围的环境，比如天空效果和室外场景，其中可以开启天空光装置、反射 / 折射环境覆盖、折射环境覆盖。

2 单击主工具栏中的 ✿ 渲染按钮，渲染当前场景的效果，如图 6-120 所示。

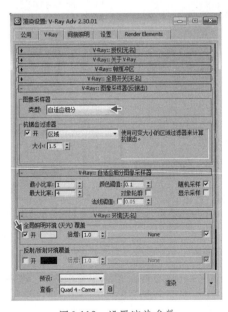

图6-119　设置渲染参数

图6-120　渲染场景效果

3 在间接照明卷展栏中开启全局照明，使场景产生更好的灯光效果，如图 6-121 所示。

4 单击主工具栏中的 渲染按钮，渲染最终的游戏机场景效果，如图 6-122 所示。

图6-121　设置渲染参数

图6-122　最终渲染效果

6.3 范例——军用卡车

"军用卡车"范例主要使用"编辑多边形"修改命令对标准几何体进行调节，在制作时，应重点掌握模型的造型控制和相互物体组合搭建，配合网格光滑命令，此操作特别适合制作机器类物体，效果如图 6-123 所示。

图6-123　范例效果

"军用卡车"范例的制作流程分为 6 部分，包括①车架模型、②驾驶室模型、③车轮模型、④车厢模型、⑤辅助模型、⑥渲染设置，如图 6-124 所示。

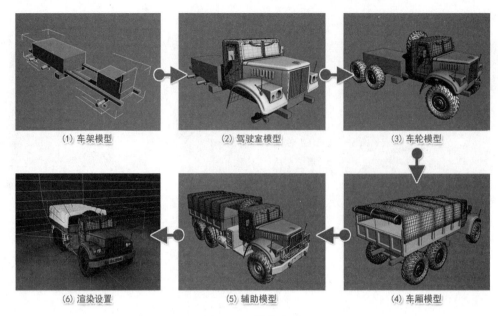

(1) 车架模型　　　　　　　(2) 驾驶室模型　　　　　　　(3) 车轮模型

(6) 渲染设置　　　　　　　(5) 辅助模型　　　　　　　(4) 车厢模型

图6-124　制作流程

6.3.1　车架模型

"车架模型"部分的制作流程分为 3 部分，包括①主车架模型、②附件模型、③颜色设置，如图 6-125 所示。

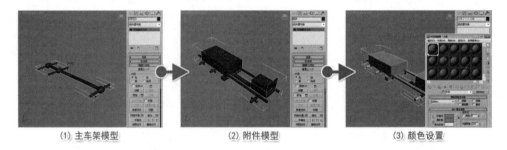

(1) 主车架模型　　　　　　(2) 附件模型　　　　　　(3) 颜色设置

图6-125　制作流程

1. 主车架模型

1 在创建面板几何体中选择标准基本体的"圆柱体"命令，然后在"前视图"中建立一个圆柱体，再设置半径值为 25、高度值为 980、边数值为 12，作为主车架的基本模型，如图 6-126 所示。

> **提示**　建立物体的段数要根据所需合理设置，次要模型的段数尽量设置低些，而主体模型往往要配合"网格平滑"修改命令控制模型精度。

2 在创建面板几何体中选择标准基本体的"球体"命令，然后在"前视图"中建立一个球体，再设置半径值为 40、分段值为 20，作为车架的连接装置模型，如图 6-127 所示。

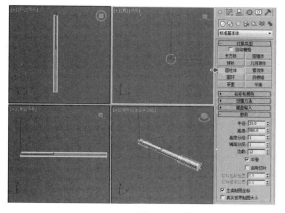

图6-126 创建圆柱体

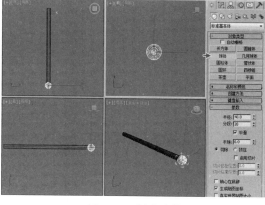

图6-127 创建球体

3 保持"球体"的选择状态，在主工具栏中选择 缩放工具并沿 X 轴进行拉伸，使连接模型呈椭圆形，如图 6-128 所示。

4 选择连接装置模型并结合"Shift＋移动"组合键复制出后方的连接装置模型，如图 6-129 所示。

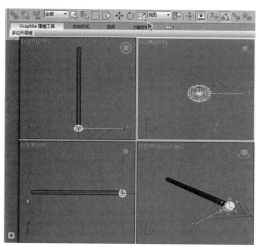

图6-128 缩放操作

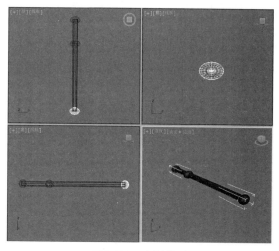

图6-129 复制模型

5 在 创建面板 几何体中选择标准基本体的"圆柱体"命令，然后在"左视图"中建立一个圆柱体，再设置半径值为 15、高度值为 380，作为横支架模型，如图 6-130 所示。

6 选择横架模型并结合"Shift＋移动"组合键复制出后方的横架模型，如图 6-131 所示。

7 使用 几何体中标准基本体的"圆柱体"命令，然后在视图中创建，丰富车架模型，如图 6-132 所示。

8 切换至"透视图"并选择车架基本体模型，在视图中单击鼠标"右"键，在弹出四元菜单中选择【转换为】→【转换为可编辑多边形】命令，准备对车架模型进行编辑，如图 6-133 所示。

 "转换为可编辑多边形"命令与在修改面板中添加"编辑多边形"命令功能与使用方法完全相同，只是"转换为可编辑多边形"命令为塌陷类型，不可再次返回原始物体进行修改。

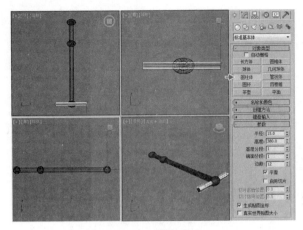

图6-130　横架模型

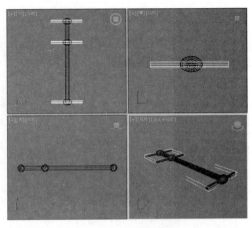

图6-131　复制模型

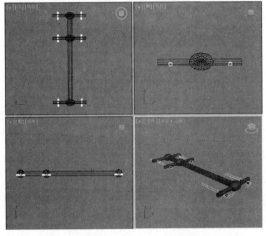

图6-132　丰富车架模型

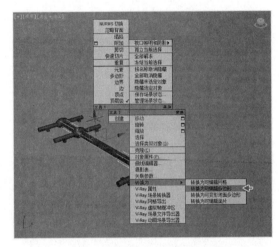

图6-133　转换为可编辑多边形

⑨ 在 修改面板的多边形命令中单击"附加"按钮，准备添加场景模型，如图 6-134 所示。

⑩ 在"透视图"中拾取其他车架零件模型，将所有零件模型添加为一整体，并设置其名称为"主车架"，便于更好地对场景进行模型管理，如图 6-135 所示。

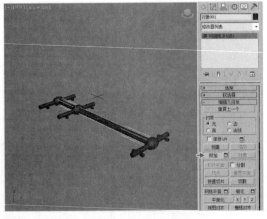

图6-134　选择附加

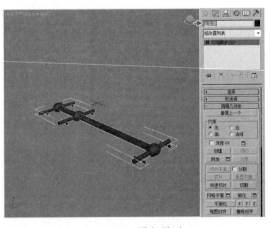

图6-135　附加模型

2. 附件模型

1 在 创建面板 几何体中选择标准基本体的"长方体"命令，然后在"透视图"中建立一个长方体，再设置长度值为 550、宽度值为 270、高度值为 150，作为车架的附件模型，如图 6-136 所示。

2 在视图中创建 几何体中的"长方体"，作为车体的支架模型，如图 6-137 所示。

3 在视图中创建 几何体中的"长方体"，作为车体的附件模型，如图 6-138 所示。

4 在视图中创建 几何体中的"长方体"，丰富场景的车架模型，如图 6-139 所示。

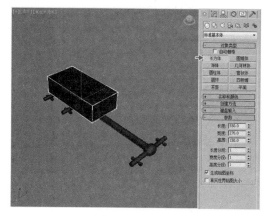

图6-136　创建长方体

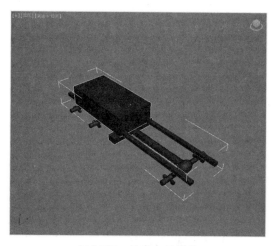

图6-137　创建支架模型

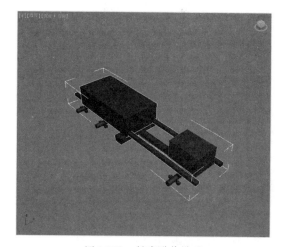

图6-138　创建附件模型

5 在 修改面板多边形命令中单击"附加"按钮，将所有附件模型添加为整体，并设置其名称为"附件"，如图 6-140 所示。

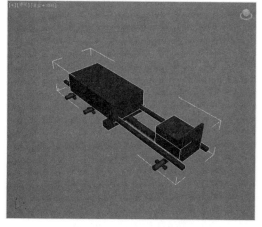

图6-139　丰富模型效果

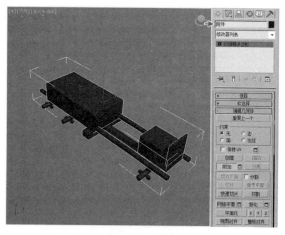

图6-140　附加操作

3. 颜色设置

$\boxed{1}$ 在主工具栏中单击 材质编辑器按钮，在弹出的"材质编辑器"对话框中选择一个空白材质球并设置名称为"灰色"，然后将材质赋予场景中的模型，如图 6-141 所示。

$\boxed{2}$ 将场景中模型的自身颜色设置为黑色，便于在视图中直观地进行模型预览，如图 6-142 所示。

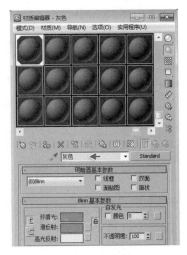

图6-141　灰色材质

> **提示** 在配合使用键盘"F4"键时，视图会显示自身颜色为黑色的网格线框、灰色的模型材质，更加便于直观地预览模型结构。

$\boxed{3}$ 切换为四视图的显示方式，最终的车架模型效果如图 6-143 所示。

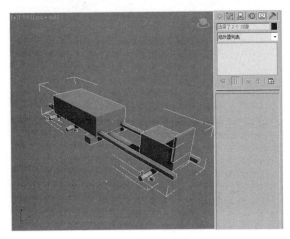

图6-142　材质效果

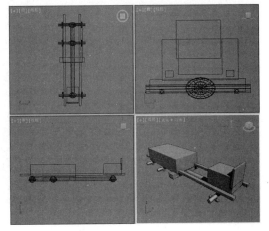

图6-143　车架模型效果

↗ 6.3.2　驾驶室模型

"驾驶室模型"部分的制作流程分为 3 部分，包括①基础模型、②布尔运算、③添加细节，如图 6-144 所示。

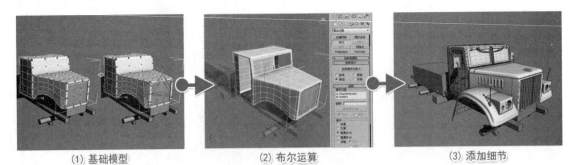

（1）基础模型　　　　　　（2）布尔运算　　　　　　（3）添加细节

图6-144　制作流程

1. 基础模型

[1] 在 ✳ 创建面板 ○ 几何体中选择扩展基本体的"切角长方体"命令，在"透视图"中驾驶室位置进行创建并设置长度值为 125、宽度值为 230、高度值为 180、圆角值为 5、长度分段值为 3、宽度分段值为 3、高度分段值为 3、圆角分段值为 3，作为驾驶室模型的基本体，如图 6-145 所示。

[2] 保持物体状态并切换至 ☑ 修改面板为模型添加"编辑多边形"命令，准备对模型进行编辑，如图 6-146 所示。

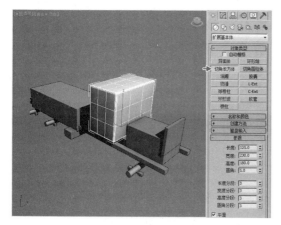

图6-145　创建切角长方体

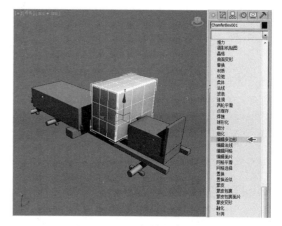

图6-146　添加编辑多边形

[3] 将"编辑多边形"切换至 ⦂ 顶点编辑模式，然后在"左视图"使用 ✛ 移动工具调节模型右上角位置多边形的控制点，编辑出基本的驾驶室形状，如图 6-147 所示。

[4] 将"编辑多边形"切换至 ▣ 多边形编辑模式，然后选择车头区域的一组多边形面，准备对车头部分模型进行创建，如图 6-148 所示。

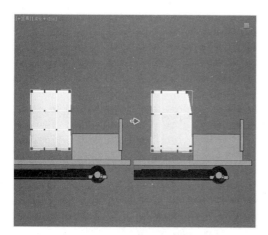

图6-147　调节控制点

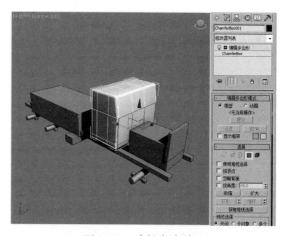

图6-148　选择多边形面

[5] 保持多边形面的选择状态，然后单击编辑多边形卷展栏下"挤出"后的 ▢ 参数按钮，在弹出的挤出多边形中设置高度值为 165，将所选择的面进行挤出操作，作为车头的模型，如图 6-149 所示。

[6] 保持多边形面的选择状态，然后在主工具栏中选择 ▢ 缩放工具，对所选择的面进行缩小

操作，编辑出车头的梯形状态，如图 6-150 所示。

在制作模型梯形挤压效果时，除了使用"挤出"与缩放工具配合外，还可以直接使用"倒角"命令执行。

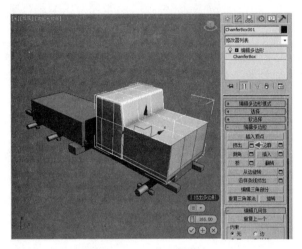

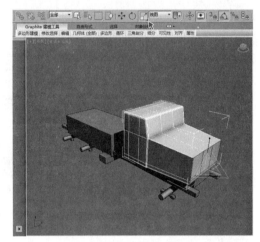

图6-149 挤出操作   图6-150 缩放操作

7 切换至 修改面板为驾驶室模型添加"网格平滑"命令，得到更加细腻平滑的模型效果，如图 6-151 所示。

通过在视图中观察可以发现光滑后的模型变形比较明显，因为模型边缘的网格线段过少，在平滑操作时偏离了元素结构的位置，所以需要为转折位置添加更多的网格线段，从而控制平滑时的弧度处理。

8 将"编辑多边形"命令切换至 边编辑模式，对车头部分的横向边进行选择，然后单击"连接"后的参数按钮，准备对所选择的边进行连接操作，如图 6-152 所示。

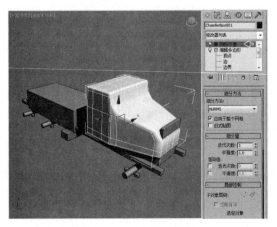

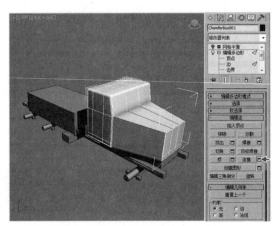

图6-151 添加网格平滑   图6-152 选择连接

[9] 在弹出的连接边参数中设置连接值为 3、收缩值为 90，为车头模型添加 3 组边，控制模型转折位置的光滑效果，如图 6-153 所示。

[10] 在![icon]修改面板中激活"网格平滑"命令，观察模型正确的光滑效果，如图 6-154 所示。

[11] 选择车头部分横向边，然后单击"连接"后的![icon]参数按钮，在弹出的连接边参数中设置连接值为 2，为选择的边分别添加两条边，准备调节车轮位置的形状，如图 6-155 所示。

[12] 将"编辑多边形"切换至![icon]顶点编辑模式，然后使用![icon]移动工具调节多边形的控制点，调节出车轮位置的弧度形状，如图 6-156 所示。

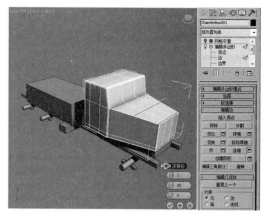

图6-153　连接操作

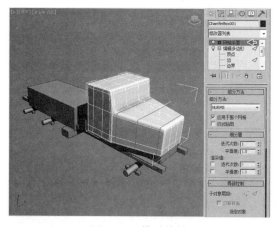

图6-154　模型效果

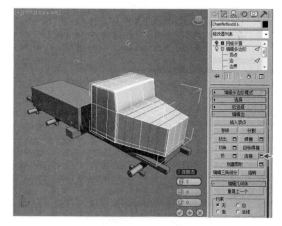

图6-155　连接操作

[13] 将"编辑多边形"命令切换至![icon]边编辑模式，然后在视图中选择驾驶室中间部分的所有竖向边，再单击"连接"按钮并设置连接值为 2，为模型中部添加两组横向边，如图 6-157 所示。

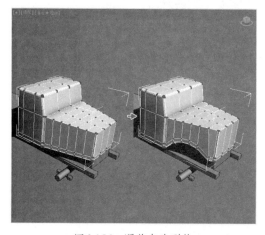

图6-156　调节车头形状

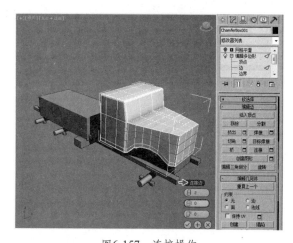

图6-157　连接操作

[14] 在视图中选择车窗部分的所有竖向边，然后单击"连接"按钮并设置连接值为 1，添加

一组横向边，对模型光滑与后期使用"布尔运算"效果进行控制，如图6-158所示。

⑮ 切换至"透视图"并调节视图角度，观察驾驶室的基本模型效果，如图6-159所示。

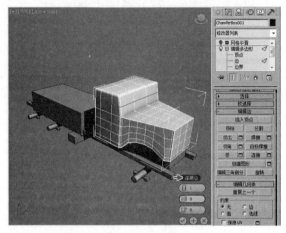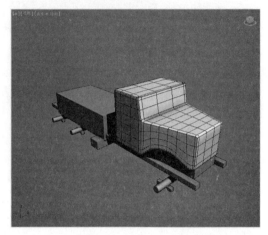

图6-158　连接操作　　　　　　　　　　　　　图6-159　模型效果

⑯ 将 ◪ 修改面板切换至 ◼ 多边形编辑模式，然后选择车头正面区域的多边形面，再单击"挤出"按钮，将所选择的面进行挤出操作，准备制作格栅位置的凹陷效果，如图6-160所示。

⑰ 保持多边形面的选择状态，然后在主工具栏选择 ◪ 缩放工具将选择的面进行缩小操作，得到面的嵌入效果，如图6-161所示。

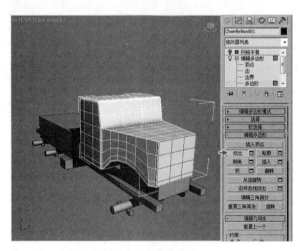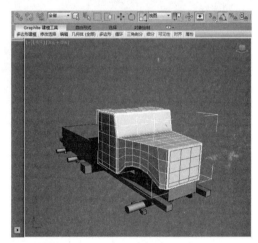

图6-160　挤出操作　　　　　　　　　　　　　图6-161　缩放操作

⑱ 在编辑多边形卷展栏中单击"挤出"按钮，将所选择的面向侧内进行挤压操作，得到面的嵌入效果，如图6-162所示。

⑲ 将"编辑多边形"切换至 � 顶点编辑模式，然后使用 ◪ 缩放工具调节多边形的控制点，将车头中间位置的控制点向上下两侧进行调节，控制车头区域的光滑效果，如图6-163所示。

2. 布尔运算

① 调节"透视图"的预览角度，将"编辑多边形"切换至 ◼ 多边形编辑模式，然后选择驾驶室底部的所有多边形面，再使用键盘"Delete"键将所选择的面进行删除，如图6-164所示。

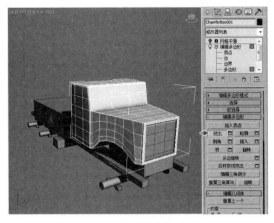

图6-162　挤出操作

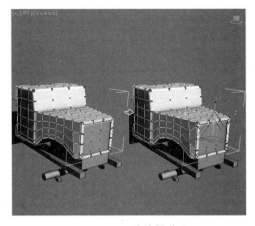

图6-163　缩放操作

2　删除操作完成后激活"网格平滑"命令，预览驾驶室的模型效果，如图 6-165 所示。

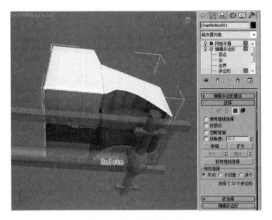

图6-164　删除操作

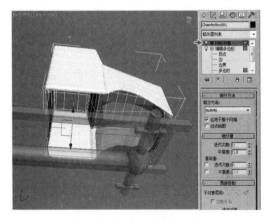

图6-165　激活网格平滑

3　在 创建面板 图形中选择"线"命令，然后在"左视图"中绘制出车门图形，如图 6-166 所示。

4　选择车门图形将 修改面板切换至 顶点模式，选择图形的所有顶点，然后再设置圆角值为 4，使所有的转折点产生弧度控制，如图 6-167 所示。

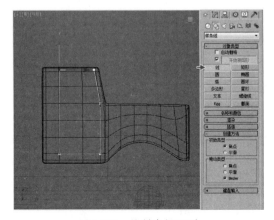

图6-166　绘制车门图形

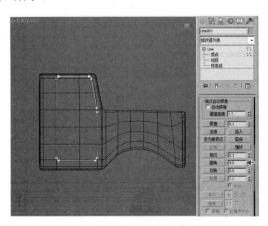

图6-167　设置圆角值

⑤ 保持图形选择状态，然后切换至☑修改面板为其添加"挤出"命令，在参数卷展栏中设置数量值为 300，将二维图形转换为三维模型，如图 6-168 所示。

⑥ 在❋创建面板☑图形中选择"矩形"命令，然后在"前视图"中绘制出车窗图形并在参数卷展栏中设置长度值为 50、长度值为 100、角半径值为 5，如图 6-169 所示。

⑦ 将绘制好的车窗图形复制到另一侧车窗的位置，然后为其再添加"挤出"命令，准备进行"布尔"运算操作，如图 6-170 所示。

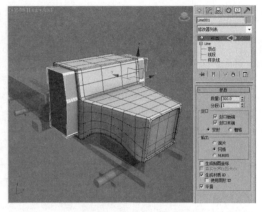

图6-168　挤出操作

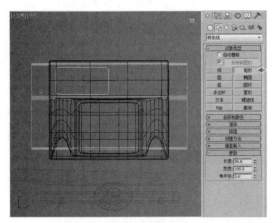

图6-169　绘制车窗图形

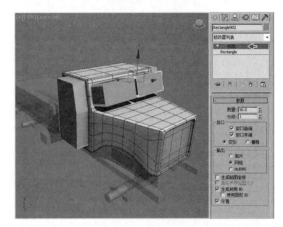

图6-170　挤出操作

⑧ 选择车门物体模型，然后在视图中单击鼠标右键，在弹出的四元菜单中选择"转换为可编辑多边形"命令，准备结合场景中的车窗模型，如图 6-171 所示。

⑨ 在☑修改面板中单击"附加"按钮，然后拾取车窗物体模型，将模型添加为一个整体，作为布尔运算的元素模型，如图 6-172 所示。

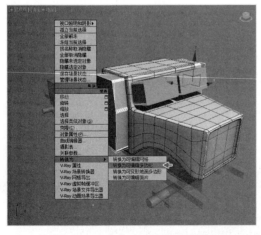

图6-171　转换为可编辑多边形

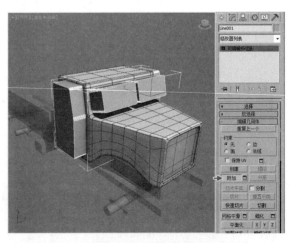

图6-172　附加操作

提示 "布尔"运算的操作只允许有物体 A 与物体 B，所以将准备运算的门窗物体结合为一个整体，便于进行"布尔"运算操作并减少运算次数。

10 在视图中选择驾驶室模型，然后在 ✷ 创建面板 ◯ 几何体中单击复合对象中的"布尔"按钮，在拾取布尔卷展栏下单击"拾取操作对象 B"按钮并拾取创建的门窗元素模型，如图 6-173 所示。

提示 "布尔"运算后的物体将不可返回原始命令编辑，所有在运算前要确保模型准确无误。

11 完成布尔拾取操作后，车门与车窗位置已经剪掉了创建的元素模型，得到了车门与车窗位置的模型镂空效果，效果如图 6-174 所示。

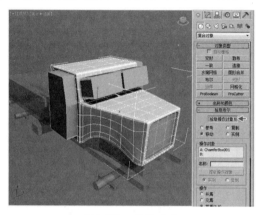

图6-173　拾取元素

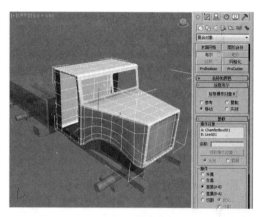

图6-174　模型效果

3. 添加细节

1 在 ✷ 创建面板 ◯ 几何体中选择标准基本体的"长方体"命令，然后在视图中的卡车格栅位置建立一个长方体，再设置长度值为 100、宽度值为 3、高度值为 3，丰富车头的模型效果，如图 6-175 所示。

2 在视图中选择"长方体"模型，然后使用"Shift + 移动"组合键沿 X 轴方向进行复制，将模型复制多个，丰富格栅模型效果，如图 6-176 所示。

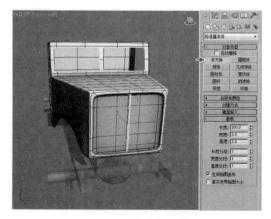

图6-175　创建长方体

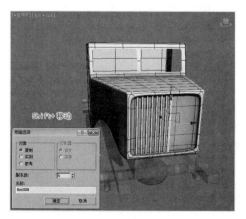

图6-176　复制操作

3 在 ❋ 创建面板 ⊙ 几何体中选择标准基本体
的"管状体"命令,然后在"左视图"中建立一个
管状体,再设置半径1值为20、半径2值为10、
高度值为10、高度分段值为1、边数值为10,作
为车头部分进气口模型,如图6-177所示。

4 保持模型选择状态并切换至 ⧉ 修改面板为
模型添加"编辑多边形"命令,将"编辑多边形"
切换至 ⦂ 顶点编辑模式,然后选择管状体上半部分
的控制点并使用 ❖ 移动工具沿Z轴向上调节,得到
椭圆形模型效果,如图6-178所示。

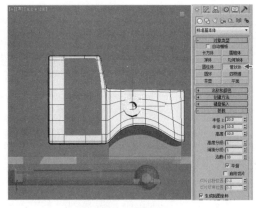

图6-177　创建管状体

5 在主工具栏中选择 ⟳ 旋转工具,然后在视
图中调节进气口模型的角度,使模型造型结构更加合理,如图6-179所示。

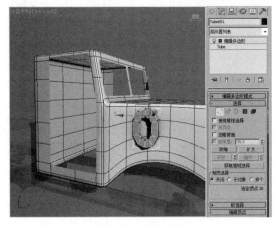

图6-178　调节形状

图6-179　调节角度

6 将"编辑多边形"切换至 ⦂ 顶点编辑模式,然后使用 ⧈ 缩放工具调节多边形的控制点,
使模型造型更加美观,如图6-180所示。

7 使用"Shift+移动"组合键将进气口模型复制多个,然后再调节复制模型的位置,丰富
车头模型的效果,如图6-181所示。

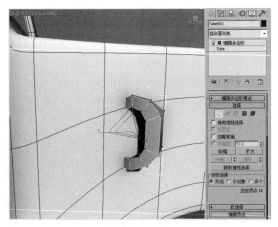

图6-180　调节形状

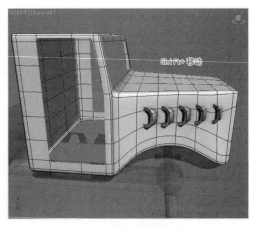

图6-181　复制模型

⑧ 在 ✳ 创建面板 ○ 几何体中选择标准基本体的"长方体"命令,然后在视图中车头机顶盖位置建立一个长方体,再设置长度值为 35、宽度值为 10、高度值为 10,丰富车头模型的效果,如图 6-182 所示。

⑨ 在 ✐ 修改面板为模型添加"编辑多边形"命令并切换至 ■ 多边形编辑模式,选择"长方体"顶部的多边形面,然后单击"倒角"的 ▣ 参数按钮,在弹出的倒角参数中设置高度值为 1、轮廓值为 −3,使所选择的多边形面向内缩小,如图 6-183 所示。

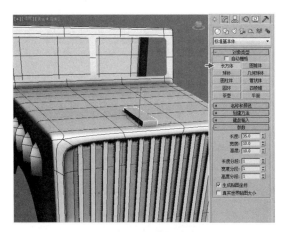
图6-182 创建长方体

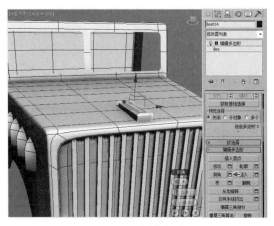
图6-183 倒角操作

⑩ 单击多边形"挤出"的 ▣ 参数按钮,在弹出的挤出多边形参数中设置高度值为 5,使所选择的多边形面向上进行挤出,如图 6-184 所示。

⑪ 将"编辑多边形"切换至 ⋮ 顶点编辑模式,然后使用 ✛ 移动工具调节多边形的控制点,使模型造型更加美观,如图 6-185 所示。

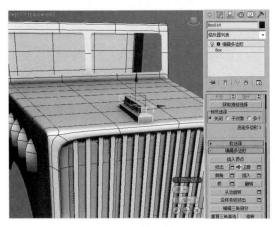
图6-184 挤出操作

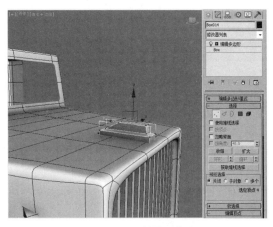
图6-185 调节形状

⑫ 选择驾驶室模型,在 ✐ 修改面板中单击"附加"按钮,然后拾取其他零件模型,将车头的所有零件添加为一整体,如图 6-186 所示。

⑬ 切换至四视图状态观察驾驶室的模型效果,如图 6-187 所示。

⑭ 使用键盘"P"键切换至"透视图",完成驾驶室模型效果后,需要继续丰富添加零件模型,如图 6-188 所示。

图6-186 附加操作

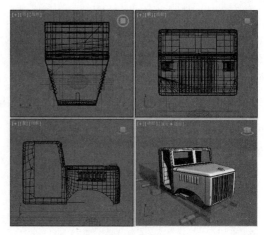

图6-187 模型效果

15 在场景中建立"长方体",再为物体添加"编辑多边形"命令,编辑制作出车门的模型,如图 6-189 所示。

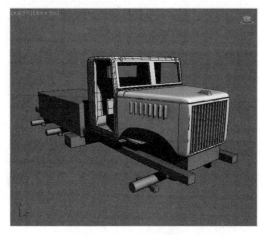

图6-188 模型效果

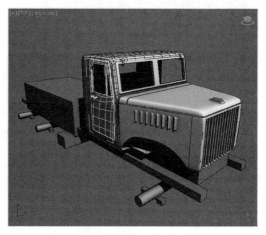

图6-189 车门模型

16 在 创建面板中建立几何体,再为几何体添加"编辑多边形"命令,编辑制作出车轮的护板模型,如图 6-190 所示。

17 在 创建面板中建立几何体,再配合"编辑多边形"命令搭建组合出倒视镜模型,如图 6-191 所示。

18 在 创建面板中建立几何体,再为几何体添加"编辑多边形"命令,编辑制作出卡车的玻璃模型,如图 6-192 所示。

19 在 创建面板中建立几何体,再为几何体添加"编辑多边形"命令,编辑制作出车灯的雏形,然后再进行圆孔的"布尔"运算操作,如图 6-193 所示。

20 在 创建面板中建立几何体并添加"编辑多边形"命令,编辑制作出雨刮器模型,如图 6-194 所示。

提示 辅助模型的添加要合理控制网格数量,不可喧宾夺主而影响到计算机的运行速度。

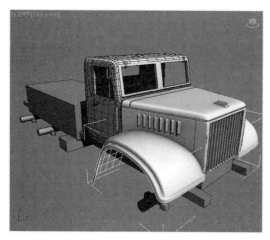

图6-190　护板模型

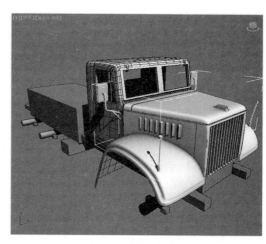

图6-191　倒视镜模型

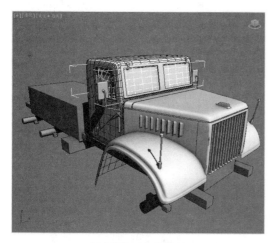

图6-192　玻璃模型

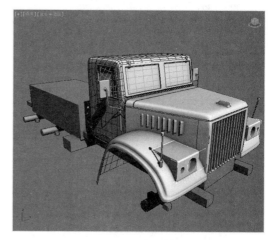

图6-193　车灯模型

21 选择驾驶室模型以及其他车头零件模型，然后在菜单栏中选择【组】→【成组】命令，将所选对象成组操作便于管理，如图 6-195 所示。

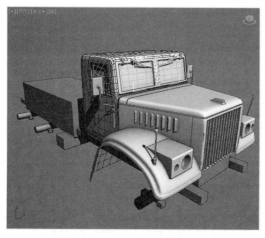

图6-194　雨刮器模型

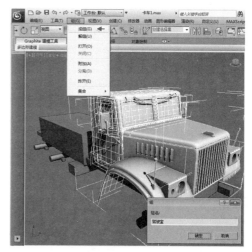

图6-195　模型成组

22 在"透视图"中调节模型的预览角度，观察模型与车架模型的配合效果，如图 6-196 所示。

23 驾驶室模型最终完成的效果如图 6-197 所示。

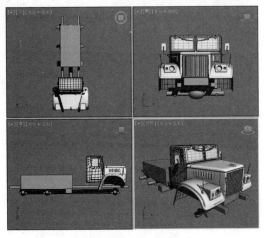

图6-196　模型效果

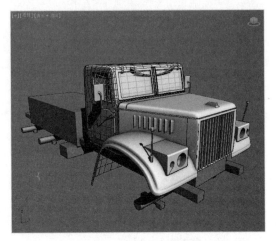

图6-197　驾驶室模型效果

↗ 6.3.3　车轮模型

"车轮模型"部分的制作流程分为 3 部分，包括①轮毂模型、②轮胎模型、③复制车轮，如图 6-198 所示。

(1) 轮毂模型　　　　　　　(2) 轮胎模型　　　　　　　(3) 复制车轮

图6-198　制作流程

1. 轮毂模型

1 切换至"透视图"并选择场景中的所有模型，然后使用"Alt＋X"快捷键将模型半透明显示，便于继续添加模型操作，如图 6-199 所示。

> 提示
>
> "Alt＋X"快捷键可以使视图中的对象或选择成为半透明显示。该设置对渲染无影响，仅可在繁杂的场景中能看见对象的后方和内部，这在"透明"对象的后方或内部调节对象的位置时尤其实用。

2 保持模型的选择状态，然后切换至 🖥 显示面板，单击冻结卷展栏下的"冻结选定对象"按钮将所选择的模型冻结，避免制作过程中的误操作，如图 6-200 所示。

冻结的对象仍会保留在屏幕上，但是不能对其进行选择、变换或修改。默认情况下，冻结的对象呈现暗灰色，而冻结的灯光和摄影机及其相关联的视图如正常状态一般继续工作。

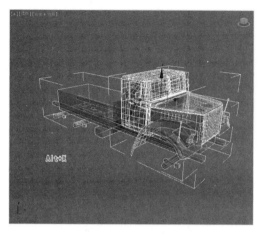

图6-199 半透明显示

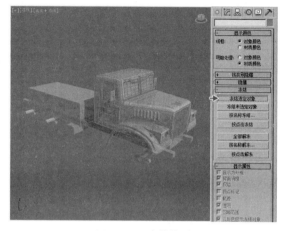

图6-200 冻结模型

3 在 ❋ 创建面板 ❍ 图形中选择"线"命令，然后在"顶视图"中绘制出轮毂的截面图形，如图 6-201 所示。

4 在 ✍ 修改面板为轮廓图形添加"车削"命令，然后在参数卷展栏中设置度数值为 360、分段值为 24、方向为 X 轴、对齐为最大类型，将二维图形转换为三维模型，如图 6-202 所示。

不同视图所绘制的图形，在进行"车削"操作时所需的方向轴也会不同；"车削"的对齐轴如设置最大时还未达到所需，也可以激活"车削"命令进行手动对齐位置的设置。

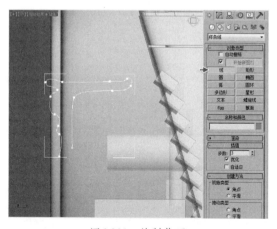

图6-201 绘制截面

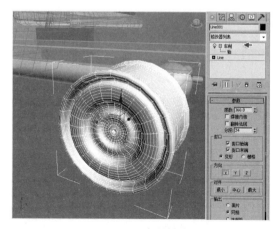

图6-202 车削操作

5 "车削"命令的分段值可以控制网格数量，而图形的插值卷展栏下设置步数会直接影响网格段数，如图 6-203 所示。

6 在 ❋ 创建面板 ◯ 几何体中选择标准基本体的"管状体"命令，然后在"左视图"的轮毂位置建立一个管状体，再设置半径 1 值为 24、半径 2 值为 21、高度值为 5、高度分段值为 1、边数值为 24，作为轮毂的辅助造型模型，如图 6-204 所示。

图6-203　设置步数

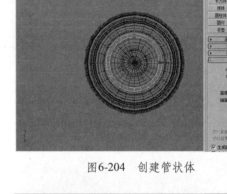

图6-204　创建管状体

7　在 创建面板 几何体中选择标准基本体的"圆柱体"命令，然后在"左视图"轮毂中心位置建立一个圆柱体，再设置半径值为 10、高度值为 12、高度分段值为 3、端面分段值为 2、边数值为 24，作为车轴的基本模型，如图 6-205 所示。

8　保持"圆柱体"的选择状态，切换至 修改面板为模型添加"编辑多边形"命令，然后切换至 边编辑模式，再选择模型外侧的两组边并使用 缩放工具进行缩小，编辑制作出车轴造型，如图 6-206 所示。

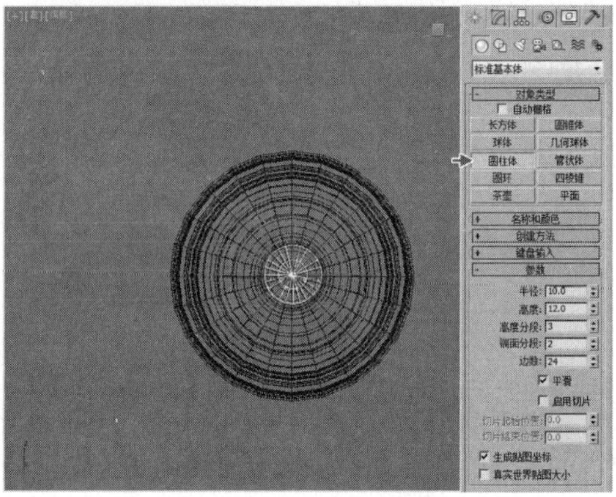

9　在视图中继续选择模型的三组转折边，然后在编辑边卷展栏下单击"切角"按钮，对所选择的边进行切角操作，增强模型的外部结构，如图 6-207 所示。

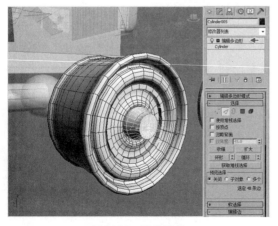

图6-206　缩放操作

图6-205　创建圆柱体

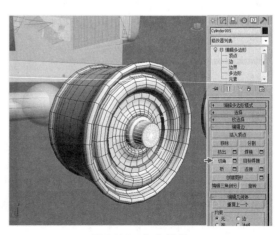

图6-207　切角操作

[10] 在创建面板几何体中选择标准基本体的"圆柱体"命令，然后在"左视图"中建立一个圆柱体，再设置半径值为 1、高度值为 3、高度分段值为 1、边数值为 6，作为轮毂上的固定螺丝模型，如图 6-208 所示。

[11] 使用"Shift+移动"快捷键将螺丝模型进行复制，丰富卡车轮毂模型的效果，如图 6-209 所示。

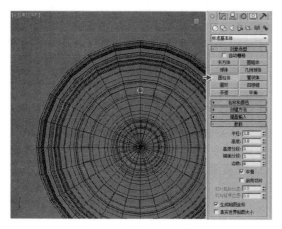

图6-208　创建圆柱体

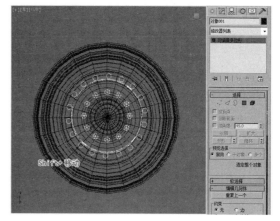

图6-209　复制模型

[12] 为轮毂模型添加"编辑多边形"命令，然后单击编辑几何体卷展栏下的"附加"按钮，将所有零件模型添加为一个整体，如图 6-210 所示。

[13] 在"透视图"中调节视图角度，观察完成的卡车轮毂模型效果，如图 6-211 所示。

图6-210　附加操作

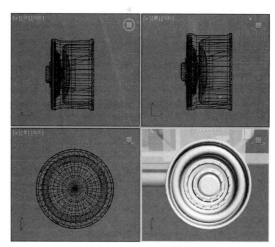

图6-211　轮毂模型效果

2. 轮胎模型

[1] 在创建面板几何体中选择标准基本体的"圆环"命令，然后在"左视图"轮毂位置建立一个圆环，再设置半径 1 值为 55、半径 2 值为 22、分段值为 24、边数值为 12，作为卡车轮胎的基本模型，如图 6-212 所示。

[2] 将视图切换至"透视图"，然后在主工具栏中选择缩放工具并沿 X 轴对模型进行拉伸，使"圆环"模型更加厚重，如图 6-213 所示。

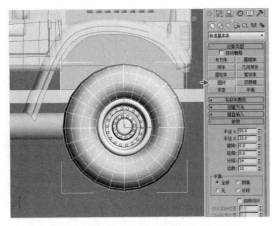

图6-212　建立圆环

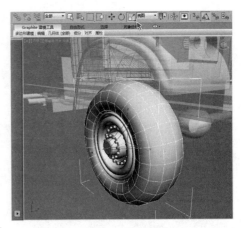

图6-213　缩放操作

③ 为轮胎模型添加"编辑多边形"命令，并将"编辑多边形"切换至 顶点编辑模式，然后选择轮胎中间部分点并使用 缩放工具进行调节，使轮胎的接地面更加平直，如图6-214所示。

④ 在 创建面板 几何体中选择标准基本体的"长方体"命令，然后在视图中建立一个长方体，再设置长度值为45、宽度值为10、高度值为10、长度分段值为5、宽度分段值为1、高度分段值为1，作为轮胎花纹基本模型，如图6-215所示。

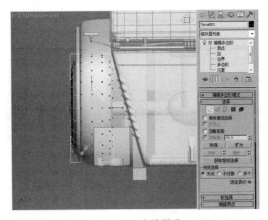

图6-214　缩放操作

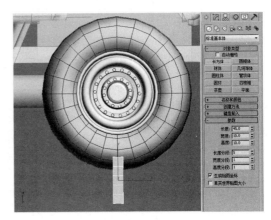

图6-215　创建长方体

⑤ 保持物体的选择状态并切换至 修改面板为其添加"弯曲"命令，然后在参数卷展栏中设置角度值为160、方向值为−90，编辑出模型弯曲的效果，如图6-216所示。

⑥ 切换至"透视图"并调节观察角度，为轮胎花纹模型添加"编辑多边形"命令，然后切换至 顶点编辑模式并使用 移动工具调节模型形状，如图6-217所示。

⑦ 将"编辑多边形"命令切换至 多边形编辑模式，然后选择花纹上部的面并单击"插入"按钮，将所选择的面向内进行添加，如图6-218所示。

提示

"插入"操作会在选择多边形面的内部添加一组新面，从而解决网格的分布问题。

⑧ 保持选择状态并在"编辑多边形"卷展栏中单击"挤出"按钮将所选择的面向内侧进行挤压，从而丰富花纹效果，如图6-219所示。

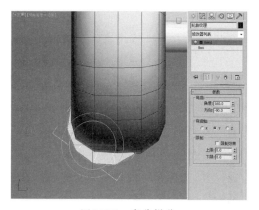

图6-216　弯曲操作

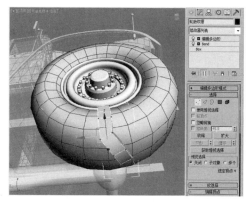

图6-217　调节模型形状

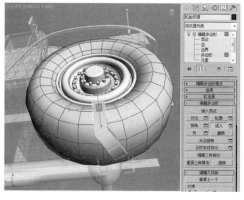

图6-218　插入操作

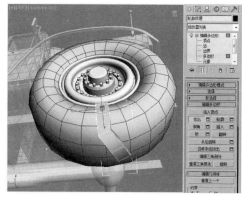

图6-219　挤出操作

9　将视图切换至"左视图"并选择轮胎花纹模型，在层级面板下单击"仅影响轴"按钮，然后调节中心轴位置到轮胎中心处，如图 6-220 所示。

　影响轴的调节将会便于模型在旋转复制时的操作。

10　选择花纹模型并结合"Shift＋旋转"组合键进行 25 度复制，完成其他的轮胎花纹模型，如图 6-221 所示。

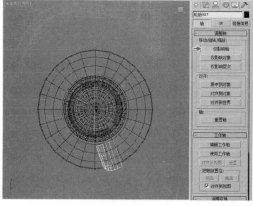

图6-220　调节轴

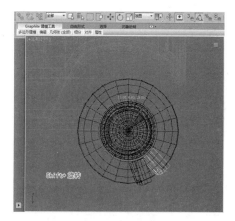

图6-221　复制模型

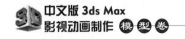

3. 复制模型

1 选择轮胎一侧的花纹模型，然后使用 镜像工具将花纹模型复制到轮胎的另一侧，如图 6-222 所示。

2 选择轮毂与轮胎模型，然后在菜单栏中选择【组】→【成组】命令，将所选对象成组便于管理，如图 6-223 所示。

图6-222　镜像复制

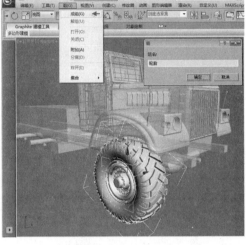

图6-223　成组操作

3 在"透视图"中调节视图角度，观察制作的车轮模型效果，如图 6-224 所示。

4 将视图切换至"左视图"，然后使用"Shift＋移动"组合键沿 X 轴复制出后方的车轮模型，如图 6-225 所示。

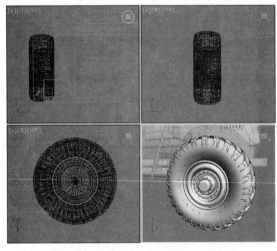

图6-224　模型效果

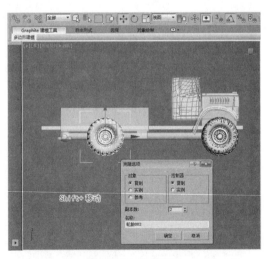

图6-225　复制模型

5 选择车体一侧的车轮模型，在主工具栏中单击 镜像工具，在弹出的对话框中设置镜像轴为 X、偏移值为 300，然后再设置创建副本类型为"复制"方式，如图 6-226 所示。

6 将车轮模型继续进行复制操作，并使用 旋转工具调节模型角度，作为悬挂在驾驶室后的备胎模型，如图 6-227 所示。

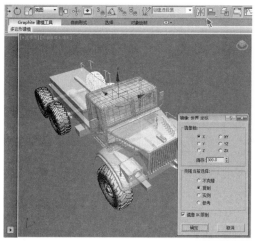

图6-226　镜像复制

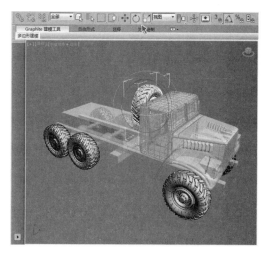

图6-227　复制备胎模型

⑦ 切换至回显示面板单击冻结卷展栏下的"全部解冻"按钮，将场景中的模型进行解冻操作，如图 6-228 所示。

⑧ 调节视图的呈现角度，观察制作完成的车轮模型效果，如图 6-229 所示。

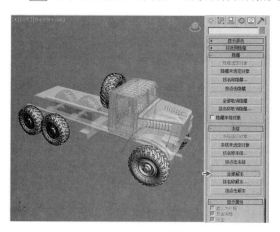

图6-228　全部解冻

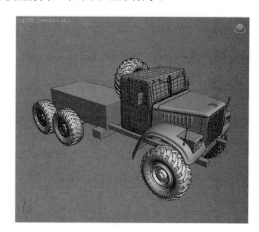

图6-229　模型效果

6.3.4　车厢模型

"车厢模型"部分的制作流程分为 3 部分，包括①车厢模型、②支架模型、③布蓬模型，如图 6-230 所示。

（1）车厢模型　　　　　　　　（2）支架模型　　　　　　　　（3）布篷模型

图6-230　制作流程

1. 车厢模型

1 在 ❋创建面板◯几何体中选择标准基本体的"长方体"命令，然后在"透视图"中建立一个长方体，再设置长度值为500、宽度值为380、高度值为3，作为车厢的底板模型，如图6-231所示。

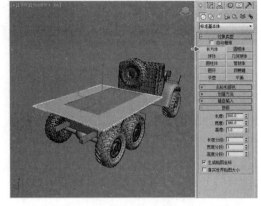

提示：在制作多零件组合的模型时，一般先建立大体区域的模型，然后再参照位置逐一丰富其他零件的添加，从而得到丰富的模型效果。

图6-231　底板模型

2 使用◯几何体中的"长方体"搭建出车厢侧板模型，如图6-232所示。

3 使用◯几何体中的"长方体"搭建出侧板支柱模型，如图6-233所示。

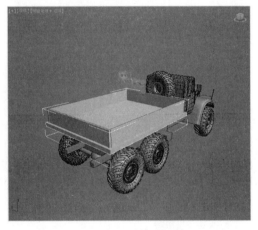

图6-232　侧板模型

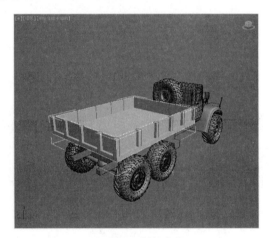

图6-233　侧板支柱

4 使用◯几何体中的"长方体"搭建出车厢的横梁模型，如图6-234所示。

5 使用◯几何体中的"长方体"在车厢尾部搭建出支架的底座模型，如图6-235所示。

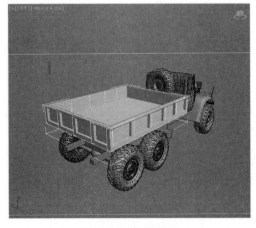

图6-234　横梁模型

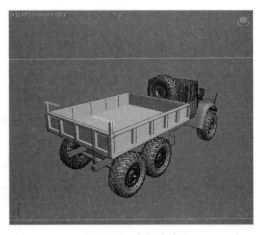

图6-235　支架底座

2. 支架模型

1 在❋创建面板❻图形中选择"线"命令，然后在"前视图"中绘制出车蓬支架图形，如图 6-236 所示。

2 在渲染卷展栏中开启"在渲染中使用"与"在视口中使用"项并设置厚度值为 4，制作出车蓬支架模型，如图 6-237 所示。

将二维图形显示为三维模型，特别适合制作铁丝、绳索、铁艺等模型。

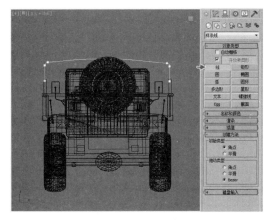

图6-236　绘制支架

3 将创建的支架模型转换为"可编辑多边形"命令进行调节，然后再将底座模型附加为一个整体模型，如图 6-238 所示。

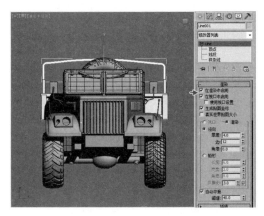

图6-237　渲染设置

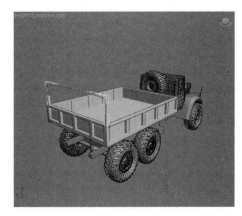

图6-238　附加模型

4 使用"Shift＋移动"组合键将车蓬支架模型进行复制，复制出完整的车蓬支架模型，如图 6-239 所示。

5 在❋创建面板❻图形中选择"线"命令，然后在"左视图"中绘制出车蓬的辅助支架图形，如图 6-240 所示。

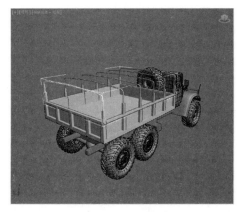

图6-239　复制模型

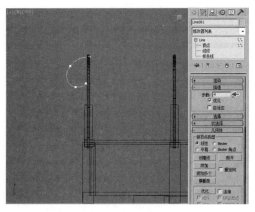

图6-240　绘制图形

[6] 在 修改面板中为绘制的二维图形添加"挤出"命令，然后在参数卷展栏中设置数量值为 10，将二维图形挤出成三维模型，如图 6-241 所示。

[7] 在视图中选择辅助支架模型，然后使用"Shift＋移动"组合键对其进行复制，从而丰富支架模型的效果，如图 6-242 所示。

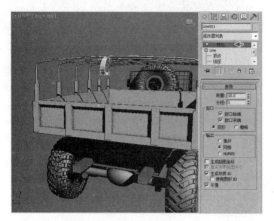
图6-241 挤出操作

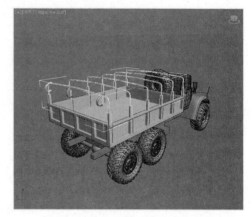
图6-242 支架模型效果

3. 布篷模型

[1] 在 创建面板 图形中选择"线"命令，然后在"前视图"中绘制出布篷的图形，如图 6-243 所示。

[2] 切换至"左视图"，在 修改面板中为绘制的图形添加"挤出"命令，然后在参数卷展栏中设置数量值为 490、分段值为 25，挤出为车厢的布篷模型，如图 6-244 所示。

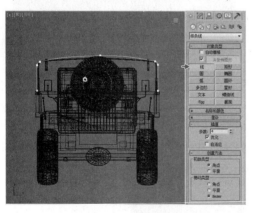
图6-243 绘制布篷图形

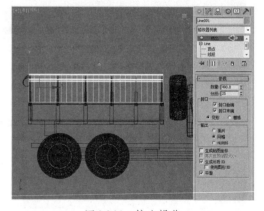
图6-244 挤出操作

[3] 保持模型的选择状态并切换至 修改面板，为其添加"编辑多边形"命令，然后切换至 顶点编辑模式，再调节出布篷支架间的塌陷弧度状态，如图 6-245 所示。

[4] 在 创建面板 图形中选择"线"命令，然后在"左视图"中绘制出车蓬后侧卷帘图形，如图 6-246 所示。

[5] 在 修改面板中为车蓬后卷帘图形添加"挤出"命令，然后在参数卷展栏中设置数量值为 350、分段值为 6，挤出为车蓬后侧卷帘模型，如图 6-247 所示。

[6] 在 修改面板中为卷帘添加"FFD 4×4×4（自由变形）"命令，然后激活并调节车蓬后

卷帘的弯曲效果，与辅助直接位置相匹配，如图 6-248 所示。

 "自由变形"的弧度形状调节比"编辑多边形"更加便捷，因为只需要通过少量的控制点进行调节，但不适合进行复杂形状的编辑操作。

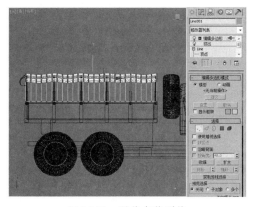

图6-245 调节布蓬形状

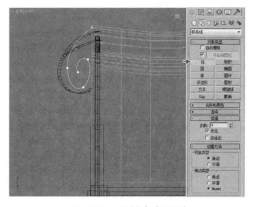

图6-246 绘制卷帘图形

图6-247 挤出模型

图6-248 弯曲卷帘调节

7 在"透视图"中调节视图角度，观察完成的车蓬模型效果，如图 6-249 所示。

8 将视图切换至四视图显示状态并调节视图角度，车厢模型效果如图 6-250 所示。

图6-249 车厢模型效果

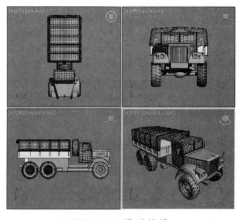

图6-250 模型效果

↗ 6.3.5 辅助模型

"辅助模型"部分的制作流程分为 3 部分,包括①支撑模型、②护板模型、③箱体模型,如图 6-251 所示。

(1) 支撑模型   (2) 护板模型   (3) 箱体模型

图6-251 制作流程

1. 支撑模型

1 在 ✳ 创建面板 ◯ 几何体中选择标准基本体的"圆柱体"命令,然后在视图中建立一个圆柱体,作为前轮的支撑模型,如图 6-252 所示。

2 在"透视图"中继续创建"圆柱体",作为前轮支撑的弹簧模型,如图 6-253 所示。

3 在"透视图"中创建"圆柱体",作为支撑装置的辅助模型,如图 6-254 所示。

4 在"透视图"中创建"管状体",作为支撑装置的辅助模型,如图 6-255 所示。

5 在 ✳ 创建面板中创建几何体,再为几何体添加"编辑多边形"命令,然后再使用多边形命令制作出车体的后保险杠模型,如图 6-256 所示。

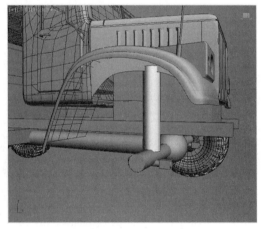

图6-252 支撑模型

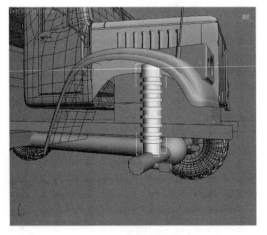

图6-253 支撑弹簧模型

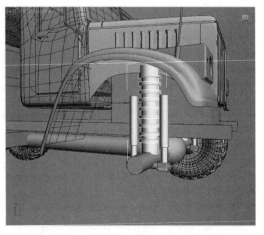

图6-254 支撑辅助模型

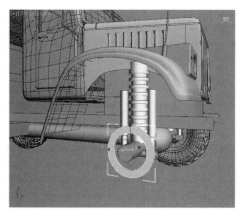

图6-255　支撑辅助模型

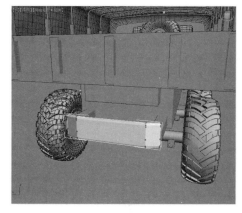

图6-256　后保险杠模型

6　与后保险杠的制作方式相同，再次制作出车体的前保险杠模型，如图 6-257 所示。

7　在❈创建面板中创建几何体，再为几何体添加"编辑多边形"命令，编辑制作出车体前保险杠的连接构件模型，如图 6-258 所示。

图6-257　前保险杠模型

图6-258　连接构件模型

8　在❈创建面板中创建"长方体"，然后将其放置到前保险杠的中心位置，制作出卡车牌照模型，如图 6-259 所示。

9　在"透视图"中调节视图角度，观察当前完成的支撑模型效果，如图 6-260 所示。

图6-259　车牌模型

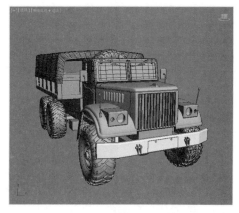

图6-260　支撑模型效果

2. 护板模型

1 在视图中创建○几何体中的"球体"，再为其添加"编辑多边形"命令，然后将半侧的球体删除，再对剩余的半球形状进行编辑，制作出车灯的模型，如图 6-261 所示。

2 在※创建面板 图形中选择"线"命令并在"前视图"中绘制，然后在渲染卷展栏中开启"在渲染中使用"与"在视口中使用"项，再设置厚度值为 4，作为车前格栅模型，如图 6-262 所示。

图6-261 车灯模型

图6-262 车前格栅模型

3 通过创建多个几何体相互搭建组合，制作出驾驶室旁的脚踏板模型，如图 6-263 所示。

4 在※创建面板中创建"长方体"并设置较高分段数，然后为几何体添加"编辑多边形"命令，编辑出车轮护板的凹槽造型，再跟随结构进行弯曲操作，如图 6-264 所示。

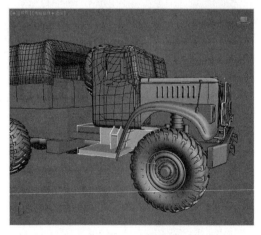
图6-263 踏板模型

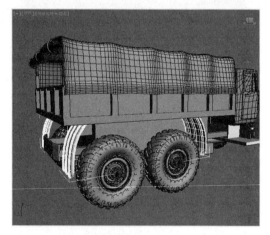
图6-264 护板模型

5 创建多个几何体进行组合，组建出卡车尾灯模型，如图 6-265 所示。

6 在"透视图"中调节视图角度，观察当前完成的护板模型效果，如图 6-266 所示。

3. 箱体模型

1 在视图中创建"长方体"，然后将其放置在脚踏板与备用轮胎之间，作为工具箱的基本模型，如图 6-267 所示。

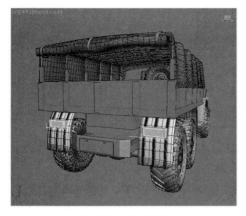

图6-265　尾灯模型

图6-266　模型效果

2　切换至 修改面板并为其添加"编辑多边形"命令，然后为"长方体"添加网格分布，再配合"挤出"操作完成箱体的外部造型，如图 6-268 所示。

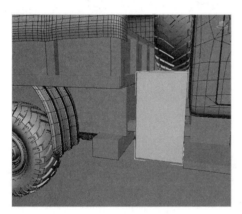

图6-267　创建长方体

图6-268　箱体模型

3　创建多个几何体相互搭建组合，然后将其放置到箱体的转折位置，作为箱体的合页模型效果，如图 6-269 所示。

4　在视图中创建"圆柱体"，然后将其放置到箱体与车轮护板之间，作为卡车的油箱的基本模型，如图 6-270 所示。

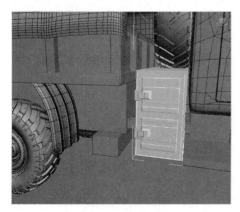

图6-269　合页模型

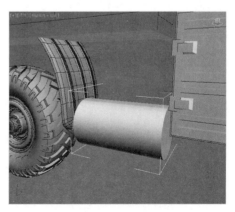

图6-270　油箱模型

⑤ 在油箱的侧部位置创建"圆柱体",然后为其添加"编辑多边形"命令,再配合"挤出"与"倒角"编辑制作出油箱盖模型,如图 6-271 所示。

⑥ 为确保油箱模型的稳固,继续创建◯几何体中的"长方体"及"管状体",组建油箱固定的构件模型,如图 6-272 所示。

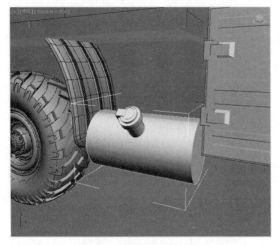

图6-271　油箱盖模型

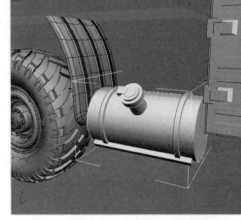

图6-272　固定构件模型

⑦ 将视图切换至"透视图",观察完成的箱体模型效果,如图 6-273 所示。

⑧ 切换至四视图显示模式,最终制作完成的卡车模型效果如图 6-274 所示。

图6-273　模型效果

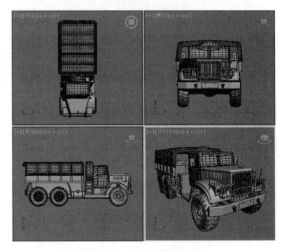

图6-274　卡车模型效果

↗ 6.3.6　渲染设置

"渲染设置"部分的制作流程分为 3 部分,包括①材质设置、②灯光设置、③渲染设置,如图 6-275 所示。

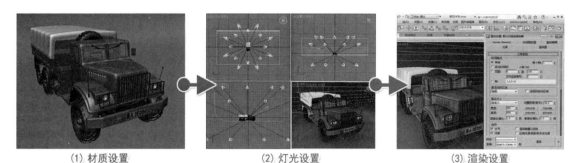

(1) 材质设置　　　　　　　(2) 灯光设置　　　　　　　(3) 渲染设置

图6-275　制作流程

1. 材质设置

[1] 在主工具栏中单击 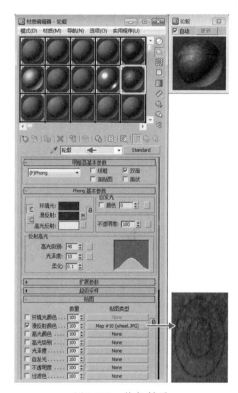 材质编辑器按钮，在弹出的"材质编辑器"对话框中选择一个空白材质球，然后设置名称为"轮毂"。在明暗器基本参数卷展栏中设置明暗器为 Phong 类型并勾选"双面"项，在 Phong 基本参数卷展栏中设置高光级别值为 40、光泽度为 10，然后在贴图卷展栏中为漫反射颜色项添加本书配套光盘中的"轮毂"贴图，最后将设置完成的材质赋予至场景中的轮毂模型，如图 6-276 所示。

> **提示** Phong 明暗处理器可以平滑面之间的边缘，也可以真实地渲染有光泽、规则曲面的高光。此明暗器基于相邻面的平均面法线，插补整个面的强度。

[2] 在"材质编辑器"中选择空白材质球设置名称为"车轮"，在明暗器基本参数卷展栏中设置明暗器为 Phong 类型并勾选"双面"项，在 Phong 基本参数卷展栏中设置高光级别值为 40、光泽度为 10，然后在贴图卷展栏中为漫反射颜色项添加本书配套光盘中的"车轮"贴图，最后将设置完成的材质赋予场景中的车轮模型，如图 6-277 所示。

图6-276　轮毂材质

> **提示** 在 3ds Max 中每个物体默认面都是单面的，前端是带有曲面法线的面，而该面后端对于渲染器是不可见的，这意味着从后面进行观察时，显示缺少该面，所以要通过"双面"贴图进行拟补。

[3] 选择空白材质球设置名称为"车身"，在明暗器基本参数卷展栏中设置明暗器为 Phong 类型并勾选"双面"项，在 Phong 基本参数卷展栏中设置高光级别值为 40、光泽度为 10，然后在贴图卷展栏中为漫反射颜色添加本书配套光盘中的"车身"贴图，最后将设置完成的材质赋予至场景中的车身模型，如图 6-278 所示。

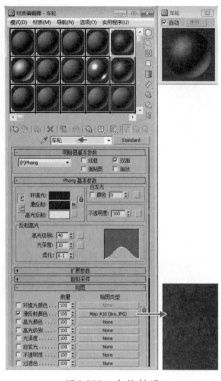

图6-277 车轮材质

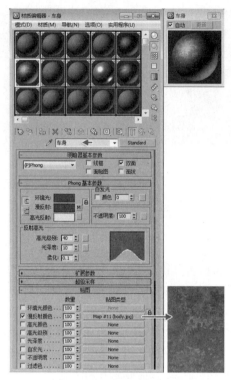

图6-278 车轮材质

4 单击主工具栏中的 渲染按钮，通过渲染计算可以观察当前车轮及车身材质的效果，如图 6-279 所示。

5 在"材质编辑器"中选择空白材质球设置名称为"布篷"，在明暗器基本参数卷展栏中勾选"双面"项，然后在 Blinn 基本参数卷展栏中设置漫反射颜色为淡黄色、高光级别值为 30、光泽度为 10，最后将设置完成的材质赋予场景中的布篷模型，如图 6-280 所示。

图6-279 车体材质效果

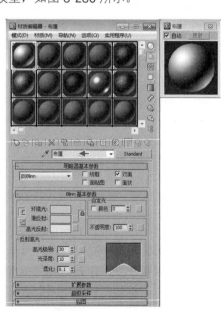

图6-280 布篷材质

6 在"材质编辑器"中选择空白材质球设置名称为"灰铁",在明暗器基本参数卷展栏中设置明暗器为 Phong 类型并勾选"双面"项;然后在 Blinn 基本参数卷展栏中设置漫反射颜色为深灰色、高光级别值为 40,最后将设置完成的材质赋予场景中的支架模型,如图 6-281 所示。

7 单击主工具栏中的 渲染按钮,通过渲染图可以观察模型材质效果,如图 6-282 所示。

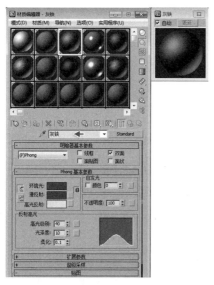

图6-281　灰铁材质

图6-282　材质效果

8 在"材质编辑器"中选择空白材质球设置名称为"镜子",在明暗器基本参数卷展栏中勾选"双面"项;然后在 Blinn 基本参数卷展栏中设置漫反射颜色为灰色、高光级别值为 200、光泽度值为 50,最后将设置完成的材质赋予场景中的倒视镜模型,如图 6-283 所示。

9 在"材质编辑器"中选择空白材质球设置名称为"玻璃",在明暗器基本参数卷展栏中勾选"双面"项;然后在 Blinn 基本参数卷展栏中设置漫反射颜色为深灰色、高光级别值为 200、光泽度值为 50,不透明度为 30,最后将设置完成的材质赋予场景中的车窗模型,如图 6-284 所示。

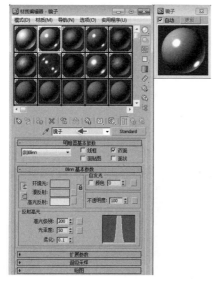

图6-283　镜子材质

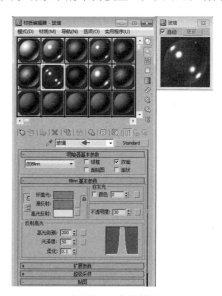

图6-284　玻璃材质

10 在"材质编辑器"中选择空白材质球设置名称为"车牌",在明暗器基本参数卷展栏中勾选"双面"项,然后在 Blinn 基本参数卷展栏中设置漫反射颜色为黄色、高光级别值为200、光泽度值为50,在贴图卷展栏中为漫反射与凹凸分别赋予本书配套光盘中的"车牌"贴图,最后将设置完成的材质赋予场景中的车牌模型,如图 6-285 所示。

11 单击主工具栏中的 渲染按钮,通过渲染计算可以观察材质的最终效果,如图 6-286 所示。

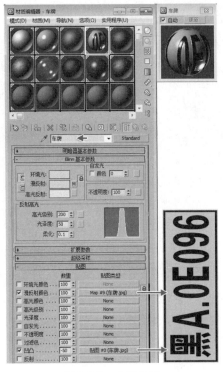

图6-285　车牌材质

图6-286　最终材质效果

2. 灯光设置

1 在 创建面板中单击 灯光面板下的"目标平行光"按钮,然后在"前视图"中拖拽建立灯光,作为场景的主光源照明。创建完成后切换至 修改面板,在常规参数卷展栏中开启阴影项目并设置类型为"阴影贴图",在强度／颜色／衰减卷展栏中设置倍增值为1、颜色为黄色,在阴影参数卷展栏中设置密度值为1.1,最后在阴影贴图卷展栏中设置大小值为1024、采样范围值为8,如图 6-287 所示。

2 在 创建面板中单击 灯光面板下的"目标聚光灯"按钮,然后在"前视图"中拖拽建立灯光,作为场景的辅助光源照明。创建完成后切换至 修改面板在常规参数卷展栏中开

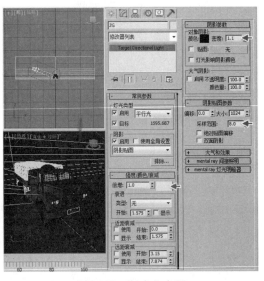

图6-287　创建主光源

启阴影项目并设置类型为"阴影贴图",在强度／颜色／衰减卷展栏中设置倍增值为 0.07、颜色为蓝色,然后在阴影贴图卷展栏中设置采样范围值为 20,如图 6-288 所示。

③ 单击主工具栏中的 渲染按钮,通过渲染计算可以观察场景灯光效果,如图 6-289 所示。

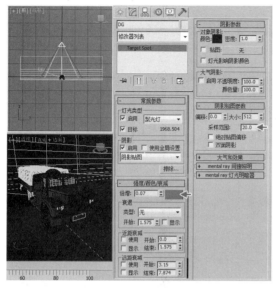

图6-288 创建辅助光源

图6-289 场景灯光效果

④ 在场景中继续创建辅助光源,制作出完整的灯光矩阵,如图 6-290 所示。

灯光矩阵的亮度设置要非常弱,避免因多方向辅助照射而产生曝光过度。

⑤ 单击主工具栏中的 渲染按钮,通过渲染计算可以观察场景最终灯光效果,如图 6-291 所示。

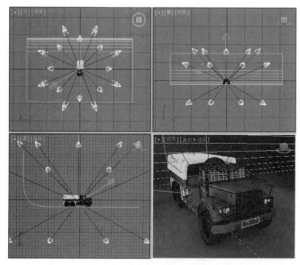

图6-290 创建灯光矩阵

图6-291 场景灯光效果

3. 渲染设置

1 进入 创建面板的 摄影机子面板并单击"目标"按钮,然后在场景"透视图"中拖拽建立目标摄影机,如图 6-292 所示。

2 使用键盘"Ctrl+C"快捷键将摄影机与"透视图"进行匹配,然后在视图左上角提示文字处单击鼠标右键,从弹出的菜单中选择【摄影机】→【Camera01(摄影机 01)】命令,将视图切换至"摄影机视图",如图 6-293 所示。

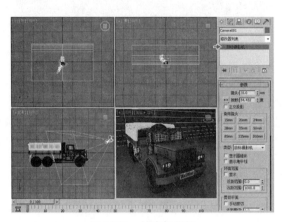

图6-292 创建摄影机

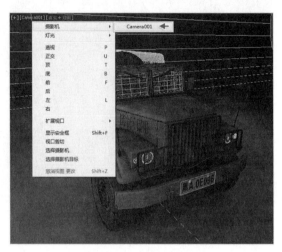

图6-293 切换摄影机视图

3 在菜单中选择【渲染】→【环境】命令,在弹出的"环境和效果"对话框中设置级别值为 1.1,使场景得到更好的染色效果,如图 6-294 所示。

4 单击主工具栏中的 渲染设置按钮开启渲染设置对话框,在公用选项卡的公用参数卷展栏中设置输出大小的宽度值为 800、高度值为 800,指定渲染画面的尺寸大小,如图 6-295 所示。

图6-294 设置染色级别

图6-295 设置输出尺寸

5 在视图左上角提示文字处单击鼠标右键,从弹出的菜单中选择"显示安全框"命令,可以在"透视图"中显示出指定的渲染区域与比例,如图 6-296 所示。

6 单击主工具栏中的 🖼 渲染按钮，渲染军用卡车的最终效果，如图 6-297 所示。

图6-296　显示安全框

图6-297　最终效果

6.4 本章小结

在三维动画电影当中，道具模型可以辅助主体或角色模型，是阐述故事所不可缺少的部分。本章主要对 3ds Max 制作道具模型的结构关系进行讲解，配合"游戏机"和"军用卡车"实际范例，掌握制作中的流程和技术特点。

通过对本章的学习，可以制作很多类别的道具模型，比如"手机"、"电脑"、"服装"、"雨伞"、"枪械"等。

6.5 课后训练

下面要求制作一个"自行车"模型，充分地掌握道具模型制作方法。

提示　制作模型时应该先建立车把模型进行道具的三维定位，然后依次添加支架模型、车座模型、挡泥板模型、车轮模型、车链模型、车蹬模型及后座模型，最后再设置自行车的材质，制作流程如图 6-298 所示。制作完成的"自行车"模型效果如图 6-299 所示。

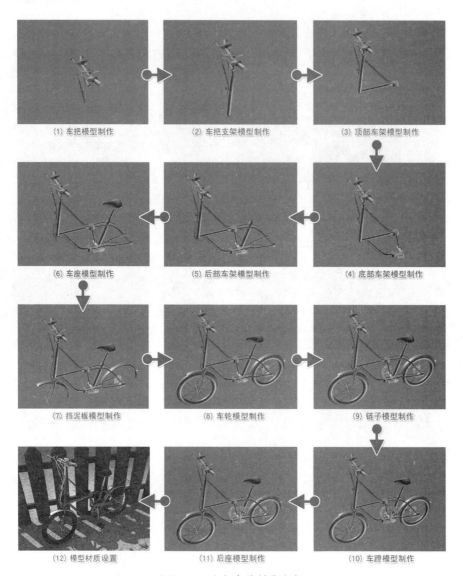

图6-298　自行车的制作流程

图6-299　自行车的模型效果

第 7 章
机械模型制作

本章主要通过范例《机器人瓦力》和《博派大黄蜂》，介绍使用 3ds Max 制作机械模型的知识与操作技巧。

三维机械模型在动画电影之中使用频率很高，从简单的机械物件到机械生物模型，再到当今流行的机器人，都属于机械模型的范畴。在制作时，掌握机械的原理、运动特性和机械动力学的基本知识尤为重要，还要具有分析和设计基本机构的能力，并对机械运动方案的确定有所了解。

7.1 机械模型制作

机械设计是根据使用要求对机械的工作原理、结构、运动方式、力量传递方式、材料、形状尺寸、润滑方法等进行构思、分析和计算，再将其转化为具体的描述，其效果可以是手绘效果，也可以是三维设计效果。

↗ 7.1.1 机械模型设计

三维机械设计是机械模型的重要组成部分，是决定机械性能的最主要因素，由于各产业对机械性能要求的不同，而产生了许多风格和专业性的机械设计。而现在，随着动画电影的大力发展，其中的机械模型设计需求也正在加大，如图 7-1 所示。

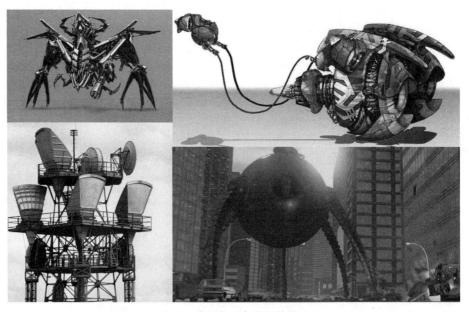

图7-1　动画电影中的机械模型

↗ 7.1.2 机械模型应用

乔治·卢卡斯的《星球大战》在 1977 年问世，它创造了一个神奇的神话，其中前所未有的太空场面，纷繁复杂的星系斗争，还有那众多的科幻机械模型都让人惊叹，如图 7-2 所示。

《机器人历险记》大胆地提出了"机器人城市"这样一个抽象的概念，打下了一个在这样的城市中，什么都有可能发生的伏笔，如图 7-3 所示。

将一个反传统的故事概念融入一部传统电影当中，这就是由迪斯尼和皮克斯联手制作的动画电影《机器人总动员》所遵循的理念，它讲述了一个与寂寞和孤独为伴的科幻故事，主角是当人类遗弃了地球之后、生活在地球上的最后一个地球垃圾处理运输员 WALL·E 机器人，将一个传统机械转换为动画电影中的主要角色，这也是近期动画电影所突出的一个方向，如图 7-4 所示。

图7-2 《星球大战》中的机械模型

图7-3 《机器人历险记》中的机械模型

《变形金刚》是 1984 年美国孩之宝公司与日本 TAKARA 公司合作开发的系列玩具和系列动画片的总称，主要讲述宇宙中的智慧生命"五面怪"在宇宙中建造了一个赛博特恩星球和机器人，后因机器人的主意识程序遭遇变异，延伸出"博派"和"狂派"两个派别，开始了我们所说的"好人"和"坏人"系列战争，如图 7-5 所示。

图7-4 《机器人总动员》中的机械模型

图7-5 《变形金刚》中的机械模型

7.2 范例——机器人瓦力

"机器人瓦力"范例主要使用了几何体组合与"编辑多边形"修改命令对标准几何体进行调节，在制作时，应重点掌握模型的造型控制和网格光滑操作，突出生硬机械的关节和造型特点，效果如图 7-6 所示。

"机器人瓦力"范例的制作流程分为 6 部分，包括①头部模型、②身体模型、③手臂模型、④履带模型、⑤材质设置、⑥渲染设置，如图 7-7 所示。

图7-6 范例效果

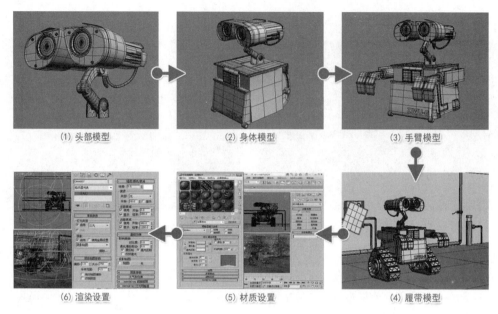

(1) 头部模型　　　　　　(2) 身体模型　　　　　　(3) 手臂模型

(6) 渲染设置　　　　　　(5) 材质设置　　　　　　(4) 履带模型

图7-7　制作流程

↗ 7.2.1　头部模型

"头部模型"部分的制作流程分为 3 部分，包括①眼部模型、②后壳模型、③颈部模型，如图 7-8 所示。

(1) 眼部模型　　　　　　(2) 后壳模型　　　　　　(3) 颈部模型

图7-8　制作流程

1. 眼部模型

1 在 创建面板 几何体中选择标准基本体的"长方体"命令，然后在"顶视图"建立，再设置长度值为 60、宽度值为 30、高度值为 40，作为机器人头部基本模型，如图 7-9 所示。

2 切换至 修改面板为"长方体"添加"编辑多边形"命令，然后切换至 边编辑模式并选择所有垂直的边，再单击编辑边卷展栏中的"连接"后的 参数按钮，在弹出的"连接边"参数中设置分段值为 1、滑块值为 –60，为底部添加一条水平边，如图 7-10 所示。

3 将"可编辑多边形"命令切换至 多边形编辑模式并选择长方体左侧上部的面，再单击"挤出"的 参数按钮，在弹出的"挤出多边形"参数中设置挤出的高度值为 10，使侧部的模型产生凸起，如图 7-11 所示。

4 保持多边形面的选择状态，继续使用"挤出"工具将面进行挤出，得到更丰富的线段，如图 7-12 所示。

提示 如果需要多次进行"挤出"操作,可以在挤出操作完成时不关闭浮动对话框,而是单击"+"号应用并继续按钮进行再次挤压操作。

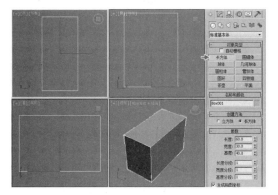

图7-9 创建长方体

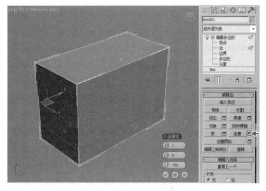

图7-10 添加水平边

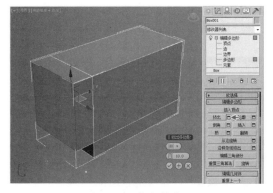

图7-11 挤出操作

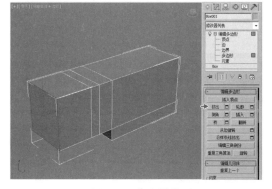

图7-12 挤出操作

⑤ 调节"透视图"的预览角度,继续选择另一侧的面,再单击"挤出"的■参数按钮,在弹出的"挤出多边形"参数中设置挤出的高度值为 10,使侧面的模型也产生凸起形状,如图 7-13 所示。

⑥ 调节视图呈现角度并选择"长方体"底部的面,再单击"挤出"的■参数按钮,在弹出的"挤出多边形"参数中设置挤出的高度值为 30,使模型的底部也产生挤出形状,如图 7-14 所示。

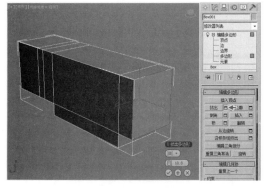

图7-13 挤出操作

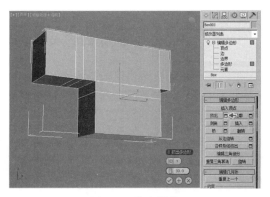

图7-14 挤出操作

将"编辑多边形"命令切换至 顶点编辑模式，然后选择左侧的顶点并使用 缩放工具进行缩小调节，使其产生梯形的过渡，如图 7-15 所示。

[8] 选择模型底部左侧的控制点，然后使用 移动工具沿 Y 轴向右侧调节，如图 7-16 所示。

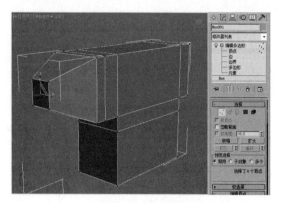

图7-15　缩放操作

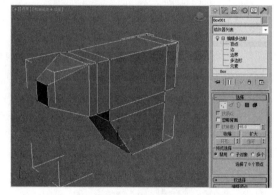

图7-16　调节点位置

[9] 切换至 边编辑模式并选择上方所有的垂直边，再单击编辑边卷展栏中的"连接"后的 参数按钮，在弹出的连接边参数中设置分段值为 2，为顶部结构添加两条横向边，控制模型的光滑效果，如图 7-17 所示。

[10] 选择模型所有的侧面边，再单击编辑边卷展栏中的"连接"后的 参数按钮，在弹出的连接边参数中设置分段值为 2，为模型纵深位置添加两条边，使模型拥有更多的控制点，能更好地控制光滑与弧度效果，如图 7-18 所示。

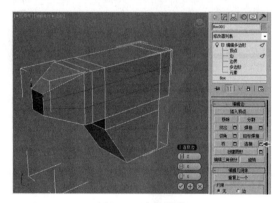

图7-17　连接操作

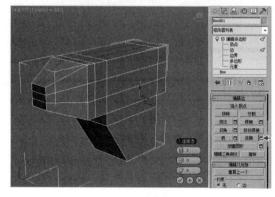

图7-18　连接操作

[11] 将"编辑多边形"命令切换至 顶点编辑模式，然后调整控制点的位置，使模型的顶部更加圆滑，如图 7-19 所示。

[12] 切换至 边编辑模式并选择左侧前端水平边，再单击编辑边卷展栏中的"连接"后的 参数按钮，在弹出的连接边参数中设置分段值为 2、收缩值为 94，为前端添加两条垂直边，控制模型的转折位置的棱角效果，如图 7-20 所示。

收缩值的设置可以在新连接边之间的相对空间进行控制。负值使边靠得更近，正值使边离得更远。

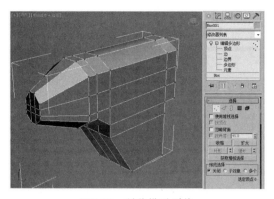

图7-19　调节模型形状

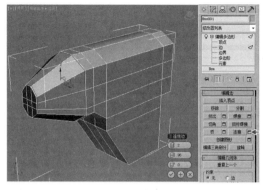

图7-20　连接操作

13 使用"连接"工具为模型结构的转折位置添加边，控制模型在光滑时的转折效果，如图7-21 所示。

14 切换至 修改面板，为模型添加"网格平滑"命令，当前模型的效果如图 7-22 所示。

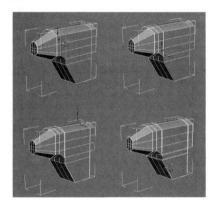

图7-21　连接操作

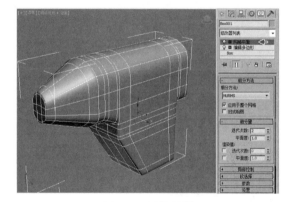

图7-22　网格平滑

15 在 创建面板 几何体中选择标准基本体的"圆柱体"命令，然后在"左视图"建立一个圆柱体，再设置半径值为18、高度值为65、高度分段值为1、端面分段值为1、边数值为1，作为机器人的眼部连接模型，如图7-23 所示。

16 在 创建面板 几何体中选择标准基本体的"长方体"命令并在视图中建立一个长方体，再设置长度值为3、宽度值为85、高度值为95，作为机器人的眼部基本模型，如图7-24 所示。

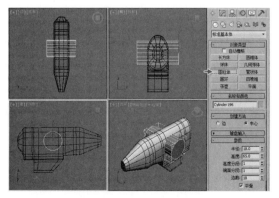

图7-23　创建圆柱体

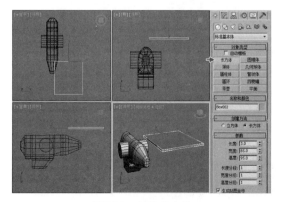

图7-24　创建长方体

17 将"可编辑多边形"命令切换至■多边形编辑模式并选择"长方体"右侧的面，再单击"挤出"的■参数按钮，在弹出的"挤出多边形"参数中设置挤出的高度值为 35，然后再将挤出的结构沿 Z 轴向下侧移动，使侧面产生模型弯曲形状，如图 7-25 所示。

18 使用"挤出"工具进行操作，再逐一调节眼部模型的弧度效果，如图 7-26 所示。

 提示 为提升制作效果，在弧度控制时可以选择先调节准备挤出面的角度，再执行"挤出"操作。

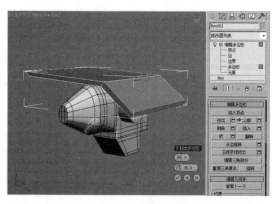

图7-25 挤出操作

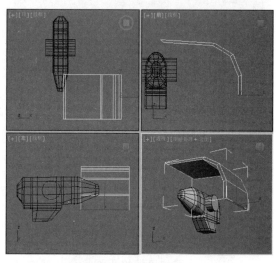

图7-26 挤出操作

19 使用"挤出"工具调节眼部形状，使其产生围绕效果，如图 7-27 所示。

20 使用"挤出"工具挤出面并调节眼部形状，如图 7-28 所示。

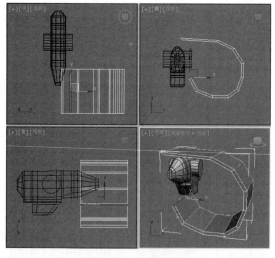

图7-27 挤出操作

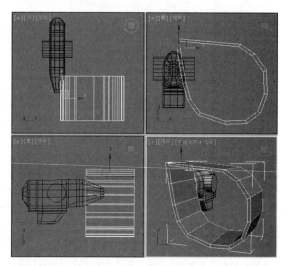

图7-28 挤出操作

21 将"编辑多边形"命令切换至■多边形编辑模式并选择两端的面，再单击"桥"按钮将所选择的面进行连接，如图 7-29 所示。

提示 "编辑多边形"命令中的"桥"操作可以将选择的两组结构相同的面产生连接，从而自动生成新的多边形面。

22 切换至 ✓ 边编辑模式并选择垂直方向的所有边，再单击编辑边卷展栏中的"连接"后的
□ 参数按钮，在弹出的连接边参数中设置分段值为 2，为模型添加两条水平边控制模型的光滑效果，如图 7-30 所示。

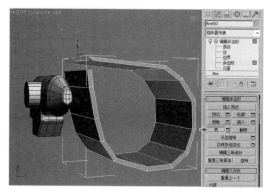
图7-29 桥操作

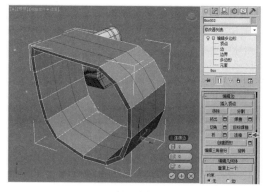
图7-30 连接操作

23 使用"连接"工具为模型的纵深方向的边缘添加两组边，对模型的光滑效果进行控制，如图 7-31 所示。

24 为模型添加"网格平滑"命令并在细分量卷展栏中设置迭代次数值为 2，使模型效果更加细腻，如图 7-32 所示。

提示 在增加"迭代次数"时要注意，对于每次迭代，对象中的顶点和曲面数量（以及计算时间）增加 4 倍。对平均适度的复杂对象应用 4 次迭代会花费很长时间来进行计算，可以按键盘"Esc"键停止计算，此操作还可以将"更新选项"设置为"手动"类型。

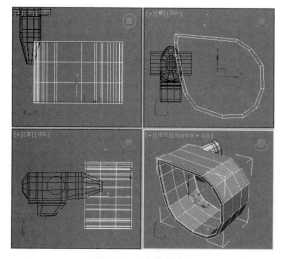
图7-31 连接操作

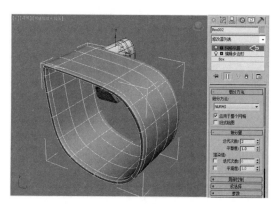
图7-32 网格平滑

25 在创建面板几何体中选择标准基本体的"管状体"命令，然后在"前视图"的眼部位置建立一个管状体，再设置半径 1 值为 33、半径 2 值为 30、高度值为 50，作为机器人的眼睛基本模型，如图 7-33 所示。

26 为"管状体"添加"编辑多边形"命令，然后选择内部的多边形面，再使用键盘"Delete"键进行删除，准备编辑眼部的造型，如图 7-34 所示。

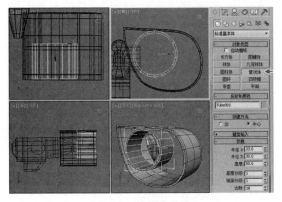

图7-33 创建管状体

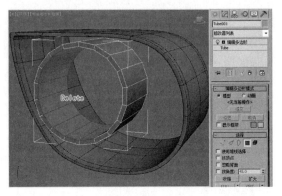

图7-34 删除操作

27 切换至边界编辑模式并选择前方的边界，然后使用"Shift＋移动"组合键沿 Y 轴方向内侧进行复制，复制出一组新边，如图 7-35 所示。

提示 边界是网格的线性部分，通常可以描述为孔洞的边缘。它通常是多边形仅位于一面时的边序列。例如，长方体没有边界，但茶壶对象有若干边界，壶盖、壶身和壶嘴上有边界，还有两个在壶把上。如果创建"圆柱体"并删除末端多边形，相邻的一行边会形成边界。

28 保持模型"边界"的选择状态并使用"Shift＋缩放"组合键，将选择的边界继续进行复制，使其向内侧位置聚集，制作眼睛造型的层次效果，如图 7-36 所示。

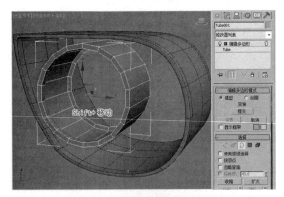

图7-35 复制操作

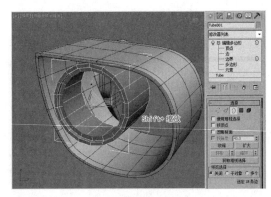

图7-36 复制操作

29 保持选择状态并使用"Shift＋移动"组合键将选择的边界继续沿 Y 轴进行复制，如图 7-37 所示。

30 保持选择状态并使用"Shift＋缩放"组合键将选择的边界继续进行复制，向内侧继续添加一组边，然后在"编辑边界"卷展栏中单击"封口"按钮，将模型进行封闭操作，如图 7-38 所示。

提示 "封口"操作可以使用单个多边形封住整个边界环，实际操作非常便捷。

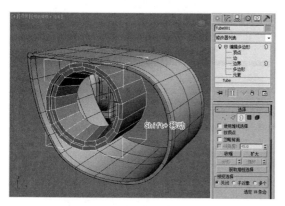

图7-37 复制操作

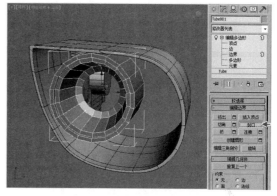

图7-38 封口操作

31 切换至 ◢ 边编辑模式并选择眼睛外部的所有水平边，然后单击编辑边卷展栏中的"连接"后的 ▣ 参数按钮，在弹出的连接边参数中设置分段值为 2、收缩值为 95，为边缘位置添加两条水平边，控制模型的光滑效果，如图 7-39 所示。

32 在 ◢ 修改面板中为模型添加"网格平滑"命令，再设置迭代次数值为 2，可以得到更加细腻的模型效果，如图 7-40 所示。

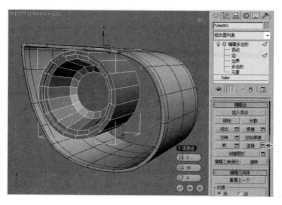

图7-39 连接操作

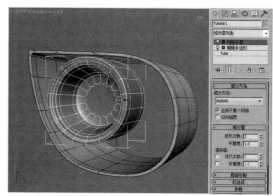

图7-40 添加网格平滑

33 在 ◈ 创建面板 ◯ 几何体中选择标准基本体的"平面"命令，然后在眼睛位置建立一个平面，再为其添加"编辑多边形"命令并切换至 ⣿ 顶点编辑模式，编辑制作出眼部前端的模型，如图 7-41 所示。

34 在 ◈ 创建面板 ◯ 几何体中选择标准基本体的"球体"，然后在眼睛模型的中心位置建立一个球体，再使用 ▣ 缩放工具将模型进行缩放，将"球体"挤压为扁平状，如图 7-42 所示。

35 在 ◈ 创建面板中创建几何体，再为几何体添加"编辑多边形"命令，编辑制作出螺丝模型，如图 7-43 所示。

36 在 ◈ 创建面板中创建几何体，再为几何体添加"编辑多边形"命令，编辑制作出眼部护板的模型，如图 7-44 所示。

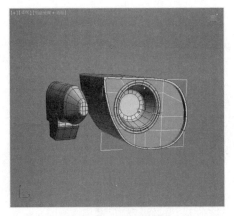

图7-41　编辑平面

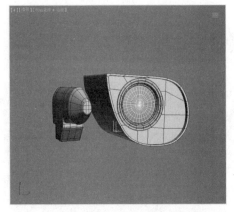

图7-42　缩放球体

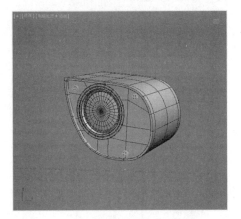

图7-43　螺丝模型

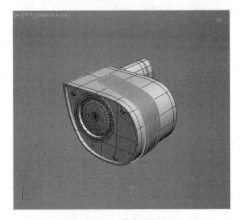

图7-44　护板模型

2. 后壳模型

　　1 在 创建面板 几何体中选择标准基本体的"长方体"命令，然后在"顶视图"建立一个长方体，再设置长度值为150、宽度值为90、高度值为60、宽度值为3、高度值为3，作为机器人的眼部后壳基本模型，如图7-45所示。

　　2 切换至"前视图"并为"长方体"添加"编辑多边形"命令，将"可编辑多边形"命令切换至 顶点编辑模式，然后使用 移动工具调节后壳的形状，如图7-46所示。

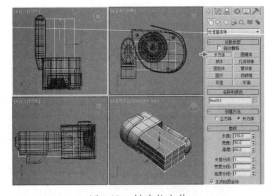

图7-45　创建长方体

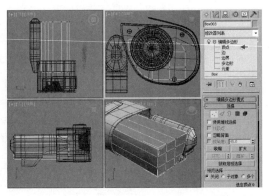

图7-46　调节后壳形状

③ 将"编辑多边形"命令切换至 ■ 多边形编辑模式并选择"长方体"后方上部的面，再单击"挤出"的 ■ 参数按钮，将选择的面进行凸出效果操作，如图 7-47 所示。

④ 将"编辑多边形"命令切换至 ◢ 边编辑模式，然后使用"连接"工具为模型添加边，控制模型的光滑效果，如图 7-48 所示。

⑤ 切换至 ◢ 修改面板为模型添加"网格平滑"命令，使模型效果更加细腻，如图 7-49所示。

图7-47　挤出操作

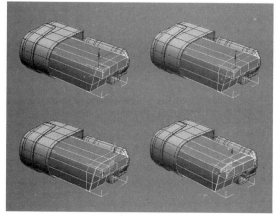

图7-48　挤出操作

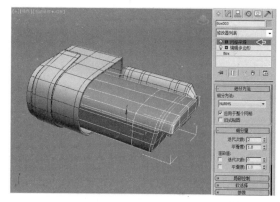

图7-49　添加网格平滑

⑥ 在 ◆ 创建面板中创建几何体，再对几何体进行搭建组合并添加编辑多边形操作，制作出其他的辅助零件模型，如图 7-50 所示。

⑦ 选择制作的半侧所有眼部模型，然后使用 ◫ 镜像工具将其复制到另一侧位置，再将视图切换至四视图显示，观察当前完成的模型效果，如图 7-51 所示。

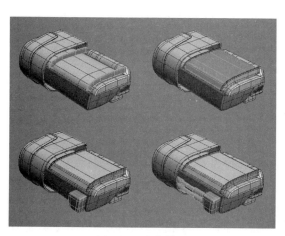

图7-50　零件模型

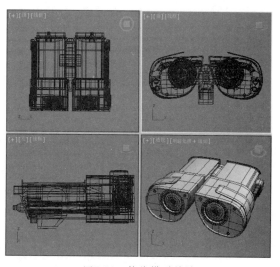

图7-51　镜像模型效果

3. 颈部模型

1 在 ⊕创建面板 ◎ 几何体中选择标准基本体的"圆柱体"命令，然后在"左视图"颈部位置建立一个圆柱体，再设置半径值 14、高度值为 40、高度分段值为 4、端面分段值为 1、边数值为 18，作为颈部连接模型，如图 7-52 所示。

2 在 ☑修改面板中为模型添加"编辑多边形"命令，再切换至 ◌ 顶点编辑模式，然后使用 ◲ 缩放工具在"前视图"将中间的三组控制点沿 X 轴向两侧进行调节，如图 7-53 所示。

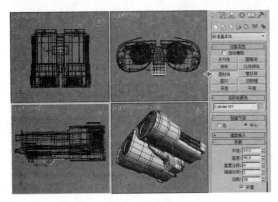

图7-52 创建圆柱体

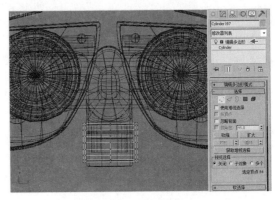

图7-53 缩放操作

3 选择两端的控制点，并使用 ◲ 缩放工具将其进行居中调节，使两端产生斜面的效果，如图 7-54 所示。

4 将"编辑多边形"命令切换至 ◼ 多边形编辑模式并选择圆柱体两端的面，再单击"插入"的 ◻ 参数按钮，将选择的面向内侧进行嵌入新面，如图 7-55 所示。

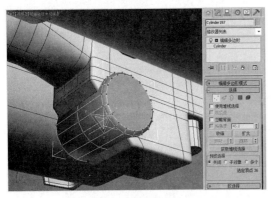

图7-54 缩放操作

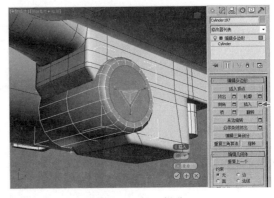

图7-55 插入操作

5 保持选择状态并单击"挤出"后的 ◻ 参数按钮，将选择的面向内进行挤压，使其产生凹陷的效果，如图 7-56 所示。

6 切换至"左视图"，在 ⊕创建面板 ◎ 图形中选择"圆"命令并在颈部位置建立一个圆，再设置半径值为 12；在"圆"的中心位置再建立"矩形"，设置长度值为 15、宽度值为 5、角半径值为 2；为"圆"添加"编辑样条线"命令，然后在几何体卷展栏单击"附加"按钮，再拾取建立的"矩形"，将二维图形进行合并操作，如图 7-57 所示。

7 在 ☑修改面板中为绘制的二维图形添加"挤出"命令，然后在参数卷展栏下设置数量值为 1，将二维图形转化为三维模型，如图 7-58 所示。

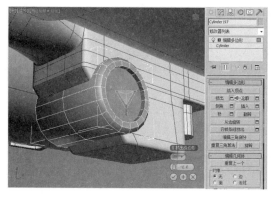

图7-56　挤出操作

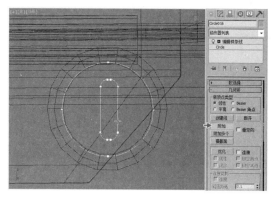

图7-57　绘制图形并结合

8　选择零件模型，然后使用"Shift＋移动"快捷键将零件模型复制到连接模型的另一侧位置，如图 7-59 所示。

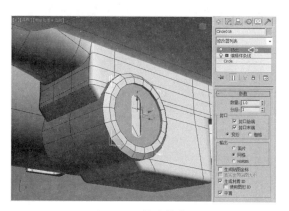

图7-58　挤出操作

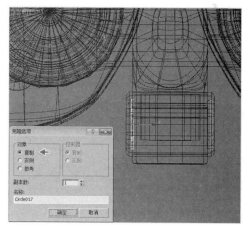

图7-59　复制操作

9　在 创建面板 几何体中选择标准基本体的"长方体"命令，然后在"前视图"颈部位置建立一个长方体，再设置长度值为 60、宽度值为 20、高度值为 25，作为机器人的颈部连接基本模型，如图 7-60 所示。

 物体分段值的设置也可以通过"编辑多边形"的"连接"工具进行操作。

10　在 修改面板中为"长方体"添加"编辑多边形"命令，将"编辑多边形"命令切换至 边编辑模式，然后在视图中选择"长方体"的所有垂直边，再单击编辑边卷展栏中的"连接"工具并设置段数值为 4，丰富模型的水平线段，如图 7-61 所示。

11　选择物体所有的水平边，再单击编辑边卷展栏中的"连接"工具并设置段数值为 2，丰富模型垂直线段的分布，如图 7-62 所示。

12　将"编辑多边形"命令切换至 顶点编辑模式，然后使用 移动工具在"左视图"调节连接模型的弯曲形状，如图 7-63 所示。

13　选择模型侧部的所有水平边，然后单击编辑边卷展栏中的"连接"工具并设置段数值为 2、收缩值为 65，为模型两侧位置添加两组边，如图 7-64 所示。

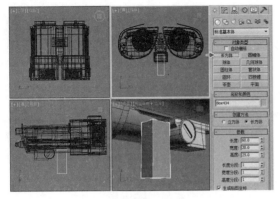

图7-60 创建长方体

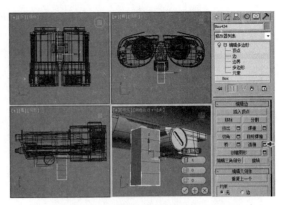

图7-61 连接设置

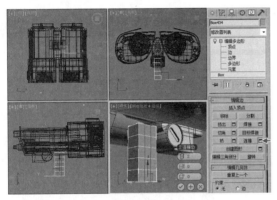

图7-62 连接设置

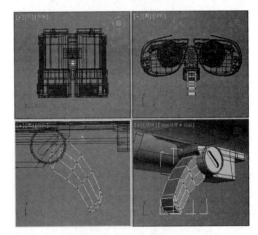

图7-63 调节模型形状

 模型边缘位置的线段数量，将会影响到物体平滑时的效果，边缘线段越多、越近，在平滑操作时转折将越生硬。

14 将"编辑多边形"命令切换至■多边形编辑模式并选择模型顶端的面，再单击编辑多边形卷展栏中的"挤出"工具，设置高度值为 –3，将选择的面向内侧进行挤压，制作出模型凹陷的效果，如图 7-65 所示。

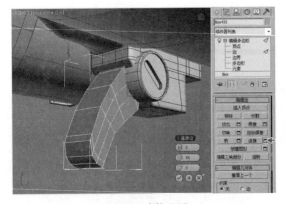

图7-64 连接设置

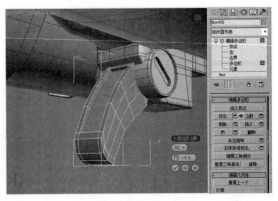

图7-65 挤出设置

15 使用"连接"工具为模型的转折位置添加控制边，对模型的光滑效果进行控制，如图 7-66 所示。

16 在 ⬛ 修改面板中为模型添加"网格平滑"命令，使模型得到更加细腻的效果，如图 7-67 所示。

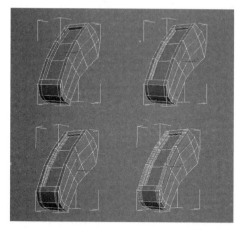

图7-66　连接操作

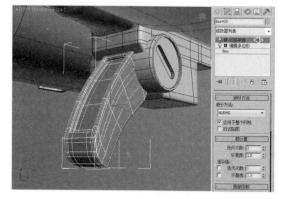

图7-67　添加网格平滑

17 在 ⬛ 创建面板 ⭕ 几何体中选择标准基本体的"圆柱体"命令，然后在"左视图"颈部位置建立一个圆柱体，再设置半径值为 14、高度值为 40、高度分段值为 4、端面分段值为 1、边数值为 18，作为颈部连接模型，如图 7-68 所示。

18 在 ⬛ 修改面板中为模型添加"编辑多边形"命令，然后切换至 ⬛ 顶点编辑模式，再使用 ⬛ 缩放工具将中部的控制点沿 X 轴向中心位置进行调节，如图 7-69 所示。

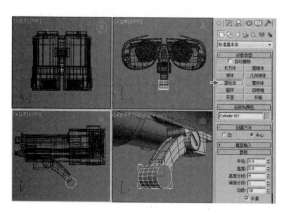

图7-68　创建圆柱体

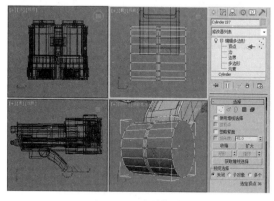

图7-69　缩放操作

19 将"编辑多边形"命令切换至 ⬛ 边编辑模式，然后选择中间的一组环形边，再使用 ⬛ 缩放工具进行居中缩小调节，编辑出中间部分的凹陷效果，如图 7-70 所示。

20 将"编辑多边形"命令切换至 ⬛ 多边形编辑模式并选择模型两侧的面，再单击编辑多边形卷展栏中的"倒角"工具，然后在弹出的道具对话框中设置高度值为 1、轮廓值为 −1，使两端产生斜面效果，如图 7-71 所示。

21 使用"连接"工具为模型的转折位置添加控制边，对模型的光滑效果进行控制，如图 7-72 所示。

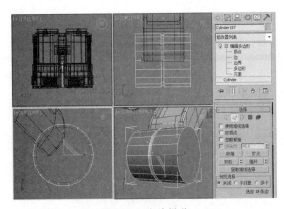

图7-70 缩放操作

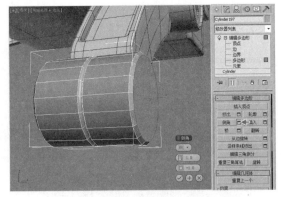

图7-71 倒角设置

22 在 ✐ 修改面板中为模型添加"网格平滑"命令，使模型得到更加细腻的效果，如图 7-73 所示。

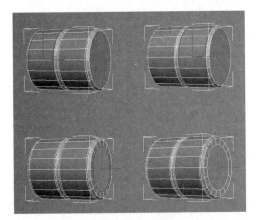

图7-72 连接操作

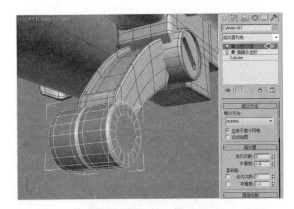

图7-73 添加网格平滑

23 创建几何体并相互搭建组合，再为几何体添加"编辑多边形"命令，编辑制作出颈部的连接零件模型，如图 7-74 所示。

24 调节"透视图"的观察角度，最终完成的头部模型效果如图 7-75 所示。

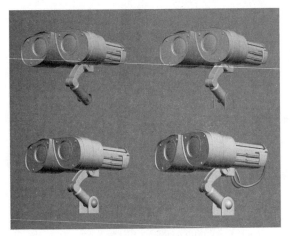

图7-74 连接零件模型

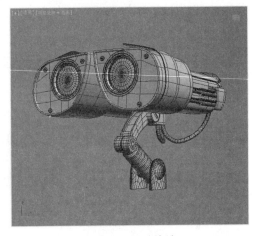

图7-75 模型效果

7.2.2 身体模型

"身体模型"部分的制作流程分为 3 部分，包括①基础模型、②添加细节、③背包模型，如图 7-76 所示。

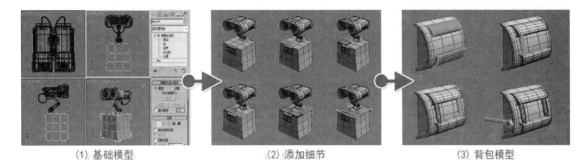

(1) 基础模型   (2) 添加细节   (3) 背包模型

图7-76 制作流程

1. 基础模型

1 在 创建面板 几何体中选择标准基本体的"长方体"命令，然后在"前视图"建立一个长方体，再设置长度值为 200、宽度值为 200、高度值为 200、长度分段值为 3、宽度分段值为 3、高度分段值为 3，作为机器人身体基本模型，如图 7-77 所示。

2 在 修改面板中为模型添加"编辑多边形"命令，将"编辑多边形"命令切换至 顶点编辑模式，然后再使用 缩放工具调节身体模型的基本形状，如图 7-78 所示。

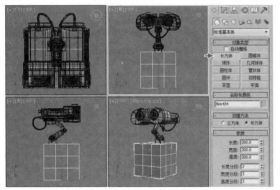 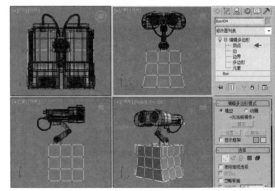

图7-77 创建长方体   图7-78 调节身体形状

2. 添加细节

1 将"编辑多边形"命令切换至 多边形编辑模式并选择身体后方的面，再单击编辑多边形卷展栏中的"挤出"工具并设置高度值为 20，使模型产生凸起的造型效果，如图 7-79 所示。

2 在 创建面板 几何体中选择标准基本体的"长方体"命令，然后在"前视图"建立一个长方体，再设置长度值为 80、宽度值为 110、高度值为 15，作为机器人的护板基本模型，如图 7-80 所示。

3 为"长方体"模型添加"编辑多边形"命令，然后对模型进行"连接"操作，再逐一编辑添加新边的位置，丰富护板模型的效果，如图 7-81 所示。

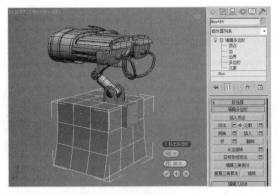

图7-79 挤出设置

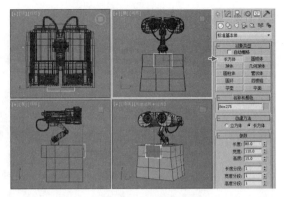

图7-80 创建长方体

4 在 修改面板中为模型添加"网格平滑"命令，使模型得到更加细腻的效果，如图 7-82 所示。

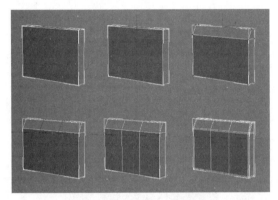

图7-81 编辑护板模型

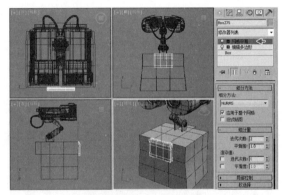

图7-82 添加网格平滑

5 在视图中继续创建"长方体"命令，作为机器人护板的零件模型，如图 7-83 所示。

6 在 修改面板中为"长方体"添加"编辑多边形"命令，编辑制作出凹陷的零件模型，如图 7-84 所示。

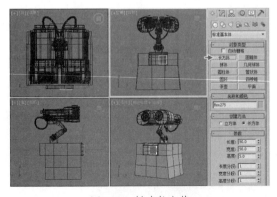

图7-83 创建长方体

图7-84 凹陷零件模型

7 在 修改面板中为模型添加"网格平滑"命令，使模型得到更加细腻的效果，如图 7-85 所示。

8　在 ✳ 创建面板 ○ 几何体中选择标准基本体的 "平面" 命令,然后在凹陷零件的位置建立,再设置长度值为 50、宽度值为 50,作为机器人凹陷零件的面板模型,如图 7-86 所示。

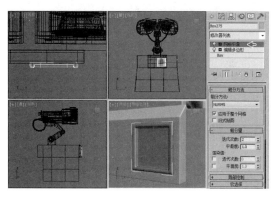

图7-85　添加网格平滑

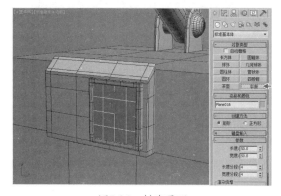

图7-86　创建平面

9　使用 "Shift + 移动" 组合键将凹陷零件复制到护板模型的另一侧位置,如图 7-87 所示。

10　创建几何体并逐一进行编辑,制作出机器人身体上的其他零件模型,如图 7-88 所示。

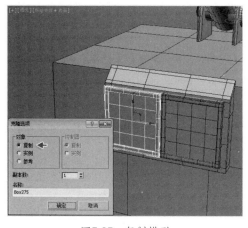

图7-87　复制模型

图7-88　添加零件模型

11　在 ✳ 创建面板 ○ 几何体中选择标准基本体的 "长方体" 命令,然后在 "顶视图" 建立一个长方体,再设置长度值为 160、宽度值为 240、高度值为 20,作为机器人身体的前部模型,如图 7-89 所示。

12　在 ⚙ 修改面板中为物体添加 "编辑多边形" 命令,使用多边形命令为 "长方体" 添加线段并调节出前方模型的形状,如图 7-90 所示。

13　在 ⚙ 修改面板中为模型添加 "网格平滑" 命令,使模型得到更加细腻的效果,如图 7-91 所示。

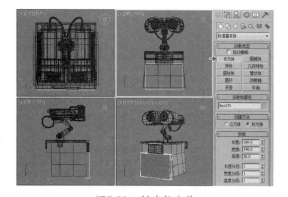

图7-89　创建长方体

14　在 ✳ 创建面板 ○ 几何体中选择标准基本体的 "圆柱体" 命令,然后在 "左视图" 建立一个圆柱体,再设置半径值为 12、高度值为 20,作为身体底部的装饰模型,如图 7-92 所示。

图7-90 编辑前部模型

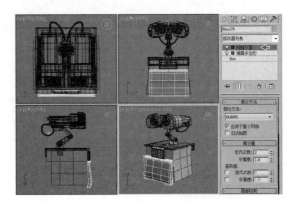

图7-91 添加网格平滑

15 在 ☑ 修改面板中为"圆柱体"添加"编辑多边形"命令，然后再使用多边形命令调节出底部装饰物的造型，如图7-93所示。

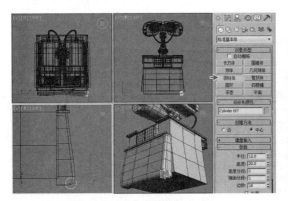

图7-92 创建圆柱体

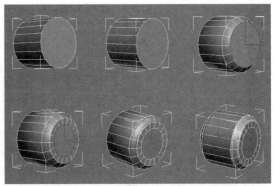

图7-93 编辑底部零件

16 在 ☑ 修改面板中为模型添加"网格平滑"命令，使零件得到更加细腻的效果，如图7-94所示。

17 使用"Shift+移动"组合键将底部零件模型沿X轴进行复制，复制出身体另一侧零件模型，如图7-95所示。

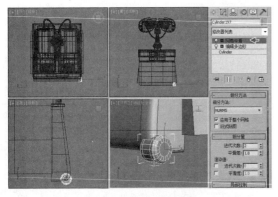

图7-94 添加网格平滑

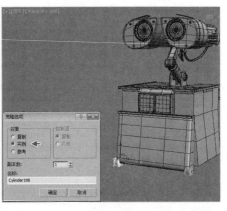

图7-95 复制操作

[18] 在 ✳ 创建面板 🔾 图形中选择"文本"命令，然后在"前视图"中建立并在参数卷展下设置字体类型和文字内容，丰富机器人的模型细节，如图 7-96 所示。

[19] 在 🖉 修改面板中为文字添加"挤出"命令，将二维图形转换为三维模型，如图 7-97 所示。

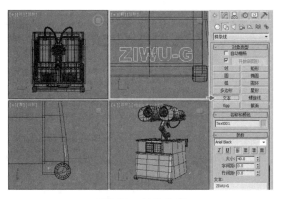

图7-96　创建文字

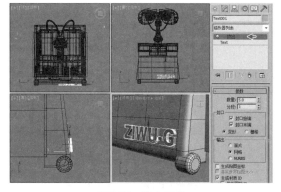

图7-97　挤出操作

3. 背包模型

[1] 在 ✳ 创建面板 🔾 几何体中选择标准基本体的"长方体"命令，然后在"前视图"建立一个长方体，再设置长度值为 230、宽度值为 220、高度值为 60，作为机器人背包的基本模型，如图 7-98 所示。

[2] 在 🖉 修改面板中为"长方体"添加"编辑多边形"命令，然后选择两组横向控制边并使用"连接"工具为其进行线段的添加，再对添加的线段进行弧度调节；继续为模型添加线段，然后编辑制作出背包的边缘效果，如图 7-99 所示。

[3] 在 🖉 修改面板中为背包模型添加"网格平滑"命令，使背包模型得到更加细腻的光滑效果，如图 7-100 所示。

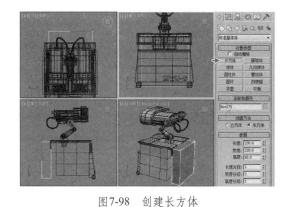

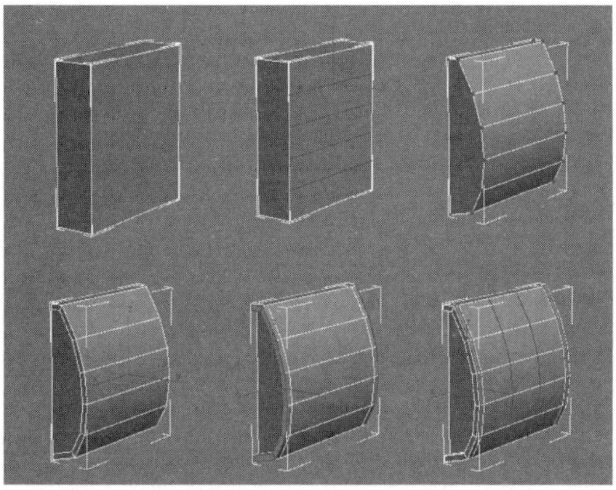

图7-98　创建长方体

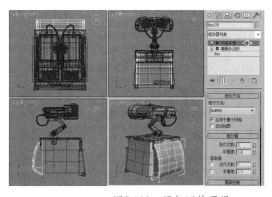

图7-99　调节背包形状

图7-100　添加网格平滑

④ 为背包模型添加辅助零件，从而丰富背包模型的效果，如图 7-101 所示。

当机器人的主体造型制作完成后，在进行辅助模型的添加时，可以利用较简单的基本物体相互搭建组合，在丰富模型的同时又不会大幅增加工作量，无疑是一种简便方法。

⑤ 将视图切换至"透视图"，整体调节模型间的匹配位置，观察当前完成的模型效果，如图 7-102 所示。

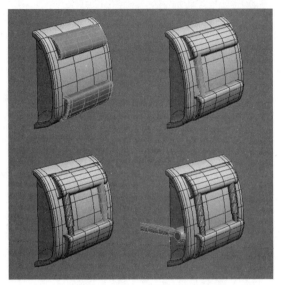

图7-101　添加零件模型

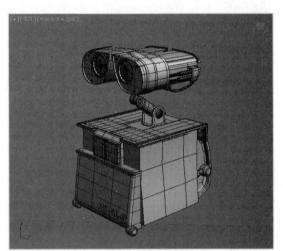

图7-102　模型效果

↗ 7.2.3　手臂模型

"手臂模型"部分的制作流程分为 3 部分，包括①侧板模型、②手臂模型、③手指模型，如图 7-103 所示。

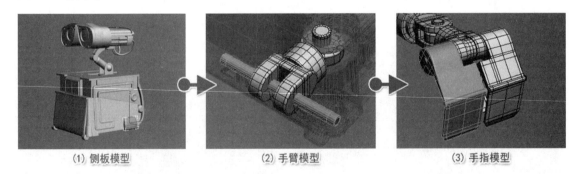

（1）侧板模型　　　　　　　　（2）手臂模型　　　　　　　　（3）手指模型

图7-103　制作流程

1. 侧板模型

① 在 创建面板 几何体中选择标准基本体的"长方体"命令，然后在"左视图"建立一个长方体，再设置长度值为 120、宽度值为 220、高度值为 20，作为机器人侧板的基本模型，如

图 7-104 所示。

2 在 ✐ 修改面板中为"长方体"添加"编辑多边形"命令，将"编辑多边形"命令切换至 ✐ 边编辑模式，然后选择模型的所有垂直边并使用"连接"工具添加两组水平边，如图 7-105 所示。

3 选择模型的所有水平边，然后使用"连接"工具添加一组垂直边，如图 7-106 所示。

4 将"编辑多边形"命令切换至 ⠒ 顶点编辑模式，然后沿 Z 轴调节出底部的斜面效果，如图 7-107 所示。

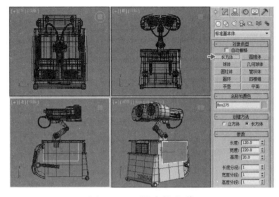

图7-104　创建长方体

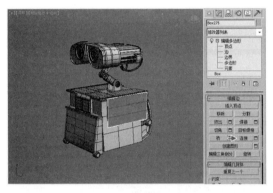

图7-105　连接操作

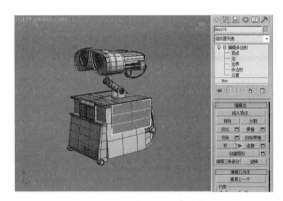

图7-106　连接操作

5 将"编辑多边形"命令切换至 ■ 多边形编辑模式并选择模型的侧面，然后单击"挤出"的 ▣ 参数按钮，在弹出的挤出多边形参数中设置挤出的高度值为 10，使侧面模型产生凸起造型，如图 7-108 所示。

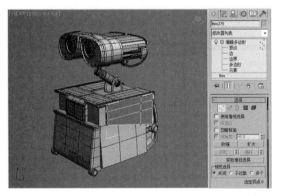

图7-107　调节形状

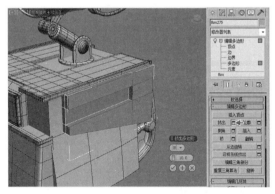

图7-108　挤出设置

6 将"编辑多边形"命令切换至 ✐ 边编辑模式，然后选择一组横向边，使用"连接"工具为模型左侧添加两组垂直边，控制模型转折位置的光滑效果，如图 7-109 所示。

7 使用"连接"工具为模型边缘转折位置添加边，控制模型在光滑处理时的效果，如图 7-110 所示。

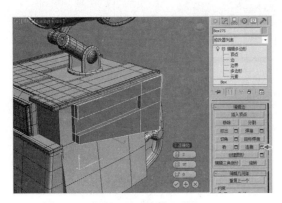

图7-109　连接设置

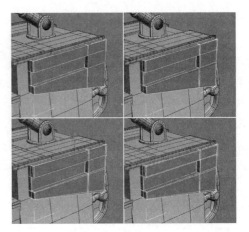

图7-110　连接操作

[8] 在修改面板中为侧板模型添加"网格平滑"命令，使侧板模型得到更加细腻的光滑效果，如图7-111所示。

[9] 在创建面板几何体中选择标准基本体的"长方体"命令，然后在"左视图"手臂下部的位置建立一个长方体，再设置长度值为140、宽度值为260、高度值为20，作为机器人侧板的基本模型，如图7-112所示。

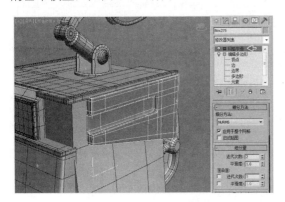

图7-111　添加网格平滑

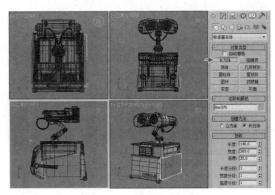

图7-112　创建长方体

[10] 在修改面板中为"长方体"添加"编辑多边形"命令，然后将"编辑多边形"命令切换至边编辑模式，再选择所有水平边并使用"连接"工具为模型左侧添加一组新边，如图7-113所示。

[11] 将"编辑多边形"命令切换至顶点编辑模式，然后调节侧板模型的造型，如图7-114所示。

[12] 将"编辑多边形"命令切换至边编辑模式，然后选择左侧边角位置的垂直边，再单击"切角"的参数按钮，在弹出的"切角"参数中设置边切角量值为5，将原有一条边切分为两条，如图7-115所示。

提示　"切角"工具可以在切角实体的同时连接边周围创建新面，从而实现一条边变换为两条边的操作。

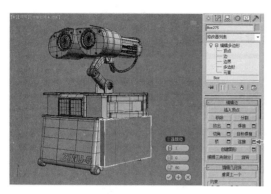

图7-113　连接操作

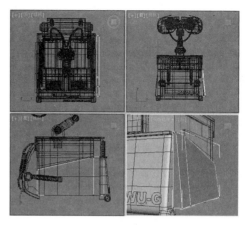

图7-114　调节模型

13 将"编辑多边形"命令切换至 顶点编辑模式，然后调节模型边角位置形状，使边缘产生不规则的造型，如图 7-116 所示。

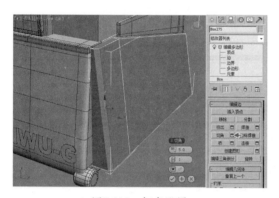

图7-115　切角设置

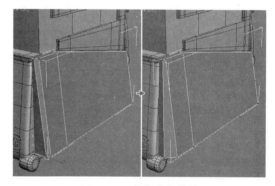

图7-116　调节边角效果

14 将"编辑多边形"命令切换至 边编辑模式，然后使用"连接"工具为边角处连接两条边，再将"编辑多边形"命令切换至 顶点编辑模式，调节转折位置的圆角效果，如图 7-117 所示。

15 使用"连接"工具为模型添加连接边，控制模型在光滑时的效果，如图 7-118 所示。

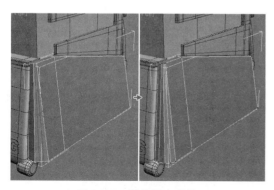

图7-117　调节圆角效果

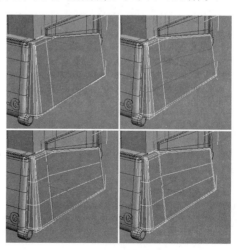

图7-118　连接操作

16 在 修改面板中为侧板模型添加"网格平滑"命令，使侧板模型得到更加细腻的效果，如图 7-119 所示。

17 在 创建面板 图形中选择"线"命令，然后在"左视图"中绘制出侧面模型的图形，如图 7-120 所示。

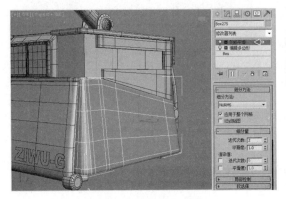

图7-119　添加网格平滑

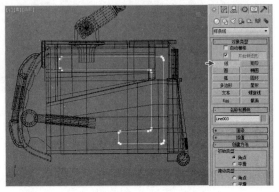

图7-120　绘制图形

18 切换至 修改面板，然后开启"在渲染中使用"与"在视口中使用"项目，再设置渲染类型为矩形、长度值为 8、宽度值为 8，作为机器人身体侧面的模型，如图 7-121 所示。

19 在 修改面板中为二维线添加"编辑多边形"命令，再将命令切换至 顶点编辑模式，然后调节转折位置的模型形状，如图 7-122 所示。

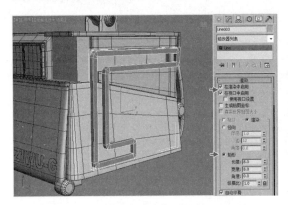

图7-121　渲染设置

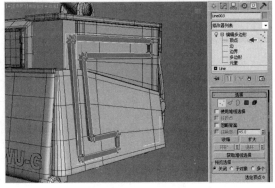

图7-122　调节顶点

20 将"编辑多边形"命令切换至 边编辑模式，然后选择侧部的所有结构边，再使用"连接"工具为模型添加两组边，丰富模型边缘位置的效果，如图 7-123 所示。

21 使用"连接"工具为模型的转折位置分别添加多组边，对模型的光滑效果进行控制，如图 7-124 所示。

22 在 修改面板中为模型添加"网格平滑"命令，使侧部模型得到更加细腻的效果，如图 7-125 所示。

23 机器人的身体侧部还是略显单调，继续添加几何体与"编辑多边形"命令，制作出身体侧边装饰零件模型，如图 7-126 所示。

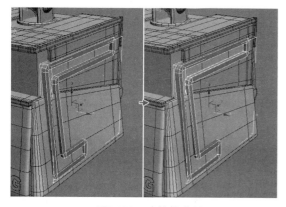

图7-123　连接操作

图7-124　连接操作

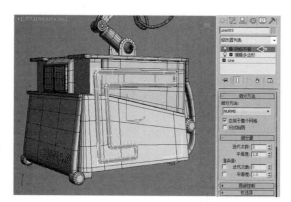

图7-125　添加网格平滑

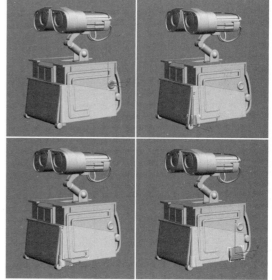

图7-126　添加装饰零件

2. 手臂模型

1 在 创建面板 几何体中选择标准基本体的"长方体"命令，然后在"左视图"建立一个长方体，再设置长度值为60、宽度值为80、高度值为10，作为机器人手臂的底座基本模型，如图7-127所示。

2 在 修改面板中为长方体添加"编辑多边形"命令，然后使用"连接"工具为"长方体"的水平与垂直方向分别添加两组边，如图7-128所示。

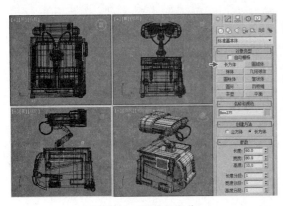

图7-127　创建长方体

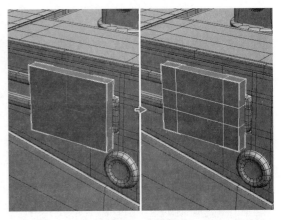

图7-128　连接操作

3 将"编辑多边形"命令切换至 ▣ 多边形编辑模式，然后选择模型中心位置的面并使用"挤出"工具进行操作，配合"连接"工具为凸出的位置进行过渡，再调节模型的圆角形状，如图7-129 所示。

4 使用"连接"工具为模型的边缘位置添加控制边，使模型在光滑处理时更加具有结构效果，如图 7-130 所示。

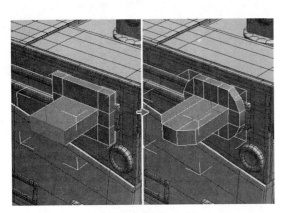

图7-129　调节模型形状

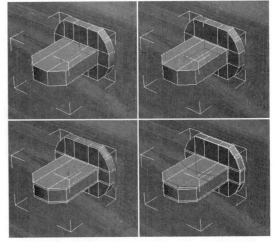

图7-130　连接操作

5 在 ☑ 修改面板中为模型添加"网格平滑"命令，使零件模型得到更加细腻的效果，如图 7-131 所示。

6 在 ✳ 创建面板 ◐ 几何体中选择标准基本体的"圆柱体"命令，然后在"顶视图"建立一个圆柱体并设置半径值为12、高度值为50、高度分段值为5、端面分段值为1、边数值为18，作为机器人手臂的连接装置模型，如图 7-132 所示。

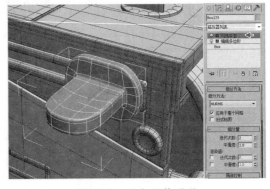

图7-131　添加网格平滑

如果需要控制物体的网格数量，可以适当减少柱体的边数，一般边数值在 12 左右即可。

[7] 在 ⚒ 修改面板中为物体添加"编辑多边形"命令，将"编辑多边形"命令切换至 ✎ 边编辑模式，调节中间部分的边至圆柱体两端位置，然后切换至 ▣ 多边形编辑模式，再选择两端的面并使用"插入"工具为模型向内侧添加一组新边，控制边缘的转折效果，如图 7-133 所示。

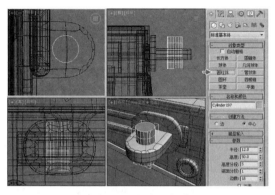

图7-132　创建圆柱体

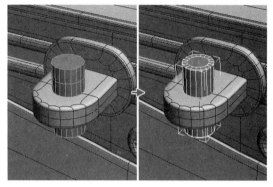

图7-133　添加控制边

[8] 在 ⚒ 修改面板中为模型添加"网格平滑"命令，使连接模型得到更加细腻的效果，如图 7-134 所示。

[9] 在 ✳ 创建面板 ◯ 几何体中选择标准基本体的"圆柱体"命令，然后在"前视图"中建立一个圆柱体，再设置半径值为 26、高度值为 200、高度分段值为 5、端面分段值为 1、边数值为 18，作为机器人的手臂模型，如图 7-135 所示。

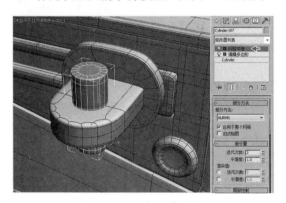

图7-134　添加网格平滑

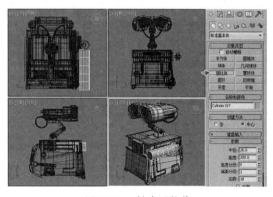

图7-135　创建圆柱体

[10] 在 ⚒ 修改面板中为物体添加"编辑多边形"命令，然后将"编辑多边形"命令切换至 ⋮ 顶点编辑模式，再调节中间部分的点到模型两端位置；将"可编辑多边形"命令切换至 ▣ 多边形编辑模式，然后选择两端的面并使用"插入"工具为模型向内侧添加一组新边，如图 7-136 所示。

[11] 在 ⚒ 修改面板中为手臂模型添加"网格平滑"命令，使手臂模型得到更加细腻的效果，如图 7-137 所示。

[12] 在视图中继续创建几何体并为其添加"编辑多边形"命令，制作出手臂零件模型，如图 7-138 所示。

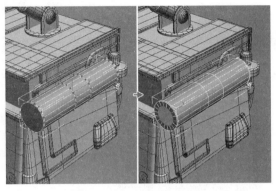

图7-136　添加控制边

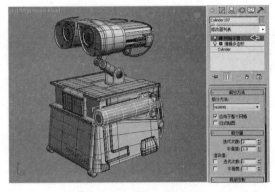

图7-137　添加网格平滑

[13] 在视图中继续创建几何体并为其添加"编辑多边形"命令，制作出手部的其他零件模型，如图 7-139 所示。

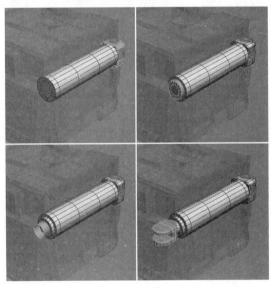

图7-138　制作零件模型

图7-139　制作零件模型

3. 手指模型

[1] 在 ✳ 创建面板 ○ 几何体中选择标准基本体的"长方体"命令，然后在"左视图"建立一个长方体作为手指基本模型，如图 7-140 所示。

[2] 在 ✎ 修改面板中为物体添加"编辑多边形"命令，使用多边形命令制作出手指的模型，如图 7-141 所示。

[3] 在 ✎ 修改面板中为手指模型添加"网格平滑"命令，使手指模型得到更加细腻的效果，如图 7-142 所示。

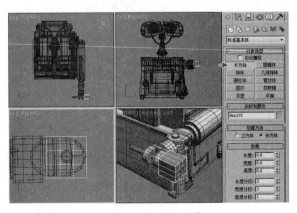

图7-140　创建长方体

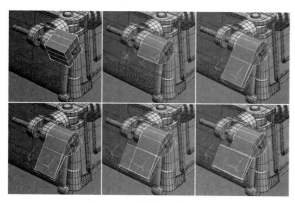

图7-141 创建手指模型

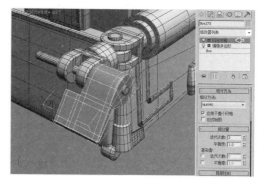

图7-142 添加网格平滑

4 在视图中继续创建几何体并为其添加"编辑多边形"命令，制作出其他的手指零件模型，如图 7-143 所示。

5 选择一侧的手臂模型，单击主工具栏的 镜像工具按钮，设置镜像轴为 X、偏移值为 −300，再设置创建副本的方式为实例类型，如图 7-144 所示。

提示 实例是原始对象可交互的克隆体，更改实例项目的属性也将更改所有实例的相同属性。

6 将视图切换至"透视图"，观察制作完成的手臂模型效果，如图 7-145 所示。

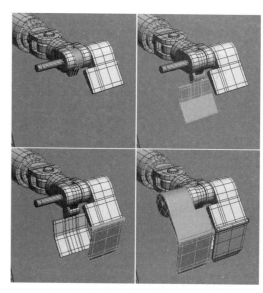

图7-143 制作手指模型

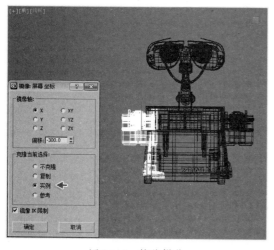

图7-144 镜像操作

图7-145 模型效果

↗ 7.2.4 履带模型

"履带模型"部分的制作流程分为 3 部分，包括①辅件模型、②传动轮模型、③履带模型，如图 7-146 所示。

(1) 辅件模型   (2) 传动轮模型   (3) 履带模型

图7-146 制作流程

1. 辅件模型

1 在 ✳创建面板◎几何体中选择标准基本体的"长方体"命令，然后在"顶视图"中建立一个长方体并设置长度值为 270、宽度值为 270、高度值为 25，作为机器人底座基本模型，如图 7-147 所示。

2 切换至"透视图"并调节呈现角度，在 ✎修改面板中为物体添加"编辑多边形"命令，然后使用"连接"工具为"长方体"的水平与垂直方向分别添加两组边，如图 7-148 所示。

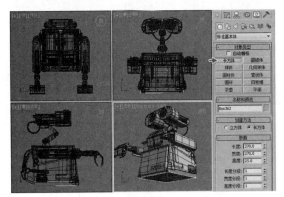

图7-147 创建长方体

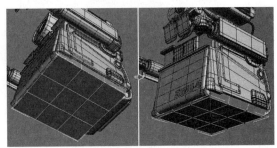

图7-148 连接操作

3 使用"连接"工具为模型边缘添加控制边，然后在 ✎修改面板中为模型添加"网格平滑"命令，如图 7-149 所示。

4 在视图中创建◎几何体并为其添加"编辑多边形"命令，制作出底部的辅件模型，如图 7-150 所示。

5 在视图中继续创建辅助零件模型，目的是丰富机器人模型的效果，如图 7-151 所示。

6 在视图中继续创建辅助零件模型，然后调节模型间的位置，如图 7-152 所示。

2. 传动轮模型

1 在 ✳创建面板◎几何体中选择标准基本体的"圆柱体"命令，然后在"左视图"建立一个圆柱体并设置半径值为 10、高度值为 50、高度分段值为 5、端面分段值为 1、边数值为 18，作为底部的连接模型，如图 7-153 所示。

图7-149　丰富底部模型

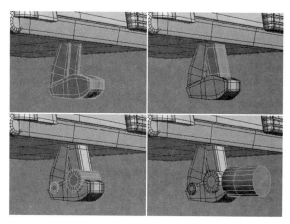

图7-150　创建辅件模型

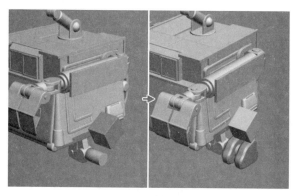

图7-151　创建辅件模型

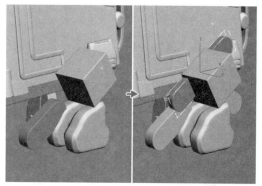

图7-152　创建辅件模型

2　在 修改面板中为物体添加"编辑多边形"命令，将"编辑多边形"命令切换至 顶点编辑模式，调节中间部分的点到模型两端位置，然后切换至 多边形编辑模式，再选择两端的面并使用"插入"工具为模型向内侧添加一组新边，如图 7-154 所示。

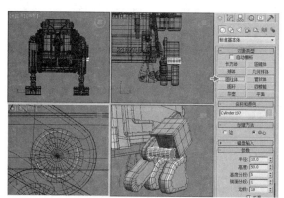

图7-153　创建圆柱体

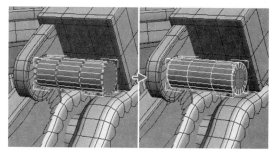

图7-154　插入操作

3　在 创建面板 几何体中选择标准基本体的"管状体"命令，然后在"左视图"建立一个管状体并设置半径 1 值为 26、半径 2 值为 22、高度值为 10，作为机器人底部的辅件模型，如图 7-155 所示。

④ 在 修改面板中为管状体添加"编辑多边形"命令，将"编辑多边形"命令切换至 边编辑模式，使用"连接"工具为模型边缘位置添加控制边，如图 7-156 所示。

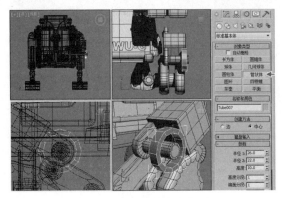

图7-155　创建管状体

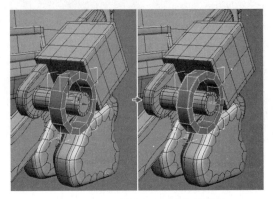

图7-156　添加连接边

⑤ 在视图中创建 几何体并为其添加"编辑多边形"命令，使用多边形命令制作出传动轮模型，如图 7-157 所示。

⑥ 选择传动轮模型并使用"Shift＋移动"组合键沿 X 轴进行复制，制作内侧的传动轮模型，如图 7-158 所示。

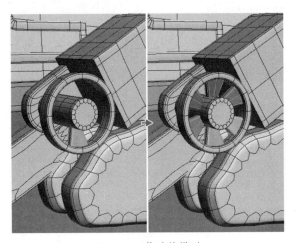

图7-157　传动轮模型

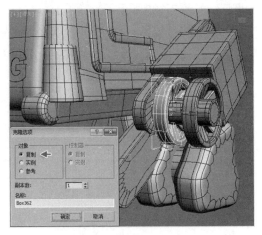

图7-158　复制模型

⑦ 使用"Shift＋移动"组合键将传动轮模型进行复制，分别放置在履带的带动位置，如图 7-159 所示。

⑧ 在视图中创建 几何体并为其添加"编辑多边形"命令，编辑制作出其他位置的传动轮模型，如图 7-160 所示。

⑨ 将视图切换至"右视图"，逐一调节传动轮模型的配合位置，最终模型效果如图 7-161 所示。

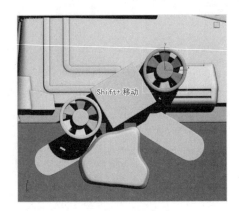

图7-159　复制模型

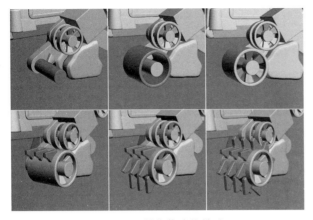

图7-160　制作传动轮模型

图7-161　模型效果

3. 履带模型

[1] 在 ✳ 创建面板 ○ 几何体中选择标准基本体的"长方体"命令，然后在"顶视图"中建立一个长方体并设置长度值为30、宽度值为90、高度值为12，作为机器人履带的基本模型，如图 7-162 所示。

[2] 在 ✏ 修改面板中为物体添加"编辑多边形"命令，编辑制作履带的基础模型，然后继续创建几何体并搭建出单片的履带模型，如图 7-163 所示。

[3] 使用"Shift＋移动"组合键复制出完整的履带模型，如图 7-164 所示。

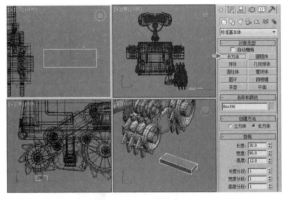

图7-162　创建长方体

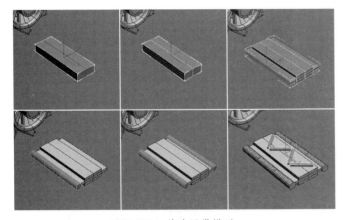

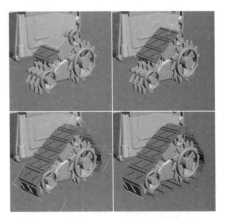

图7-163　单片履带模型

图7-164　复制履带模型

[4] 选择一侧的履带模型并切换至"前视图"，然后单击主工具栏的 ▥ 镜像工具按钮，设置镜像轴为 X、偏移值为 −400，再设置创建副本的方式为复制类型，制作出另一侧的履带模型，如图 7-165 所示。

[5] 将视图切换至"透视图"并调节视图角度，观察模型最终的效果如图 7-166 所示。

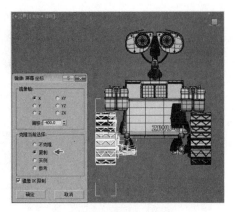

图7-165　镜像复制模型

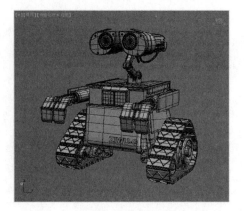

图7-166　模型效果

6 为丰富场景的效果，创建○几何体中的"长方体"搭建出后方的墙壁模型，如图 7-167 所示。

7 在视图中创建几何体并为其添加"编辑多边形"命令，编辑制作出后方墙壁上的管道配件模型，如图 7-168 所示。

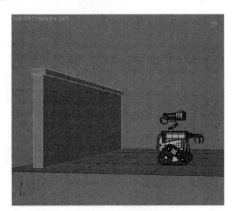

图7-167　创建墙壁模型

图7-168　创建配件模型

8 在视图中创建几何体并为其添加"编辑多边形"命令，编辑制作出后方管道模型，如图 7-169 所示。

9 将视图切换至"透视图"并调节视图角度，机器人模型场景的最终效果如图 7-170 所示。

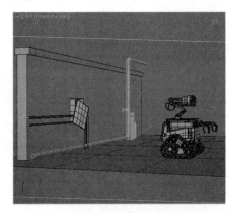

图7-169　创建管道模型

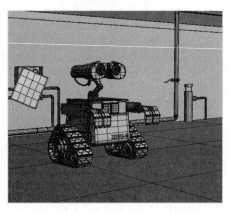

图7-170　最终模型效果

7.2.5 材质设置

"材质设置"部分的制作流程分为 3 部分,包括①主体材质、②辅助材质、③建立摄影机,如图 7-171 所示。

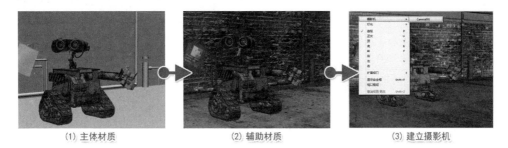

(1) 主体材质　　　　　　(2) 辅助材质　　　　　　(3) 建立摄影机

图7-171　制作流程

1. 主体材质

[1] 在材质编辑器中选择一个空白材质球,设置名称为"金属板05"。在 Blinn 基本参数卷展栏中设置高光级别值为 8,然后在贴图卷展栏中为漫反射与凹凸项目分别赋予本书配套光盘中的"金属板05"贴图并设置凹凸值为 50,再赋予至机器人的身体、手臂和颈部模型,如图 7-172 所示。

[2] 选择一个空白材质球,设置名称为"金属板02"。在 Blinn 基本参数卷展栏中设置高光级别值为 12、光泽度值为 15,然后在贴图卷展栏中为漫反射颜色赋予本书配套光盘中的"金属板02"贴图,再赋予至机器人的深色颜色模型,如图 7-173 所示。

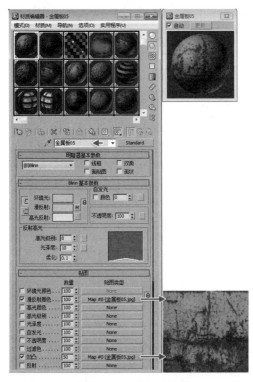

图7-172　身体金属材质

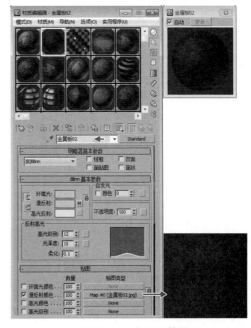

图7-173　深色金属材质

3 选择一个空白材质球，设置名称为"玻璃"。在Blinn基本参数卷展栏中设置漫反射颜色为黑色、高光级别值为150、光泽度值为60、透明度值为20，再赋予至眼睛的外罩模型，如图7-174所示。

4 选择一个空白材质球，设置名称为"眼睛"。在Blinn基本参数卷展栏中设置高光级别值为12、光泽度值为8，然后在贴图卷展栏中为漫反射颜色赋予本书配套光盘中的"眼睛"贴图，如图7-175所示。

5 选择一个空白材质球，设置名称为"金属板04"。在Blinn基本参数卷展栏中设置高光级别值为12，然后在贴图卷展栏中为漫反射颜色赋予本书配套光盘中的"金属板04"贴图，再赋予至机器人身体顶部的连接件模型，如图7-176所示。

6 单击主工具栏中的 渲染按钮，通过渲染计算可以观察模型材质效果，如图7-177所示。

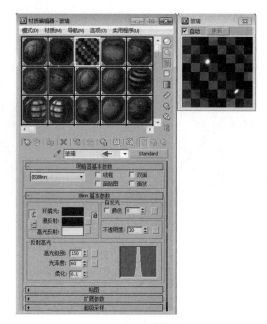

图7-174 玻璃材质

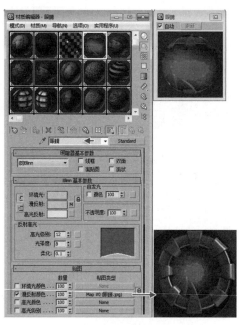

图7-175 眼睛材质

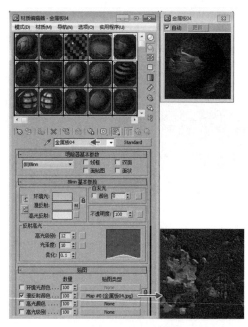

图7-176 连接件材质

7 选择一个空白材质球，设置名称为"履带"。在Blinn基本参数卷展栏中设置高光级别值为8，然后在贴图卷展栏中为漫反射与凹凸项目分别添加本书配套光盘中的"履带"贴图并设置凹凸值为50，如图7-178所示。

8 选择一个空白材质球，设置名称为"金属板03"。在Blinn基本参数卷展栏中设置高光级别值为12，然后在贴图卷展栏中为漫反射颜色添加本书配套光盘中的"金属板03"贴图，再赋予机器人的传动轴模型，如图7-179所示。

9 选择一个空白材质球，设置名称为"金属板01"。在Blinn基本参数卷展栏中设置高光级别值为8，然后在贴图卷展栏中为漫反射颜色添加本书配套光盘中的"金属板01"贴图，再赋予机器人身体的金属板模型，如图7-180所示。

图7-177　渲染材质效果

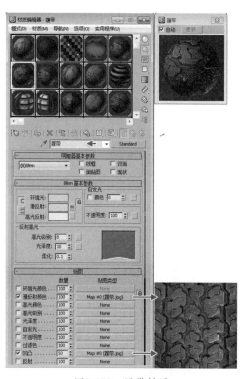

图7-178　履带材质

图7-179　传动轴材质

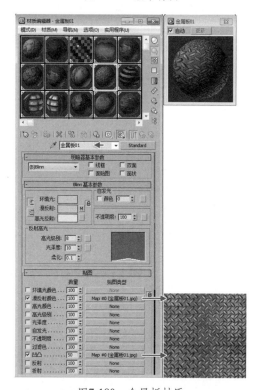

图7-180　金属板材质

10 选择一个空白材质球，设置名称为"警示条"。在Blinn基本参数卷展栏中设置高光级别值为8，然后在贴图卷展栏中为漫反射颜色与凹凸分别赋予本书配套光盘中的"警示条"贴图并设置凹凸值为 50，如图 7-181 所示。

[11] 选择一个空白材质球，设置名称为"面板 01"。在贴图卷展栏中为漫反射颜色添加本书配套光盘中的"按钮面板"贴图，再赋予机器人身体中心的面板模型，如图 7-182 所示。

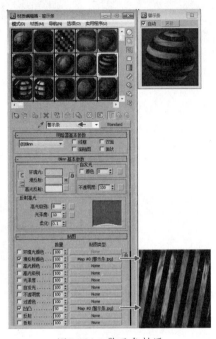

图7-181　警示条材质

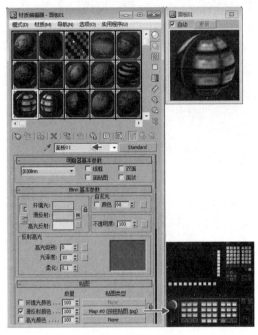

图7-182　面板材质

[12] 选择一个空白材质球，设置名称为"文字"。在 Blinn 基本参数卷展栏中设置高光级别值为 15，然后在贴图卷展栏中为漫反射颜色赋予本书配套光盘中的"文字"贴图，如图 7-183 所示。

[13] 单击主工具栏中的 渲染按钮，通过渲染计算可以观察机器人模型材质效果，如图 7-184 所示。

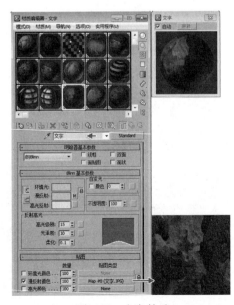

图7-183　文字材质

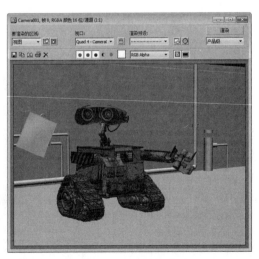

图7-184　渲染材质效果

2. 辅助材质

1 选择一个空白材质球,设置名称为"地面"。在贴图卷展栏中为漫反射颜色与凹凸分别赋予本书配套光盘中的"地面"贴图,如图 7-185 所示。

2 选择一个空白材质球,设置名称为"墙面"。在贴图卷展栏中为漫反射颜色与凹凸分别赋予本书配套光盘中的"墙砖"贴图并设置凹凸值为 50,如图 7-186 所示。

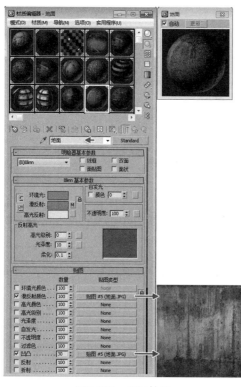

图7-185 地面材质

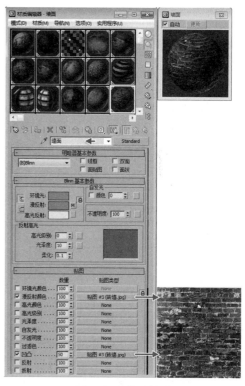

图7-186 墙面材质

3 单击主工具栏中的 渲染按钮,通过渲染计算可以观察场景模型材质效果,如图 7-187 所示。

3. 建立摄影机

1 进入 创建面板的 摄影机子面板并单击"目标"按钮,然后在场景中拖拽建立目标摄影机,如图 7-188 所示。

2 保持摄影机的选择状态并在菜单中选择【视图】→【从视图创建摄影机】命令,将摄影机自动匹配到当前视图的角度,如图 7-189 所示。

图7-187 渲染材质效果

 提示 自动匹配摄影机至场景中的视图,一般都是在"透视图"中执行。

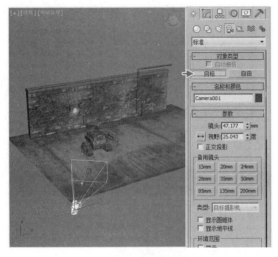

图7-188　建立摄影机

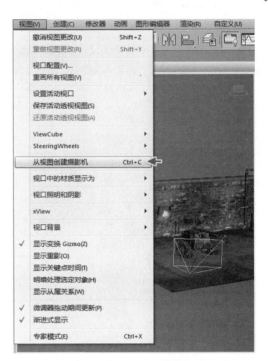

图7-189　匹配摄影机

③ 在视图左上角提示文字处单击鼠标右键，从弹出的菜单中选择【摄影机】→【Camera01（摄影机01）】命令，将视图切换至"摄影机视图"，如图7-190所示。

④ 单击主工具栏中的 渲染按钮，通过渲染计算可以观察摄影机角度的效果，如图7-191所示。

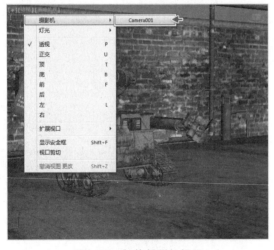

图7-190　切换摄影机视图

图7-191　渲染摄影机效果

↗ 7.2.6　渲染设置

"渲染设置"部分的制作流程分为3部分，包括①主体灯光、②辅助灯光、③渲染设置，如图7-192所示。

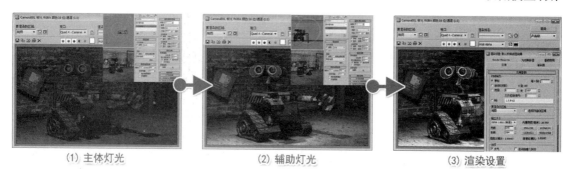

(1) 主体灯光　　　　　　　(2) 辅助灯光　　　　　　　(3) 渲染设置

图7-192　制作流程

1. 主体灯光

1 在创建面板中单击灯光面板下的"泛光"按钮，然后在"前视图"左上方位置建立灯光，作为场景的主光源照明，如图 7-193 所示。

2 创建灯光完成后，切换至修改面板，在常规参数卷展栏中开启阴影项目并设置类型为"阴影贴图"，在阴影贴图卷展栏中设置大小值为 800，在强度／颜色／衰减卷展栏中设置倍增值为 0.5，设置近距衰减的结束值为 2300，设置远距衰减的开始值为 2800、结束值为 5000，如图 7-194 所示。

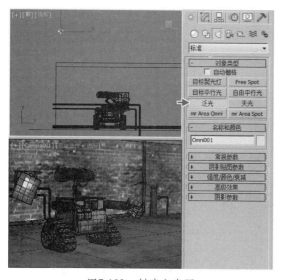

图7-193　创建主光源

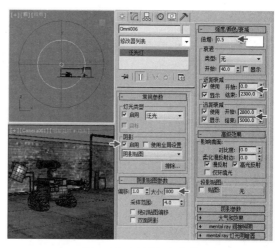

图7-194　设置灯光参数

3 选择灯光面板下的"泛光"按钮，然后在"前视图"机器人的上方位置建立灯光，作为场景的主光源照明。创建完成后切换至修改面板，在常规参数卷展栏中开启阴影项目并设置类型为"阴影贴图"，在阴影贴图卷展栏中设置大小值为 700，在强度／颜色／衰减卷展栏中设置倍增值为 0.5，设置近距衰减的结束值为 280，设置远距衰减的开始值为 280、结束值为 1200，如图 7-195 所示。

4 单击主工具栏中的渲染按钮，通过渲染计算可以观察到当前灯光的照明效果，如图 7-196 所示。

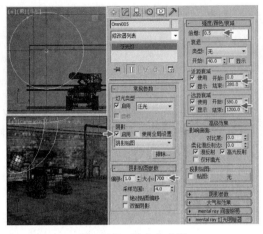

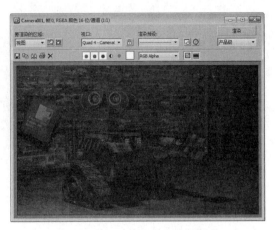

图7-195　创建主光源　　　　　　　　　　图7-196　渲染主体灯光效果

2. 辅助灯光

1 选择 灯光面板下的"泛光"按钮，然后在"前视图"中建立灯光，作为场景的补光。创建完成后切换至 修改面板，在常规参数卷展栏中开启阴影项目并设置类型为"阴影贴图"，在阴影贴图卷展栏中设置大小值为 800，在强度／颜色／衰减卷展栏中设置倍增值为 0.5，设置近距衰减的结束值为 280，设置远距衰减的开始值为 560、结束值为 1150，如图 7-197 所示。

2 选择 灯光面板下的"泛光"按钮，然后在"前视图"中建立灯光，作为场景的补光。创建完成后切换至 修改面板，在常规参数卷展栏中开启阴影项目并设置类型为"阴影贴图"，在阴影贴图卷展栏中设置大小值为 750，在强度／颜色／衰减卷展栏中设置倍增值为 0.5，设置近距衰减的结束值为 300，设置远距衰减的开始值为 600、结束值为 1200，如图 7-198 所示。

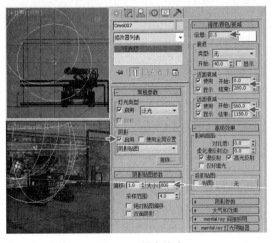

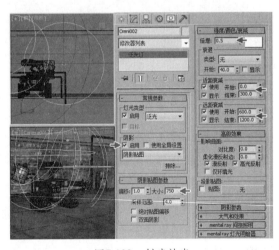

图7-197　创建补光　　　　　　　　　　　图7-198　创建补光

3 单击主工具栏中的 渲染按钮，通过渲染计算可以观察补光照明效果，如图 7-199 所示。

4 选择 灯光面板下的"泛光"按钮，然后在"前视图"中建立灯光，作为场景的补光。创建完成后切换至 修改面板，在常规参数卷展栏中开启阴影项目并设置类型为"阴影贴图"，在阴影贴图卷展栏中设置大小值为 750，在强度／颜色／衰减卷展栏中设置倍增值为 0.5，设置近距衰减的结束值为 280，设置远距衰减的开始值为 600、结束值为 1100，如图 7-200 所示。

图7-199 渲染补光效果

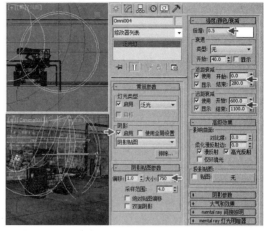

图7-200 创建补光

[5] 选择灯光面板下的"泛光"按钮，然后在"前视图"中建立灯光，作为场景的补光。创建完成后切换至修改面板，在常规参数卷展栏中开启阴影项目并设置类型为"阴影贴图"，在阴影贴图卷展栏中设置大小值为 750，在强度／颜色／衰减卷展栏中设置倍增值为 0.5，设置近距衰减的结束值为 280，设置远距衰减的开始值为 580、结束值为 1200，如图 7-201 所示。

[6] 单击主工具栏中的渲染按钮，通过渲染计算可以观察灯光产生的最终效果，如图 7-202 所示。

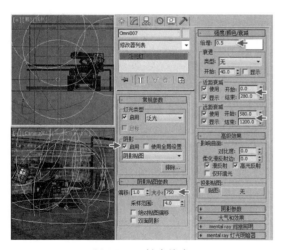

图7-201 创建补光

图7-202 渲染灯光效果

3. 渲染设置

[1] 单击主工具栏中的渲染设置按钮开启渲染设置对话框，在公用选项卡的公用参数卷展栏中设置输出大小为 35mm 1.66:1（电影）类型，然后设置宽度值为 640、高度值为 384，为场景指定渲染区域，如图 7-203 所示。

设置输出大小的尺寸将会直接影响到运算速度，所以在前期的预览中不必设置过大。

2 切换至渲染器选项卡，在默认扫描线渲染器卷展栏下设置过滤器为"Catmull-Rom"类型，然后启用全局超级采样器项并设置为"自适应 Halton"类型，得到更好的渲染效果，如图 7-204 所示。

Catmull-Rom 类型具有轻微边缘增强效果的 25 像素重组过滤器。

3 渲染设置完成后，单击主工具栏中的 渲染按钮，渲染机器人场景的最终效果，如图 7-205 所示。

图7-203　设置输出大小

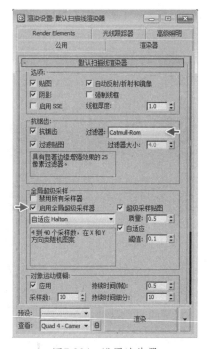

图7-204　设置渲染器

图7-205　最终渲染效果

7.3　范例——博派大黄蜂

"博派大黄蜂"范例主要使用"编辑多边形"修改命令对标准几何体进行调节，在制作时，应重点掌握模型的造型控制和网格光滑操作，配合挤出、连接、倒角和切角工具使变形金刚的模型逐渐完整，以及对复杂机械模型的造型进行控制，效果如图 7-206 所示。

图7-206 范例效果

"博派大黄蜂"范例的制作流程分为 6 部分，包括①头盔模型、②头盔零件模型、③面部模型、④身体模型、⑤肢体模型、⑥渲染设置，如图 7-207 所示。

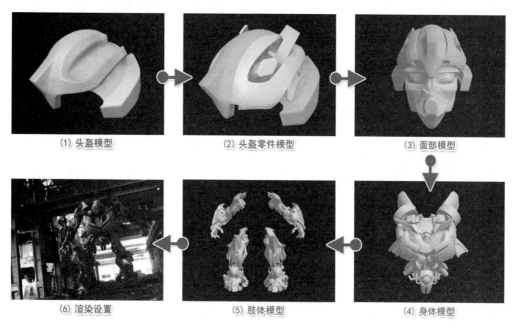

(1) 头盔模型　　　　　(2) 头盔零件模型　　　　　(3) 面部模型

(6) 渲染设置　　　　　(5) 肢体模型　　　　　(4) 身体模型

图7-207　制作流程

7.3.1　头盔模型

"头盔模型"部分的制作流程分为 3 部分，包括①头盔基本模型、②添加模型细节、③模型光滑设置，如图 7-208 所示。

(1) 头盔基本模型

(2) 添加模型细节

(3) 模型光滑设置

图7-208　制作流程

1. 头盔基本模型

⬚1 在 ❀ 创建面板 ◯ 几何体中选择标准基本体的"平面"命令，然后在"顶视图"建立一个平面，再设置长度值为 200、宽度值为 50、长度分段值为 6、宽度值为 4，作为头盔的基本模型，如图 7-209 所示。

⬚2 切换至 ⬚ 修改面板为"平面"添加"编辑多边形"命令，准备制作头盔模型，如图 7-210 所示。

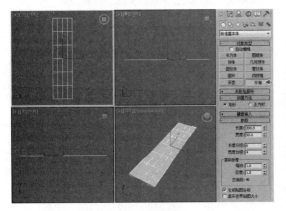
图7-209　制作流程

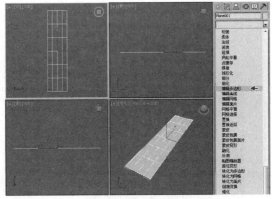
图7-210　添加编辑多边形

⬚3 将"编辑多边形"命令切换至 ◼ 多边形编辑模式并选择左半侧的面，准备对其进行编辑，如图 7-211 所示。

⬚4 在 ⬚ 修改面板添加"对称"修改命令，在编辑模型左侧的同时右侧也会产生相同操作，如图 7-212 所示。

提示　如果对网格应用了"对称"修改器，堆栈中在"对称"修改器下面对原始网格一个半部所做的任何编辑操作也会应用到网格的另一半。

⬚5 保持多边形面的选择状态，再使用键盘"Delete"键将左侧的面进行删除操作，如图 7-213 所示。

⬚6 将"编辑多边形"命令切换至 ⬚ 顶点编辑模式，准备对模型外形进行调节，如图 7-214 所示。

⬚7 使用 ✛ 移动工具调节平面控制点，调节出头盔的弧度基本形状，如图 7-215 所示。

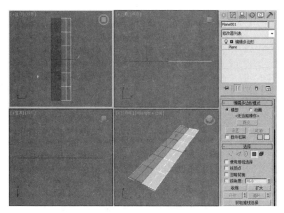

图7-211　选择面

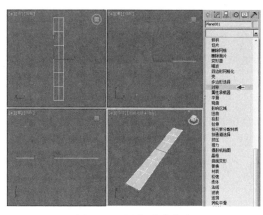

图7-212　添加对称命令

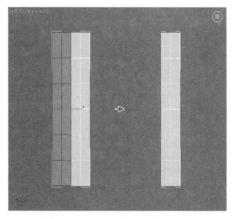

图7-213　删除操作

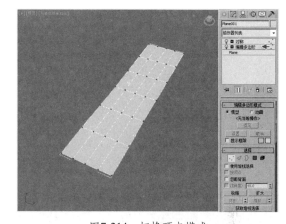

图7-214　切换顶点模式

8　将"编辑多边形"命令切换至 ⬚ 边编辑模式，然后选择底部边缘位置的边，准备制作底部造型，如图 7-216 所示。

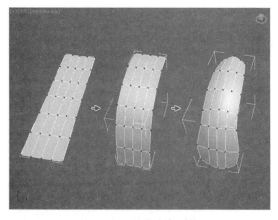

图7-215　调节头盔形状

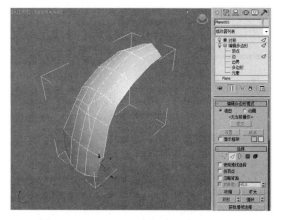

图7-216　选择底部边

9　保持边的选择状态并使用"Shift＋移动"组合键将选择边进行多次复制，编辑制作出头盔侧面的造型，如图 7-217 所示。

10 将"编辑多边形"命令切换至 顶点编辑模式，然后使用 移动工具调节侧面的造型，使其产生弧度弯曲效果，如图 7-218 所示。

11 将"编辑多边形"命令切换至 边编辑模式，然后选择顶部的一组边并使用"Shift＋移动"组合键将选择边进行复制，如图 7-219 所示。

12 将"编辑多边形"命令切换至 边编辑模式，然后选择底部内侧面的边，再使用"Shift＋移动"组合键将选择边进行复制，如图 7-220 所示。

13 将"编辑多边形"命令切换至 顶点编辑模式，然后使用 移动工具调节头盔的造型，如图 7-221 所示。

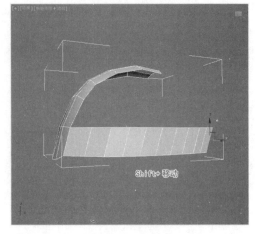

图7-217　复制边

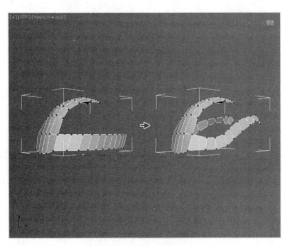

图7-218　调节侧面造型

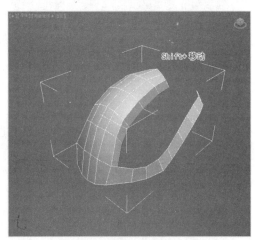

图7-219　复制边

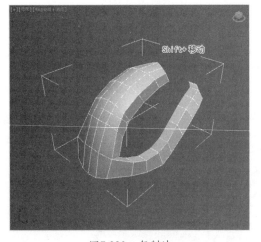

图7-220　复制边

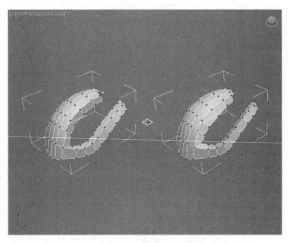

图7-221　调节头盔造型

14 选择模型中间位置临近部分的控制点，然后单击编辑顶点卷展栏下"焊接"按钮后的 参数按钮，准备对其进行焊接操作，如图 7-222 所示。

提示　如果几何体区域有很多非常接近的顶点，那么它最适合用焊接来进行自动简化。

15 在弹出的焊接顶点参数中设置焊接阈值为 4，将选择的顶点进行焊接，如图 7-223 所示。

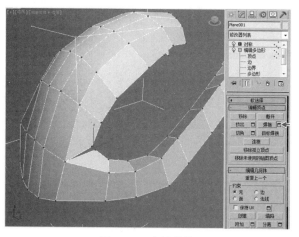

图7-222　选择焊接

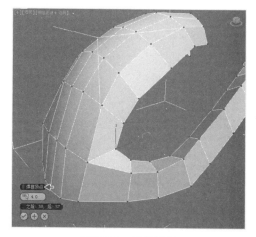

图7-223　焊接操作

提示　"焊接阈值"是在要焊接的选定子对象内指定最大距离，采用场景单位。任何超出此阈值（即，离最近的顶点或边的距离较远）范围的顶点或边都不能被焊接。

16 调节侧部边的准确位置，主要使用 移动工具完成造型编辑，如图 7-224 所示。

17 将"编辑多边形"命令切换至 边编辑模式，然后选择豁口处两侧的边，准备进行桥接操作，如图 7-225 所示。

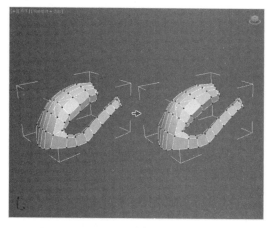

图7-224　调节侧面造型

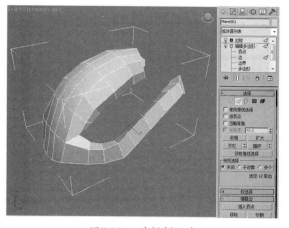

图7-225　选择侧面边

18 保持边的选择状态并单击编辑边卷展栏下"桥"按钮后的 参数按钮，然后单击确定将选择边进行桥接操作，如图 7-226 所示。

19 将视图切换至"透视图"观察当前模型的效果如图 7-227 所示。

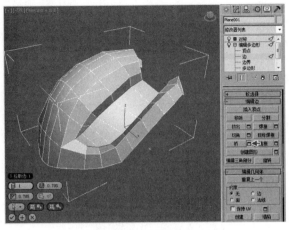

图7-226　桥接操作

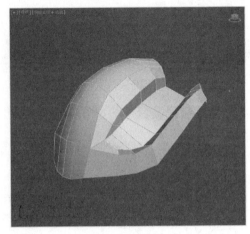

图7-227　模型效果

2. 添加模型细节

⬚1 调节"透视图"的呈现角度，将"编辑多边形"命令切换至✓边编辑模式，然后选择头盔前端的边，再使用"Shift＋移动"组合键沿 Z 轴向下进行复制，如图 7-228 所示。

⬚2 将"编辑多边形"命令切换至⬚顶点编辑模式，然后使用⬚移动工具调节前端头盔的造型，如图 7-229 所示。

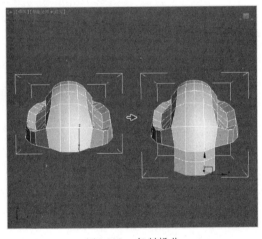

图7-228　复制操作

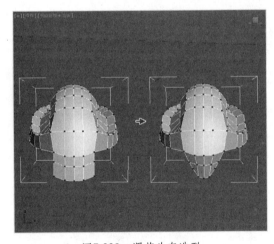

图7-229　调节头盔造型

⬚3 将"编辑多边形"命令切换至✓边编辑模式，然后选择头盔后方的边，再使用"Shift＋移动"组合键沿 Y 轴进行复制，如图 7-230 所示。

⬚4 将"编辑多边形"命令切换至⬚顶点编辑模式，然后使用⬚移动工具调节头盔后部的造型，如图 7-231 所示。

⬚5 将"编辑多边形"命令切换至✓边编辑模式，然后选择头盔后方的边，再使用"Shift＋移动"组合键沿 Z 轴进行复制，如图 7-232 所示。

⬚6 将"编辑多边形"命令切换至⬚顶点编辑模式，然后选择边角处的顶点，再单击编辑顶点卷展栏下"焊接"按钮后的⬚参数按钮，在弹出的焊接顶点参数中设置焊接阈值为 4，将选择的转角位置顶点进行焊接，如图 7-233 所示。

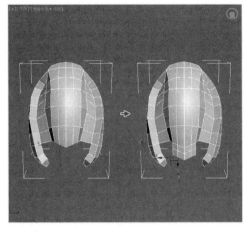

图7-230 复制操作

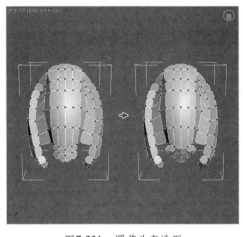

图7-231 调节头盔造型

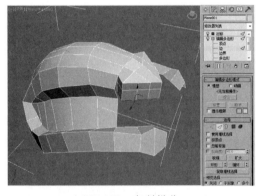

图7-232 复制操作

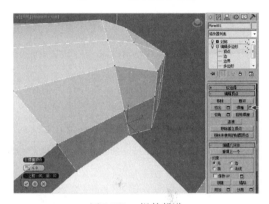

图7-233 焊接操作

[7] 将"编辑多边形"命令切换至✓边编辑模式，然后选择侧部的一条边，再单击"环形"按钮选择侧面的环形边，准备进行连接操作，如图 7-234 所示。

 "环形"操作可以通过选择所有平行于选中边的边来扩展边选择，但只可应用于边和边界选择。

[8] 单击编辑边卷展栏下"连接"按钮后的▣参数按钮，准备添加一组新边，如图 7-235 所示。

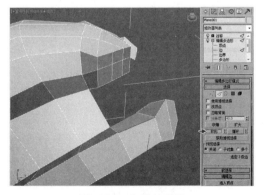

图7-234 选择环形边

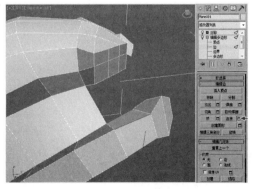

图7-235 选择连接

9 在弹出的连接边参数设置连接值为1，再单击"确定"按钮，为侧边连接出一组新边，如图 7-236 所示。

10 选择侧部的边，准备进行连接操作，如图 7-237 所示。

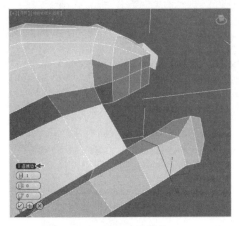

图7-236　连接操作

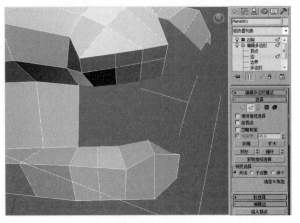

图7-237　选择边

11 保持边的选择状态并单击编辑边卷展栏下"桥"按钮后的■参数按钮，然后单击确定将选择的边进行桥接操作，如图 7-238 所示。

12 选择头盔前部的面，然后使用键盘"Delete"将其删除，再选择删除位置的侧边并使用"Shift＋移动"组合键将选择边进行复制，最后再调节头盔模型形状，如图 7-239 所示。

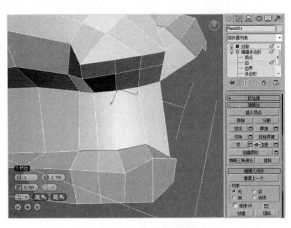

图7-238　桥接操作

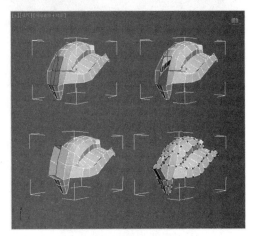

图7-239　编辑操作

13 将"编辑多边形"命令切换至◢边编辑模式，选择刚制作的头盔造型两侧镂空位置的边，单击编辑边卷展栏下"桥"按钮后的■参数按钮，在弹出的拾取边1参数中设置分段值为2，为头盔模型前部造型添加顶面，如图 7-240 所示。

14 将"编辑多边形"命令切换至⋮顶点编辑模式，然后选择头盔前部造型的顶点，再单击"焊接"后的■参数按钮，在弹出的焊接顶点参数中设置焊接阈值为4，将选择的顶点进行焊接操作，如图 7-241 所示。

15 将"编辑多边形"命令切换至◢边编辑模式，然后选择所有侧部边并使用"Shift＋移动"组合键进行复制，制作头盔模型的侧部边，如图 7-242 所示。

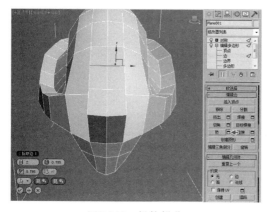

图7-240　桥接操作

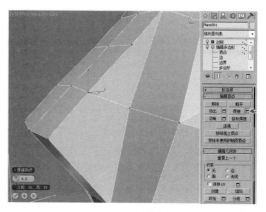

图7-241　焊接操作

[16] 将"可编辑多边形"命令切换至 顶点编辑模式，然后使用 移动工具调节头盔侧部造型，如图 7-243 所示。

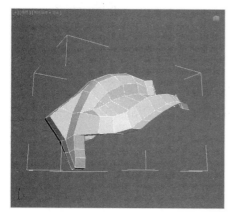

图7-242　复制侧边

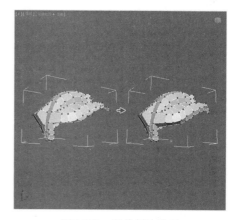

图7-243　调节侧边造型

[17] 将"编辑多边形"命令切换至 边编辑模式，然后选择头盔侧部的两条边，再使用"桥"工具为其添加新面，如图 7-244 所示。

[18] 将"编辑多边形"命令切换至 边编辑模式，然后选择头盔后方边并使用"Shift＋移动"组合键进行复制，制作头盔后方的造型，如图 7-245 所示。

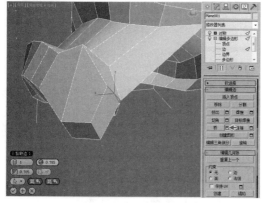

图7-244　桥接操作

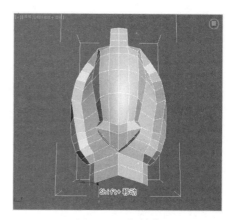

图7-245　复制边

[19] 将命令切换至 ■ 多边形编辑模式，然后选择边角位置的面并使用键盘 "Delete" 键进行删除，准备进行焊接操作，如图 7-246 所示。

[20] 将 "编辑多边形" 命令切换至 ■ 顶点编辑模式，然后使用 "目标焊接" 工具进行焊接操作，如图 7-247 所示。

> **提示** 在 "目标焊接" 模式中，当鼠标光标处在顶点之上时，它会变成 "+" 光标，此时单击然后移动鼠标，一条橡皮筋虚线将该顶点与鼠标光标连接。将光标放在其他附近的顶点之上，当再出现 "+" 光标时再单击鼠标。此时，第一个顶点将会移动到第二个顶点的位置，从而将这两个顶点焊接在一起，并且自动退出 "目标焊接" 模式。

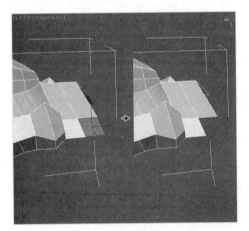

图7-246 删除操作

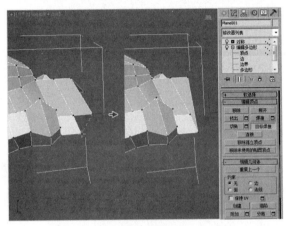

图7-247 焊接操作

[21] 焊接操作完成后，继续使用 ✛ 移动工具调节头盔后方模型造型，如图 7-248 所示。

[22] 将 "编辑多边形" 命令切换至 ◢ 边编辑模式，然后选择头盔后方边并使用 "Shift + 移动" 组合键进行复制，制作头盔后方造型，如图 7-249 所示。

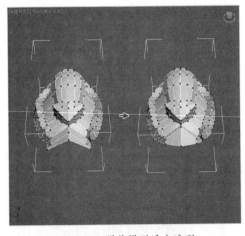

图7-248 调节模型后方造型

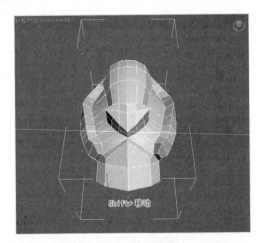

图7-249 复制模型边

[23] 复制操作完成后，继续使用 ✛ 移动工具将底部顶点向内侧调节，如图 7-250 所示。

[24] 将 "编辑多边形" 命令切换至 ◢ 边编辑模式，然后选择头盔后方边并使用 "Shift + 移动"

组合键进行复制，继续制作底部头盔造型，如图 7-251 所示。

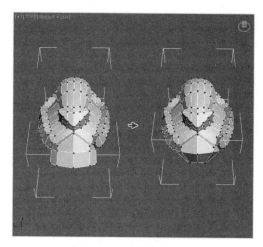

图7-250　调节底部顶点

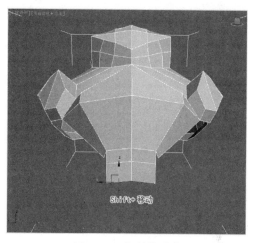

图7-251　复制模型边

25 将"编辑多边形"命令切换至 顶点编辑模式，使用"目标焊接"工具将底角处顶点进行焊接，如图 7-252 所示。

26 使用 移动工具调节底部尖角位置的造型，如图 7-253 所示。

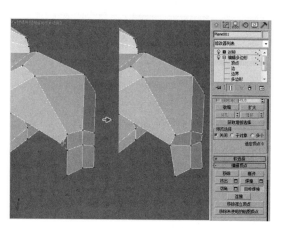

图7-252　焊接操作

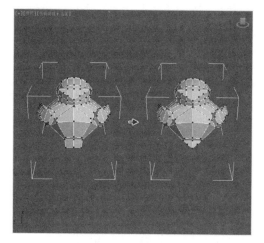

图7-253　调节底部顶点

27 将"编辑多边形"命令切换至 边编辑模式，然后选择侧面的边并使用"Shift＋移动"组合键沿 Z 轴向下复制出一组新边，如图 7-254 所示。

28 将"编辑多边形"命令切换至 顶点编辑模式，再使用 移动工具调节侧边造型，如图 7-255 所示。

29 将"编辑多边形"命令切换至 边编辑模式，然后选择侧面的边并使用"Shift＋移动"组合键沿 Z 轴向下复制出一组新边，制作底部头盔边沿造型，如图 7-256 所示。

30 选择底部左侧的垂直边然后使用"Shift＋移动"组合键沿 Y 轴进行复制，制作出侧边的突出效果，如图 7-257 所示。

31 将"可编辑多边形"命令切换至 顶点编辑模式，使用 移动工具调节底部边沿造型，如图 7-258 所示。

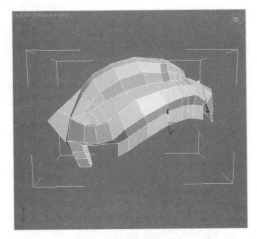

图7-254　复制侧边

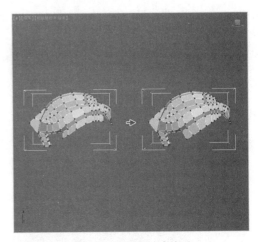

图7-255　调节侧边造型

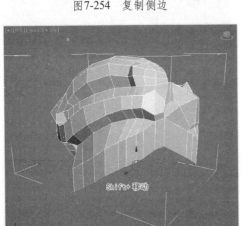

图7-256　复制侧边

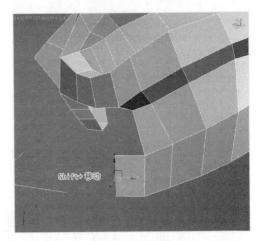

图7-257　复制侧边

32 将"可编辑多边形"命令切换至 ▣ 多边形编辑模式，选择底部侧部的所有面，再单击"挤出"的 ▣ 参数按钮，在弹出的"挤出多边形"参数中设置高度值为 30，制作底部边沿的凸出效果，如图 7-259 所示。

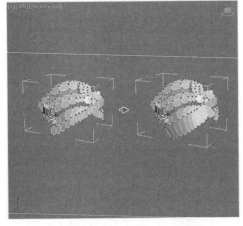

图7-258　调节底部边沿造型

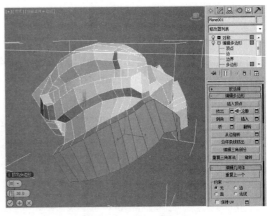

图7-259　挤出底部面

33 将"编辑多边形"命令切换至 ▦ 顶点编辑模式，再使用 ✛ 移动工具调节底部边沿造型，如图 7-260 所示。

34 制作完成后切换至"透视图"，观察头盔模型的效果，如图 7-261 所示。

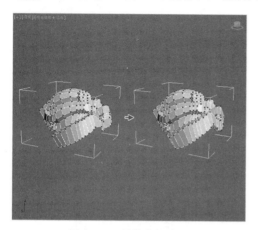

图7-260　调节底部造型

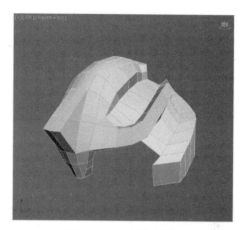

图7-261　头盔模型效果

3. 模型光滑设置

1 选择头盔中间部分的一组环形边，然后使用"连接"工具为模型添加一组新边，对模型顶部造型的光滑效果进行控制，如图 7-262 所示。

2 选择头盔模型中间凸起部分的环形边，然后使用"连接"工具为模型添加两组新边，对模型中间凸起部分的光滑效果进行控制，如图 7-263 所示。

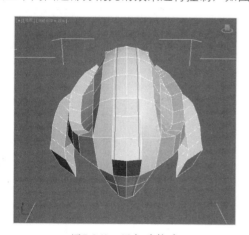

图7-262　添加连接边

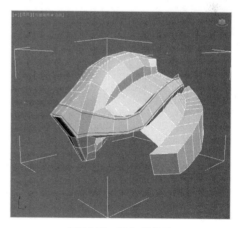

图7-263　添加连接边

3 使用"连接"工具继续为模型侧边连接出两条控制边，如图 7-264 所示。

4 使用"连接"工具为模型侧面连接出两条控制边，丰富模型转折位置的结构，如图 7-265 所示。

5 选择模型底部突出部分的环形边，然后使用"连接"工具为模型添加两组新边，控制底部边沿的光滑效果，如图 7-266 所示。

6 选择模型底部突出部分的环形边，然后继续使用"连接"工具为模型添加两组新边，控制底部边沿的光滑效果，如图 7-267 所示。

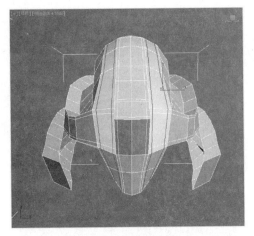

图7-264　添加连接边

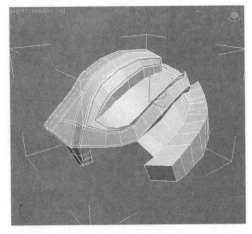

图7-265　添加连接边

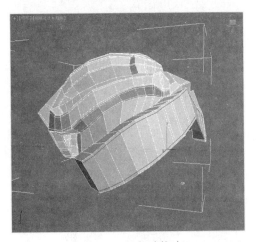

图7-266　添加连接边

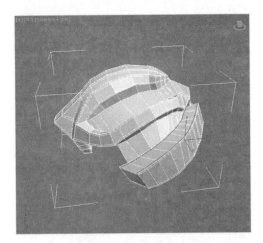

图7-267　添加连接边

7　将"编辑多边形"命令切换至 ■ 多边形编辑模式，然后选择头盔模型中间部分的面，准备对其进行嵌入操作，如图 7-268 所示。

8　保持选择状态并在编辑多边形卷展栏下单击"插入"按钮后的 ■ 参数按钮，在弹出的"插入"参数中设置数量值为 2，将选择面向内进行嵌入为其添加一组新边，如图 7-269 所示。

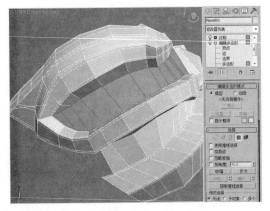

图7-268　选择面

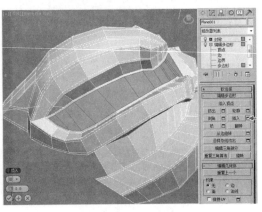

图7-269　插入操作

执行没有高度的倒角操作，即在选定多边形的平面内执行"插入"操作。

9 保持模型选择状态，再切换至 ☑修改面板并在下拉列表中添加"网格平滑"命令，如图 7-270 所示。

10 为头盔模型添加"网格平滑"命令后，在细分量卷展栏中设置迭代次数值为 2，使模型得到更加细腻的模型效果，如图 7-271 所示。

 "迭代次数"主要设置网格细分的次数。在增加该值时，每次新的迭代会通过在迭代之前对顶点、边和曲面创建平滑差补顶点来细分网格，而修改器会细分曲面来使用这些新的顶点。

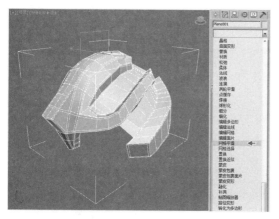

图7-270 添加网格平滑

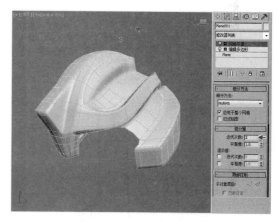

图7-271 设置迭代次数

11 将视图切换至"透视图"，头盔模型完成的光滑效果如图 7-272 所示。

12 在主工具栏单击 ☑渲染按钮，渲染头盔主体模型的效果，如图 7-273 所示。

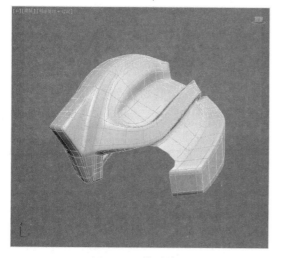

图7-272 模型效果

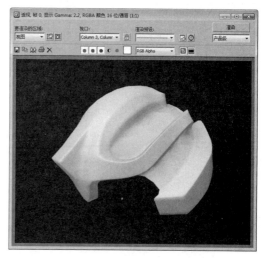

图7-273 渲染头盔效果

↗ 7.3.2　头盔零件模型

"头盔零件模型"部分的制作流程分为 3 部分，包括①头盔护板模型、②添加附件模型、③对称模型，如图 7-274 所示。

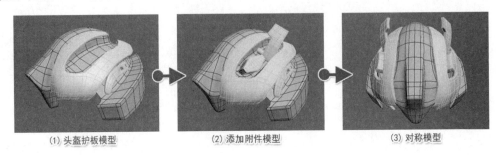

(1) 头盔护板模型　　　　　　(2) 添加附件模型　　　　　　(3) 对称模型

图7-274　制作流程

1. 头盔护板模型

$\boxed{1}$ 在▓创建面板〇几何体中选择标准基本体的"长方体"命令，然后在视图中建立一个长方体，再设置长度值为 35、宽度值为 45、高度值为 8、长度分段值为 3、宽度分段值为 5、高度分段值为 1，作为头盔护板的基本模型，如图 7-275 所示。

$\boxed{2}$ 保持物体的选择状态，切换至◢修改面板为"长方体"添加"编辑多边形"命令，准备编辑头盔护板模型，如图 7-276 所示。

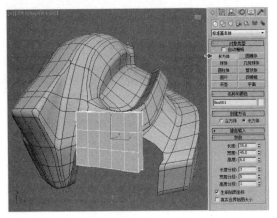

图7-275　制作流程

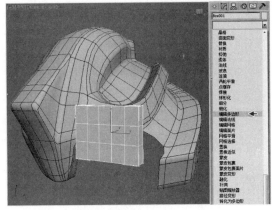

图7-276　添加编辑多边形

$\boxed{3}$ 将"编辑多边形"命令切换至▪顶点编辑模式，然后使用❖移动工具调节头盔护板底部造型，如图 7-277 所示。

$\boxed{4}$ 将"编辑多边形"命令切换至▇多边形编辑模式，然后选择模型顶部两侧的面，在编辑多边形卷展栏下单击"挤出"按钮并设置高度值为 80，将选择面挤出高度，作为护板模型，如图 7-278 所示。

$\boxed{5}$ 将"编辑多边形"命令切换至◿边编辑模式，然后选择挤出部分的所有竖向边，在编辑边卷展栏中单击"连接"按钮并设置分段值为 5，准备编辑护板造型，如图 7-279 所示。

$\boxed{6}$ 将"编辑多边形"命令切换至▪顶点编辑模式，然后使用❖移动工具调节头盔护板顶部造型，如图 7-280 所示。

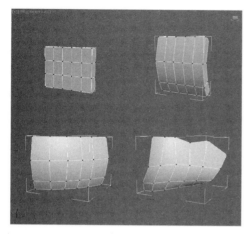

图7-277　顶点编辑

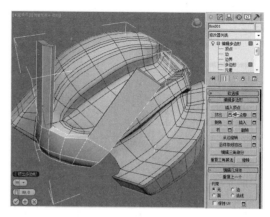

图7-278　挤出操作

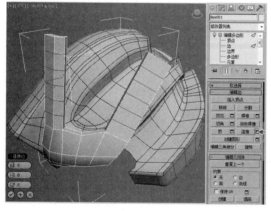

图7-279　连接操作

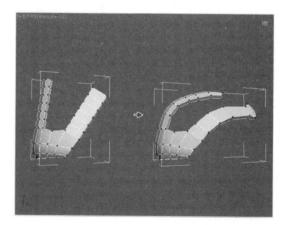

图7-280　调节护板造型

7　将"编辑多边形"命令切换至■多边形编辑模式，然后选择左侧边角位置的面并使用键盘"Delete"键进行删除，制作边角处的造型，如图 7-281 所示。

8　将"编辑多边形"命令切换至◢边编辑模式，然后选择删除部分的边，使用"桥"工具连接删除部分的面，如图 7-282 所示。

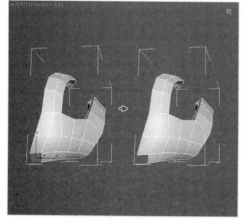

图7-281　删除操作

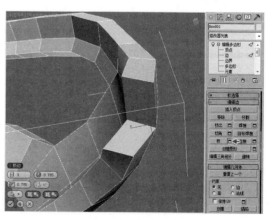

图7-282　桥接操作

⑨ 选择护板模型所有侧部的边，然后使用"连接"工具为模型添加两组新边，控制护板模型边缘位置的光滑效果，如图 7-283 所示。

⑩ 使用"连接"工具为模型添加控制边，控制护板模型的光滑效果，如图 7-284 所示。

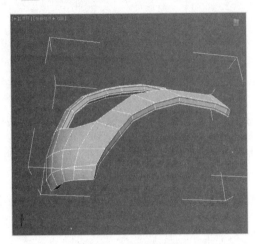

图7-283 添加控制边

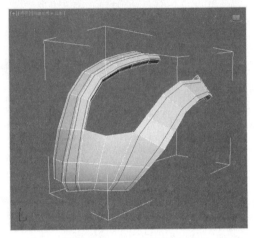

图7-284 添加控制边

⑪ 使用"连接"工具为模型底部添加控制边，控制护板转折位置的光滑效果，如图 7-285 所示。

⑫ 使用"连接"工具为模型底部添加控制边，控制模型光滑效果，如图 7-286 所示。

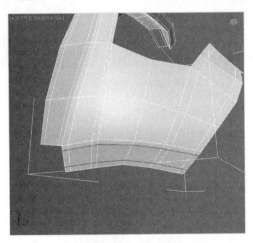

图7-285 添加底部控制边

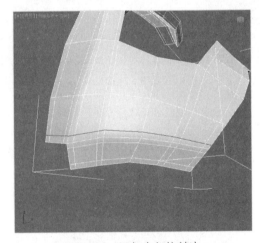

图7-286 添加底部控制边

⑬ 使用"连接"工具为模型中间部分添加控制边，控制模型的光滑效果，如图 7-287 所示。

⑭ 使用"连接"工具为模型中间部分添加控制边，控制模型转折的光滑效果，如图 7-288 所示。

⑮ 保持模型的选择状态，切换至 修改面板并在下拉列表中添加"网格平滑"命令，如图 7-289 所示。

⑯ 为模型添加"网格平滑"平滑命令后，在"透视图"中观察模型的效果，如图 7-290 所示。

⑰ 在视图中创建 几何体中的"长方体"命令，作为侧边护板的基本模型，如图 7-291 所示。

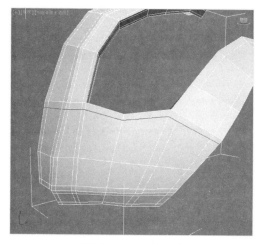

图7-287　添加控制边

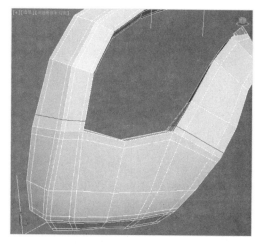

图7-288　添加控制边

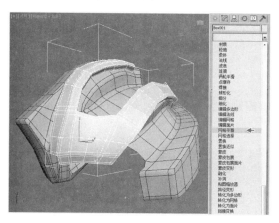

图7-289　添加网格平滑

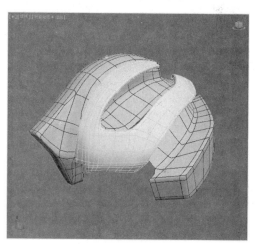

图7-290　头盔护板效果

18 为"长方体"添加"编辑多边形"命令，并使用多边形命令编辑制作出侧面护板形状，如图 7-292 所示。

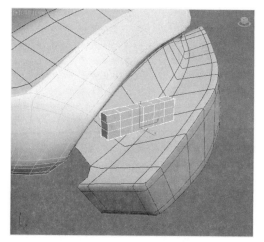

图7-291　创建长方体

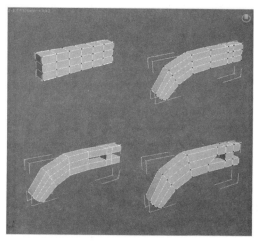

图7-292　编辑长方体

19 将"编辑多边形"命令切换至 ◢ 边编辑模式，然后选择所有外部侧边使用"连接"工具添加两组控制边，控制护板模型侧边光滑效果，如图 7-293 所示。

20 选择所有孔洞内部的侧向边，再使用"连接"工具为其添加两组控制边，控制模型在光滑时的转折效果，如图 7-294 所示。

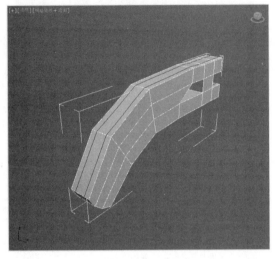

图7-293　添加控制边

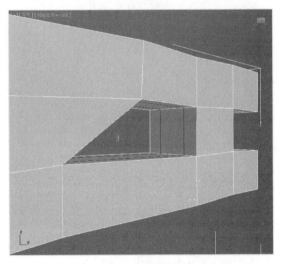

图7-294　添加内部控制边

21 为模型需要产生转折的位置添加控制边，控制孔洞上方的光滑效果，如图 7-295 所示。

22 为模型添加控制边，控制孔洞下方位置的光滑效果，如图 7-296 所示。

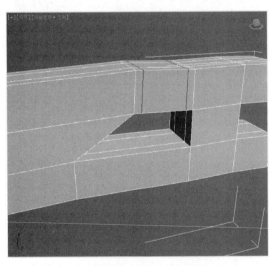

图7-295　添加控制边

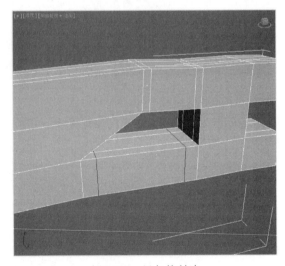

图7-296　添加控制边

23 为模型添加两组水平方向控制边，控制模型光滑效果，如图 7-297 所示。

24 为模型添加两组垂直方向控制边，控制模型光滑效果，如图 7-298 所示。

25 为模型凸出部分添加两组垂直方向控制边，控制模型边缘位置的光滑效果，如图 7-299 所示。

26 为模型添加两组控制边，控制模型的光滑效果，如图 7-300 所示。

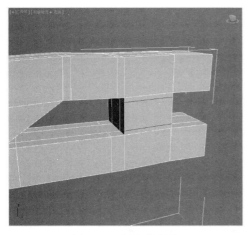

图7-297　添加控制边

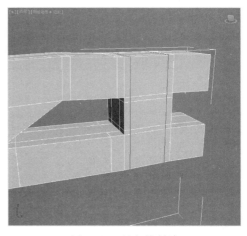

图7-298　添加控制边

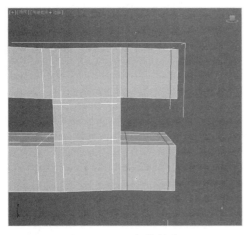

图7-299　添加控制边

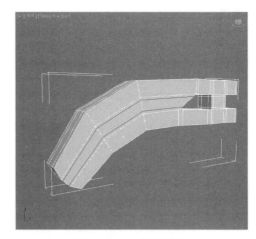

图7-300　添加控制边

27　保持模型选择状态，切换至 ⬚ 修改面板并在下拉列表中添加"网格平滑"命令，如图 7-301 所示。

28　将视图切换至"透视图"，观察侧面护板模型的效果，如图 7-302 所示。

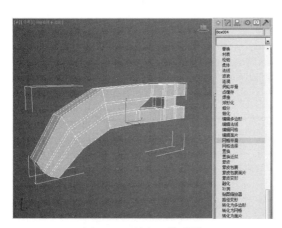

图7-301　添加网格平滑

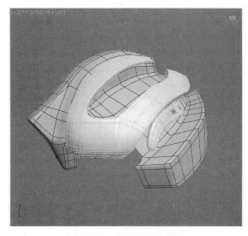

图7-302　侧面模型效果

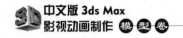
2. 添加附件模型

1️⃣ 在视图中创建◎几何体中的"长方体"，作为侧部的附件基本模型，如图 7-303 所示。

2️⃣ 为"长方体"添加"编辑多边形"命令，并使用多边形命令调节附件的形状，如图 7-304 所示。

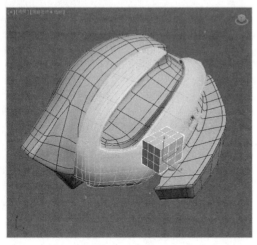

图7-303　创建长方体

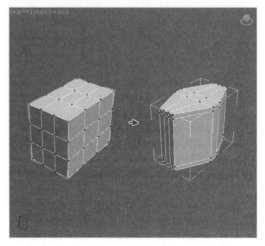

图7-304　编辑多边形

3️⃣ 将"编辑多边形"命令切换至◢边编辑模式，然后为模型添加 4 组垂直控制边，控制模型在光滑时的效果，如图 7-305 所示。

4️⃣ 为模型添加"网格平滑"平滑命令，在"透视图"中观察模型的光滑效果，如图 7-306 所示。

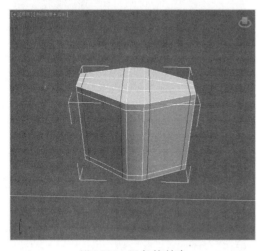

图7-305　添加控制边

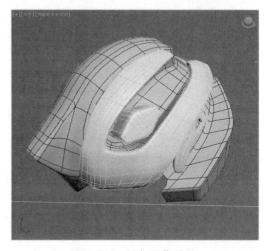

图7-306　添加网格平滑

5️⃣ 在视图中创建◎几何体中的"长方体"，作为侧部附件的基本模型，如图 7-307 所示。

6️⃣ 为"长方体"添加"编辑多边形"命令，并使用多边形命令编辑制作侧面顶部附件形状，如图 7-308 所示。

7️⃣ 将"编辑多边形"命令切换至◢边编辑模式，然后使用"连接"工具为模型底部添加两条控制边，控制模型底部的光滑效果，如图 7-309 所示。

提示 如果需要模型的转折位置突出，尽量在此位置添加多条控制边，才可以在光滑操作时保持模型结构。

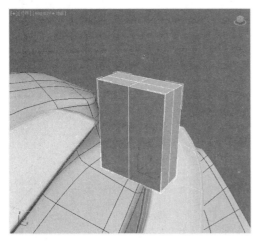

图7-307　创建长方体

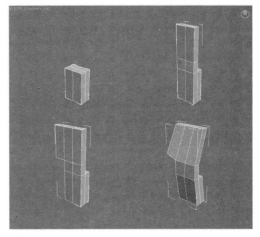

图7-308　制作辅件造型

⑧ 使用"连接"工具为模型中间部分添加两条控制边，控制模型中间部分光滑效果，如图 7-310 所示。

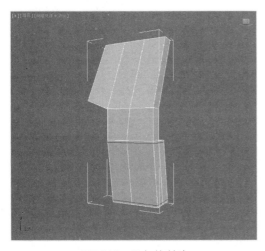

图7-309　添加控制边

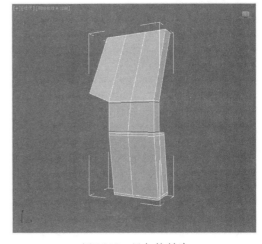

图7-310　添加控制边

⑨ 使用"连接"工具为模型顶部添加两条控制边，控制模型顶部光滑效果，如图 7-311 所示。

⑩ 使用"连接"工具为模型侧边添加两条控制边，控制模型侧边光滑效果，如图 7-312 所示。

⑪ 使用"连接"工具为模型侧边添加两条控制边，控制模型侧边光滑的效果，如图 7-313 所示。

⑫ 使用"连接"工具为模型侧面凸起添加两条控制边，控制模型侧部光滑转折的效果，如图 7-314 所示。

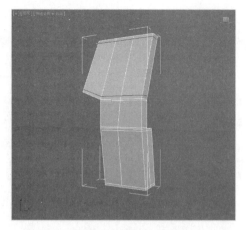

图7-311　添加控制边

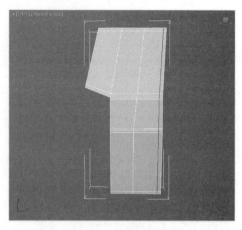

图7-312　添加控制边

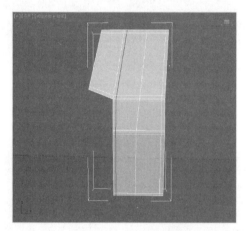

图7-313　添加控制边

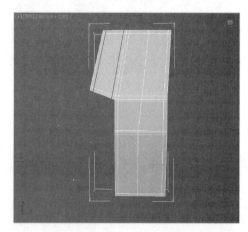

图7-314　添加控制边

[13] 选择模型侧面的一组环形边，然后使用"连接"工具为其添加两条控制边，如图 7-315 所示。

[14] 选择侧面凸出部分模型的一组环形边，然后使用"连接"工具为其添加两条控制边，如图 7-316 所示。

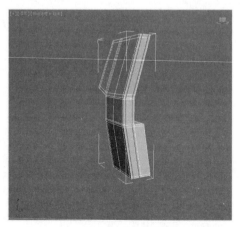

图7-315　添加控制边

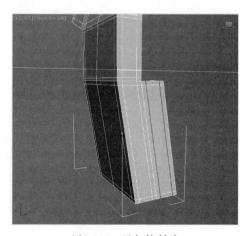

图7-316　添加控制边

15 为模型添加过渡边，再调节最终的附件弧度效果，如图 7-317 所示。

16 为模型添加"网格平滑"命令并在"透视图"中观察模型效果，如图 7-318 所示。

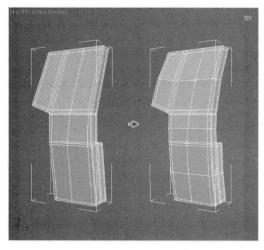

图7-317　调节附件模型

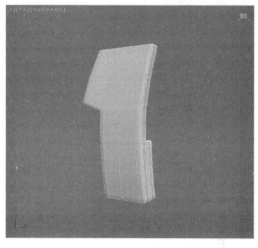

图7-318　模型光滑效果

17 在 ✳ 创建面板 ◯ 几何体中选择扩展基本体的"切角长方体"命令，然后在视图护板的底部位置建立一个切角长方体，作为附件的连接装置模型，如图 7-319 所示。

18 调节附件模型位置与头盔模型相匹配，并观察模型效果，如图 7-320 所示。

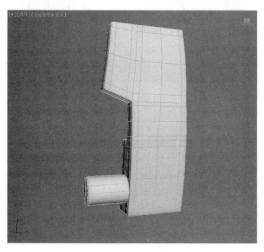

图7-319　创建零件模型

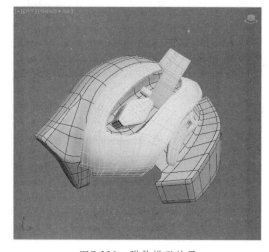

图7-320　附件模型效果

3. 对称模型

1 在"透视图"中选择所有附件模型，然后在主工具栏中单击 ⃞ 镜像工具，准备镜像复制对称位置的模型，如图 7-321 所示。

2 在弹出的对话框中设置镜像轴为 X 轴、偏移值为 −106，创建副本的方式为"复制"，制作出另一侧的附件模型，如图 7-322 所示。

3 切换至"透视图"并调节视图角度，观察当前模型的效果，如图 7-323 所示。

4 在主工具栏单击 ⃞ 渲染按钮，渲染头盔零件模型效果，如图 7-324 所示。

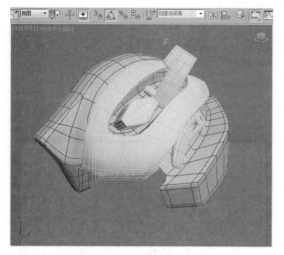

图7-321　选择镜像工具

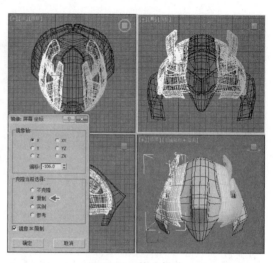

图7-322　镜像操作

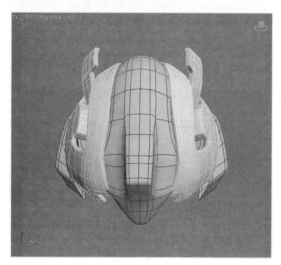

图7-323　模型效果

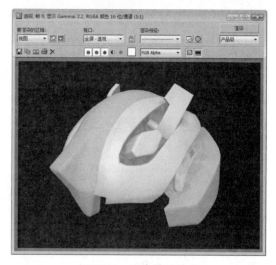

图7-324　渲染模型效果

↗ 7.3.3　面部模型

　　"面部模型"部分的制作流程分为 3 部分，包括①基础模型设置、②编辑面部模型、③丰富头部模型，如图 7-325 所示。

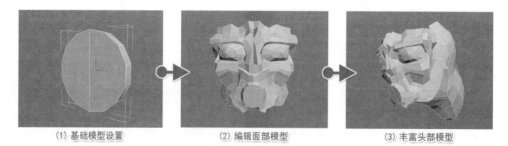

(1) 基础模型设置　　　　　(2) 编辑面部模型　　　　　(3) 丰富头部模型

图7-325　制作流程

1. 基础模型设置

1 在 创建面板 几何体中选择标准基本体的"圆柱体"命令，然后在"前视图"建立一个圆柱体，再设置半径值为 17、高度值为 5、高度分段值为 1、端面分段值为 1、边数值为 14，作为面部的基本模型，如图 7-326 所示。

2 切换至 修改面板为"圆柱体"添加"编辑多边形"命令，准备编辑面部模型，如图 7-327 所示。

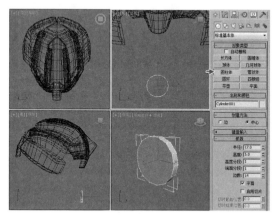

图7-326　创建圆柱体

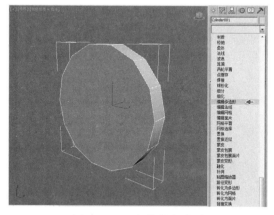

图7-327　添加编辑多边形

3 在主工具栏中选择 选择工具并调节"圆柱体"的角度，方便制作面部模型，如图 7-328 所示。

4 为"圆柱体"添加"编辑多边形"命令并切换至 顶点编辑模式，然后使用"切割"工具再模型中间位置连接出一条新边，如图 7-329 所示。

> 提示
>
> "切割"用于创建一个多边形到另一个多边形的边，或在多边形内创建边。在实际操作时，先单击起点并移动鼠标光标，然后再单击并移动位置以便创建新的连接边；如右键单击一次退出当前切割操作，然后可以开始新的切割，或者再次右键单击退出"切割"模式。

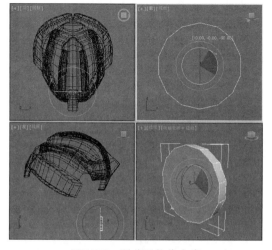

图7-328　调节圆柱体角度

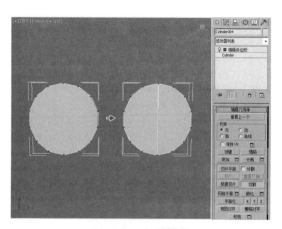

图7-329　切割操作

⑤ 将"编辑多边形"命令切换至■多边形编辑模式，然后使用键盘"Delete"键将"圆柱体"的背面删除，如图 7-330 所示。

⑥ 将"编辑多边形"命令切换至▪顶点编辑模式，然后选择模型一侧的控制点并使用键盘"Delete"键进行删除，准备为模型添加"对称"命令，如图 7-331 所示。

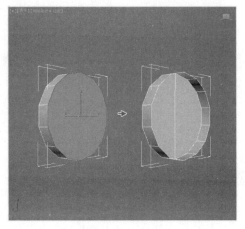

图7-330 删除背面

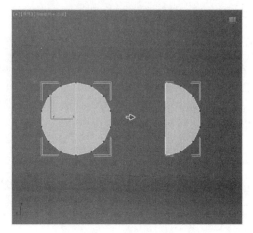

图7-331 删除侧面

⑦ 保持选择状态在▨修改面板中选择"对称"修改命令，从此在编辑模型左侧的同时右侧也会产生相同操作，如图 7-332 所示。

⑧ 为模型添加"对称"命令后，在参数面板中设置镜像轴为 Y，指定正确的对称围绕轴，如图 7-333 所示。

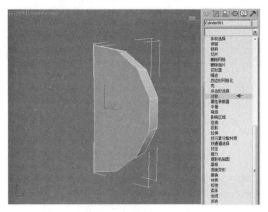

图7-332 添加对称命令

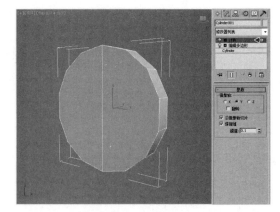

图7-333 设置镜像轴

2. 编辑面部模型

① 将"编辑多边形"命令切换至▪顶点编辑模式，然后使用✛移动工具调节面部嘴部形状，如图 7-334 所示。

② 将"编辑多边形"命令切换至⬦边编辑模式，然后使用"Shift＋移动"组合键复制边制作出嘴部边缘与鼻梁模型，如图 7-335 所示。

③ 使用复制边的方式制作出脸部模型，如图 7-336 所示。

④ 使用复制边的方式继续制作出颧骨及眉弓部的模型，如图 7-337 所示。

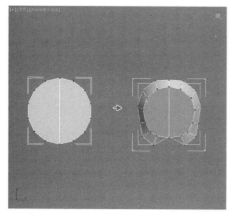

图7-334　调节嘴部形状

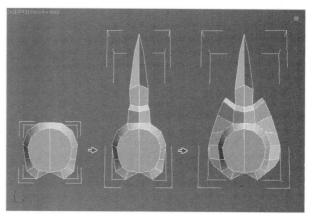

图7-335　制作嘴部模型

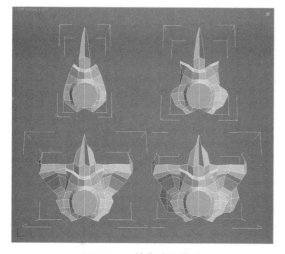

图7-336　制作脸部模型

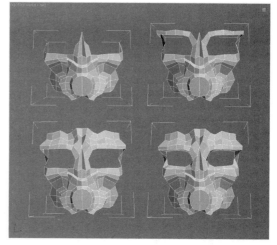

图7-337　制作面部模型

　　⑤ 将"编辑多边形"命令切换至 边界编辑模式，然后选择眼窝位置的结构，再配合"Shift＋缩放"组合键完成眼部模型的封闭，使所有的控制点最终聚集在一起，如图 7-338 所示。

　　⑥ 将"编辑多边形"命令切换至 顶点编辑模式，然后选择眼部的一组顶点，再单击"焊接"工具的 参数按钮，在弹出的"焊接顶点"浮动对话框中设置参数值为 0.1，如图 7-339 所示。

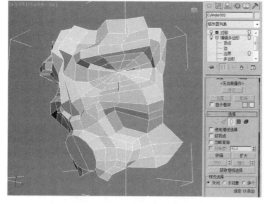

图7-338　制作眼部模型

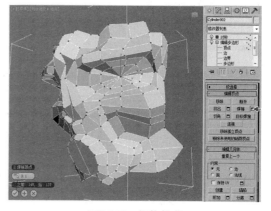

图7-339　焊接操作

7 使用主工具栏中的移动工具，将眼部
模型调整至凸起状态，如图 7-340 所示。

8 调节"透视图"的角度，观察当前面部
模型的效果，如图 7-341 所示。

9 将"编辑多边形"命令切换至边编辑
模式，然后使用"Shift＋移动"组合键复制边，
制作出面部侧面的模型效果，如图 7-342 所示。

10 将"编辑多边形"命令切换至顶点编
辑模式，然后对面部侧部的两个顶点使用"目标
焊接"工具完成焊接点操作，如图 7-343 所示。

11 使用主工具栏中的移动工具，调整面
部侧面边缘处的顶点位置，如图 7-344 所示。

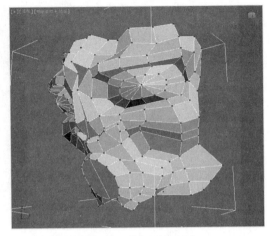

图7-340 编辑眼部顶点

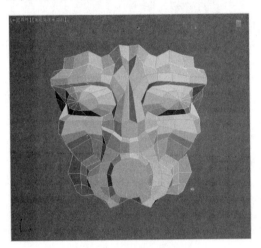

图7-341 面部模型效果

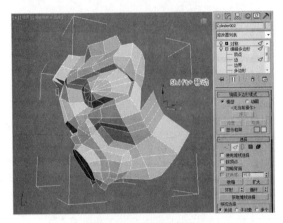

图7-342 复制边操作

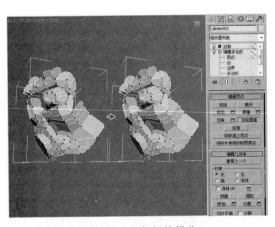

图7-343 目标焊接操作

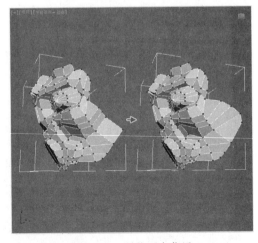

图7-344 调整顶点位置

12 将"编辑多边形"命令切换至边编辑模式，然后使用"Shift＋移动"组合键复制边，
制作出眉弓上部的模型效果，如图 7-345 所示。

[13] 将"编辑多边形"命令切换至 ⬛ 顶点编辑模式，选择眉弓上部的两个顶点，单击"焊接"工具的 ⬛ 参数按钮，在弹出的"焊接顶点"浮动对话框中设置参数值为 4，如图 7-346 所示。

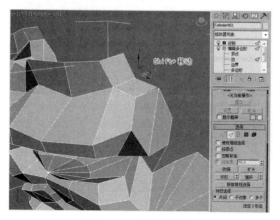

图7-345　复制边操作

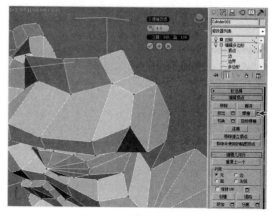

图7-346　焊接顶点操作

[14] 将"编辑多边形"命令切换至 ⬛ 边编辑模式，然后使用"Shift＋移动"组合键复制边，制作出面部侧面模型效果，如图 7-347 所示。

[15] 将"编辑多边形"命令切换至 ⬛ 顶点编辑模式，然后使用主工具栏中的 ⬛ 移动工具，调整面部侧面的顶点位置，如图 7-348 所示。

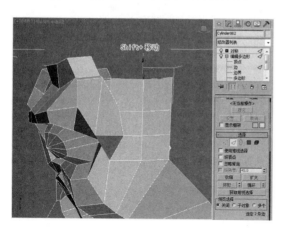

图7-347　复制边操作

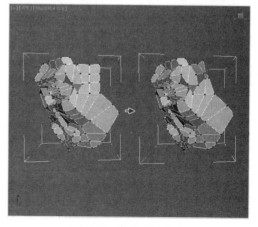

图7-348　调整顶点位置

[16] 将"编辑多边形"命令切换至 ⬛ 边编辑模式，然后使用"Shift＋移动"组合键复制边，制作出侧面上方模型效果，如图 7-349 所示。

[17] 切换"编辑多边形"命令至 ⬛ 顶点编辑模式，选择上部的两个顶点进行"目标焊接"操作，如图 7-350 所示。

[18] 将"编辑多边形"命令切换至 ⬛ 边编辑模式，然后使用"Shift＋移动"组合键复制边，制作出侧面模型效果，如图 7-351 所示。

[19] 将"编辑多边形"命令切换至 ⬛ 多边形编辑模式，然后使用键盘"Delete"键将侧面的顶底两个多边形面进行删除操作，如图 7-352 所示。

[20] 将"编辑多边形"命令切换至 ⬛ 顶点编辑模式，使用主工具栏中的 ⬛ 移动工具，调整面部侧面的弧形效果，如图 7-353 所示。

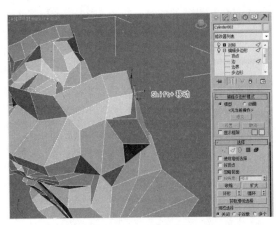

图7-349　复制边操作

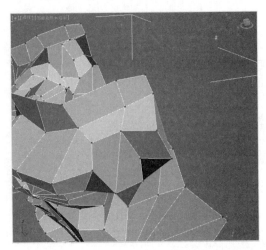

图7-350　焊接操作

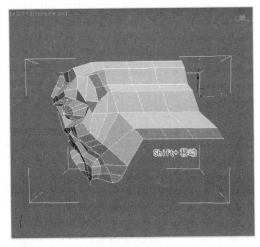

图7-351　复制边操作

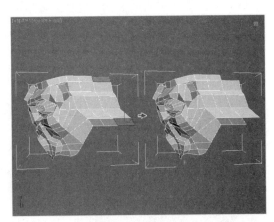

图7-352　删除多边形面

21 在 顶点编辑模式下，使用主工具栏中的 移动工具，调整面部侧部的模型效果，如图 7-354 所示。

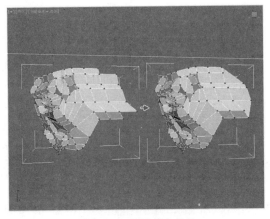

图7-353　调整顶点位置

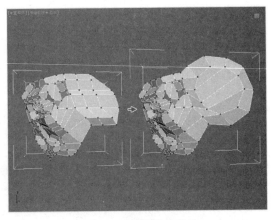

图7-354　调整模型效果

22 将"编辑多边形"命令切换至■多边形编辑模式，然后选择侧面中心部的多边形面，再单击"倒角"工具的■参数按钮，在弹出的倒角浮动对话框中设置高度值为 5、轮廓值为 −18，如图 7-355 所示。

23 在"编辑多边形"命令中使用"Shift + 移动"组合键复制边操作，再使用"目标焊接"工具进行顶点焊接操作，完成侧面模型的制作，如图 7-356 所示。

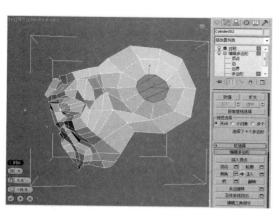

图7-355　倒角操作

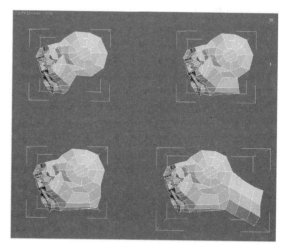

图7-356　制作侧面模型

24 在 ⊿ 边编辑模式下使用"Shift + 移动"组合键复制边，制作出面部下方的颈部模型效果，如图 7-357 所示。

25 将"编辑多边形"命令切换至 ⵈ 顶点编辑模式，调整颈部模型的顶点位置，如图 7-358 所示。

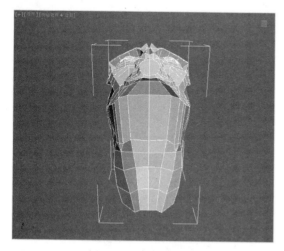

图7-357　复制边操作

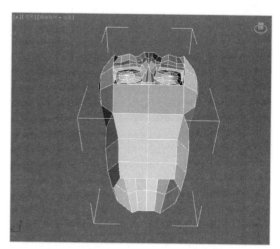

图7-358　调整模型效果

26 将"编辑多边形"命令切换至 ⊿ 边编辑模式，为颈部进行加线操作，再切换至 ⵈ 顶点编辑模式，调整顶点位置完成颈部模型的制作，如图 7-359 所示。

27 观察编辑完成的面部模型效果，如图 7-360 所示。

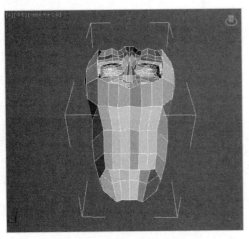

图7-359 编辑颈部模型

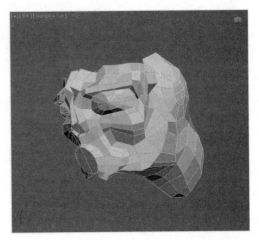

图7-360 面部模型效果

3. 丰富头部模型

1 选择编辑完成的面部模型，在 ✎ 修改面板为其添加"编辑多边形"命令，如图 7-361 所示。

2 将"编辑多边形"命令切换至 ◗ 边界编辑模式，然后选择模型头顶部的一组边界，再单击编辑边界卷展栏的"封口"工具，如图 7-362 所示。

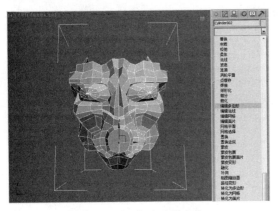

图7-361 添加多边形命令

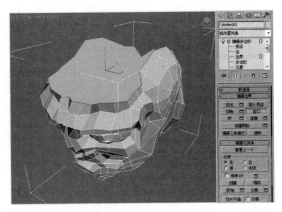

图7-362 封口操作

3 将"编辑多边形"命令切换至 ■ 多边形编辑模式，然后选择嘴部位置的多边形面，如图 7-363 所示。

4 将"编辑多边形"命令切换至 ✎ 边编辑模式，然后选择嘴部的所有纵深边，使用"连接"工具为嘴部两端添加结构，控制模型在光滑操作时的转折效果，如图 7-364 所示。

5 将"编辑多边形"命令切换至 ■ 多边形编辑模式，然后选择嘴部周围的一组多边形面，再使用"挤出"工具进行凸起的控制，如图 7-365 所示。

6 在 ■ 多边形编辑模式下选择刚刚挤出区域的侧部面，再对选择的面进行"挤出"操作，使面部的结构更加清晰，如图 7-366 所示。

7 将"编辑多边形"命令切换至 ✎ 边编辑模式，然后选择眼窝周围位置的环形边，再使用"连接"工具为眉弓与眼窝交接位置添加结构，如图 7-367 所示。

提示 因为机器人的特征即是生硬转折，所以每个结构的边缘都需至少两条以上的线进行控制。

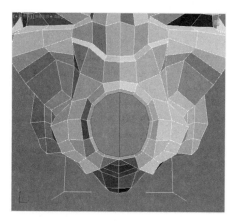

图7-363 选择多边形面

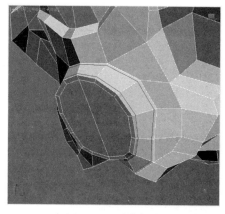

图7-364 连接操作

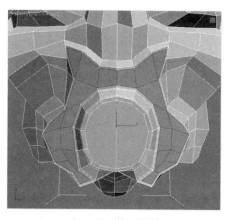

图7-365 挤出操作

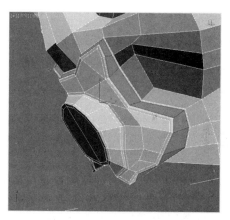

图7-366 挤出操作

⑧ 调节视图的观察角度，然后将"编辑多边形"命令切换至■多边形编辑模式，再选择背部的多边形面并使用"插入"工具完成操作，如图 7-368 所示。

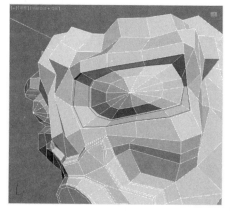

图7-367 添加结构

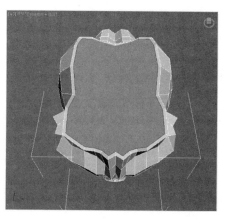

图7-368 插入操作

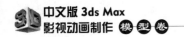
⑨ 切换至 ☑ 修改面板为面部模型添加"网格平滑"命令，如图 7-369 所示。

⑩ 添加"网格平滑"后，完成的面部模型效果如图 7-370 所示。

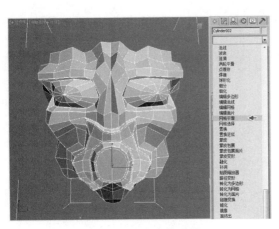

图7-369　添加网格平滑

图7-370　面部模型效果

⑪ 将头盔模型移动至面部模型的上方位置，完成头部模型的制作，如图 7-371 所示。

⑫ 单击主工具栏中的 ☺ 渲染按钮，渲染完成的头部模型效果如图 7-372 所示。

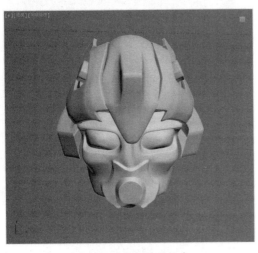

图7-371　头部模型组合

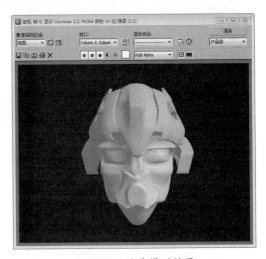

图7-372　渲染模型效果

⤴ 7.3.4　身体模型

"身体模型"部分的制作流程分为 3 部分，包括①制作身体模型、②制作车门模型、③制作腰部模型，如图 7-373 所示。

1. 制作身体模型

① 使用 ✳ 创建面板 ◯ 几何体中的"长方体"及"圆柱体"命令，配合 ☑ 修改面板中的"编辑多边形"命令依次制作身体中心物体、肩部物体和身体辅助物体，完成身体的基础模型制作如图 7-374 所示。

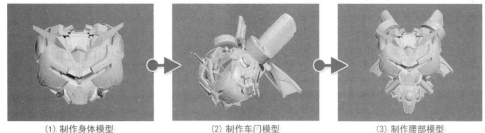

(1) 制作身体模型　　　　　　　(2) 制作车门模型　　　　　　　(3) 制作腰部模型

图7-373　制作流程

2　使用 ✳ 创建面板 ◯ 几何体中的 "长方体" 命令配合 ☑ 修改面板中的 "编辑多边形" 命令编辑制作，继续为机器人的身体逐一添加肩部细节装饰模型和胸部装饰模型，如图 7-375 所示。

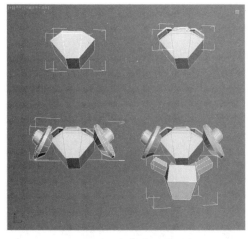

图7-374　身体基础模型

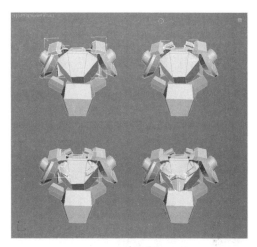

图7-375　身体装饰模型

3　当前机器人的身体还不够魁梧，继续添加辅助零件丰富身体的整体效果，如图 7-376 所示。

4　使用 ✳ 创建面板 ◯ 几何体中的 "长方体" 命令配合 ☑ 修改面板中的 "编辑多边形" 命令编辑制作，将身体前部添加胸部护板模型，然后再添加辅助结构零件，如图 7-377 所示。

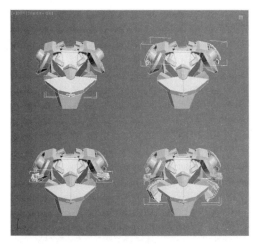

图7-376　丰富身体模型

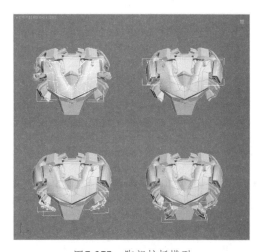

图7-377　胸部护板模型

5 当机器人的身体模型完成后，还是缺少一些张力，继续添加支架等装饰模型，如图 7-378 所示。

> 提示 由于身体内部有些模型为辅助装饰，所以不必将装饰模型添加"网格平滑"命令，从而减少场景的网格数量。

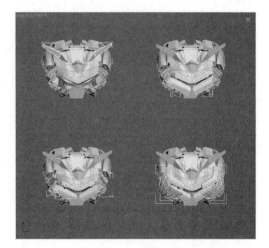

图7-378 身体模型效果

2. 制作车门模型

1 调节视图的预览角度，在机器人身体背部添加支架模型，如图 7-379 所示。

2 使用 ✱ 创建面板 ◯ 几何体中的"圆柱体"命令配合 ✎ 修改面板中的"编辑多边形"命令完成车轮模型的制作；再使用 ✱ 创建面板 ◯ 几何体中的"长方体"命令配合 ✎ 修改面板中的"编辑多边形"命令完成车门模型的制作，如图 7-380 所示。

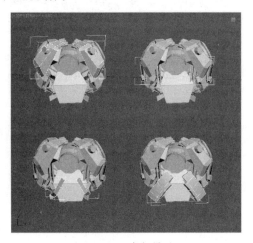

图7-379 支架模型

图7-380 车轮与车门模型

3. 制作腰部模型

1 调节视图的预览角度，在 ✱ 创建面板 ◯ 几何体中选择"长方体"命令，建立一个长方体并配合 ✎ 修改面板中的"编辑多边形"命令在身体模型下方制作出腰部基础模型，如图 7-381 所示。

2 调节视图的预览角度，继续使用几何体并为其添加"编辑多边形"命令，编辑制作出身体后部的腰部其他零件模型，如图 7-382 所示。

3 单击主工具栏中的 ⬡ 渲染按钮，渲染

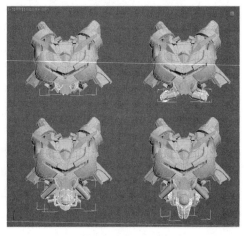

图7-381 腰部基础模型

制作完成的身体模型效果，如图 7-383 所示。

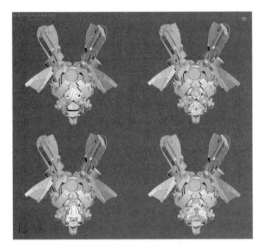

图7-382　腰部其他零件

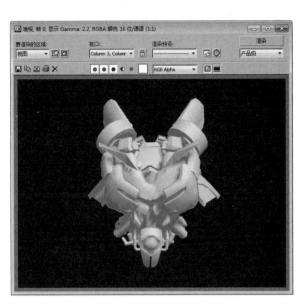

图7-383　身体模型效果

7.3.5　肢体模型

"肢体模型"部分的制作流程分为 3 部分，包括①机械手部模型、②机械腿部模型、③对称肢体模型，如图 7-384 所示。

（1）机械手部模型　　　　　　（2）机械腿部模型　　　　　　（3）对称肢体模型

图7-384　制作流程

1. 机械手部模型

1 在 ✴ 创建面板 ◯ 几何体中选择并建立多个"圆柱体"，然后进行搭建组合，再添加"编辑多边形"命令编辑制作出机械手部基础模型，如图 7-385 所示。

2 添加多个几何体并进行多边形编辑，完成手臂护具模型的制作，如图 7-386 所示。

3 在 ✴ 创建面板 ◯ 几何体中选择并建立多个"长方体"，相互组合并编辑出手掌的模型，如图 7-387 所示。

4 单击主工具栏中的 ⟳ 渲染按钮，渲染制作完成的机械手部模型效果，如图 7-388 所示。

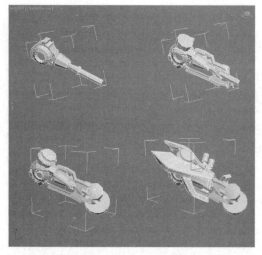

图7-385　机械手部基础模型

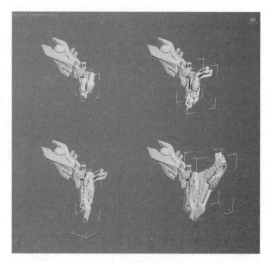

图7-386　手臂护具模型

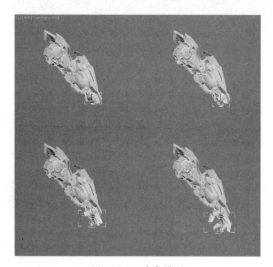

图7-387　手掌模型

图7-388　机械手部模型效果

2. 机械腿部模型

[1] 在 ✳ 创建面板 ⊙ 几何体中选择并建立多个物体，为其添加"编辑多边形"命令并相互搭建组合，制作出机械腿基础模型，如图 7-389 所示。

[2] 建立多个几何体，相互组合为腿部的转折位置模型，如图 7-390 所示。

[3] 在 ✳ 创建面板 ⊙ 几何体中选择并建立"圆环"，然后编辑制作出镶嵌在腿部的车轮模型，再建立多个几何体，搭建组合出机器人的脚部模型，如图 7-391 所示。

[4] 单击主工具栏中的 ❂ 渲染按钮，渲染制作的机械腿模型效果，如图 7-392 所示。

3. 对称肢体模型

[1] 选择制作完成的一侧肢体模型，然后单击主工具栏的 ⋈ 镜像工具按钮，设置镜像轴为 X、偏移值为 −300 并设置创建副本的方式为实例，完成机器人对称肢体的模型制作，如图 7-393 所示。

[2] 单击主工具栏中的 ❂ 渲染按钮，渲染最终完成的机器人所有肢体模型效果，如图 7-394 所示。

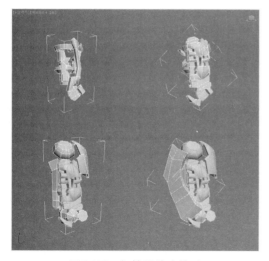

图7-389　机械腿基础模型

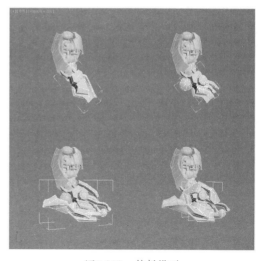

图7-390　转折模型

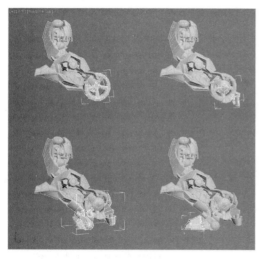

图7-391　脚部模型

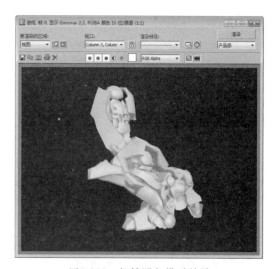

图7-392　机械腿部模型效果

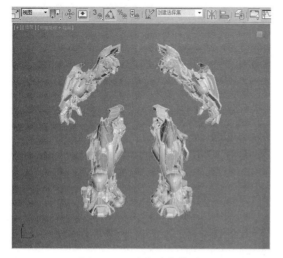

图7-393　对称肢体模型

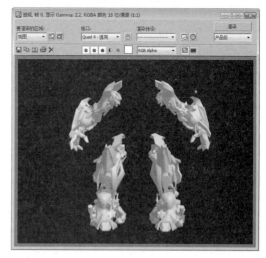

图7-394　肢体模型效果

7.3.6 渲染设置

"渲染设置"部分的制作流程分为 3 部分，包括①模型动作调节、②灯光设置、③渲染设置，如图 7-395 所示。

（1）模型动作调节　　　　　（2）灯光设置　　　　　（3）渲染设置

图7-395　制作流程

1. 模型动作调节

1 调节机器人所有零件的组合关系，再调节"透视图"的角度，观察模型效果，如图 7-396 所示。

2 为使机器人的形象更加生动，调节机器人向前行走的动作，如图 7-397 所示。

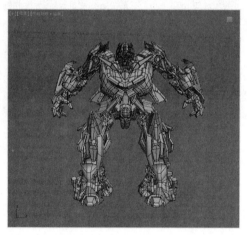

图7-396　模型效果

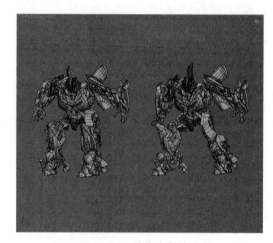

图7-397　调节动作效果

3 在主工具栏中单击 材质编辑器按钮，为机器人的所有零件模型添加材质，如图 7-398 所示。

2. 灯光设置

1 在 创建面板 灯光中选择标准下的"目标聚光灯"命令按钮，然后在场景中创建顶部与底部两组灯光，如图 7-399 所示。

顶部的灯光组多使用暖光，目的是提升主光的太阳效果；底部的灯光组多使用冷色，目的为强化暗部的颜色控制，从而产生冷暖的强对比灯光照明。

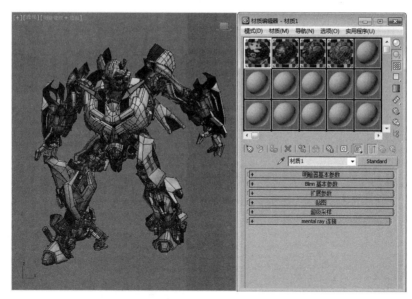

图7-398　添加材质效果

2 单击主工具栏中的 ⬚ 渲染按钮，渲染为场景中创建灯光的效果，如图 7-400 所示。

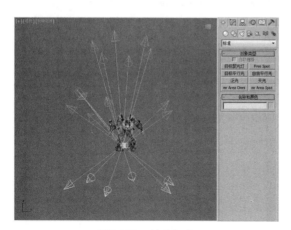

图7-399　创建灯光

图7-400　灯光效果

3 在菜单中选择【渲染】→【环境】命令，并在弹出的"环境和效果"对话框中为环境贴图项添加本书配套光盘中的"环境"贴图，如图 7-401 所示。

4 使用键盘"Alt＋B"快捷键开启"视口配置"对话框，再设置背景文件为本书配套光盘中的"环境 .JPG"贴图，如图 7-402 所示。

提示　虽然在环境中已经添加了贴图，在渲染时可以产生贴图的效果，但机器人与环境贴图的匹配位置不易准确，所以通过在"透视图"中也添加相同的贴图，才能将模型与环境贴图进行准确匹配。

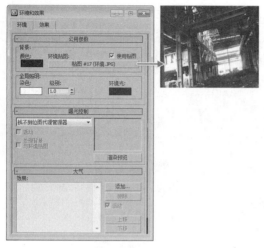

图7-401　添加环境贴图

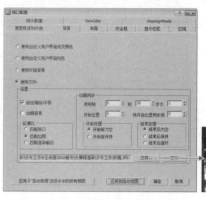

图7-402　背景设置

⑤ 调节"透视图"中增加背景贴图与机器人的位置匹配，效果如图 7-403 所示。

⑥ 在 ❋ 创建面板的 🎥 摄影机子面板中单击"目标"按钮，然后在视图中拖拽建立目标摄影机，再使用主工具栏中的 🔄 旋转工具在"前视图"调整观察视角，如图 7-404 所示。

⑦ 在"透视图"中保持摄影机的选择状态，然后在菜单中选择【视图】→【从视图创建摄影机】命令，将摄影机自动匹配到当前"透视图"的角度，如图 7-405 所示。

图7-403　位置匹配效果

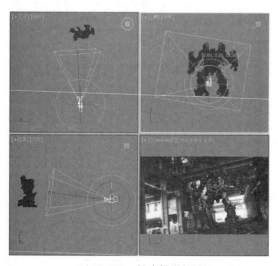

图7-404　创建摄影机

图7-405　匹配摄影机

3. 渲染设置

1 单击主工具栏中的📷渲染设置按钮开启"渲染设置"对话框，在"公用"选项的"公用参数"卷展栏中设置输出大小为"HDTV（视频）"类型、宽度值为 1920、高度值为 1080，设置最终渲染的尺寸，如图 7-406 所示。

2 单击主工具栏中的🫖渲染按钮，渲染"摄影机视图"中的模型效果，如图 7-407 所示。

图7-406　渲染设置

图7-407　渲染效果

3 使用❄创建面板◯几何体中的"平面"命令，在场景中模型的底部位置建立平面模型，如图 7-408 所示。

4 在主工具栏中单击🎨材质编辑器按钮，选择一个空白材质球并设置名称为"阴影"，然后单击"标准"材质按钮切换至"无光／投影"类型。在"无光／投影基本参数"卷展栏中开启"接收阴影"项，最后将设置完成的材质赋予场景中平面模型，如图 7-409 所示。

提示　使用"无光／投影"材质可将整个对象（或面的任何子集）转换为显示当前背景颜色或环境贴图的无光对象。也可以从场景中的非隐藏对象中接收投射在照片上的阴影。使用此技术，通过在背景中建立隐藏代理对象并将它们放置于简单形状对象前面，可以在背景上投射阴影。

5 设置完成后，单击主工具栏中的🫖渲染按钮，渲染制作完成的场景最终效果如图 7-410 所示。

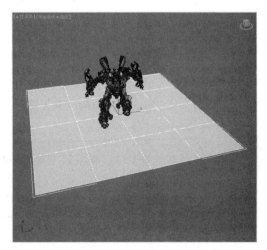

图7-408　创建平面

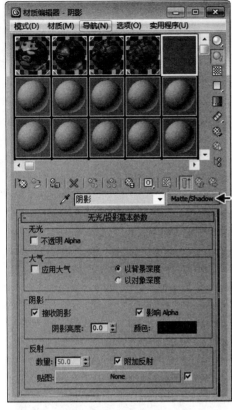

图7-409　设置无光/投影材质

图7-410　最终效果

7.4　本章小结

　　机械模型的制作零件繁多，很多制作者感觉无从下手，本章主要对机械模型所使用到的知识进行讲解，配合"机器人瓦力"和"博派大黄蜂"范例可以更快地掌握机器人模型的建立方式。

　　通过对本章的学习，可以制作很多类别的机械模型，比如"机器狗"、"机器蜜蜂"、"机器生物"、"机器人"、"科幻机器"等，要将本章学习到的内容充分理解。

7.5　课后训练

　　下面制作《变形金刚》中的"擎天柱"模型。

　　提示　先为头盔模型制作，接着添加嘴部护板、耳部两侧模型、眼部模型，然后为头部添加物和丰富颈部模型的制作，再为制作身体模型，最后为所有零件组合，制作流程如图 7-411 所示，制作完成的"擎天柱"模型效果如图 7-412 所示。

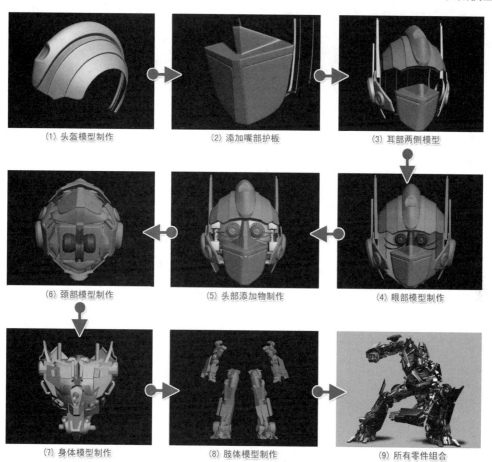

(1) 头盔模型制作　　　　　　(2) 添加嘴部护板　　　　　　(3) 耳部两侧模型

(6) 颈部模型制作　　　　　　(5) 头部添加物制作　　　　　　(4) 眼部模型制作

(7) 身体模型制作　　　　　　(8) 肢体模型制作　　　　　　(9) 所有零件组合

图7-411　擎天柱的制作流程

图7-412　擎天柱的模型效果

第 8 章
角色模型制作

本章主要通过范例《卡通猴子》《恐龙头像》和《盔甲战士》，
综合介绍 3ds Max 制作角色模型的知识和技巧。

在三维动画电影当中,角色模型一直占据着非常重要的位置,而角色通常又是拟人或人物模型。要制作出优秀的角色模型,就必须对人体知识有所了解。

8.1 角色模型制作

人体或角色在比例上或多或少都存在着一些差异,在真实人体或角色比例上去寻找理想化的关系和效果,这也就是艺术专用解剖。

8.1.1 人体比例

在人体造型中通常以头与整个身体进行比较,一般人体的身高与头高比例是 7.5:1 或 8:1。而在艺术的表现中会适当进行比例夸张,可能会用到 8.5:1 或 9:1,使身体与身高的关系更匀称,但特殊效果除外,如图 8-1 所示。

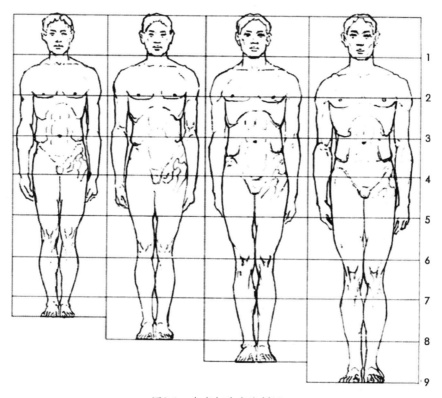

图8-1　身高与头高比例图

随着年龄的增长,人体身高与头高的比例也会不断地发生变化,如图 8-2 所示为儿童成长到成年的过程图。

在儿童一岁左右身高大约有 4 个头的高度,儿童的胸、腰、臀部都比较宽,身高的中心点在脐处;在儿童五岁左右身高大约有 5 个头的高度,身高的中心点也在脐处;在儿童十岁左右身高大约有 6 个头的高度;在少年十五岁左右身高大约有 7 个头的高度;在青年二十岁左右身高大约有 8 个头的高度;在成年左右身高的中心点也慢慢朝耻骨联合处移动,成年的胸、腰、臀部与身体比例关系比较窄,会有细微的内部比例变化。

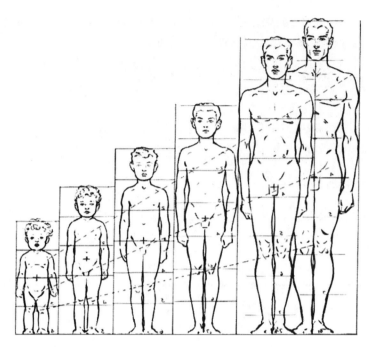

图8-2　儿童到成年的过程图

　　进行角色制作时需要把握个性与风格，由于两性生理结构的不同，正常男人身体与女人身体比例造型关系如图 8-3 所示，根据艺术需要变形后的男人身体与女人身体比例造型关系如图 8-4 所示。

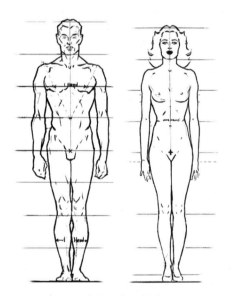

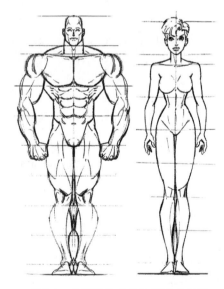

图8-3　正常的身体比例造型关系　　　　　　图8-4　变形后的身体比例造型关系

↗ 8.1.2　人体骨骼与肌肉

　　由 206 块骨头组成的人体骨骼与附着于其上的肌肉共同支撑着我们的身体，使我们能够灵活的运动，而且还具有保护脑、心脏、肺等重要器官的作用。由于部分覆盖于骨骼上的脂肪层和肌肉层比较薄，使骨感显露在身体表面，从而反映了人体外形的一些局部特征，如图 8-5 所示。

表层肌肉结构是主要影响效果的肌肉，如图 8-6 所示。其中约有 30 块头部肌肉和 18 块颈部肌肉控制头部的动作。肩部和胸部肌肉是人体活动较大的部分，其中主要有三角肌、胸大肌和前锯肌。腹部肌肉有保护腹内器官和帮助躯干活动的作用，还可以使腹部收缩、变硬、活动，并帮助身体的旋转以及弯曲。上臂肌肉和前臂肌肉主要控制和影响手臂的运动和弯曲。大腿肌肉和小腿肌肉主要控制和影响腿部屈膝和运动效果。

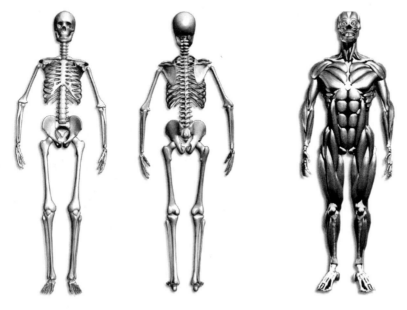

图8-5　人体骨骼分布　　　　　　　　　图8-6　人体肌肉分布

↗ 8.1.3　头部骨骼与肌肉

头部是人体模型最重要也是最难创作的部分，因为头部是人物角色的灵魂，这个特征的表现不到位，任何后续的工作都将失去意义。所以要对人体头部的结构有一定的了解与掌握，分析头部每个器官的比例、位置和结构，这样才能创作出理想传神的角色。

一个正常的成年人头部的比例关系如图 8-7 所示。从头顶到下巴作为一个头高，而整个头高的中线正好处在眼睛中线的位置，从眼睛中线到头顶的五分之一是眉毛的位置。眉毛到下巴的一半是鼻底的位置，而鼻底到下巴的一半是下唇的外边缘，耳朵的高度正好是从眉毛到鼻底的位置。

根据头部造型的骨骼进行结构定位，使转折和细微的头部表面起伏特征进行表现。比较重要的变化骨骼有眉弓、眉间、颧骨、颧弓、鼻骨、和下巴，这是在创作时需要重点考虑的地方，如图 8-8 所示。

头部的五官是指眼、鼻、口、耳和眉，五官外形会直接影响人体头部的造型。表现好五官的关系并不只在于细节的刻画，而更在于能否正确地表现出准确位置和影响关系。在表现五官效果时不要孤立地表现效果，应该先建立大体块进行结构定位，然后再进行细节的制作。头部肌肉的分布如图 8-9 所示。

如果制作夸张变形的头部模型，同样要追寻结构的相互关系和均匀合理的网格分布，这样才更适合复杂的动画制作，如图 8-10 所示。

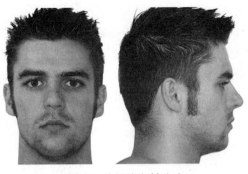

图8-7　头部的比例关系

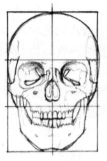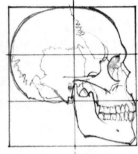

图8-8　头部骨骼分布

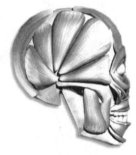

图8-9　头部肌肉分布

图8-10　夸张变形的头部模型

8.2　范例——卡通猴子

　　"卡通猴子"范例主要使用"编辑多边形"与"网格平滑"修改命令对标准几何体进行编辑制作出角色模型，通过对几何体的细分，循序渐进地编辑出人物角色的模型，再配合材质与灯光的设置完成范例效果，效果如图 8-11 所示。

图8-11　范例效果

　　卡通猴子范例的制作流程分为 6 部分，包括①头部模型、②五官模型、③毛发模型、④身体模型、⑤四肢模型、⑥材质设置，如图 8-12 所示。

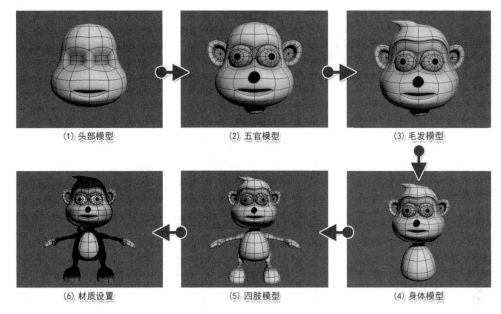

(1) 头部模型　　　　(2) 五官模型　　　　(3) 毛发模型

(6) 材质设置　　　　(5) 四肢模型　　　　(4) 身体模型

图8-12　制作流程

📌 8.2.1　头部模型

"头部模型"部分的制作流程分为3部分，包括①形体调节、②添加结构、③修整模型，如图 8-13 所示。

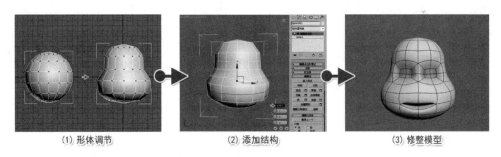

(1) 形体调节　　　　(2) 添加结构　　　　(3) 修整模型

图8-13　制作流程

1. 形体调节

$\boxed{1}$ 在 🔆 创建面板 ◯ 几何体中选择标准基本体的"球体"命令，然后在"顶视图"中建立一个球体，再设置半径值为 50、分段值为 14，作为猴子头部的基础模型，如图 8-14 所示。

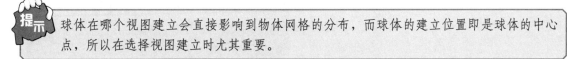

球体在哪个视图建立会直接影响到物体网格的分布，而球体的建立位置即是球体的中心点，所以在选择视图建立时尤其重要。

$\boxed{2}$ 选择"球体"模型，在 ✐ 修改面板修改列表中选择"编辑多边形"命令，如图 8-15 所示。

$\boxed{3}$ 将"编辑多边形"命令切换至 顶点模式，准备调节模型的形状，如图 8-16 所示。

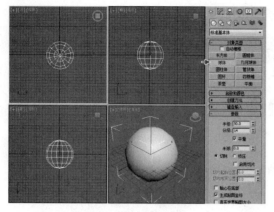

图8-14　建立球体

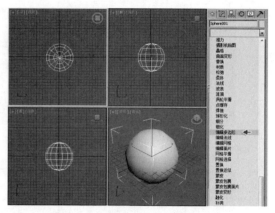

图8-15　添加多边形命令

4 将视图切换至"前视图"中，然后将上半球的点进行位置调整，再对下半球的点进行缩放调整，使"球体"呈现梨形，如图 8-17 所示。

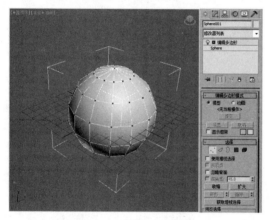

图8-16　切换顶点模式

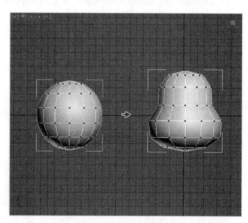

图8-17　调节控制点

2. 添加结构

1 在"透视图"中将"编辑多边形"命令切换至 边编辑模式，然后选择上方位置竖向的一组边，如图 8-18 所示。

2 在编辑边卷展栏中单击"连接"的 参数按钮，准备为模型添加横向的段数，如图 8-19 所示。

3 在弹出的"连接边"浮动栏中设置连接值为 1，从而为模型上方位置添加一条横向的段数，如图 8-20 所示。

4 在 边编辑模式中选择中部竖向的边，再单击"连接"的 参数按钮，在弹出的"连接边"浮动栏中设置连接值为 1，为模型中部增加段数，如图 8-21 所示。

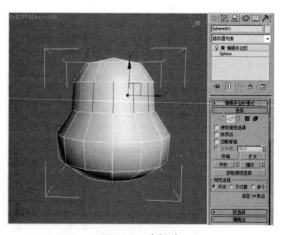

图8-18　选择边

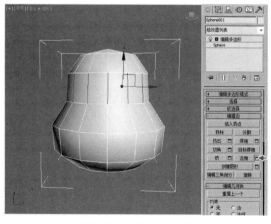

图8-19　添加连接命令

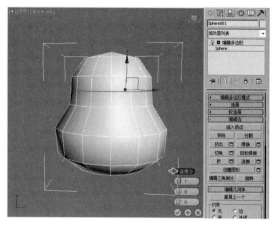

图8-20　设置连接边

5　在 ◢ 边编辑模式中，选择下部竖向的边，再单击"连接"的 ▪ 参数按钮，在弹出的"连接边"参数中设置连接值为 1，为模型下部位置增加段数，如图 8-22 所示。

　角色的面部结构不同所需要的网格分布也会不同，所以根据所需添加线段。

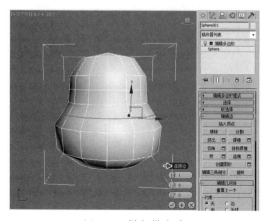

图8-21　增加横向边

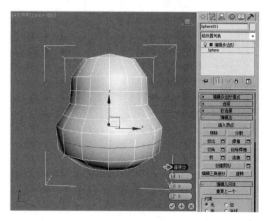

图8-22　增加横向边

3. 修整模型

1　将"编辑多边形"命令切换至 ▪ 顶点编辑模式，然后在"透视图"选择模型中部的控制点，调节出眼窝的形状，如图 8-23 所示。

2　将"编辑多边形"命令切换至 ▪ 多边形编辑模式并选择眼窝处的面，准备对选择的面进行凹陷效果操作，如图 8-24 所示。

3　在编辑多边形卷展栏单击"倒角"的 ▪ 参数按钮，并在弹出的对话框中设置高度值为 −5、轮廓值为 −10，制作出眼窝处向内凹陷的效果，如图 8-25 所示。

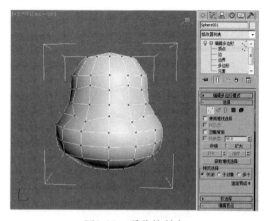

图8-23　调节控制点

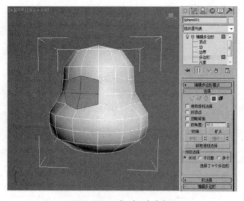

图8-24　多边形选择

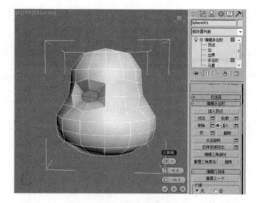

图8-25　倒角操作

4 选择另一侧眼窝的面，单击"倒角"的▣参数按钮并设置高度值为－5、轮廓值为－10，制作出另一侧眼窝的效果，如图 8-26 所示。

5 将"编辑多边形"命令切换至▣顶点编辑模式，然后在"透视图"中调整控制点的位置，使眉弓与鼻子的位置向上隆起，如图 8-27 所示。

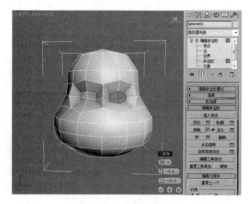

图8-26　倒角操作

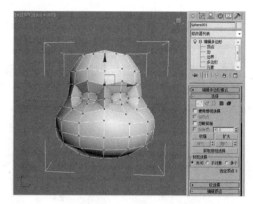

图8-27　调节控制点

6 在▣顶点编辑模式中的编辑几何体卷展栏中单击"切割"工具，在下部的嘴巴位置进行切割，添加一条横向的结构线，如图 8-28 所示。

7 将"编辑多边形"命令切换至▣多边形编辑模式并选择嘴巴的面，准备对选择的面进行凹陷效果操作，如图 8-29 所示。

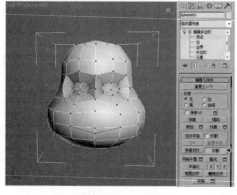

图8-28　切割操作

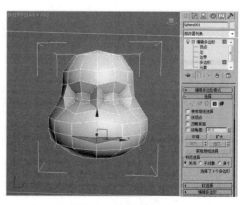

图8-29　选择嘴部面

⑧ 在编辑几何体中单击"挤出"的 ◨ 参数按钮，在弹出的"挤出多边形"浮动栏中设置挤出模式为"组"类型，再设置挤出的高度值为 −15，制作出嘴巴向内凹陷的效果，如图 8-30 所示。

⑨ 将"编辑多边形"命令切换至 ◦ 顶点编辑模式，然后在"透视图"中选择嘴巴的点向下调整，调节出微笑的表情，如图 8-31 所示。

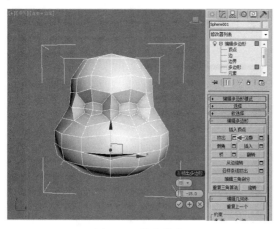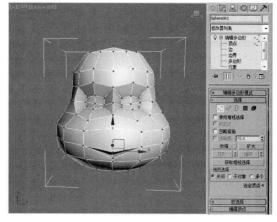

图8-30　挤出操作　　　　　　　　　　　　　图8-31　调节控制点

⑩ 选择完成的头部模型，然后在 ◭ 修改面板中为其添加"网格平滑"命令，在细分量卷展栏中设置迭代次数值为 2，如图 8-32 所示。

⑪ 调节"透视图"的观察角度，观看完成的头部基础模型效果，如图 8-33 所示。

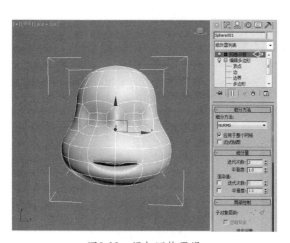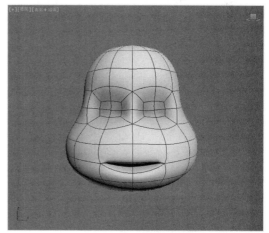

图8-32　添加网格平滑　　　　　　　　　　　图8-33　模型效果

8.2.2　五官模型

"五官模型"部分的制作流程分为 3 部分，包括①鼻子模型、②眼睛模型、③耳朵模型，如图 8-34 所示。

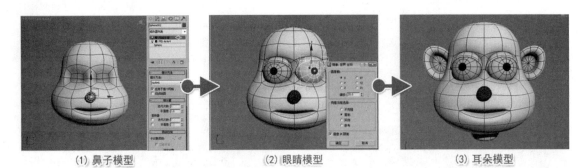

(1) 鼻子模型　　　　　(2) 眼睛模型　　　　　(3) 耳朵模型

图8-34　制作流程

1. 鼻子模型

1 在　创建面板　几何体中选择标准基本体的"球体"命令，然后在"前视图"中建立一个球体，再设置半径值为 6、分段值为 12，作为猴子鼻子的基础模型，如图 8-35 所示。

2 选择"球体"模型并切换至"左视图"，然后在　修改面板中添加"FFD4×4×4（自由变形）"命令，通过控制点调节出鼻子的形状，如图 8-36 所示。

3 选择制作好的鼻子模型，然后在　修改面板中为其添加"网格平滑"命令，在细分量卷展栏中设置迭代次数值为 1，如图 8-37 所示。

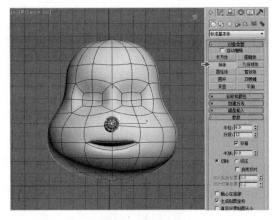

图8-35　创建球体

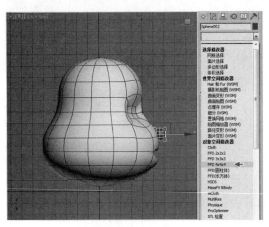

图8-36　添加自由变形

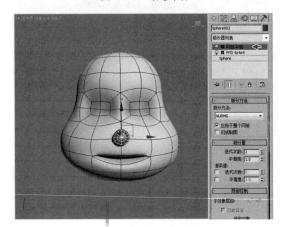

图8-37　添加网格平滑

2. 眼睛模型

1 在　创建面板　几何体中选择标准基本体的"球体"命令，然后在"前视图"中建立一个球体，再设置半径值为 15、分段值为 12，作为猴子眼睛的基础模型，如图 8-38 所示。

2 选择"球体"模型并切换至"透视图"，然后结合"Shift＋移动"组合键将模型沿 Y 轴进行复制，作为眼仁的模型，如图 8-39 所示。

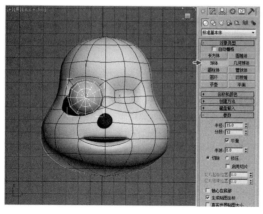

图8-38　创建球体

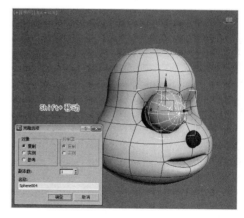

图8-39　复制球体

[3]　选择复制出的"球体"模型，在 修改面板的参数卷展栏中设置半球值为 0.9，使其只剩余球体的局部结构，如图 8-40 所示。

[4]　选择眼球模型，结合"Shift＋旋转"组合键将模型进行复制，再设置半球值为 0.55，调整模型的角度作为上眼皮的模型，如图 8-41 所示。

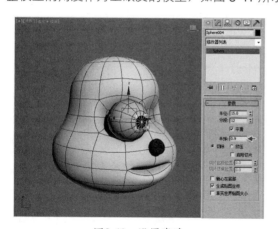

图8-40　设置半球

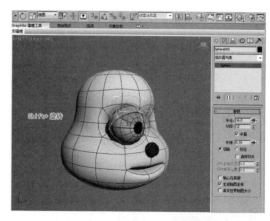

图8-41　复制球体

[5]　将视图切换至"透视图"中，观看完成眼睛模型的效果，如图 8-42 所示。

[6]　选择眼仁与上眼皮模型，然后单击主工具栏中的 链接工具按钮，将其链接给眼球模型，如图 8-43 所示。

[7]　选择眼球模型，单击主工具栏中的 缩放工具按钮对 X 轴进行形状的调整，使其变薄，这时可以看出眼仁与上眼皮模型也同时产生了缩放效果，如图 8-44 所示。

提示　对父级物体的操作也会同时影响子级物体。

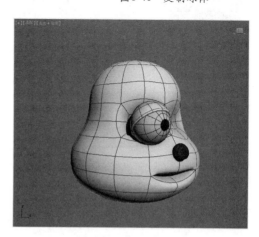

图8-42　眼睛模型效果

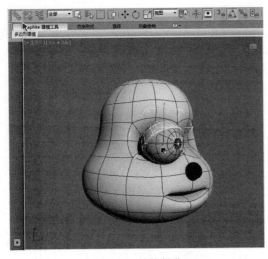

图8-43 链接操作

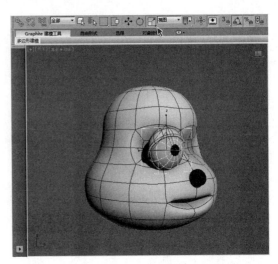

图8-44 眼部缩放调节

8 选择眼球模型，然后单击主工具栏中的 旋转工具按钮，对其进行角度的调整，如图8-45所示。

9 在"透视图"中选择眼部模型，然后单击主工具栏中的 镜像工具按钮，在镜像轴中激活X项目、设置偏移值为35、克隆方式为"复制"类型，制作出另一侧的眼睛模型，如图8-46所示。

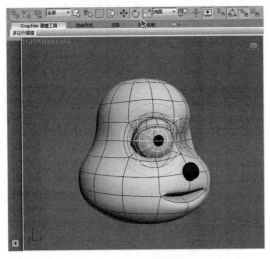

图8-45 旋转眼球模型

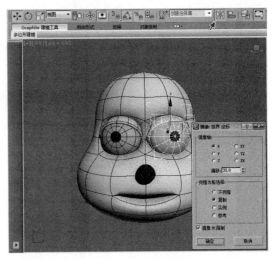

图8-46 镜像眼部模型

3. 耳朵模型

1 在 创建面板 几何体中选择标准基本体的"球体"命令，然后在"前视图"中建立一个球体，再设置半径值为18、分段值为12，作为猴子耳朵的基础模型，如图8-47所示。

2 选择耳朵基础模型并切换至"透视图"，再单击主工具栏中的 缩放工具按钮，对其进行形状的调整，使模型呈现变薄的圆饼状，如图8-48所示。

3 选择"球体"模型，在 修改面板的修改列表中为其添加"编辑多边形"命令，然后切换至 顶点编辑模式，调节出耳朵正面凹陷的效果，如图8-49所示。

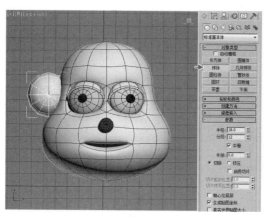

图8-47　创建球体

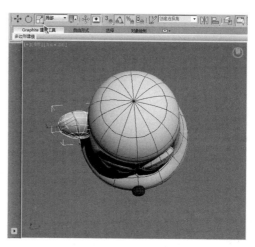

图8-48　缩放球体

4　将"编辑多边形"命令切换至■多边形编辑模式并选择耳窝位置的面，单击"挤出"的■参数按钮，在弹出的挤出多边形浮动栏中设置挤出模式为"组"类型，再设置挤出的高度值为−10，制作出耳朵中部向内凹陷的效果，如图 8-50 所示。

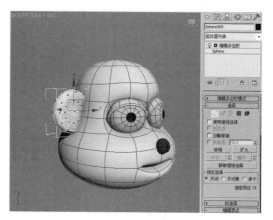

图8-49　调节控制点

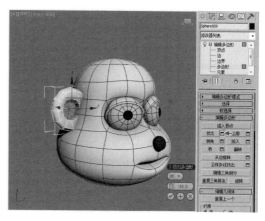

图8-50　挤出操作

5　选择耳朵模型，然后在☑修改面板中添加"FFD4×4×4（自由变形）"命令，再调整模型的形状，如图 8-51 所示。

6　在"透视图"中选择耳朵模型，然后单击主工具栏中的⋈镜像工具按钮，在镜像轴中激活 X 项目、设置偏移值为 96、克隆方式为"复制"类型，制作出另一侧的耳朵模型，如图 8-52 所示。

7　将"编辑多边形"命令切换至⋮顶点编辑模式，然后在"透视图"底部位置选择顶点，再单击"切角"命令按钮，将选择的点进行操作，如图 8-53 所示。

对选择的顶点进行"切角"操作，会沿网格分布进行顶点的扩展。

8　将"编辑多边形"命令切换至■多边形编辑模式并选择模型底部的面，然后单击"挤出"命令按钮，将选择的面进行挤出，作为角色的颈部模型，如图 8-54 所示。

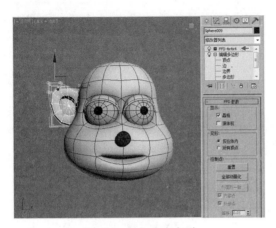

图8-51　添加自由变形

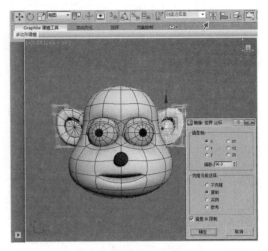

图8-52　镜像耳朵模型

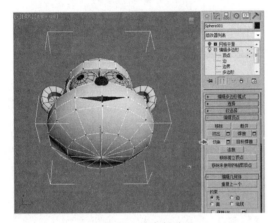

图8-53　切角操作

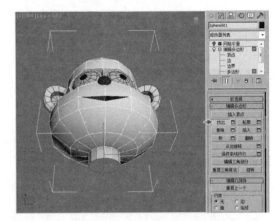

图8-54　挤出操作

9 调节 "透视图" 的角度，观看当前角色模型的效果，如图 8-55 所示。

10 切换至视图显示，观看模型在不同角度中的效果，如图 8-56 所示。

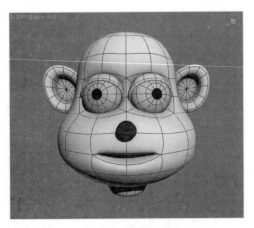

图8-55　模型效果

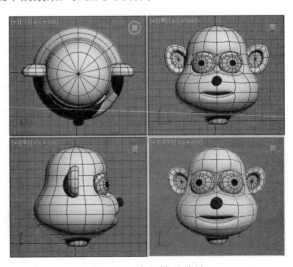

图8-56　头部模型效果

↗ 8.2.3 毛发模型

"毛发模型"部分的制作流程分为 3 部分，包括①调整控制点、②区域划分、③毛发模型，如图 8-57 所示。

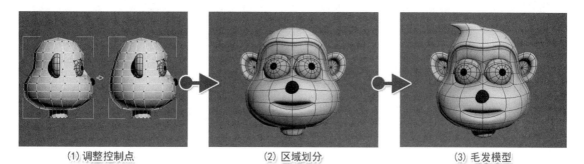

(1) 调整控制点　　　　　　　　(2) 区域划分　　　　　　　　(3) 毛发模型

图8-57　制作流程

1. 调整控制点

⨋1⨒ 将"编辑多边形"命令切换至▣顶点编辑模式，然后在"透视图"中调整控制点的位置，使猴子的表情更加憨态，如图 8-58 所示。

⨋2⨒ 在▣顶点编辑模式编辑几何体中单击"切割"工具，在眼眶的位置进行切割，添加一条斜向的结构线，如图 8-59 所示。

 此时的切割操作目的为约束毛发模型的生成区域。

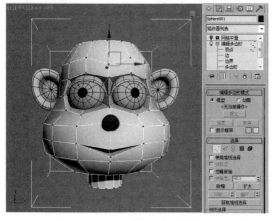

图8-58　调节控制点

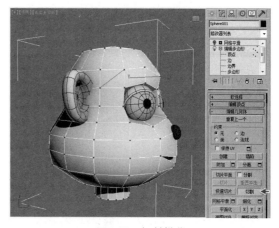

图8-59　切割操作

⨋3⨒ 将视图切换至"左视图"中，在▣顶点编辑模式调整脸部控制点的位置，如图 8-60 所示。

⨋4⨒ 在▣顶点编辑模式中调节头部后面的点，使头部的曲度更加平缓，如图 8-61 所示。

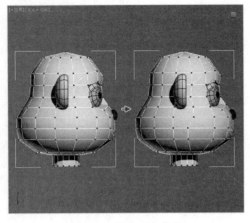

图8-60 调节顶点位置

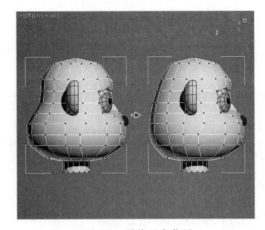

图8-61 调节顶点位置

2. 区域划分

1 将"编辑多边形"命令切换至█多边形编辑模式并选择头发部分的面，然后单击"挤出"命令按钮，再设置挤出高度值为1.5，如图8-62所示。

2 在█多边形编辑模式将头发的面再次进行挤出，再设置挤出高度值为3，如图8-63所示。

3 调节"透视图"的角度，观看当前角色模型的毛发生成效果，如图8-64所示。

4 在"透视图"中将"编辑多边形"命令切换至█顶点编辑模式，然后调整脸颊部头发位置的控制点，使其区域过渡平缓，如图8-65所示。

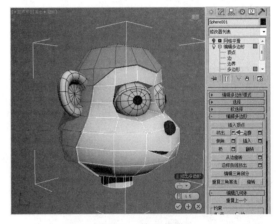

图8-62 挤出操作

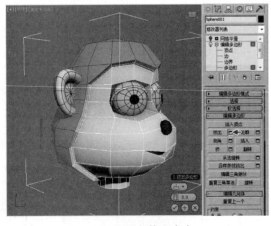

图8-63 添加挤出命令

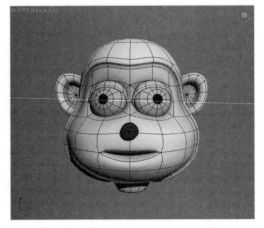

图8-64 模型效果

5 调节视图的角度，观看头发模型的基础效果，如图8-66所示。

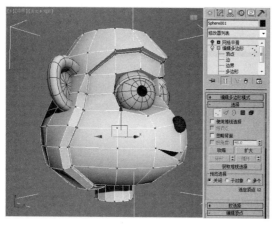

图8-65 调节控制点

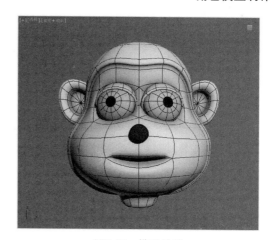

图8-66 模型效果

3. 毛发模型

☐1 将"编辑多边形"命令切换至 ■ 多边形编辑模式并选择头发顶部的面,然后单击"挤出"命令按钮,再设置挤出高度值为10,如图 8-67 所示。

☐2 在"透视图"中将"编辑多边形"命令切换至 🔳 顶点编辑模式,然后调整头发顶部的偏移形状,如图 8-68 所示。

☐3 选择头部模型,然后在 🖊 修改面板中开启"网格平滑"命令,观看头发模型的最终效果,如图 8-69 所示。

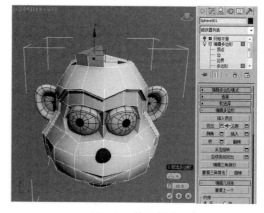

图8-67 挤出操作

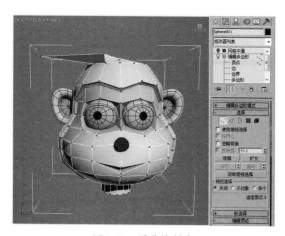

图8-68 调节控制点

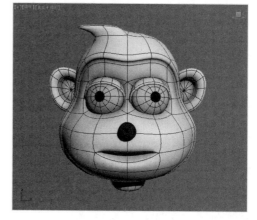

图8-69 头发模型效果

↗ 8.2.4 身体模型

"身体模型"部分的制作流程分为 3 部分,包括①建立物体、②身体变形、③网格平滑,如

图 8-70 所示。

(1) 建立物体　　　　　　　(2) 身体变形　　　　　　　(3) 网格平滑

图8-70　制作流程

1. 建立物体

1 在 创建面板 几何体中选择标准基本体的"球体"命令，然后在"顶视图"中建立一个球体，再设置半径值为 50、分段值为 12，作为猴子身体的基础模型，如图 8-71 所示。

2 选择"球体"模型，然后在 修改面板中添加"FFD4×4×4（自由变形）"命令，准备调节身体的形状，如图 8-72 所示。

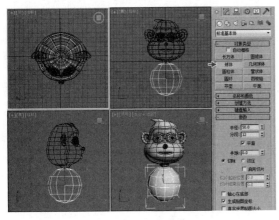

图8-71　创建球体

图8-72　添加自由变形

2. 身体变形

1 将视图切换至"左视图"，再将左侧背部的控制点进行调节，使背部造型变得较为平坦，如图 8-73 所示。

2 将视图切换至"前视图"，将身体两侧的控制点向中间调节，使身体模型与头部模型更加匹配，如图 8-74 所示。

3. 网格平滑

1 选择身体模型，然后在 修改面板中添加"网格平滑"命令，在细分量卷展栏中设置迭代次数值为 1，如图 8-75 所示。

提示

　　光滑的"迭代次数"设置将会影响到网格数量，如果需要级别更高的光滑级别，又不想影响当前场景制作的网格数量，可以开启"渲染值"中的"迭代次数"。

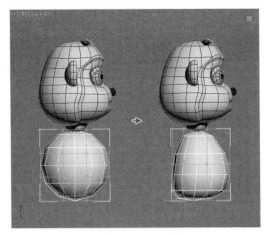

图8-73　调节控制点

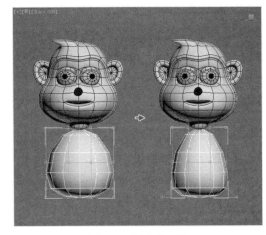

图8-74　调节控制点

②将视图切换至四视图显示，观看模型在不同角度中的效果，如图 8-76 所示。

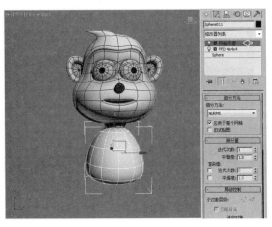

图8-75　添加网格平滑

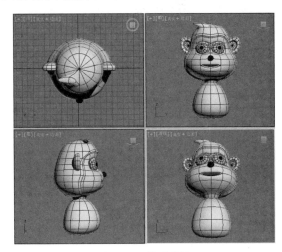

图8-76　模型效果

↗ 8.2.5　四肢模型

"四肢模型"部分的制作流程分为 3 部分，包括①尾巴模型、②手臂模型、③腿部模型，如图 8-77 所示。

(1) 尾巴模型　　　　　　　　　(2) 手臂模型　　　　　　　　　(3) 腿部模型

图8-77　制作流程

1. 尾巴模型

1 在 创建面板 几何体中选择标准基本体的"长方体"命令，然后在"顶视图"中建立一个长方体，再设置长度值为 10、宽度值为 10、高度值为 100，作为猴子尾巴的基础模型，如图 8-78 所示。

2 选择"长方体"模型，在 修改面板的修改列表中添加"编辑多边形"命令，如图 8-79 所示。

3 在"左视图"中将"编辑多边形"命令切换至 顶点编辑模式，然后调整出尾巴的弯曲形状，如图 8-80 所示。

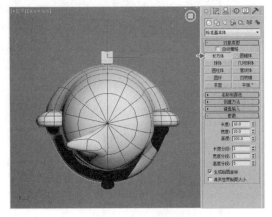

图8-78 建立长方体

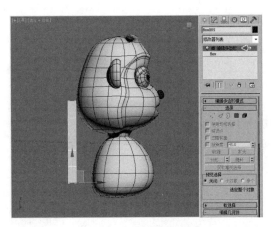

图8-79 添加编辑多边形

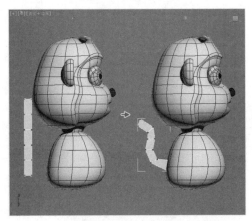

图8-80 调节控制点

4 选择尾巴模型，然后在 修改面板中添加"网格平滑"命令，在细分量卷展栏中设置迭代次数值为 2，如图 8-81 所示。

5 将视图切换至四视图显示，观看模型在不同角度中的效果，如图 8-82 所示。

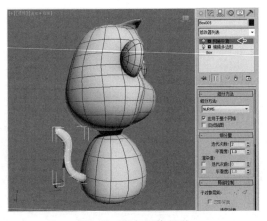

图8-81 添加网格平滑

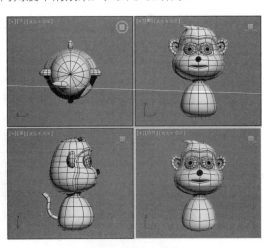

图8-82 模型效果

2. 手臂模型

[1] 在 ❄ 创建面板 ⊙ 几何体中选择标准基本体的"长方体"命令，然后在"顶视图"中创建一个长方体，并设置长度值为25、宽度值为40、高度值为10、长度分段值为3、宽度分段值为4，作为猴子手臂的基础模型，如图8-83所示。

[2] 选择"长方体"模型，然后在 ⊘ 修改面板修改列表中选择"编辑多边形"命令，准备进一步编辑模型，如图8-84所示。

[3] 将"编辑多边形"命令切换至 ■ 多边形编辑模式并结合"挤出"命令，制作出胳膊与手指的雏形，如图8-85所示。

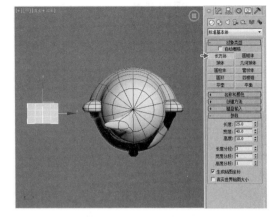

图8-83　建立长方体

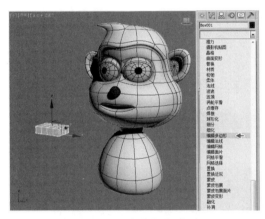

图8-84　添加编辑多边形

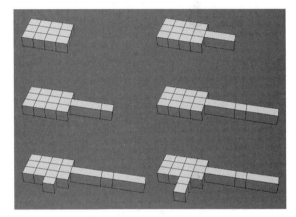

图8-85　编辑手部模型

[4] 在"透视图"中将"编辑多边形"命令切换至 ⦂ 顶点编辑模式，然后调整控制点的位置，制作出手掌与胳膊的形状，如图8-86所示。

[5] 选择手臂模型，然后单击主工具栏中的 ↻ 旋转工具按钮，对其进行角度的调整，使其与身体模型更加匹配，如图8-87所示。

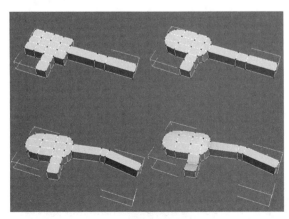

图8-86　编辑手掌模型

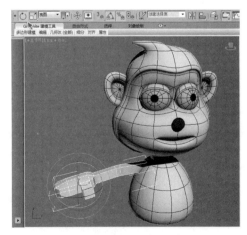

图8-87　调整模型角度

6 在"透视图"中将"编辑多边形"命令切换至 边编辑模式，然后选择胳膊位置的边，准备为胳膊添加网格段数，如图 8-88 所示。

7 单击编辑边卷展栏中"连接"的 参数按钮，在弹出的"连接边"浮动栏中设置连接值为 1，为模型增加竖向的网格段数，如图 8-89 所示。

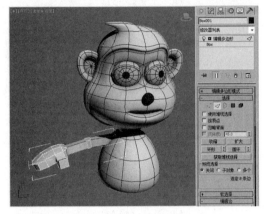
图8-88 选择胳膊边

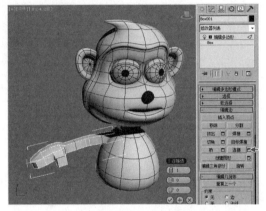
图8-89 连接操作

8 在"透视图"中将"编辑多边形"命令切换至 顶点编辑模式，然后调整控制点的位置，编辑出手臂隆起的形状，如图 8-90 所示。

9 选择手臂模型，然后在 修改面板中添加"网格平滑"命令，在细分量卷展栏中设置迭代次数值为 2，如图 8-91 所示。

图8-90 调整控制点

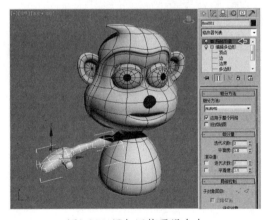
图8-91 添加网格平滑命令

10 在"透视图"中选择手臂模型，然后单击主工具栏中的 镜像工具按钮，在镜像轴中激活 X 项目，再设置偏移值为 200、克隆方式为"复制"类型，制作出另一侧的手臂模型，如图 8-92 所示。

11 在"透视图"中观看手臂模型的完成效果，如图 8-93 所示。

3. 腿部模型

1 在 创建面板 几何体中选择标准基本体的"长方体"命令，然后在"顶视图"中创建一个长方体，并设置长度值为 70、宽度值为 40、高度值为 20、长度分段值为 3、宽度分段值为 3、高度分段值为 2，作为猴子脚的基础模型，如图 8-94 所示。

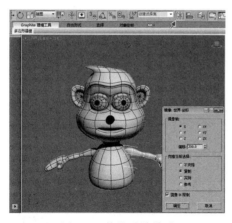

图8-92　镜像手臂模型

图8-93　模型效果

2 选择"长方体"模型，然后在 ■ 修改面板修改列表中选择"编辑多边形"命令，准备进一步编辑模型，如图 8-95 所示。

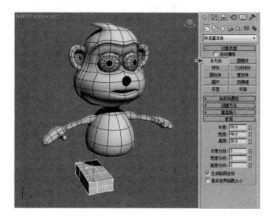

图8-94　建立长方体

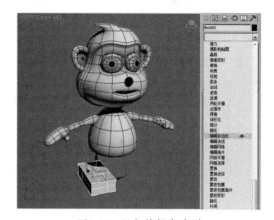

图8-95　添加编辑多边形

3 将"编辑多边形"命令切换至 ■ 多边形编辑模式并单击"挤出"命令按钮，准备制作腿部的模型，如图 8-96 所示。

4 在 ■ 多边形编辑模式中结合"挤出"命令将面重复多次挤压，完成腿部的高度，如图 8-97 所示。

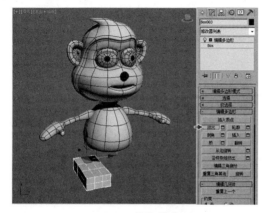

图8-96　挤出操作

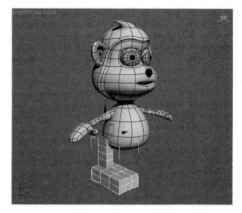

图8-97　重复挤出操作

⑤ 在"左视图"中将"编辑多边形"命令切换至 顶点编辑模式,再调整控制点的位置,得到腿部的形态,如图 8-98 所示。

⑥ 在 顶点编辑模式中,在"透视图"中调整控制点的位置,使腿部模型的空间感更强,如图 8-99 所示。

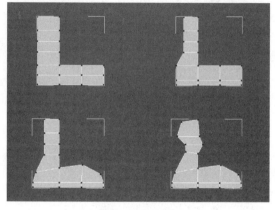

图8-98　调节侧部形状

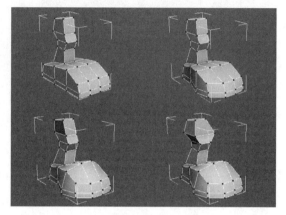

图8-99　调节腿部形状

⑦ 选择腿部模型,然后在 修改面板中添加"网格平滑"命令,在细分量卷展栏中设置迭代次数值为 2,如图 8-100 所示。

⑧ 选择制作完成的腿部模型,在"透视图"中单击主工具栏中的 镜像工具按钮,在镜像轴中激活 X 项目,再设置偏移值为 74、克隆方式为"复制"类型,制作出另一侧的手臂模型,如图 8-101 所示。

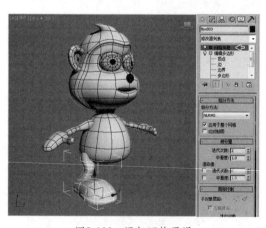

图8-100　添加网格平滑

图8-101　镜像腿部模型

⑨ 在"透视图"中观看模型镜像后的效果,如图 8-102 所示。

⑩ 将视图切换至四视图显示,观看模型在不同角度的效果,如图 8-103 所示。

图8-102　模型效果

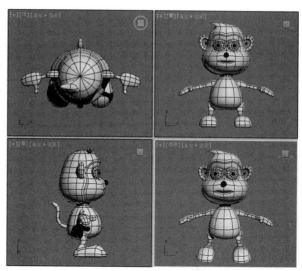

图8-103　模型效果

↗ 8.2.6　材质设置

"材质设置"部分的制作流程分为 3 部分，包括①物体 ID 设置、②模型贴图、③场景与灯光，如图 8-104 所示。

(1) 物体 ID 设置　　　　　　　　(2) 模型贴图　　　　　　　　(3) 场景与灯光

图8-104　制作流程

1. 物体ID设置

⊡ 选择头部模型，将"编辑多边形"命令切换至▇多边形编辑模式并选择脸部的面，在多边形材质 ID 卷展栏中设置 ID 值为 1，如图 8-105 所示。

> 提示　"设置 ID"用于向选定的面片分配特殊的材质 ID 编号，以供多维 / 子对象材质和其他应用使用。

⊡ 在▇多边形编辑模式中选择头发的面，在多边形材质 ID 卷展栏设置 ID 值为 2，如图 8-106 所示。

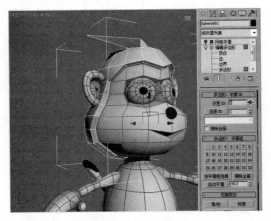

图8-105　设置脸部ID

图8-106　设置毛发ID

2. 模型贴图

1　在主工具栏中单击材质编辑器按钮，然后选择一个空白材质球并设置名称为"棕色"。单击 Standard（标准）按钮，在弹出的材质/贴图浏览器中选择"多维/子对象"项目，如图 8-107 所示。

> **提示**　使用多维/子对象材质可以采用几何体的子对象级别分配不同的材质。创建多维材质，将其指定给对象并使用网格选择修改器选中面，然后选择多维材质中的子材质指定给选中的面。

2　单击设置数量按钮并设置材质 ID 数为 2，然后分别设置"黄色"与"棕色"材质，如图 8-108 所示。

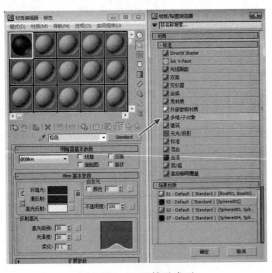

图8-107　设置材质类型

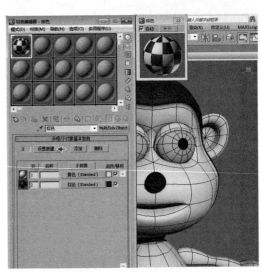

图8-108　设置ID数量

3　在设置材质之后，根据角色特征使用 Photoshop 软件分别绘制脸、身、手、眼的贴图，如图 8-109 所示。

4 选择头部模型并赋予相应的材质，然后在 ✐ 修改面板的修改列表中选择"UVW 贴图"命令，使贴图与模型结合得更加紧密，如图 8-110 所示。

提示 "UVW 贴图"命令可以纠正模型与贴图间的匹配问题。

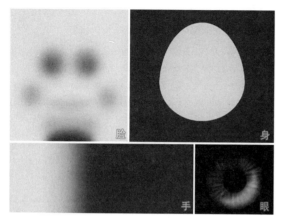

图8-109 绘制贴图

图8-110 添加头部UVW贴图

5 选择手部模型并赋予相应的材质，然后在 ✐ 修改面板修改列表中选择"UVW 贴图"命令，使贴图与模型结合得更加紧密，如图 8-111 所示。

6 选择眼仁模型并赋予眼睛材质，然后同样在 ✐ 修改面板的修改列表中选择"UVW 贴图"命令，如图 8-112 所示。

图8-111 添加手臂UVW贴图

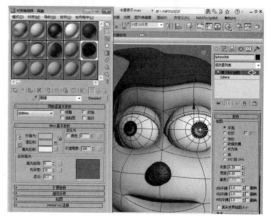

图8-112 赋予眼睛材质

3. 场景与灯光

1 在 ✳ 创建面板 ⊙ 图形中选择样条线的"线"命令，然后在"左视图"中进行"L"形绘制，再结合"挤出"命令制作出场景模型并在"透视图"中建立调解摄影机角度，如图 8-113 所示。

2 在 ✳ 创建面板中单击 ⬟ 灯光面板下的"自由聚光灯"按钮，然后在场景中建立并复制多盏，再分别放置到多项位置，如图 8-114 所示。

提示 灯光矩阵的创建灯光方式，主要通过每盏微弱灯光从四面八方进行照射，从而产生柔和的照明效果。

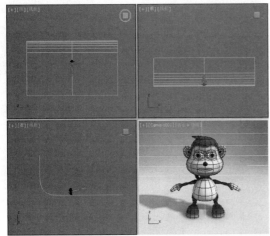

图8-113 建立摄影机

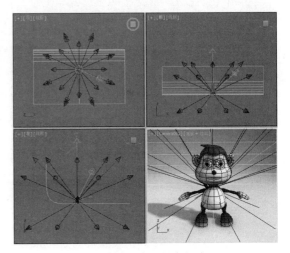

图8-114 建立灯光矩阵

③ 在主工具栏单击 渲染按钮，渲染卡通猴子场景的最终效果，如图 8-115 所示。

图8-115 最终效果

8.3 范例——恐龙头像

"恐龙头像"范例主要通过"配置视口背景"命令使范例模型的编辑更加准确，结合"编辑多边形"与"网格平滑"命令制作出恐龙头部的模型，效果如图 8-116 所示。

"恐龙头像"范例的制作流程分为 6 部分，包括①基础模型、②添加细节、③冠子模型、④眼睛模型、⑤修饰模型、⑥对称设置，如图 8-117 所示。

图8-116　范例效果

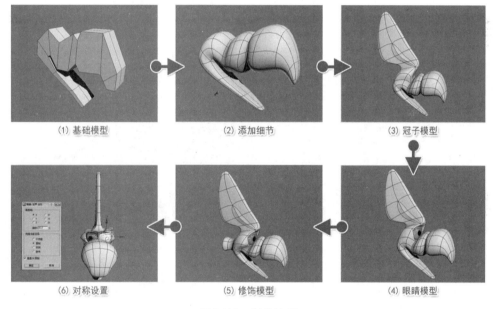

(1) 基础模型　　　　(2) 添加细节　　　　(3) 冠子模型

(6) 对称设置　　　　(5) 修饰模型　　　　(4) 眼睛模型

图8-117　制作流程

↗ 8.3.1　基础模型

"基础模型"部分的制作流程分为 3 部分，包括①视图参考、②绘制雏形、③模型切割，如图 8-118 所示。

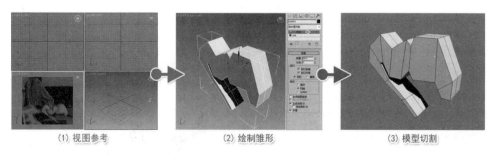

(1) 视图参考　　　　(2) 绘制雏形　　　　(3) 模型切割

图8-118　制作流程

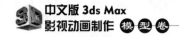

1. 视图参考

1 将视图切换至"左视图"中，在菜单栏中选择【视图】→【视口背景】→【配置视口背景】命令，如图8-119所示。

2 在弹出的"视口配置"对话框中，激活"使用文件"项目，然后单击文件按钮为视图添加参考背景图像，如图8-120所示。

 添加参考背景图像尽量选择平面视图，避免添加带有透视的视图。

3 在视图区中为"左视图"添加参考背景图像的效果如图8-121所示。

图8-119　配置视口背景

图8-120　添加背景图片

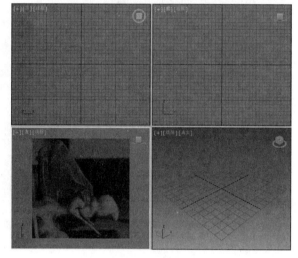

图8-121　视图效果

2. 绘制雏形

1 在创建面板图形中选择样条线的"线"命令，然后在"左视图"中依据参考背景图像绘制图形，如图8-122所示。

2 选择绘制的图形，然后在修改面板中添加"挤出"命令，再设置挤出数量值为50、分段值为2，将图形转换为三维模型，如图8-123所示。

3. 模型切割

1 选择头部的雏形模型，在修改面板的修改列表中选择"编辑多边形"命令，准备进一步编辑模型，如图8-124所示。

2 将"编辑多边形"命令切换至顶点编辑模式，然后单击"切割"工具按钮，在模型的侧部进行切线，如图8-125所示。

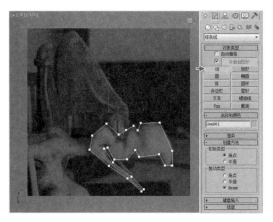

图8-122 绘制图形

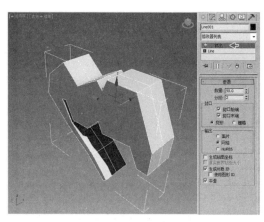

图8-123 添加挤出命令

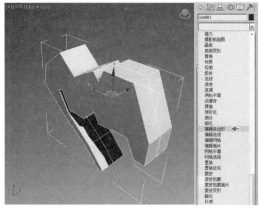

图8-124 编辑多边形命令

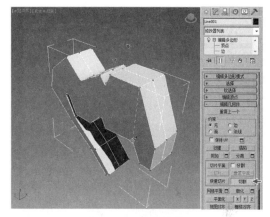

图8-125 切割操作

3 使用"切割"工具在模型的侧部点与点之间进行切线,使模型的段数更加丰富,如图 8-126 所示。

4 使用"切割"工具在嘴部的位置进行切线,让模型产生四边面,如图 8-127 所示。

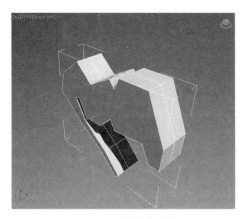

图8-126 切割操作

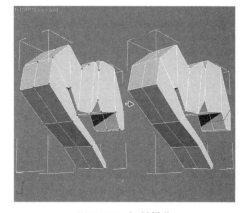

图8-127 切割操作

5 将"编辑多边形"命令切换至 ■ 多边形编辑模式,然后选择另一侧的面进行"Delete" 键删除操作,如图 8-128 所示。

⑥ 调节"透视图"的角度，观看切割后的基础模型效果，如图 8-129 所示。

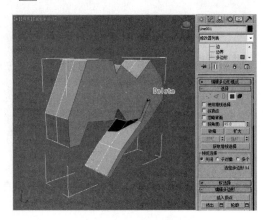
图8-128 删除侧面

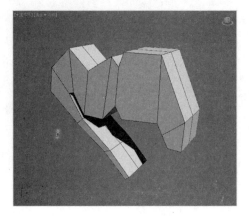
图8-129 模型效果

↗ 8.3.2 添加细节

"添加细节"部分的制作流程分为 3 部分，包括①结构划分、②模型细节、③添加线段，如图 8-130 所示。

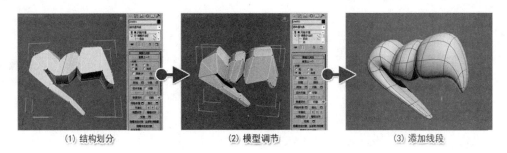

(1) 结构划分   (2) 模型调节   (3) 添加线段

图8-130 制作流程

1. 结构划分

① 在"透视图"中将"编辑多边形"命令切换至 顶点编辑模式，准备调节模型的形状，如图 8-131 所示。

② 在"透视图"中调节控制点的位置，编辑出模型侧部的过渡效果，如图 8-132 所示。

③ 在"透视图"中调节控制点的位置，编辑出嘴部的模型效果，如图 8-133 所示。

④ 选择模型，然后在 修改面板中添加"网格平滑"命令，观看模型圆滑以后的效果，如图 8-134 所示。

光滑处理的结果显示，还存在几处为连接的控制点。

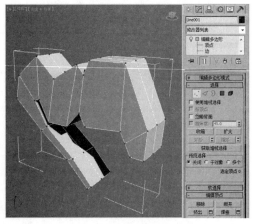
图8-131 切换点模式

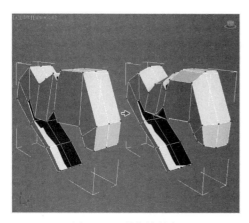

图8-132　调节控制点

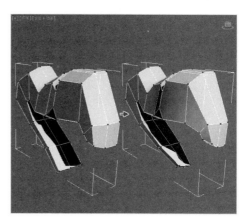

图8-133　调节控制点

5 将"网格平滑"命令暂时关闭，再将"编辑多边形"命令切换至 顶点编辑模式，然后单击"切割"工具按钮，在模型的侧部进行切线，如图 8-135 所示。

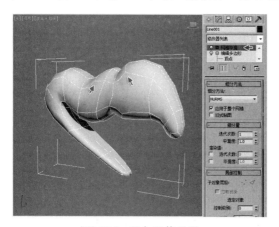

图8-134　添加网格平滑

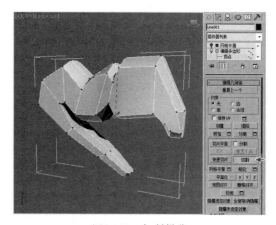

图8-135　切割操作

6 使用"切割"工具，在模型的侧部进行切线，使模型的段数更加丰富，如图 8-136 所示。

7 选择模型，然后在 修改面板中开启"网格平滑"命令，观看调整以后的模型效果，如图 8-137 所示。

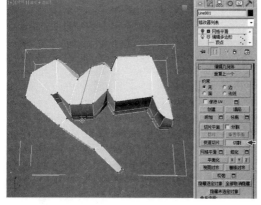

图8-136　重复切割操作

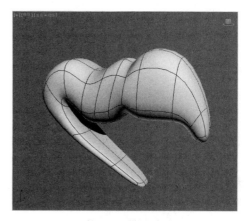

图8-137　模型效果

2. 模型调节

1 为了使模型更加准确，保持"网格平滑"命令处于开启状态，将"编辑多边形"命令切换至 █ 顶点编辑模式，再调整控制点的位置，如图 8-138 所示。

2 将"编辑多边形"命令切换至 █ 顶点编辑模式，然后调整控制点的位置，编辑制作出模型侧部的凹陷效果，如图 8-139 所示。

3 将"编辑多边形"命令切换至 ◢ 边编辑模式，然后选择模型中部相应的边，再单击"连接"的 ▣ 参数按钮，准备为模型添加边，如图 8-140 所示。

4 在弹出的连接边参数浮动栏中设置分

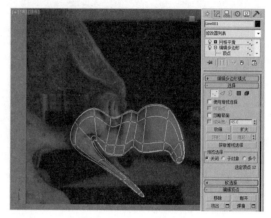

图8-138　调节控制点

段值为 1、滑块值为 30，为模型增加竖向的两条边，如图 8-141 所示。

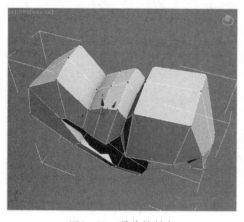

图8-139　调节控制点

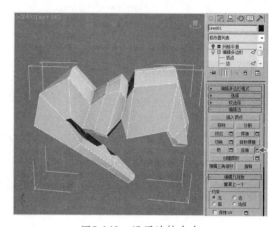

图8-140　运用连接命令

5 将"编辑多边形"命令切换至 █ 顶点编辑模式，然后调整控制点的位置，编辑制作出模型顶部的隆起效果，如图 8-142 所示。

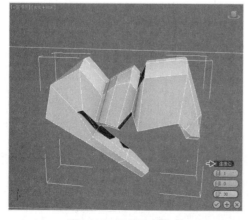

图8-141　设置连接参数

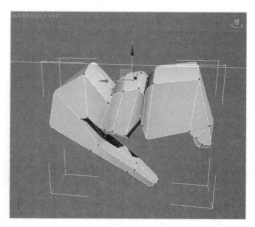

图8-142　调节控制点

3. 添加线段

1 将"编辑多边形"命令切换至 顶点编辑模式，然后再单击"切割"工具按钮，在模型的侧面进行切线，如图 8-143 所示。

2 将"编辑多边形"命令切换至 边编辑模式，然后选择模型侧面的边，再单击"环形"工具按钮，将所有并列的边进行选择，如图 8-144 所示。

3 单击"连接"的 参数按钮，在弹出的连接边参数浮动栏中设置分段值为 1，为模型增加横向的边，如图 8-145 所示。

4 将"编辑多边形"命令切换至 顶点编辑模式，进一步调节控制点的位置，使模型更加饱满，如图 8-146 所示。

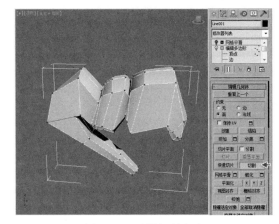

图8-143 运用切割命令

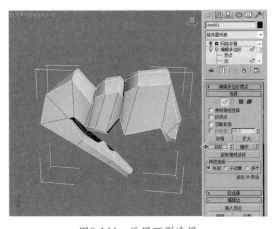

图8-144 运用环形选择

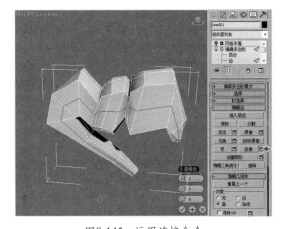

图8-145 运用连接命令

5 在"透视图"中调节控制点的位置，编辑制作出嘴部的模型效果，如图 8-147 所示。

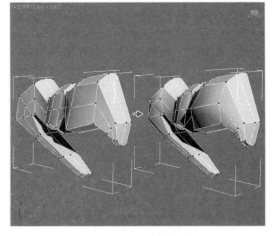

图8-146 调节控制点

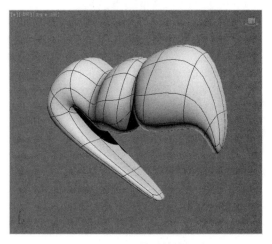

图8-147 模型效果

8.3.3　冠子模型

"冠子模型"部分的制作流程分为 3 部分，包括①基础位置、②多边形挤出、③形状调节，如图 8-148 所示。

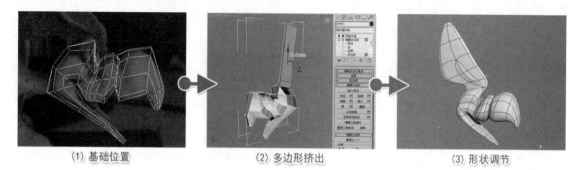

(1) 基础位置　　　　　(2) 多边形挤出　　　　　(3) 形状调节

图8-148　制作流程

1. 基础位置

[1] 将"编辑多边形"命令切换至■多边形编辑模式，然后选择模型顶部的 4 个面，如图 8-149 所示。

[2] 单击"挤出"命令按钮，然后将选择的面进行挤出操作，作为眼眶位置的基础模型，如图 8-150 所示。

[3] 将"编辑多边形"命令切换至▪顶点编辑模式，再将选择的控制点向下调节，产生眼窝的模型效果，如图 8-151 所示。

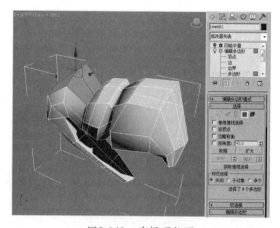

图8-149　选择顶部面

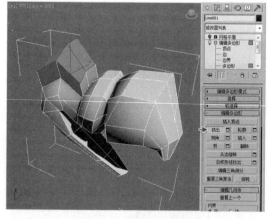

图8-150　添加挤出命令

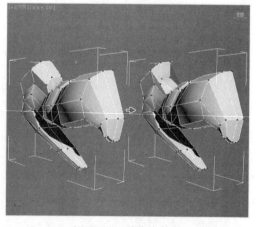

图8-151　调节控制点

[4] 将"编辑多边形"命令切换至■多边形编辑模式，选择另一侧的面再进行"Delete"键删除操作，如图 8-152 所示。

因为只需要制作半侧模型，然后通过"对称"操作得到镜像模型，所以删除多余的多边形面。

5 将视图切换至"左视图"，然后在 ▫️ 顶点编辑模式中调节控制点的位置，使之与参考背景图像更加匹配，如图 8-153 所示。

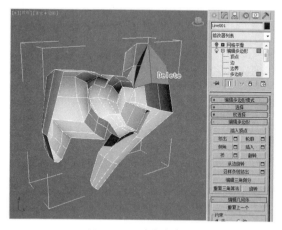

图8-152　删除多余面

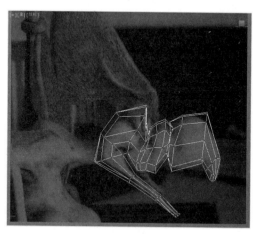

图8-153　模型位置

2. 多边形挤出

1 在 ▫️ 多边形编辑模式中选择模型最顶部的面，然后单击"挤出"的 ▫️ 参数按钮，在弹出的挤出多边形参数中设置挤出的高度值为 20，准备制作冠子模型，如图 8-154 所示。

2 在"透视图"中将"编辑多边形"命令切换至 ▫️ 顶点编辑模式，然后调节控制点的位置，如图 8-155 所示。

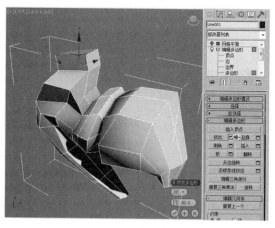

图8-154　挤出操作

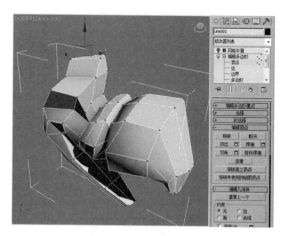

图8-155　调节控制点

3 在 ▫️ 多边形编辑模式中选择模型最顶部的面，然后单击"挤出"的 ▫️ 参数按钮，在弹出的挤出多边形参数中设置挤出的高度值为 200，如图 8-156 所示。

4 将"编辑多边形"命令切换至 ▫️ 多边形编辑模式，然后选择冠子另一侧的面，进行"Delete"键删除操作，如图 8-157 所示。

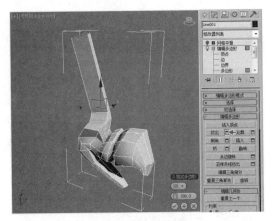

图8-156 挤出操作

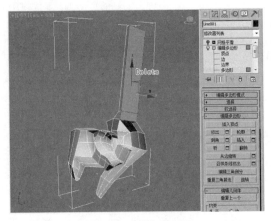

图8-157 删除多余面

3. 形状调节

1 将"编辑多边形"命令切换至 边编辑模式，然后在"左视图"中选择竖向的边，再单击"连接"的 参数按钮，准备为模型添加边，如图 8-158 所示。

2 在弹出的连接边参数中设置连接值为 3，在选择的四条垂直边之间添加三条横向的边，如图 8-159 所示。

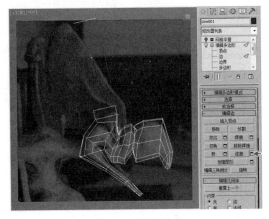

图8-158 连接操作

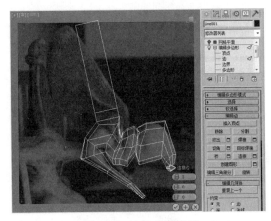

图8-159 连接参数设置

3 将"编辑多边形"命令切换至 顶点编辑模式，然后依据参考背景图形调节控制点的位置，编辑出冠子的雏形，如图 8-160 所示。

4 将视图切换至"透视图"中，将"编辑多边形"命令切换至 边编辑模式，然后选择冠子部位横向的边，再单击"连接"的 参数按钮，准备为模型添加边，如图 8-161 所示。

5 为了更进一步地编辑模型，在弹出的连接边参数中设置连接值为 1，为模型冠子位置添加一条竖向的边，如图 8-162 所示。

6 将"编辑多边形"命令切换至 边编辑模式，然后单击"切割"工具并在"透视图"中对模型进行操作，丰富模型的网格结构，如图 8-163 所示。

7 使用"切割"工具并在"透视图"中冠子的位置切割出菱形线段，增加冠子底部的细节，如图 8-164 所示。

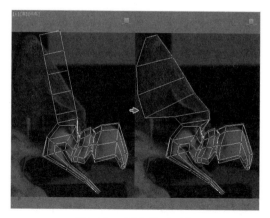

图8-160　调整模型形状

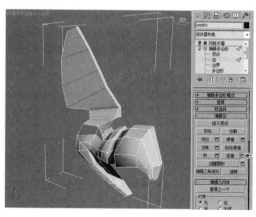

图8-161　连接操作

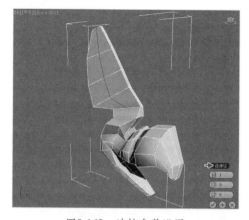

图8-162　连接参数设置

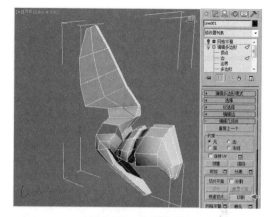

图8-163　切割线段

8　将"编辑多边形"命令切换至 顶点编辑模式，然后调节控制点的位置，编辑制作出冠子侧面的条状凸起，如图 8-165 所示。

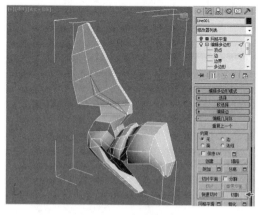

图8-164　切割操作

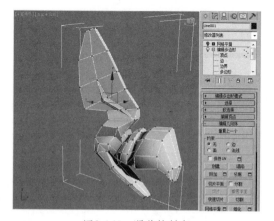

图8-165　调节控制点

9　开启"网格平滑"命令，然后在"透视图"中观看模型圆滑以后的效果，可以看出光滑后未连接的位置问题，如图 8-166 所示。

10　将"编辑多边形"命令切换至 顶点编辑模式，然后选择有问题的控制点，准备对模型进行修复调整, 如图 8-167 所示。

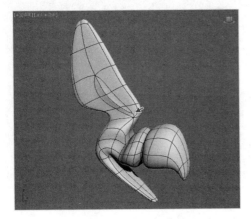

图8-166 网格平滑效果

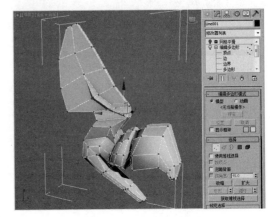

图8-167 调节控制点

⑪ 在 ▪▪ 顶点编辑模式中使用 "目标焊接" 工具将选择的控制点焊接到端部, 解决未连接位置的问题, 如图 8-168 所示。

⑫ 开启 "网格平滑" 命令, 在 "透视图" 中观看模型圆滑以后的效果, 如图 8-169 所示。

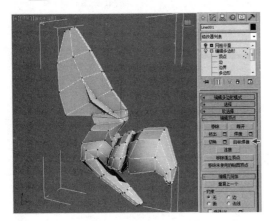

图8-168 目标焊接操作

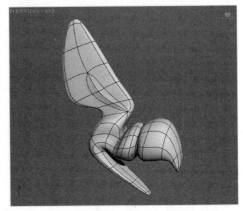

图8-169 模型效果

↗ 8.3.4 眼睛模型

"眼睛模型" 部分的制作流程分为 3 部分, 包括①眼窝调节、②建立眼睛、③链接与调整, 如图 8-170 所示。

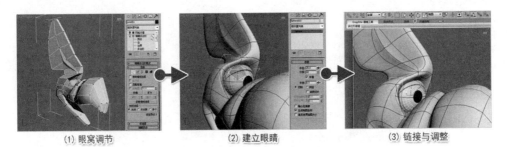

(1) 眼窝调节　　　　　　(2) 建立眼睛　　　　　　(3) 链接与调整

图8-170 制作流程

1. 眼窝调节

1 将"编辑多边形"命令切换至 ■ 多边形编辑模式，选择眼窝处的四个面，如图 8-171 所示。

2 单击"倒角"的 □ 参数按钮，在弹出的倒角浮动栏中设置挤出值为 –10、轮廓值为 –5，如图 8-172 所示。

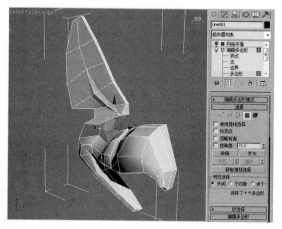
图8-171　选择眼部面

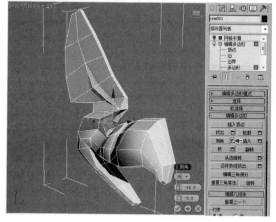
图8-172　倒角操作

3 将"编辑多边形"命令切换至 ■ 顶点编辑模式，然后选择腮部的控制点，将其向眼窝内调节，如图 8-173 所示。

4 在 ■ 顶点编辑模式中选择眼窝中部的点，将其向外侧调节，使眼窝的效果更加直观，如图 8-174 所示。

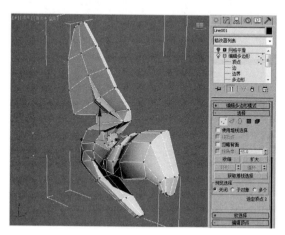
图8-173　调节控制点

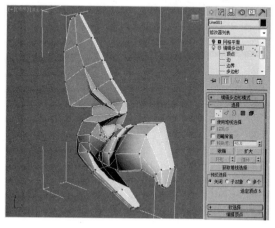
图8-174　调节控制点

2. 建立眼睛

1 在 ■ 创建面板 ○ 几何体中选择标准基本体的"球体"命令，然后在"顶视图"中建立一个球体，再设置半径值为 25、分段值为 32，作为眼珠的模型，如图 8-175 所示。

2 选择"球体"模型并结合"Shift + 移动"组合键将球体沿 Y 轴进行复制，准备制作眼仁

的模型，如图 8-176 所示。

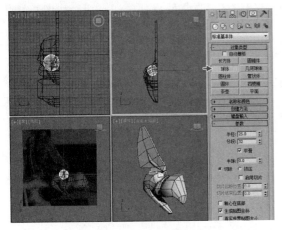

图8-175　建立球体

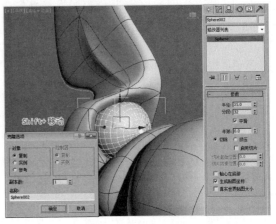

图8-176　复制球体

[3] 选择复制出的球体模型，然后在 修改面板的参数卷展栏中设置半径值为 25.5、半球值为 0.9，作为眼仁的模型，如图 8-177 所示。

[4] 结合"Shift＋移动"组合键将球体进行复制，然后设置半径值为 26、半球值为 0.5，制作出上眼皮的模型，如图 8-178 所示。

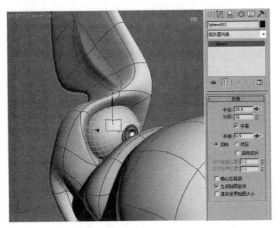

图8-177　设置眼仁参数

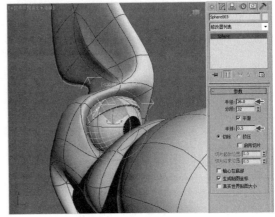

图8-178　设置眼皮参数

3. 链接与调整

[1] 选择眼仁与上眼皮模型，然后单击主工具栏中的 链接工具按钮，将其链接给眼球模型，如图 8-179 所示。

[2] 选择眼球模型，然后单击主工具栏中的 缩放工具按钮，对其进行形状的调整，此时可以看出眼仁与上眼皮模型也同时产生了缩放效果，如图 8-180 所示。

[3] 选择眼球模型，然后单击主工具栏中的 旋转工具按钮，通过眼球模型的旋转使视线产生变化，如图 8-181 所示。

[12] 在"透视图"中观看制作好的半侧头部的效果，如图 8-182 所示。

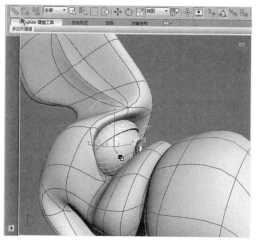

图8-179　链接操作

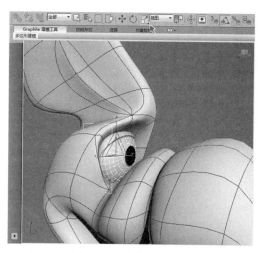

图8-180　缩放眼部模型

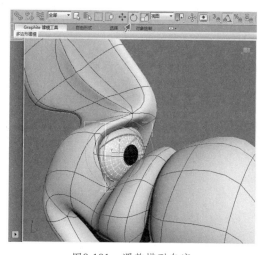

图8-181　调整模型角度

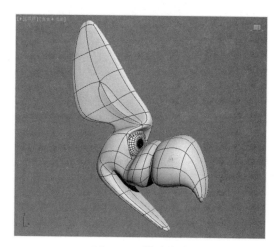

图8-182　模型效果

8.3.5　修饰模型

"修饰模型"部分的制作流程分为 3 部分，包括①口腔调节、②肌肉调节、③颈部挤压，如图 8-183 所示。

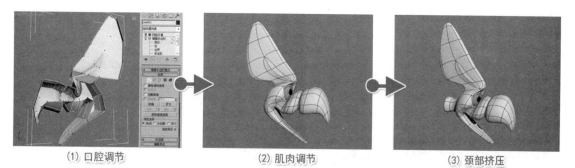

（1）口腔调节　　　　（2）肌肉调节　　　　（3）颈部挤压

图8-183　制作流程

1. 口腔调节

[1] 将"编辑多边形"命令切换至■多边形编辑模式，选择下颚处顶部的面将其向下移动，如图 8-184 所示。

[2] 调整视图角度，在■多边形编辑模式选择上颚处底部的面，再将其向上移动，如图 8-185 所示。

[3] 将"编辑多边形"命令切换至﹒顶点编辑模式，然后选择嘴部的控制点，再调节口腔的形状，如图 8-186 所示。

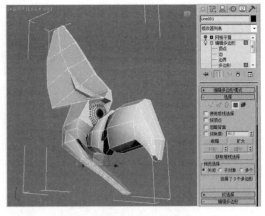

图8-184　调整下颚位置

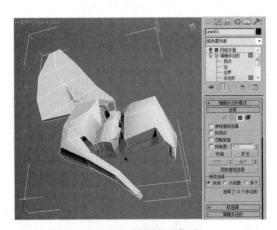

图8-185　调整上颚位置

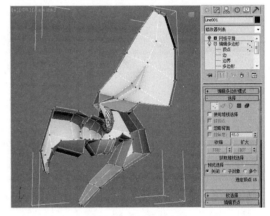

图8-186　调节控制点

2. 肌肉调节

[1] 在"编辑多边形"命令中﹒顶点编辑模式下，依据眼球的位置调节眼窝处的控制点，如图 8-187 所示。

[2] 在"编辑多边形"命令中﹒顶点编辑模式下，选择腮部的控制点将其向外调节，再编辑出腮部的隆起效果，如图 8-188 所示。

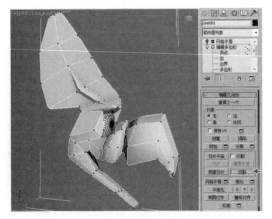

图8-187　调节控制点

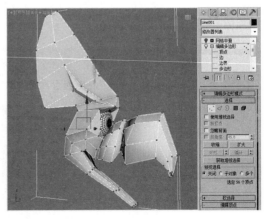

图8-188　调节控制点

[3] 在"透视图"中调节控制点后的半侧头部模型效果，如图 8-189 所示。

3. 颈部挤压

[1] 将"编辑多边形"命令切换至■多边形编辑模式，选择头部后面的面单击"挤出"命令按钮，将面进行挤出操作，作为颈部的基础模型，如图 8-190 所示。

[2] 继续在■多边形编辑模式，选择另一侧的面进行"Delete"键删除操作，如图 8-191 所示。

[3] 在"编辑多边形"命令中■顶点编辑模式下，依据参考图片调节控制点的位置，制作出颈部的雏形，如图 8-192 所示。

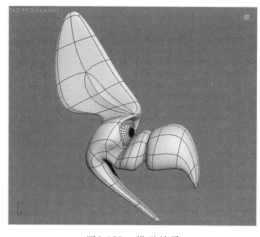

图8-189　模型效果

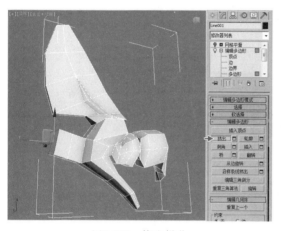

图8-190　挤出操作

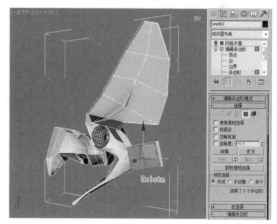

图8-191　删除多余面

[4] 在"编辑多边形"命令中■顶点编辑模式下，依据参考图像调节控制点的位置，制作出颈部的雏形，如图 8-193 所示。

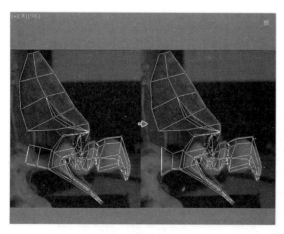

图8-192　调节侧面形状

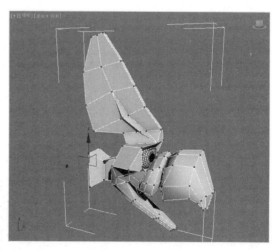

图8-193　调节控制点

⑤ 开启"网格平滑"命令,然后在"透视图"中观看模型整体圆滑以后的效果,如图8-194所示。

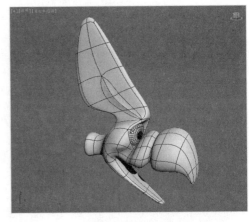

8.3.6 对称设置

"对称设置"部分的制作流程分为3部分,包括①对称模型、②镜像模型、③整体调节,如图8-195所示。

图8-194 模型效果

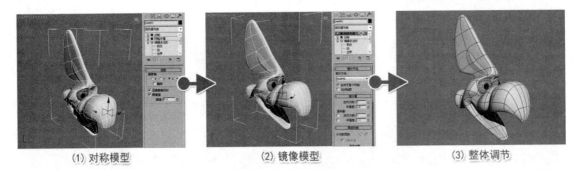

(1) 对称模型　　　　　　(2) 镜像模型　　　　　　(3) 整体调节

图8-195 制作流程

1. 对称模型

① 在菜单栏中选择【视图】→【视口背景】→【配置视口背景】命令,在弹出的"视口配置"对话框中,激活"使用自定义用户界面纯色"项目,将背景图像进行去除,如图8-196所示。

② 选择头部的模型,在 ☑ 修改面板的参数卷展栏中为其添加"对称"命令,如图8-197所示。

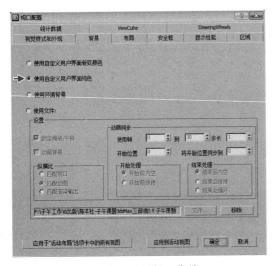

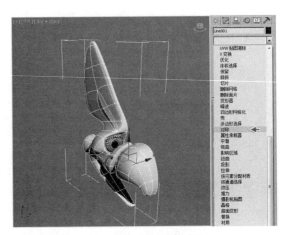

图8-196 设置视口背景　　　　　　图8-197 添加对称命令

③ 在 修改面板的参数卷展栏中激活
"对称"命令，然后在参数卷展栏的镜像轴栏中
开启 X 项目，如图 8-198 所示。

2. 镜像模型

① 在"透视图"中选择眼部模型，单击主
工具栏中的 镜像工具按钮，在镜像轴中激活 X
项目，再设置偏移值为 55、克隆方式为"复制"
类型，制作出另一侧的眼睛模型，如图 8-199
所示。

② 开启"网格平滑"命令，然后在"透
视图"中观看模型整体圆滑以后的效果，如
图 8-200 所示。

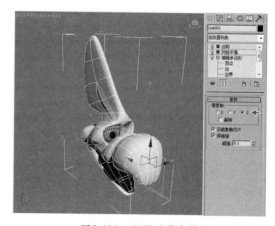

图8-198　设置对称参数

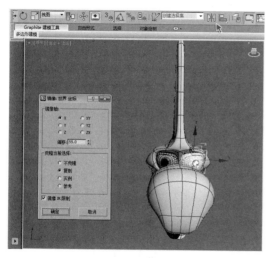

图8-199　镜像眼睛模型

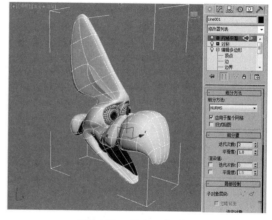

图8-200　开启网格平滑

3. 整体调节

① 选择头部模型，在 修改面板的修
改列表中再次选择"编辑多边形"命令，在
"对称"命令上部进行添加并切换至 顶点编
辑模式下，将嘴前段的控制点进行收缩调节，
如图 8-201 所示。

② 在 顶点编辑模式下选择颈部的控
制点，将颈部的截面调节成六边形，如图
8-202 所示。

③ 将"编辑多边形"命令切换至 多
边形编辑模式，然后选择口腔内部的面，如
图 8-203 所示。

④ 单击"挤出"的 参数按钮，在弹出

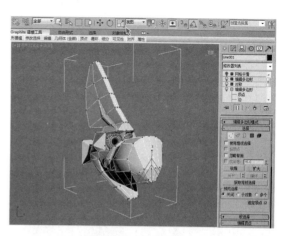

图8-201　调节控制点

的挤出浮动栏中设置挤出值为 –20，使选择的区域产生凹陷，如图 8-204 所示。

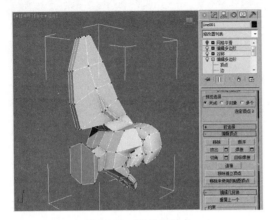

图8-202　调节控制点

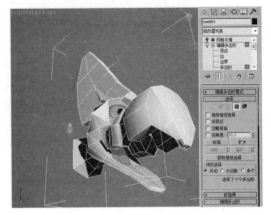

图8-203　切换多边形模式

⑤ 在"透视图"中调整视角观看模型的最终效果，如图 8-205 所示。

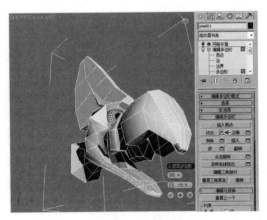

图8-204　挤出操作

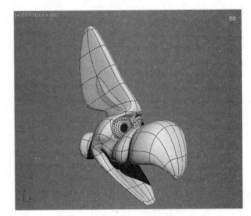

图8-205　模型效果

⑥ 将视图切换至四视图显示，观看模型在不同角度中的效果，如图 8-206 所示。

⑦ 在主工具栏单击 渲染按钮，渲染制作完成的场景最终效果如图 8-207 所示。

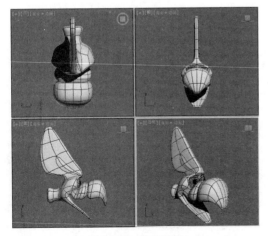

图8-206　模型效果

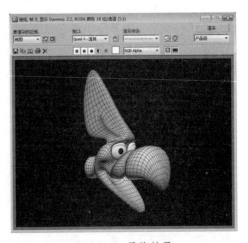

图8-207　最终效果

8.4 范例——盔甲战士

"盔甲战士"范例主要使用"编辑多边形"修改命令对标准几何体进行调节,其中包含挤出、连接、切割等工具,突出了低多边形的结构和特点,在制作时,应重点掌握模型的造型控制和网格光滑操作,效果如图 8-208 所示。

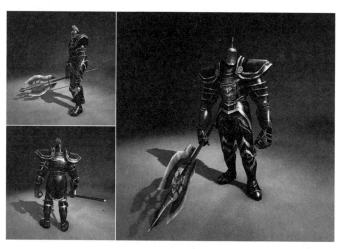

图8-208 范例效果

"盔甲战士"范例的制作流程分为 6 部分,包括①头盔模型、②上身模型、③下身模型、④配饰模型、⑤武器模型、⑥灯光与材质,如图 8-209 所示。

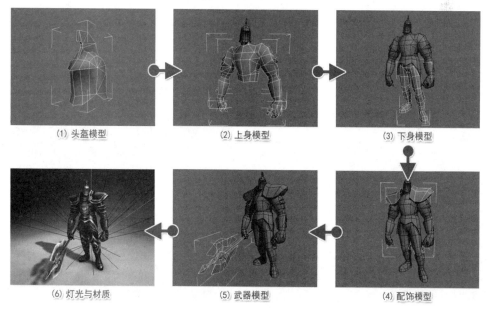

(1) 头盔模型　　　　　　　(2) 上身模型　　　　　　　(3) 下身模型

(6) 灯光与材质　　　　　　(5) 武器模型　　　　　　　(4) 配饰模型

图8-209 制作流程

↗ 8.4.1 头盔模型

"头盔模型"部分的制作流程分为 3 部分,包括①上盖模型、②面罩模型、③装饰模型,如

图 8-210 所示。

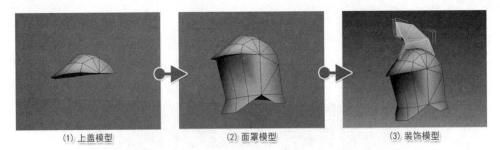

(1) 上盖模型　　　　　　(2) 面罩模型　　　　　　(3) 装饰模型

图8-210　制作流程

1. 上盖模型

⬜1 在 ✱创建面板○几何体中选择标准基本体的"球体"命令，然后在"左视图"建立一个球体，再设置半径值为 50、分段值为 12，作为盔甲战士的头盔模型，如图 8-211 所示。

 在不同视图建立的"球体"网格分布会有所不同，要根据模型制作的特征选择视图建立。

⬜2 在物体选择状态单击鼠标"右"键，然后在弹出的四元菜单中选择【转换为】→【转换为可编辑多边形】命令，准备对"球体"进行多边形编辑，如图 8-212 所示。

提示 在四元菜单中添加的"转换为可编辑多边形"命令与在修改面板中添加"编辑多边形"命令在工具与功能上没有区别，只是"转换为可编辑多边形"命令不可再切换回原始"球体"的属性。

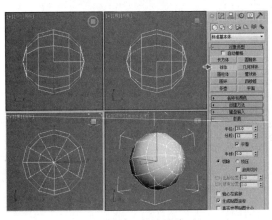

图8-211　创建球体

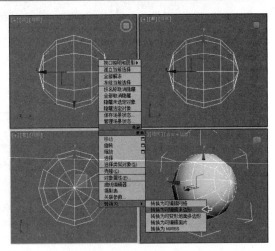

图8-212　转换为可编辑多边形

⬜3 将"可编辑多边形"命令切换至 ✱顶点编辑模式，然后在"左视图"选择底部半球的控制点，再单击编辑几何体卷展栏的"塌陷"工具，将选择的控制点合并为一个控制点，如图 8-213 所示。

4 在"左视图"选择合并后的控制点，沿 Y 轴向上移动，使其产生完整的半球模型，作为头盔的上盖模型，如图 8-214 所示。

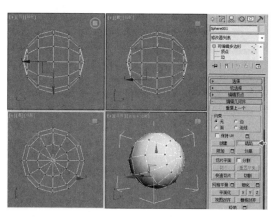

图8-213　塌陷操作

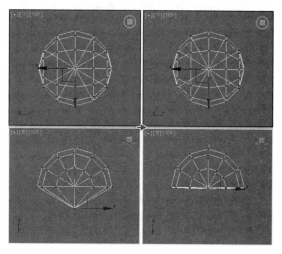

图8-214　控制点调节

5 将"可编辑多边形"命令的操作状态关闭，然后在"前视图"选择"球体"模型，再使用主工具栏的 缩放工具沿 X 轴调整，使半球模型趋于椭圆状态，如图 8-215 所示。

6 将"可编辑多边形"命令切换至 顶点编辑模式，然后在"左视图"选择模型上盖右侧边缘的控制点，通过鼠标拉伸调整模型为左圆右尖的形状，使头盔可以区分出前后两侧，如图 8-216 所示。

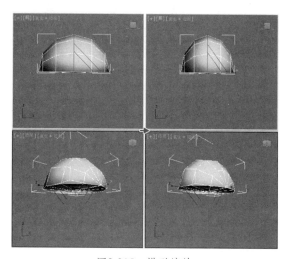

图8-215　模型缩放

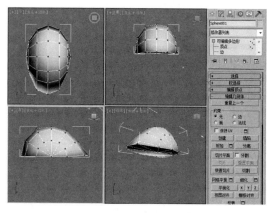

图8-216　模型调整

2. 面罩模型

1 将"可编辑多边形"命令切换至 多边形编辑模式并选择半球底部的所有面，再单击"挤出"的 参数按钮，准备对选择的面进行凸出效果操作，如图 8-217 所示。

2 在弹出的"挤出多边形"参数中设置挤出模式为"组"类型，再设置挤出的高度值为25，得到在半球的基础上添加圆柱的模型组合，如图 8-218 所示。

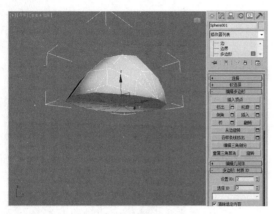

图8-217 选择挤出

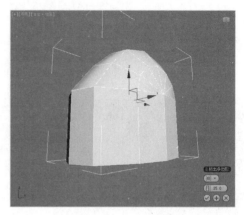

图8-218 挤出设置

3 调节"透视图"的观察角度，将"可编辑多边形"命令切换至 顶点编辑模式并框选左半侧的编辑点，然后使用"Delete"快捷键将选择的编辑点删除，得到右半侧的头盔模型，如图8-219所示。

4 将"可编辑多边形"命令切换到编辑几何体卷展栏，然后单击"切割"工具，再为半球与圆柱体组合的交接位置进行切割，添加一条横向的结构线，如图8-220所示。

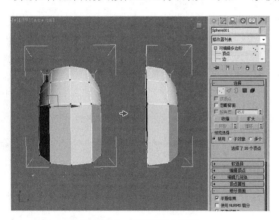

图8-219 删除半侧模型

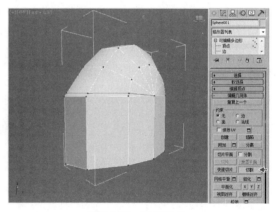

图8-220 切割操作

5 在 顶点编辑模式选择切割出的控制点，然后调节上盖前侧点的位置，使上半球与圆柱体的交接位置完成头盔前檐状，如图8-221所示。

6 将"可编辑多边形"命令切换至 多边形编辑模式，然后选择模型底部的所有面，再单击"挤出"工具，准备对选择的面添加凸起效果，如图8-222所示。

7 调节"透视图"的角度，将头盔的底部向下挤出并向四周产生发散的趋势，准备塑造头盔与颈部衔接部分的形状，如图8-223所示。

8 调节"透视图"的角度，在 顶点编辑模式选择头盔底部的中心点，然后沿Z轴向上移动至模型的中心位置，完成头盔内部凹陷的效果，如图8-224所示。

9 调节头盔底部边缘控制点的位置，使中间部分凹陷、两侧位置不变，得到侧部的弧度效果，如图8-225所示。

10 将"可编辑多边形"命令切换至 顶点编辑模式，然后选择编辑顶点卷展栏的"目标焊接"工具，为头盔颈部与面部的边缘中心控制点进行焊接，如图8-226所示。

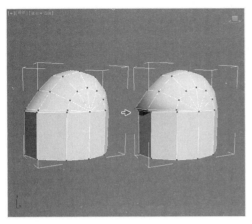

图8-221 调整控制点

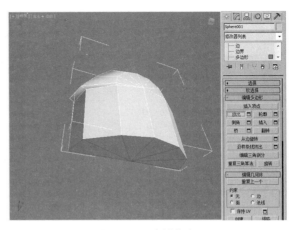

图8-222 选择挤出

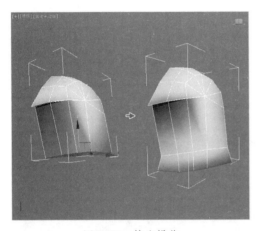

图8-223 挤出操作

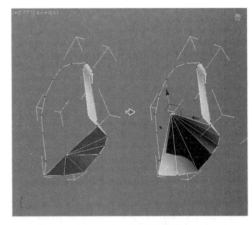

图8-224 移动控制点

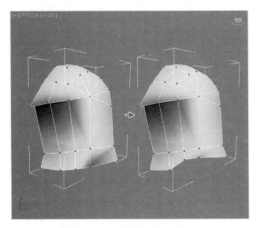

图8-225 调节控制点位置

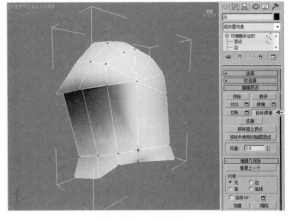

图8-226 焊接操作

[11] 观看"透视图"中显示焊接后的效果,头盔的颈部位置出现三角状的缺口,目的是使头盔与盔甲的衔接更为自然和形象,如图 8-227 所示。

[12] 选择完成的半侧头盔模型,然后在 修改面板中添加"对称"修改命令,再设置镜像轴为 X 轴,使原本的半侧头盔沿 X 轴水平方向进行镜像,得到完成的头盔模型,如图 8-228 所示。

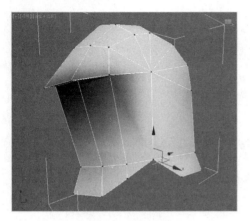

图8-227 焊接效果

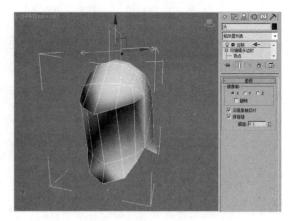

图8-228 对称操作

13 在主工具栏中单击材质编辑器按钮，将灰色的材质球赋予头盔，再将物体的自身颜色设置为黑色，如图8-229所示。

> 自身颜色与材质颜色的不同设置，目的是在视图中显示的模型具有黑色网格、灰色实体的效果，更加便于模型的观察与制作。

14 调节"透视图"的呈现角度，观察完成的头盔主体模型效果，如图8-230所示。

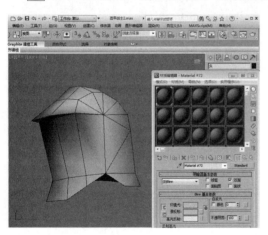

图8-229 颜色设置

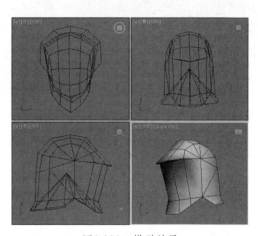

图8-230 模型效果

3. 装饰模型

1 在创建面板几何体中选择标准基本体的"长方体"命令，然后在"左视图"中建立一个长方体并设置长度值为30、宽度值为30、高度值为3、长度分段值为2，作为头盔顶部的饰品，如图8-231所示。

2 在"左视图"保持选择"长方体"的状态下单击鼠标"右"键，在弹出四元菜单中选择【转换为】→【转换为可编辑多边形】命令，准备对"长方体"进行编辑，如图8-232所示。

3 将"可编辑多边形"命令切换至顶点编辑模式，并在"左视图"中调整控制点的位置，呈两个不规则四边形的上下拼接组合，如图8-233所示。

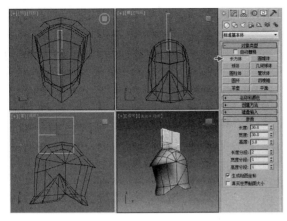

图8-231 建立长方体

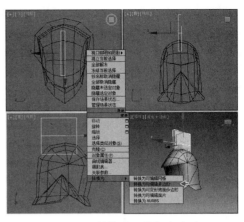

图8-232 转换为可编辑多边形

④ 将"可编辑多边形"命令切换至 边编辑模式，选择下方不规则四边形两侧的边，再单击"连接"的 参数按钮，准备为下方不规则四边形添加边，如图 8-234 所示。

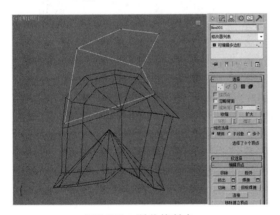

图8-233 调整控制点

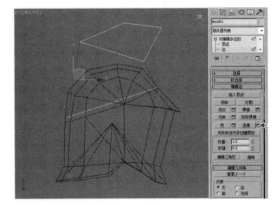

图8-234 选择连接

⑤ 在弹出的连接边参数中设置连接值为 1，在选择的两条垂直边之间添加一条连接的水平边，如图 8-235 所示。

⑥ 将"可编辑多边形"命令切换至 顶点编辑模式，调整控制点的位置，将右侧控制点向外拉伸，左侧的控制点沿边缘线向下移动，完成模型的弧度弯曲控制，如图 8-236 所示。

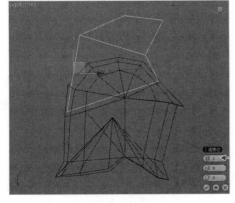

图8-235 连接设置

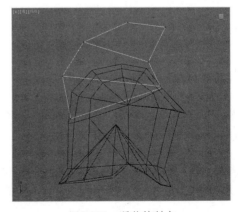

图8-236 调整控制点

[7] 将"可编辑多边形"命令切换至 ☑ 边编辑模式，选择"长方体"上方不规则四边形两侧的边，再单击"连接"的 ▣ 参数按钮，准备为其添加水平边，如图 8-237 所示。

[8] 在弹出的连接边参数中设置连接值为1，滑块值为 –85，得到一条接近底部边缘并平行的线，如图 8-238 所示。

[9] 将"可编辑多边形"命令切换至 ┅ 顶点编辑模式，调整"长方体"上方的不规则四边形控制点的位置，将右侧的控制点沿边缘向上移动，如图 8-239 所示。

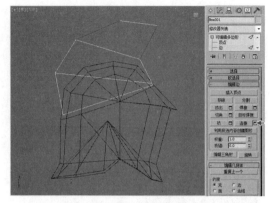

图8-237　选择连接

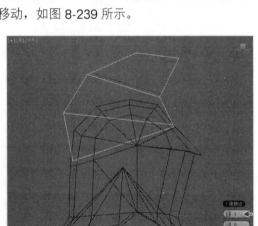

图8-238　连接设置

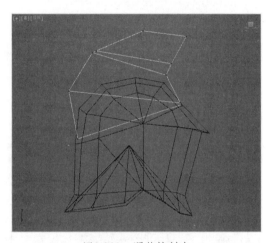

图8-239　调整控制点

[10] 将 ☑ 修改命令切换至 ▣ 多边形编辑模式，然后选择"长方体"上方不规则四边形的右侧边缘面，再单击"挤出"工具的 ▣ 参数按钮，如图 8-240 所示。

[11] 在弹出的挤出多边形参数中设置挤出高度值为5，得到头盔上部装饰元素的前端凸起，如图 8-241 所示。

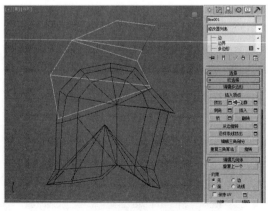

图8-240　选择挤出

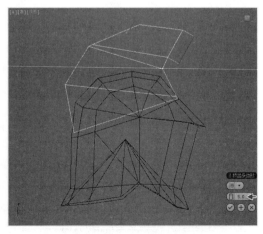

图8-241　挤出设置

12 将"可编辑多边形"命令切换至 顶点编辑模式，调节被挤出多边形右侧边缘的两个控制点，将上方控制点向四边形内部移动，控制模型的形状，如图 8-242 所示。

13 将"可编辑多边形"命令切换至 边编辑模式的编辑几何体卷展栏，然后单击"切割"工具并在"透视图"中对模型进行操作，丰富模型的网格结构，如图 8-243 所示。

提示 切割的目的是使模型在低边形状态下也可以保持模型的弧度控制。

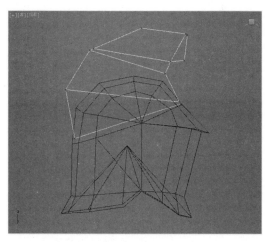

图8-242 调整控制点

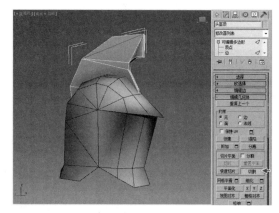

图8-243 选择切割

14 调节"透视图"呈现角度，观察完成的头盔上部装饰模型控制点的分布情况，如图 8-244 所示。

15 在"透视图"中选择装饰模型并切换至"可编辑多边形"命令，然后单击编辑几何体的"附加"工具，再拾取头盔的模型，将两个模型进行合并，如图 8-245 所示。

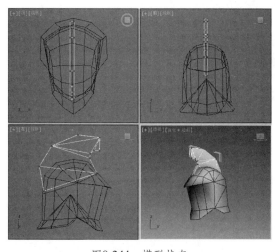

图8-244 模型状态

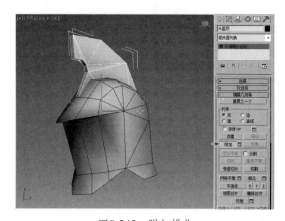

图8-245 附加操作

16 在主工具栏中单击 材质编辑器按钮，将灰色的材质球赋予头盔模型，使其在黑色网格、灰色模型的状态下可以更好地观察模型效果，如图 8-246 所示。

17 调节"透视图"的模型呈现角度,观察完成头盔模型的效果,如图 8-247 所示。

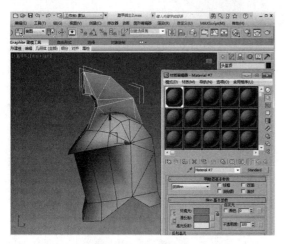

图8-246　颜色设置

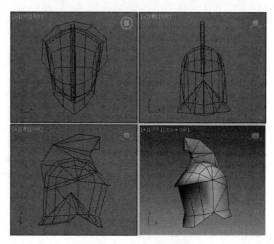

图8-247　头盔模型效果

↗ 8.4.2　上身模型

"上身模型"部分的制作流程分为 3 部分,包括①身体模型、②手臂模型、③手部模型,如
图 8-248 所示。

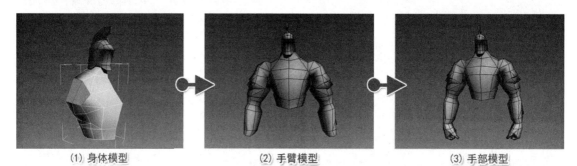

(1) 身体模型　　　　　　　(2) 手臂模型　　　　　　　(3) 手部模型

图8-248　制作流程

1. 身体模型

1 在 ▦ 创建面板 ◯ 几何体中选择标准基本体的"长方体"命令,然后在"透视图"建立一
个长方体,再设置长度值为 135、宽度值为 30、高度值为 50,作为盔甲战士的左半侧身体模型,
如图 8-249 所示。

2 在物体选择状态下单击鼠标"右"键,在弹出的四元菜单中选择【转换为】→【转换为
可编辑多边形】命令,准备对"长方体"进行编辑,如图 8-250 所示。

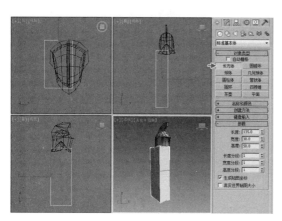

图8-249　创建长方体

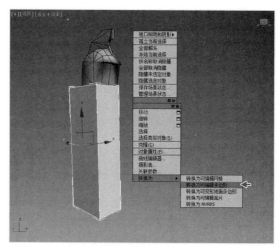

图8-250　转换为可编辑多边形

③ 将"可编辑多边形"命令切换至  边编辑模式，然后在"前视图"中选择"长方体"的所有垂直边，再单击编辑边卷展栏中的"连接"工具并设置段数值为4，丰富模型的水平线段，如图 8-251 所示。

④ 将"可编辑多边形"命令切换至 顶点编辑模式，然后调整添加边的位置，使上部边的分布密集，下部边的分布稀疏，如图 8-252 所示。

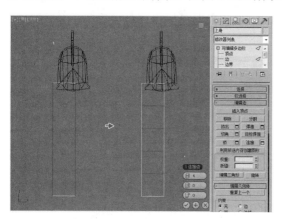

图8-251　连接设置

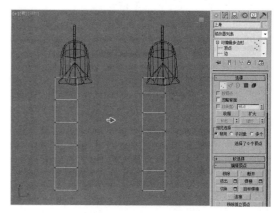

图8-252　调整控制点

⑤ 在 顶点编辑模式中选择需要调节的颈部编辑点，再配合 移动工具沿 X 轴向内部移动，调整模型左上角颈部控制点的位置，如图 8-253 所示。

⑥ 切换至四视图的显示状态，继续调整控制点的位置，使其形成盔甲战士半身一侧的基础形状，如图 8-254 所示。

⑦ 调整盔甲战士半身与胳膊连接处的控制点位置，使模型的体态更加趋于魁梧，如图 8-255 所示。

⑧ 调节"透视图"的角度，然后在编辑几何体卷展栏单击"切割"工具按钮，在模型背部位置添加结构线段，如图 8-256 所示。

⑨ 在"透视图"中水平旋转调整模型的呈现角度，然后调节身体刚切割出的控制点，使身体更加趋于平滑，如图 8-257 所示。

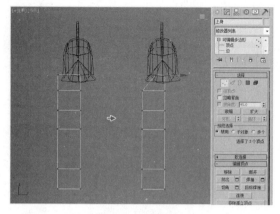

图8-253　调整控制点

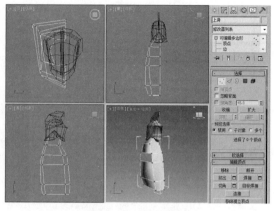

图8-254　调整控制点

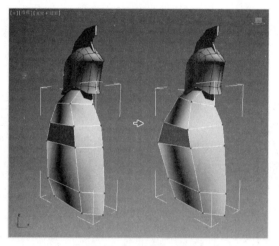

图8-255　调整控制点

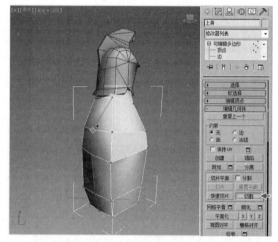

图8-256　切割操作

10　在编辑几何体卷展栏单击"切割"工具按钮，在盔甲战士身体的侧部添加一条垂直线，控制模型身体的结构，如图 8-258 所示。

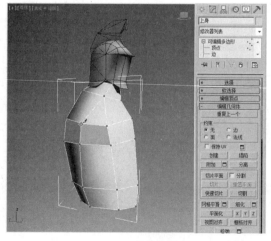

图8-257　调整控制点

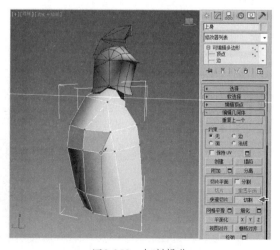

图8-258　切割操作

[11] 调整盔甲战士半身模型尖部的控制点，使上方的控制点与头部连接紧密，目的是使肩部位置更趋于上方，体态特征更为明显，如图 8-259 所示。

[12] 对半身模型的腰部位置进行横向切割操作，使模型身体结构有凸起和凹陷的形状，更趋于盔甲战士的身体特点，如图 8-260 所示。

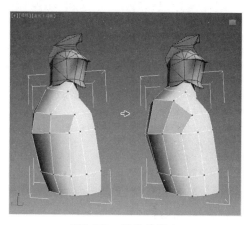

图8-259　调整控制点

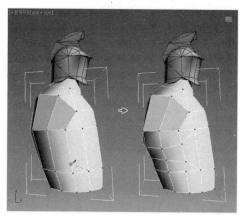

图8-260　腰部切割

[13] 在上一步切割的区域范围中继续为模型添加丰富层次，进行更为细致的切割操作，如图 8-261 所示。

> **提示**　在对模型进行切割操作时，除了保持模型的结构以外，还要尽量精简三角网格的分布，避免在蒙皮操作时不易对其控制。

[14] 切割操作完成后，调整盔甲战士半身模型侧部边缘的控制点，完成魁梧的身体基础模型制作，如图 8-262 所示。

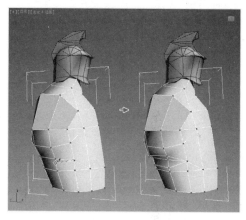

图8-261　切割操作

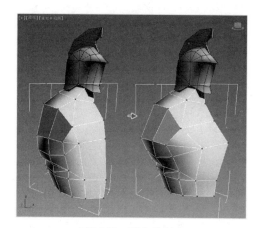

图8-262　调整控制点

2. 手臂模型

[1] 在 ⚙ 修改面板中切换至 ▪ 多边形编辑模式，然后选择盔甲战士胳膊位置的一组面，再配合键盘 "Delete" 键删除所选择的面，准备进行手臂模型的处理，如图 8-263 所示。

2 将命令切换至 边界编辑模式并选择删除面后的边界线，配合"Shift＋缩放"组合键沿 X、Z 两个轴进行缩小，再将挤出的肩部分厚度进行编辑，如图 8-264 所示。

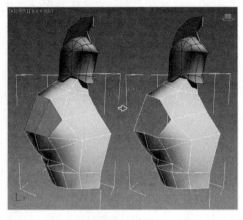

图8-263　删除面

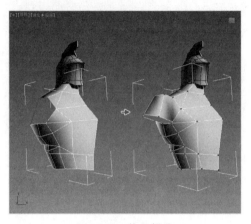

图8-264　挤出操作

3 保持肩部 边界编辑模式的选择状态，结合"Shift＋移动"组合键沿 Z 轴进行拖拽，完成手臂模型的挤出操作，如图 8-265 所示。

 在编辑多边形的选择状态下，只要配合"Shift"键即可完成选择的复制操作。

4 将"可编辑多边形"命令切换至 边编辑模式，然后选择手臂部分沿 Z 轴向的所有线段，再单击编辑边卷展栏中的"连接"工具并设置段数值为 2，为手臂模型添加横向的线段，如图 8-266 所示。

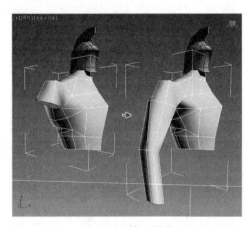

图8-265　挤出操作

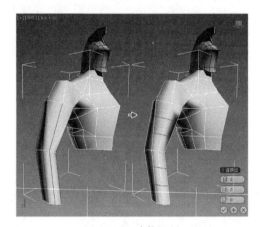

图8-266　连接设置

5 将"可编辑多边形"命令切换至 顶点编辑模式，调整控制点的位置，使手臂的肌肉感更强，如图 8-267 所示。

 如果模型的网格分布缺少时，可以继续对模型进行"切割"操作。

[6] 在大臂位置继续添加线段，再使用"切割"工具对模型进行操作，丰富手臂部分的装饰效果，如图 8-268 所示。

[7] 选择完成的半侧身体模型，然后在 ✎ 修改面板中添加"对称"命令，再设置镜像轴为 X 轴，使原本只有一侧的身体模型趋于完整，如图 8-269 所示。

> **提示**　如果对称操作的中心位置不够准确，可以激活"对称"命令调节黄色的对称轴，从而按自定义的形式进行对称操作。

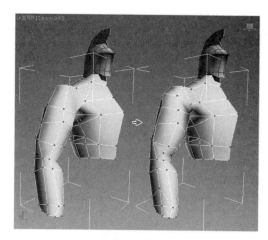

图8-267　调整控制点

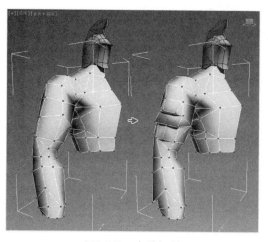

图8-268　大臂切割

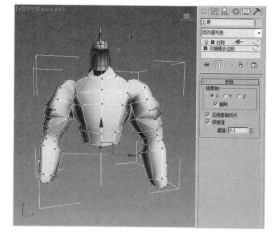

图8-269　对称操作

[8] 在主工具栏中单击 ▦ 材质编辑器按钮，将灰色的材质球赋予盔甲战士的身体模型，如图 8-270 所示。

[9] 调节"透视图"模型呈现角度，观察完成的身体模型效果，如图 8-271 所示。

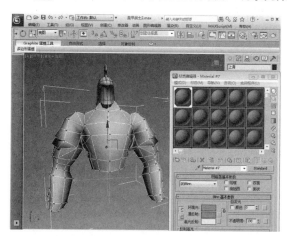

图8-270　颜色设置

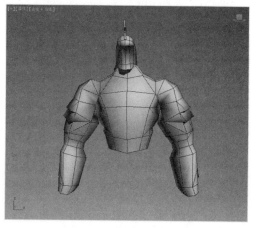

图8-271　身体模型效果

3. 手部模型

$\boxed{1}$ 在 ✷ 创建面板 ◯ 几何体中选择标准基本体的"长方体"命令，然后在"透视图"建立一个长方体并设置长度值为40、宽度值为30、高度值为15、长度分段值为2、宽度分段值为2，作为盔甲战士的手部模型，如图8-272所示。

$\boxed{2}$ 在物体的选择状态下单击鼠标"右"键，在弹出的四元菜单中选择【转换为】→【转换为可编辑多边形】命令，准备对"长方体"进行编辑，如图8-273所示。

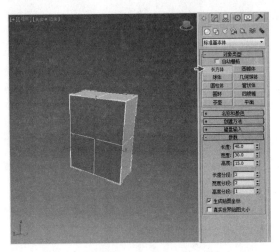

图8-272 创建长方体

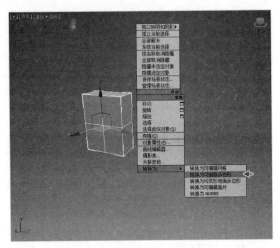

图8-273 转换为可编辑多边形

$\boxed{3}$ 将"可编辑多边形"命令切换至 ⠿ 顶点编辑模式，然后在"透视图"中调整"长方体"的控制点，再配合"切割"工具丰富模型的结构，如图8-274所示。

$\boxed{4}$ 调节"透视图"的角度至手掌位置，继续在编辑几何体卷展栏中单击"切割"工具，在手部模型的手掌下方位置切割出一条线段，目的是控制手掌的弯曲状态，如图8-275所示。

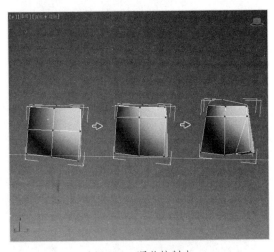

图8-274 调整控制点

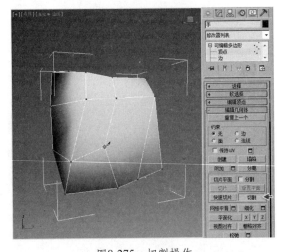

图8-275 切割操作

$\boxed{5}$ 调整手部模型的控制点，并通过"切割"和"挤出"操作逐渐塑造出手指的基础关节，如图8-276所示。

$\boxed{6}$ 通过控制点的调整和编辑工具配合，延伸手部模型的手指效果，使手部模型更加完整，如图 8-277 所示。

⑦ 调节"透视图"的角度至拇指位置,继续在编辑几何体卷展栏中单击"切割"工具,对大拇指基础关节位置进行操作,然后再调节控制点的位置,目的是丰富手部模型的细节,使其更贴近战士的魁梧效果,如图 8-278 所示。

⑧ 通过多边形的"切割"工具为其添加线段,再调节手指中间关节部分的控制点,使手部结构更加精准,如图 8-279 所示。

⑨ 在"可编辑多边形"命令的 顶点编辑模式调整手指模型的控制点,使手部的形状呈现弯曲握拳状,如图 8-280。

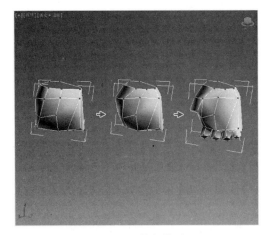

图8-276　编辑模型

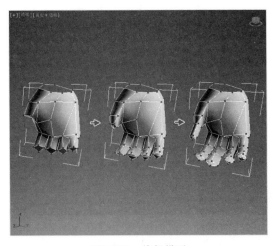

图8-277　编辑模型

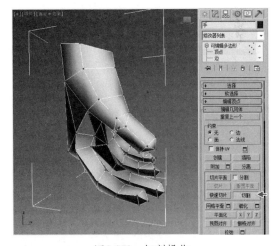

图8-278　切割操作

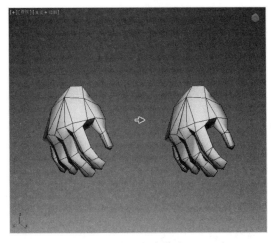

图8-279　添加线段

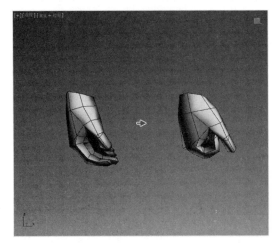

图8-280　调整控制点

⑩ 调整手部模型的位置,放置在与盔甲战士手臂的连接处,如图 8-281 所示。

⑪ 选择左侧的手部模型,然后在主工具栏中单击 镜像工具,在弹出的对话框中设置镜像

轴项为 X、偏移值为 180、克隆当前选择项为复制，创建镜像右侧手部的模型，如图 8-282 所示。

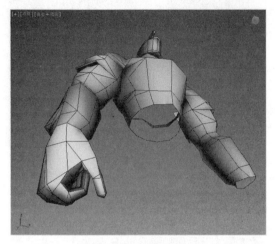

图8-281　调整位置

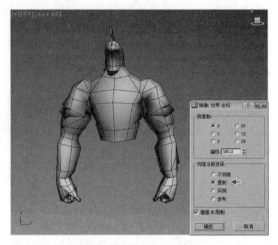

图8-282　镜像手部模型

↗ 8.4.3　下身模型

"下身模型"部分的制作流程分为 3 部分，包括①护腰模型、②腿部雏形、③腿部调整，如图 8-283 所示。

(1) 护腰模型　　　　　　(2) 腿部雏形　　　　　　(3) 腿部调整

图8-283　制作流程

1. 护腰模型

☐1 在 创建面板 几何体中选择标准基本体的"圆柱体"命令，然后在"透视图"建立一个圆柱体，再设置半径值为 50、高度值为 70、高度分段值为 3、端面分段值为 1、边数值为 8，作为盔甲战士的护腰模型，如图 8-284 所示。

☐2 在物体选择状态下单击鼠标"右"键，在弹出的四元菜单中选择【转换为】→【转换为可编辑多边形】命令，准备对"圆柱体"进行编辑，如图 8-285 所示。

☐3 将"可编辑多边形"命令切换至 顶点编辑模式，然后对"圆柱体"的控制点位置进

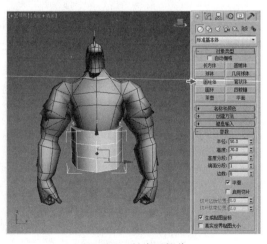

图8-284　创建圆柱体

行调节，使模型呈上窄下宽的趋势，如图 8-286 所示。

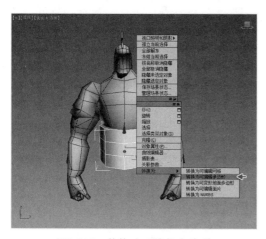

图8-285　转换为可编辑多边形

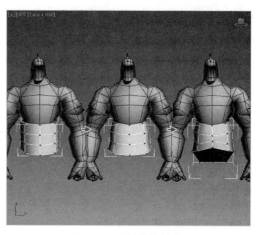

图8-286　调整控制点

4　调节"透视图"的角度，在 顶点编辑模式中框选作为右半侧的编辑点，然后使用 "Delete"快捷键将其删除，得到左半侧的护腰模型，如图 8-287 所示。

5　将"可编辑多边形"命令切换至 边编辑模式，然后选择"圆柱体"底部边缘的控制边，结合"Shift＋缩放"组合键拖拽，复制的边使中心点聚集在一起；调节护腰模型的底部位置控制点，使正部方向的控制点沿 Z 轴向上移动，背部方向的控制点沿 Z 轴向下移动，如图 8-288 所示。

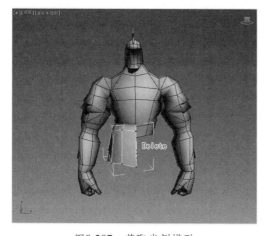

图8-287　获取半侧模型

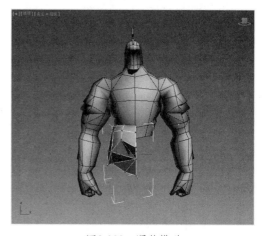

图8-288　调整模型

6　选择居中的所有控制点，然后在编辑几何体卷展栏中单击"塌陷"工具按钮，将选择的所有中心控制点进行合并，如图 8-289 所示。

7　选择焊接的控制点，然后将其沿 Z 轴移动到护腰模型的内部位置，使其产生内部凹陷，如图 8-290 所示。

8　选择完成的半侧护腰模型，然后在 修改面板中添加"对称"命令，再设置镜像轴为 X 轴，使原本只有一侧的模型趋于完整，如图 8-291 所示。

9　在主工具栏中单击 材质编辑器按钮，将灰色的材质球赋予盔甲战士的护腰模型，如图 8-292 所示。

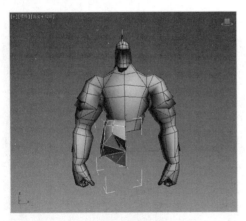

图8-289　塌陷操作

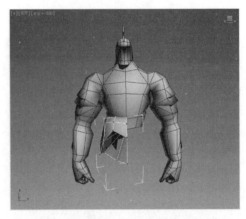

图8-290　调整控制点

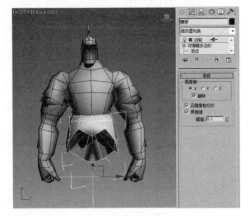

图8-291　对称操作

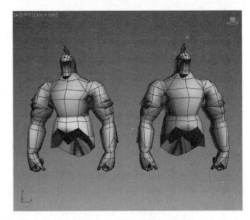

图8-292　护腰模型效果

2. 腿部雏形

　　1 在 创建面板 几何体中选择标准基本体的"圆柱体"命令，然后在"透视图"建立一个圆柱体，再设置半径值为 20、高度值为 250、高度分段值为 8、端面分段值为 1、边数值为 6，作为盔甲战士的腿部模型，如图 8-293 所示。

　　2 在物体选择状态下单击鼠标"右"键，在弹出的四元菜单中选择【转换为】→【转换为可编辑多边形】命令，准备对"圆柱体"进行编辑，如图 8-294 所示。

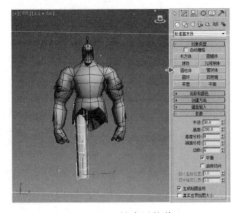

图8-293　创建圆柱体

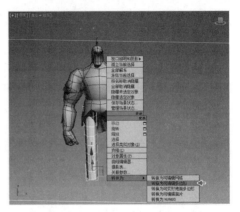

图8-294　转换为可编辑多边形

3 将"可编辑多边形"命令切换至 ⬚ 顶点编辑模式,然后选择控制点调整位置,使柱体更加接近腿部的结构,形成膝盖宽两头窄的腿部形态,如图 8-295 所示。

4 调节"透视图"的观察角度,调节腿部模型下方的控制点,勾勒出盔甲战士脚部的形状,如图 8-296 所示。

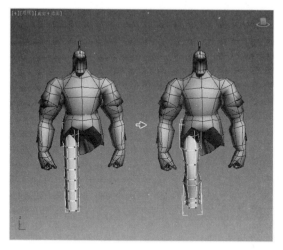

图8-295 调整控制点

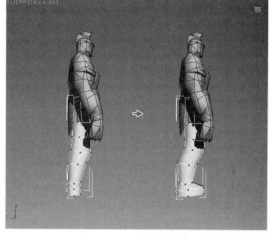

图8-296 调整控制点

5 将"可编辑多边形"命令切换至 ⬚ 边编辑模式,选择膝盖部分的垂直边,然后再单击"连接"工具,如图 8-297 所示。

6 为腿部模型的膝盖部分添加横向环绕的一条线段,在塑造模型特征的同时还为控制蒙皮操作提供方便,如图 8-298 所示。

图8-297 选择连接

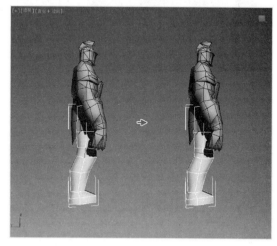

图8-298 添加线段

7 将"可编辑多边形"命令切换至 ⬚ 顶点编辑模式,然后调整膝盖部分的控制点,使其中间部分凸起,膝盖的结构更加完整,如图 8-299 所示。

8 将"可编辑多边形"命令切换至 ⬚ 边编辑模式,为腿部模型增加线段,然后将"可编辑多边形"命令切换至 ⬚ 顶点编辑模式,再调整控制点的位置,得到腿部的基础雏形,如图 8-300所示。

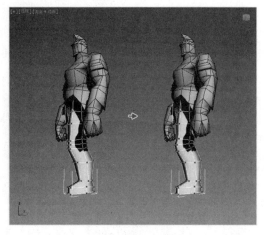 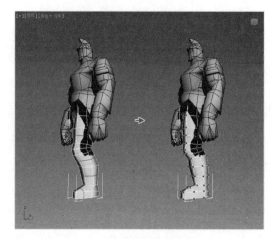

图8-299　调整控制点　　　　　　　　　图8-300　调整腿部模型

3. 腿部调整

1 将"可编辑多边形"命令切换至■多边形编辑模式，然后选择腿部模型上方内侧的一组面，再单击"挤出"工具命令，如图 8-301 所示。

2 对选择的多边形面进行两次挤出操作，继续添加半侧的腿部结构，如图 8-302 所示。

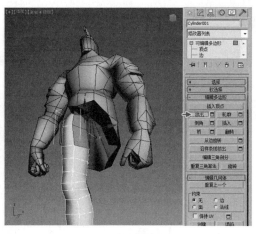 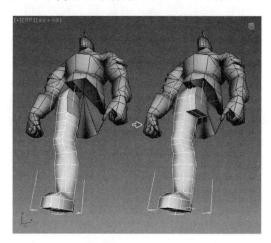

图8-301　选择挤出　　　　　　　　　　图8-302　挤出操作

3 为了在半侧模型进行对称操作时更加准确，对挤出后的面进行 Y 轴水平缩放，使选择的面趋于垂直呈现，如图 8-303 所示。

4 水平缩放完成后，对选择的多边形面按"Delete"键进行删除操作，为对称操作做好准备，如图 8-304 所示。

 半侧模型对称为整体模型时，应尽量删除对称中心的多边形面，避免因光滑产生不均匀的网格过渡。

5 在■顶点编辑模式下调节角色腿部造型，使腿部的模型结构更加完整，如图 8-305 所示。

6 切换至四视图显示状态，从不同视图观察腿部模型的结构，然后再整体调整盔甲战士腿部模型的控制点，完成腿部模型制作，如图 8-306 所示。

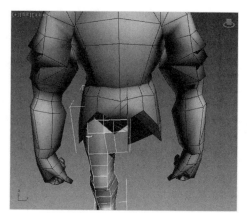

图8-303　水平缩放

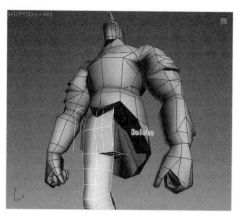

图8-304　删除操作

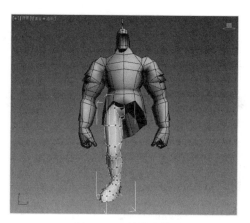

图8-305　调节结构

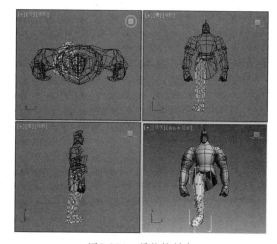

图8-306　调整控制点

⑦ 选择完成的半侧腿部模型，然后在█修改面板中添加"对称"命令，再设置镜像轴为 X
轴，使原本只有一侧的腿部模型趋于完整，如图 8-307 所示。

⑧ 在主工具栏中单击█材质编辑器按钮，将灰色的材质球赋予盔甲战士的腿部模型，如
图 8-308 所示。

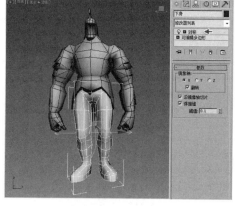

图8-307　对称操作

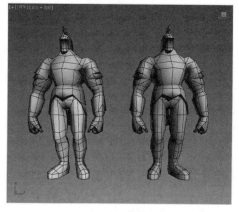

图8-308　颜色设置

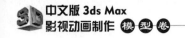

8.4.4 配饰模型

"配饰模型"部分的制作流程分为 3 部分，包括①护肩模型、②护肘模型、③腿部装饰，如图 8-309 所示。

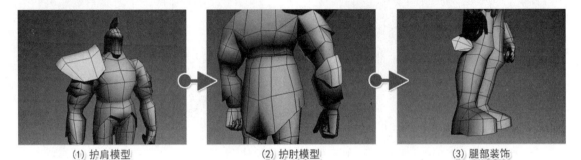

（1）护肩模型　　　　　　　（2）护肘模型　　　　　　　（3）腿部装饰

图8-309　制作流程

1. 护肩模型

[1] 在创建面板几何体中选择标准基本体的"圆柱体"命令，然后在"左视图"建立一个圆柱体，再设置半径值为 35、高度值为 80、高度分段值为 3、端面分段值为 1、边数值为 7，作为盔甲战士的护肩模型，如图 8-310 所示。

[2] 在物体选择状态下单击鼠标"右"键，在弹出的四元菜单中选择【转换为】→【转换为可编辑多边形】命令，然后将"可编辑多边形"命令切换至顶点编辑模式，再逐渐遍及护肩模型的外部轮廓，如图 8-311 所示。

[3] 将建立完成的护肩模型放置到角色的肩膀位置，然后再调节模型的结构，匹配模型间相互的关系，如图 8-312 所示。

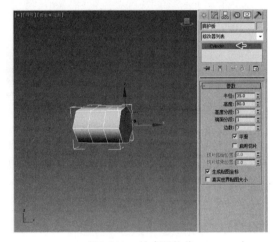

图8-310　创建圆柱体

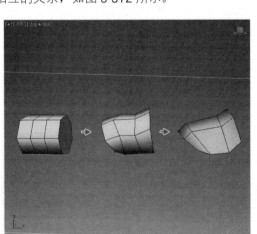

图8-311　编辑模型

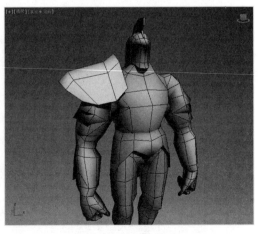

图8-312　匹配模型

2. 护肘模型

[1] 在 ❋ 创建面板 ◯ 几何体中选择标准基本体的"圆柱体"命令，然后在"透视图"建立一个圆柱体，再设置半径值为 20、高度值为 40、高度分段值为 2、端面分段值为 1、边数值为 9，作为盔甲战士的护肩模型，如图 8-313 所示。

[2] 在物体选择状态下单击鼠标"右"键，在弹出的四元菜单中选择【转换为】→【转换为可编辑多边形】命令，然后将"可编辑多边形"命令切换至 ▦ 顶点编辑模式，再逐渐遍及护肘模型的外部轮廓，使模型左侧聚集在一起，模型的右侧产生弧度效果，如图 8-314 所示。

[3] 将建立完成的护肘模型放置到角色的手臂肘关节位置，然后再调节模型的结构，匹配模型间相互的关系，如图 8-315 所示。

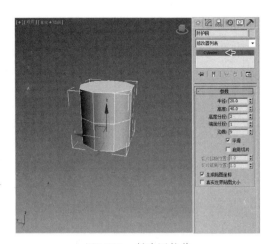

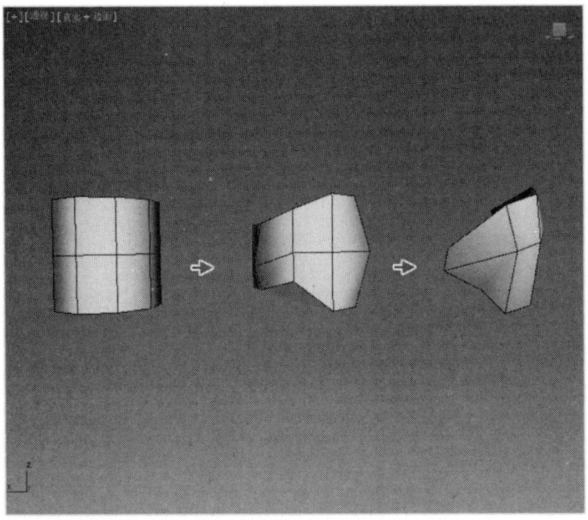

图8-313　创建圆柱体

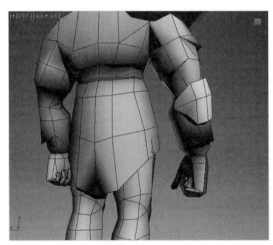

图8-314　编辑模型

图8-315　匹配模型

3. 腿部装饰

[1] 在 ❋ 创建面板 ◯ 几何体中选择标准基本体的"平面"命令，然后在"透视图"建立一个平面，再设置长度值为 25、宽度值为 30、长度分段值为 2、宽度分段值为 2，作为盔甲战士的腿部装饰模型，如图 8-316 所示。

[2] 在物体选择状态下单击鼠标"右"键，在弹出的四元菜单中选择【转换为】→【转换为可编辑多边形】命令，然后将"可编辑多边形"命令切换至 ▦ 顶点编辑模式，再逐渐遍及腿部装饰模型的外部轮廓，如图 8-317 所示。

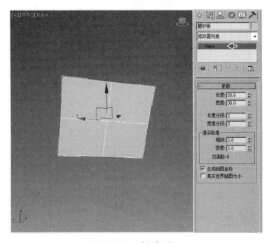

图8-316　创建平面

③ 将建立完成的腿部装饰模型放置到角色的腿部膝盖的后部位置，然后再调节模型的结构，匹配模型间相互的关系，如图 8-318 所示。

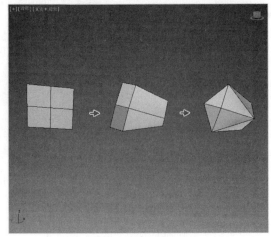

图8-317　编辑模型

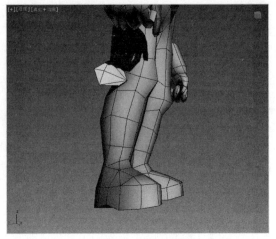

图8-318　匹配模型

④ 在腿部装饰模型被选择的状态下，进入"可编辑多边形"命令的编辑几何体卷展栏，然后单击"附加"工具命令依次拾取护肩模型与护肘模型，使三个配饰模型合并为同一模型，便于进行对称的复制操作，如图 8-319 所示。

⑤ 选择完成的左侧腿配饰模型，然后在 修改面板中添加"对称"命令，再设置镜像轴为 X 轴，使原本只有一侧的配饰模型镜像复制到另一侧，如图 8-320 所示。

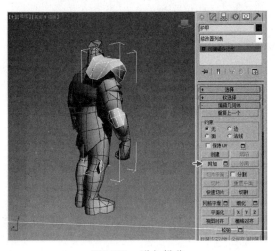

图8-319　附加操作

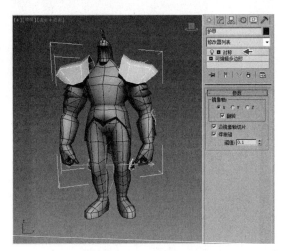

图8-320　选择对称命令

⑥ 调节"透视图"中的呈现角度，观察完成配饰模型附加到盔甲战士后的整体效果，如图 8-321 所示。

⑦ 在主工具栏中单击 材质编辑器按钮，将灰色的材质球赋予盔甲战士的配饰模型，使其在黑色网格、灰色模型的状态下能更好地观察模型效果，如图 8-322 所示。

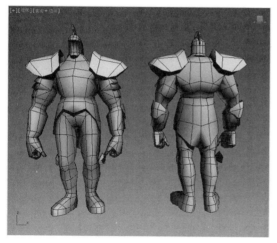

图8-321　模型效果

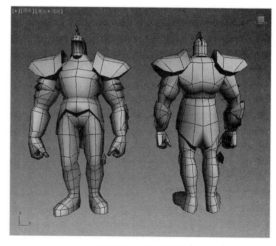

图8-322　颜色设置

↗ 8.4.5　武器模型

"武器模型"部分的制作流程分为 3 部分，包括①枪杆模型、②刀刃模型、③整体调节，如图 8-323 所示。

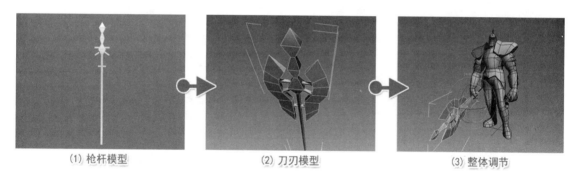

（1）枪杆模型　　　　　　　（2）刀刃模型　　　　　　　（3）整体调节

图8-323　制作流程

1. 枪杆模型

1 在 ⚙ 创建面板 ⚪ 几何体中选择标准基本体的"长方体"命令，然后在"透视图"建立一个长方体，再设置长度值为 7、宽度值为 7、高度值为 550、长度分段值为 1、宽度分段值为 1、高度分段值为 3，作为盔甲战士的武器模型，如图 8-324 所示。

2 在物体选择状态下单击鼠标"右"键，在弹出的四元菜单中选择【转换为】→【转换为可编辑多边形】命令，准备对"长方体"进行编辑，如图 8-325 所示。

3 将"可编辑多边形"命令切换至 ⬚ 顶点编辑模式，然后调节控制点的分布，如图 8-326 所示。

4 将"可编辑多边形"命令切换至 ⬦ 边编辑模式，然后选择"长方体"的顶部一组垂直边，单击编辑边卷展栏中的"连接"工具按钮，如图 8-327 所示。

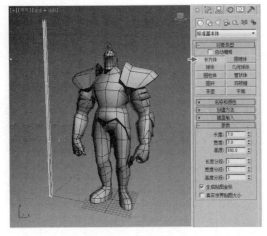

图8-324 创建长方体

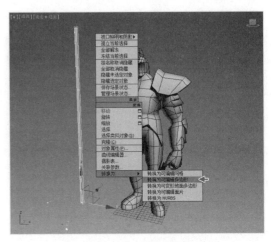

图8-325 转换为可编辑多边形

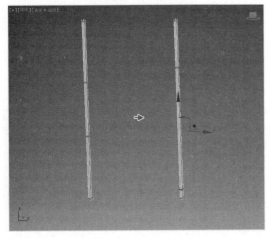

图8-326 调节控制点

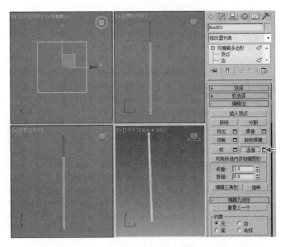

图8-327 选择连接

5 在弹出的连接边操作中设置连接值为 5，然后选择间隔的三组水平边，沿 X 轴进行水平缩放操作，使连接边后产生网格变形，如图 8-328 所示。

6 在枪杆的顶部位置添加"长方体"，丰富武器的模型结构，如图 8-329 所示。

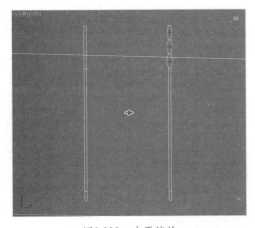

图8-328 水平缩放

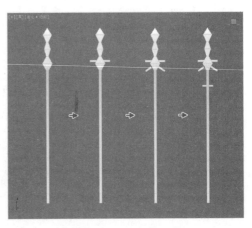

图8-329 添加长方体

2. 刀刃模型

1 在 ✳ 创建面板 ◯ 几何体中选择标准基本体的"长方体"命令，然后在枪杆的顶部位置建立一个长方体，再设置长度值为 200、宽度值为 35、高度值为 5、长度分段值为 6、宽度分段值为 1、高度分段值为 1，作为盔甲战士武器的刀刃模型；在物体选择状态下单击鼠标"右"键，在弹出的四元菜单中选择【转换为】→【转换为可编辑多边形】命令，准备对"长方体"进行编辑，如图 8-330 所示。

2 将"可编辑多边形"命令切换至 ⋰ 顶点编辑模式，然后在"左视图"中调节刀刃模型的结构弯曲，如图 8-331 所示。

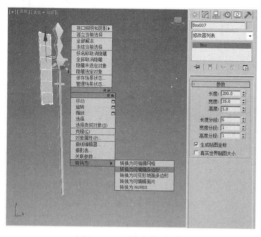

图8-330　创建长方体

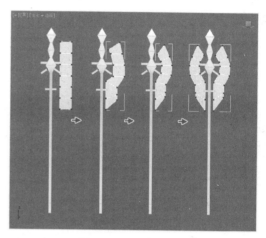

图8-331　调节控制点

3 调节"透视图"的呈现角度，然后选择刀刃位置的所有控制点，沿 Y 轴进行缩放操作，使选择的控制点聚集在一起，模拟出武器的锋利效果，如图 8-332 所示。

 除了将选择的控制点聚集在一起以外，也可以使用"焊接"或"塌陷"工具控制刀刃的效果。

4 在"透视图"中选择保持模型的选择状态，然后单击编辑几何体的"附加"工具，再拾取枪杆模型，将模型进行合并操作，完成武器模型的制作，如图 8-333 所示。

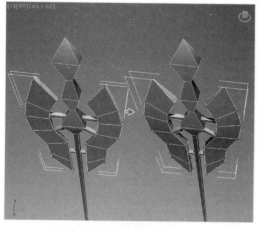

图8-332　聚集操作

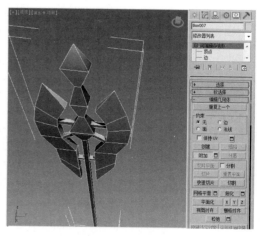

图8-333　附加操作

3. 枪杆模型

1 切换至四视图状态，再调节武器模型的整体效果，如图 8-334 所示。

2 将制作完成的武器模型与角色模型相匹配，再整体调节相互的比例关系，如图 8-335 所示。

3 调节武器模型的角度，与角色的手部模型相匹配，使武器被完全握住，如图 8-336 所示。

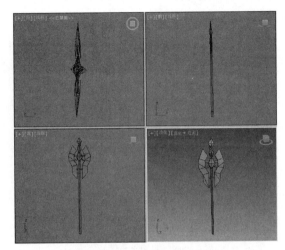

图8-334　调节整体效果

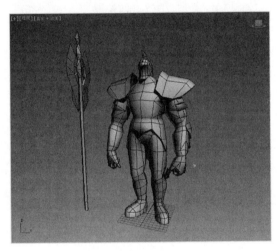

图8-335　模型匹配

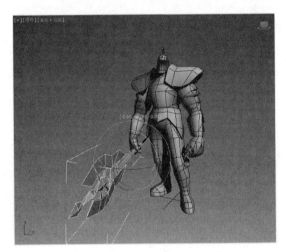

图8-336　调节角度

↗ 8.4.6　灯光与材质

"灯光与材质"部分的制作流程分为 3 部分，包括①材质贴图、②场景设置、③灯光设置，如图 8-337 所示。

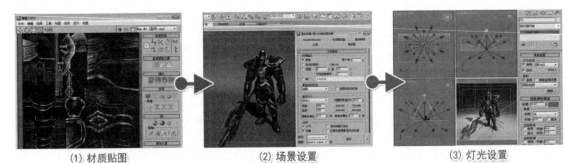

（1）材质贴图　　　　　（2）场景设置　　　　　（3）灯光设置

图8-337　制作流程

1. 材质贴图

1 在主工具栏中单击 材质编辑器按钮，然后选择一个空白材质球并设置名称为"盔甲"。

在"Blinn 基本参数"卷展栏中设置高光级别值为 80、光泽度值为 40、柔化值为 0.1，然后在"贴图"卷展栏中为漫反射颜色与高光级别项分别增加"盔甲.jpg"贴图和"盔甲黑白.jpg"贴图，如图 8-338 所示。

 提示 在制作低多边形模型时，贴图是提升模型精度非常重要的解决方式。

2 选择角色的头盔模型，然后在 修改面板中添加"UVW 展开"命令，再单击编辑 UV 卷展栏的"打开 UV 编辑器"按钮，如图 8-339 所示。

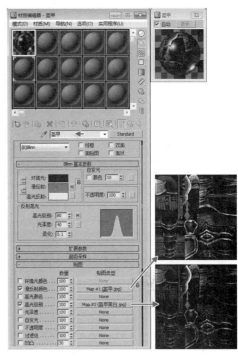

图8-338 盔甲材质

提示 "UVW 展开"修改器用于将贴图（纹理）坐标指定给对象和子对象选择，并手动或通过各种工具来编辑这些坐标，还可以使用它来展开和编辑对象上已有的 UVW 坐标。可以使用手动方法和多种程序方法的任意组合来调整贴图，使其适合网格、面片、多边形、HSDS 和 NURBS 模型。

3 在弹出的编辑 UVW 对话框中将头盔模型的网格匹配到对应的贴图位置，如图 8-340 所示。

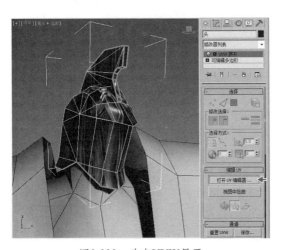

图8-339 头盔UVW展开

图8-340 匹配头盔网格

4 将头盔的网格匹配贴图位置后，模型的 UV 得到正确的显示，如图 8-341 所示。

⑤ 选择角色的身体模型，然后在 ✏ 修改面板中添加"UVW 展开"命令，再单击编辑 UV 卷展栏的"打开 UV 编辑器"按钮，如图 8-342 所示。

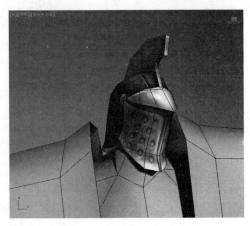

图8-341　头盔显示效果

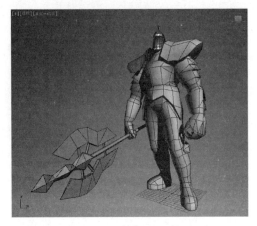

图8-342　身体UVW展开

⑥ 在弹出的编辑 UVW 对话框中将身体模型的网格匹配到对应的贴图位置，如图 8-343 所示。

⑦ 将身体的网格匹配贴图位置后，模型的 UV 得到正确的显示，如图 8-344 所示。

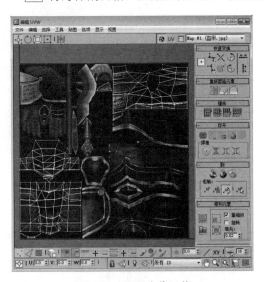

图8-343　匹配身体网格

图8-344　身体显示效果

⑧ 选择角色的护腰模型，然后在 ✏ 修改面板中添加"UVW 展开"命令，再单击编辑 UV 卷展栏的"打开 UV 编辑器"按钮，在弹出的编辑 UVW 对话框中将身体模型的网格匹配到对应贴图位置，如图 8-345 所示。

⑨ 将护腰的网格匹配贴图位置后，模型的 UV 得到正确的显示，如图 8-346 所示。

⑩ 选择角色的手部模型，然后在 ✏ 修改面板中添加"UVW 展开"命令，再单击编辑 UV 卷展栏的"打开 UV 编辑器"按钮，在弹出的编辑 UVW 对话框中将手部模型的网格匹配到对应贴图位置，如图 8-347 所示。

⑪ 将手部的网格匹配贴图位置后，模型的 UV 得到正确的显示，如图 8-348 所示。

图8-345　匹配护腰网格

图8-346　护腰显示效果

图8-347　匹配手部网格

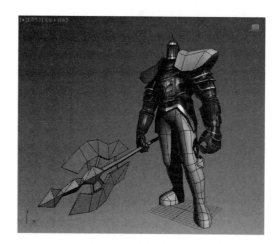

图8-348　手部显示效果

12　选择角色的装饰护具模型，然后在 修改面板中添加"UVW 展开"命令，再单击编辑 UV 卷展栏的"打开 UV 编辑器"按钮，在弹出的编辑 UVW 对话框中将护具模型的网格匹配到对应贴图位置，如图 8-349 所示。

13　将护具的网格匹配贴图位置后，模型的 UV 得到正确的显示，如图 8-350 所示。

14　选择角色的腿部模型，然后在 修改面板中添加"UVW 展开"命令，再单击编辑 UV 卷展栏的"打开 UV 编辑器"按钮，在弹出的编辑 UVW 对话框中将腿部模型的网格匹配到对应贴图位置，如图 8-351 所示。

15　将腿部的网格匹配贴图位置后，模型的 UV 得到正确的显示，如图 8-352 所示。

16　选择角色的武器模型，然后在 修改面板中添加"UVW 展开"命令，再单击编辑 UV 卷展栏的"打开 UV 编辑器"按钮，在弹出的编辑 UVW 对话框中将武器模型的网格匹配到对应贴图位置，如图 8-353 所示。

17　将武器的网格匹配贴图位置后，模型的 UV 得到正确的显示，完成角色的材质贴图设置，如图 8-354 所示。

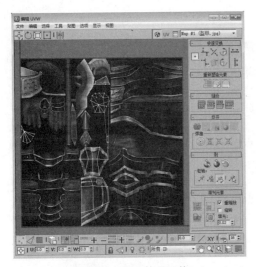

图8-349　匹配护具网格

图8-350　护具显示效果

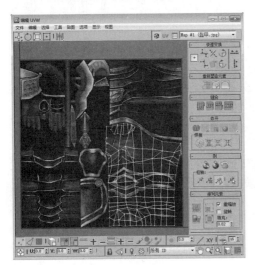

图8-351　匹配腿部网格

图8-352　腿部显示效果

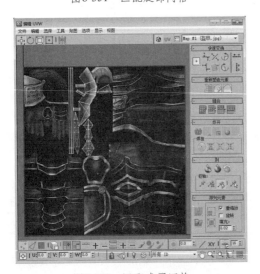

图8-353　匹配武器网格

图8-354　材质贴图效果

2. 场景设置

⌈1⌋ 在 ※ 创建面板 ⧉ 图形中选择样条线的 "线" 命令，然后在 "左视图" 绘制，得到 "L" 形的图形，作为盔甲战士场景的衬板模型，如图 8-355 所示。

⌈2⌋ 选择绘制的图形，然后在 ⧉ 修改面板中添加 "挤出" 命令，再设置挤出数量值为 5000、分段值为 2，将图形转换为三维模型，如图 8-356 所示。

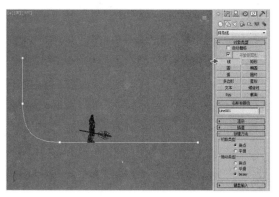

图8-355　绘制图形

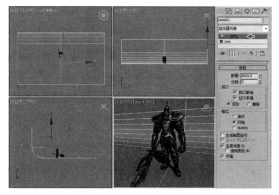

图8-356　挤出操作

⌈3⌋ 调节 "透视图" 的呈现角度，准备建立摄影机前的操作，如图 8-357 所示。

⌈4⌋ 在 ※ 创建面板的 ⧉ 摄影机中选择 "目标" 命令，然后在 "左视图" 由右至左拖拽完成场景的摄影机建立，如图 8-358 所示。

图8-357　调节视图角度

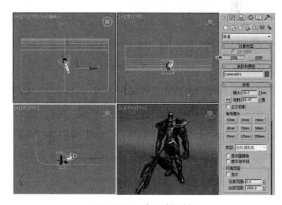

图8-358　建立摄影机

⌈5⌋ 保持摄影机的选择状态并切换至 "透视图"，然后在菜单中选择【视图】→【从视图创建摄影机】命令，将摄影机自动匹配到当前 "透视图" 的角度，如图 8-359 所示。

⌈6⌋ 在视图左上角的提示文字处单击鼠标 "右" 键，从弹出的菜单中选择 "摄影机" 和 "显示安全框" 命令，将视图切换至 "摄影机视图"，如图 8-360 所示。

⌈7⌋ 在主工具栏单击 ⧉ 渲染设置按钮，然后设置输出大小为 500×600 的正方形比例，如图 8-361 所示。

⌈8⌋ 在主工具栏单击 ⧉ 渲染按钮，完成盔甲战士的场景设置，如图 8-362 所示。

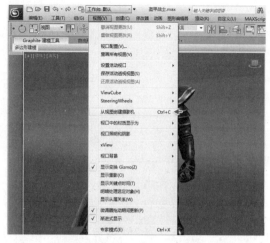

图8-359　从视图创建摄影机

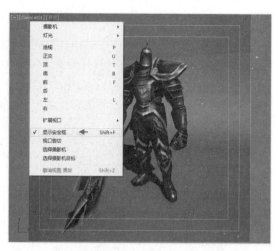

图8-360　切换摄影机视图

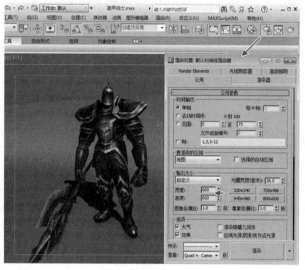

图8-361　输出大小设置

图8-362　场景渲染效果

3. 灯光设置

1 在 创建面板中单击 灯光面板下的"自由聚光灯"按钮，然后在"前视图"中由上至下拖拽建立灯光，如图 8-363 所示。

2 在 修改面板的常规参数卷展栏中开启"阴影"项并设置类型为"阴影贴图"类型，在平行光参数卷展栏中设置聚光区／光束值为30、衰减区／区域值为45；在强度／颜色／衰减卷展栏中设置倍增值为 0.13、颜色为蓝色；最后在阴影贴图参数卷展栏中设置大小值为750、采样范围值为 20，如图 8-364 所示。

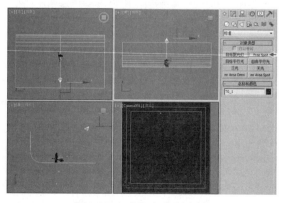

图8-363　建立自由聚光灯

3 在主工具栏单击 渲染按钮，渲染建立灯光所产生的效果，如图 8-365 所示。

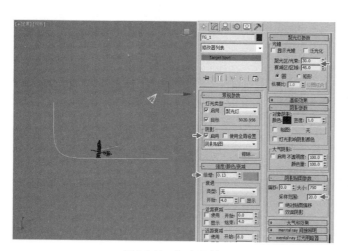

图8-364 灯光设置

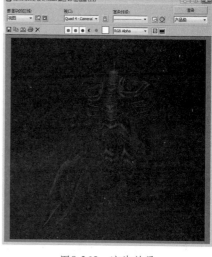

图8-365 渲染效果

4 在"左视图"中选择建立的灯光，然后沿 X 轴进行"Shift＋移动"对称复制操作，如图 8-365 所示。

5 在"顶视图"中选择完成的两个灯光，然后配合"Shift＋旋转"进行复制操作，完成场景的顶部灯光照明，如图 8-367 所示。

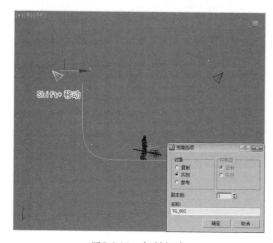

图8-366 复制灯光

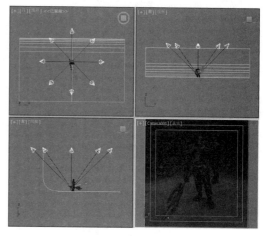

图8-367 完成顶部灯光

6 在主工具栏单击 渲染按钮，渲染顶部灯光所产生的效果，如图 8-368 所示。

7 在 创建面板中单击 灯光面板下的"目标聚光灯"按钮并在"前视图"中由左至右拖拽建立灯光，然后将其复制一周，再设置强度／颜色／衰减卷展栏中的增值为 0.12、颜色为淡蓝色，作为侧部的灯光照明，如图 8-369 所示。

8 在主工具栏单击 渲染按钮，渲染建立侧部灯光所产生的效果，如图 8-370 所示。

9 在 创建面板中单击 灯光面板下的"目标聚光灯"按钮并在"前视图"中由下至上拖拽建立灯光，然后将其复制一周，再设置强度／颜色／衰减卷展栏中的增值为 0.08、颜色为草绿色，作为底部的灯光照明，如图 8-371 所示。

图8-368 渲染效果

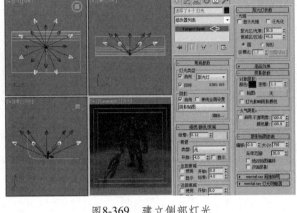

图8-369 建立侧部灯光

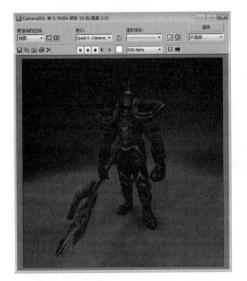

图8-370 渲染效果

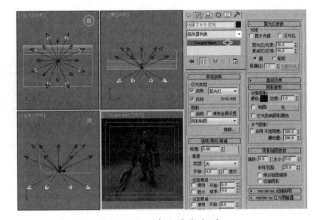

图8-371 建立底部灯光

10 在主工具栏单击◎渲染按钮，渲染建立底部灯光所产生的效果，如图 8-372 所示。

11 在✦创建面板中单击灯光面板下的"目标平行光"按钮，然后在"前视图"中由上至下拖拽建立，再设置强度／颜色／衰减卷展栏中的增值为 1.25、颜色为黄色，作为场景的主光照明，如图 8-373 所示。

12 在主工具栏单击◎渲染按钮，渲染建立主灯光所产生的效果，如图 8-374 所示。

13 在✦创建面板中单击灯光面板下的"目标聚光灯"按钮，然后在"前视图"中由上至下拖拽建立，再设置强度／颜色／衰减卷展栏中的增值为 0.07、颜色为蓝色，作为场景的顶光照明，如图 8-375 所示。

14 在主工具栏单击◎渲染按钮，渲染建立顶灯光所产生的效果，如图 8-376 所示。

15 在回显示面板的"按类别隐藏"卷展栏中关闭灯光项目的显示，精简场景中的物体显示，如图 8-377 所示。

图8-372 渲染效果

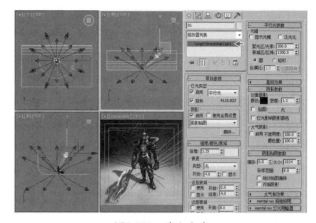

图8-373 建立主光

图8-374 渲染效果

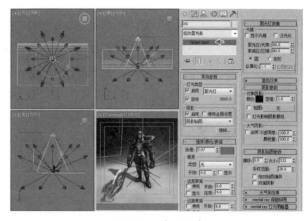

图8-375 建立顶光

图8-376 渲染效果

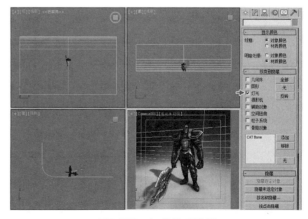

图8-377 灯光显示设置

⑯ 切换至"摄影机视图"，最终完成的盔甲战士场景显示如图 8-378 所示。

⑰ 在主工具栏单击 ◎ 渲染按钮，渲染场景的最终效果，如图 8-379 所示。

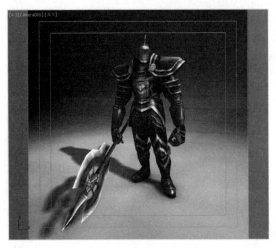

图8-378　完成场景显示

图8-379　最终渲染效果

8.5　本章小结

　　本章主要对 3ds Max 制作角色模型的结构关系进行讲解，配合"卡通猴子"、"恐龙头像"和"盔甲战士"实际范例，掌握在实际制作中的流程和技术点。

　　通过对本章的学习，可以制作很多类别的角色模型，比如"机器猫"、"恐龙"、"游戏法师"、"太空人"、"卡通吉祥物"等，因此，要求将本章学习到的内容充分理解。

8.6　课后训练

　　根据所学知识，制作"卡通蝙蝠侠"模型，充分地掌握角色模型制作。

> **提示**　先进行形象设计，然后依次建立头部模型、眼睛模型、牙齿模型、身体模型、手部模型、腿部模型、腰带模型、斗篷模型，完成模型后再设置角色表情、角色动作和场景，最后再通过材质和灯光丰富角色的效果，制作流程如图 8-380 所示。制作完成的"卡通蝙蝠侠"模型效果如图 8-381 所示。

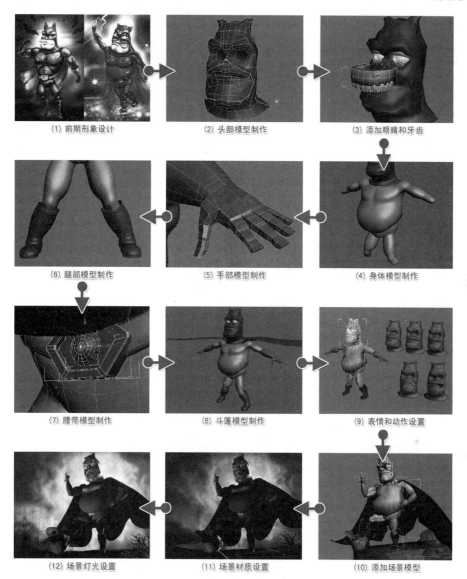

(1) 前期形象设计　　　(2) 头部模型制作　　　(3) 添加眼睛和牙齿

(6) 腿部模型制作　　　(5) 手部模型制作　　　(4) 身体模型制作

(7) 腰带模型制作　　　(8) 斗篷模型制作　　　(9) 表情和动作设置

(12) 场景灯光设置　　　(11) 场景材质设置　　　(10) 添加场景模型

图8-380　卡通蝙蝠侠的制作流程

图8-381　卡通蝙蝠侠的模型效果

第9章
场景模型制作

本章先介绍制作场景模型的基础知识，然后通过范例《水面荷花》、《室内客厅》和《宁静庭院》综合介绍使用 3ds Max 制作场景模型的方法和技巧。

场景是展开动画剧情的特定空间环境，是动画美术设计中的基本概念之一。场景和环境并非同一概念，它们间既有分别又有关联。环境是指剧本中所涉及的时代、社会背景以及具体的自然环境，还包括主要角色生活的场所和空间，是一个广义的大概念。而场景则是指使剧情展开具体的单元，而每一个单元又都是构成动画电影环境的基本单元。

9.1 场景模型制作

三维动画电影的场景类型与所有影视作品中的场景类型一样，都是依据文学剧本和分镜头剧本中所涉及的要求进行设置，一般分为室内场景和室外场景。

↗ 9.1.1 室内场景

室内场景是指所有人物或动物所活动的房屋、建筑或交通工具等的内部空间。例如，在《怪物公司》中，设计师们首先绘制出了工厂的主场景，它对整部动画电影的画面效果和风格确定起着决定性的作用，是剧情和主要角色最主要的展现与活动场景，如图 9-1 所示。

只有确立了主场景，才能围绕其展开对其他场景和细节的三维设计，在《怪物公司》中设计师们将怪兽电力公司的工作空间完美展现，使蓝

图9-1 《怪物公司》室内场景设计

紫色皮毛大怪物和绿色独眼怪物可以非常理想地融入进去，如图 9-2 所示。

《飞屋环游记》中的房屋内部设计也堪称经典，它将剧情和故事发展很好地贯穿在一起，使现实与幻想空间完美地结合，确立了主角和场景的关系，将不同角度和细节进行合理性的完整统一，如图 9-3 所示。

图9-2 《怪物公司》三维室内场景

图9-3 《飞屋环游记》三维室内场景

↗ 9.1.2 室外场景

室外场景的范畴明显多过室内场景，例如楼房、宫殿、院落、街道、山谷和森林等，是动画电影中使用频率最高的场景。

《怪物史莱克》中的室外场景大部分都是在写实风格的基础上进行夸张，突出了怪物史莱克和菲奥纳公主居住在一片原始的森林中，使场景环境的气氛与剧情得到了紧密联系，如图 9-4 所示。

怪物史莱克、菲奥纳公主和驴子在森林边缘向远处城市眺望的镜头，使很多观看过《怪物史莱克》的观众记忆犹新，它成功地将场景简化为几大层次，突出主人公内心充满的幻想，如图9-5所示。

《海底总动员》的场景设计更使观看者置身于神秘的海洋之中，通过透视角度的控制，使场景更加符合动画电影的艺术表现，如图9-6所示。

图9-4 《怪物史莱克》的室外场景

图9-5 《怪物史莱克》的室外场景

图9-6 《海底总动员》的室外场景

9.1.3 结合场景

如果将室内场景进行延伸，就必须要考虑到室内和室外场景的结合，属于组合式场景。其特色是内外兼顾，结构复杂并富于变化，使空间的层次更加丰富，《飞屋环游记》中的典型室内和室外结合的场景如图9-7所示。

在《超人总动员》中也大量地使用了室内和室外结合的场景，比如超劲先生跟随超能先生飞入大厦的镜头，在室内透过大厦的玻璃可以清楚地看到周围楼宇的环境。这样的设计比单纯的室内场景或室外场景相对要复杂一些，需要考虑的因素也就更多，并且还要注意内外道具的衔接和层次关系，以及光影的明暗层次和如何突出角色效果等，如图9-8所示。

图9-7 室内和室外结合的场景

图9-8 《超人总动员》的结合场景

9.2 范例——水面荷花

"水面荷花"范例主要使用车削、自由变形、编辑多边形等修改命令对标准几何体进行调节，再使用"材质编辑器"为模型赋予质感，其对比效果如图9-9所示。

图9-9　范例效果

　　"水面荷花"范例的制作流程分为 6 部分，包括①荷叶模型、②浮叶模型、③荷花模型、④材质设置、⑤灯光设置、⑥渲染设置，如图 9-10 所示。

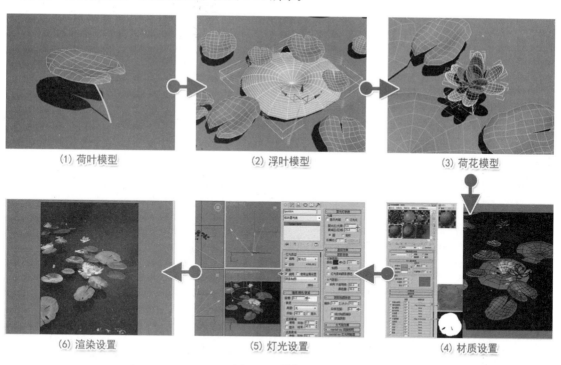

(1) 荷叶模型　　　　　　　　　(2) 浮叶模型　　　　　　　　　(3) 荷花模型

(6) 渲染设置　　　　　　　　　(5) 灯光设置　　　　　　　　　(4) 材质设置

图9-10　制作流程

9.2.1　荷叶模型

　　"荷叶模型"部分的制作流程分为 3 部分，包括①荷叶模型、②绘制枝干、③复制模型，如图 9-11 所示。

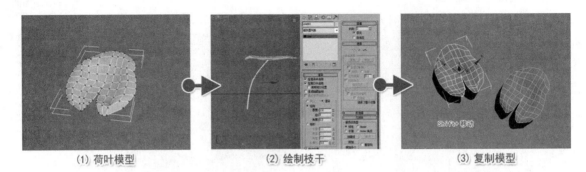

(1) 荷叶模型　　　　　　　(2) 绘制枝干　　　　　　　(3) 复制模型

图9-11　制作流程

1. 荷叶模型

1 在 ☀ 创建面板 ○ 几何体中选择标准基本体的"长方体"命令，然后在"顶视图"建立一个长方体，再设置长度值为100、宽度值为100、高度值为2，继续设置长度分段值为8、宽度分段值为8、高度分段值为1，作为荷叶的基础模型，如图9-12所示。

2 将"顶视图"全屏化显示并选择"长方体"模型，然后在 ⬚ 修改面板中添加"编辑多边形"修改命令，如图9-13所示。

3 将"编辑多边形"命令切换至 ⬚ 顶点编辑模式，然后框选模型右半侧的所有顶点，并在

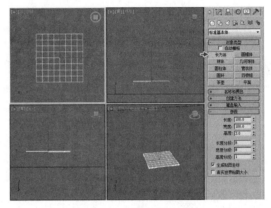

图9-12　创建长方体

⬚ 修改面板中添加"FFD 3×3×3（自由变形）"修改命令，如图9-14所示。

 "自由变形"操作可以应用于多边形的选择顶点，使其更加快捷地控制指定区域。

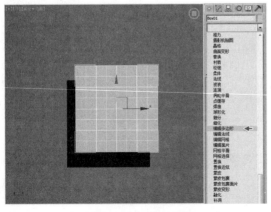

图9-13　添加修改命令

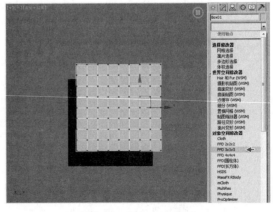

图9-14　添加自由变形

4 在"顶视图"选择模型右侧的一组控制点，将模型编辑调节成弧状，如图9-15所示。

⑤ 在 修改面板中为模型再次添加"编辑多边形"修改命令，如图 9-16 所示。

> 提示 修改命令的层级罗列会存在相互影响，如果不想破坏以往的编辑效果，可以直接在最顶部再次添加命令进行控制。

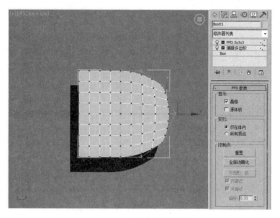
图9-15　编辑控制点

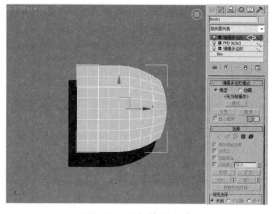
图9-16　添加修改命令

⑥ 切换至"透视图"，将"编辑多边形"命令切换至 ■ 多边形编辑模式，然后选择模型侧面的一组多边形，如图 9-17 所示。

⑦ 在"编辑多边形"卷展栏中单击"挤出"工具的 ■ 参数按钮，然后在弹出的"挤出多边形"浮动对话框中设置挤出高度值为 15，再重复"挤出"操作三次，得到效果如图 9-18 所示。

> 提示 在多次挤出操作时，在完成头次操作后可以单击"+"号按钮再次重复操作。

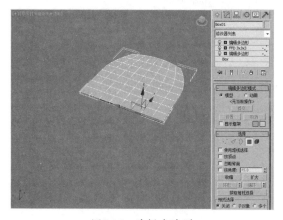
图9-17　选择多边形

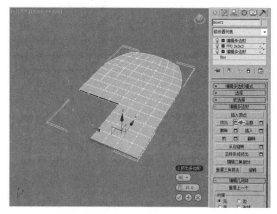
图9-18　挤出设置

⑧ 将"编辑多边形"命令切换至 ■ 顶点编辑模式，调整控制点的位置，使挤出部分呈半椭圆状，如图 9-19 所示。

9 切换"编辑多边形"命令至■多边形编辑模式，然后选择模型侧面的一组多边形，如图 9-20 所示。

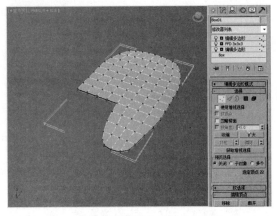
图9-19 调整控制点

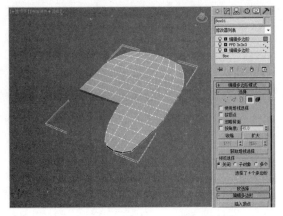
图9-20 选择多边形

10 在"编辑多边形"卷展栏中单击"挤出"工具的■参数按钮，并在弹出的"挤出多边形"浮动对话框中设置挤出高度值为 15，再重复"挤出"操作 3 次，得到效果如图 9-21 所示。

11 将"编辑多边形"命令切换至■顶点编辑模式，调整控制点的位置，使挤出部分呈半椭圆状，如图 9-22 所示。

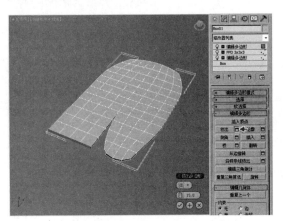
图9-21 挤出设置

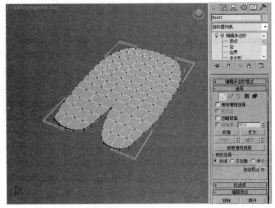
图9-22 调整控制点

12 在■修改面板中为模型添加"噪波"修改命令，并设置强度值 Y 轴为 20、Z 轴为 –30，使模型产生起伏效果，如图 9-23 所示。

提示 "噪波"修改器沿着三个轴的任意组合调整对象顶点的位置，是模拟对象形状随机变化的重要动画工具。

13 切换"编辑多边形"命令至■顶点编辑模式，然后再调整控制点的位置，使其呈现荷叶状，如图 9-24 所示。

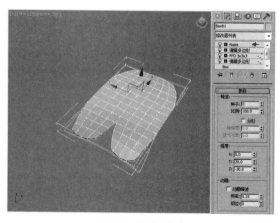

图9-23 添加噪波

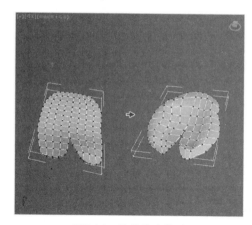

图9-24 编辑荷叶模型

2. 绘制枝干

$\boxed{1}$ 在 ❈ 创建面板 🔗 图形中选择样条线的"线"命令，然后在"前视图"荷叶模型的底部绘制线段，作为荷叶模型的枝干，如图 9-25 所示。

$\boxed{2}$ 选择绘制的线段，在 🖉 修改面板的"渲染"卷展栏中勾选"在渲染中启用"与"在视口中启用"项，并设置厚度值为 2，然后在"插值"卷展栏中设置步数值为 2，使绘制的线段在场景与渲染时可见，如图 9-26 所示。

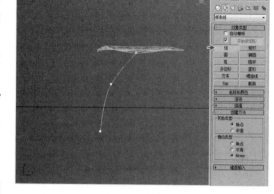

图9-25 绘制线段

提示 二维图形的"步数"设置将会直接控制生产三维模型时的网格段数。

$\boxed{3}$ 在"透视图"中选择荷叶模型与枝干模型，然后在菜单中选择【组】→【成组】命令，便于对场景文件的管理，如图 9-27 所示。

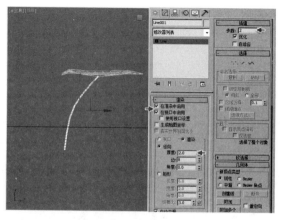

图9-26 渲染设置

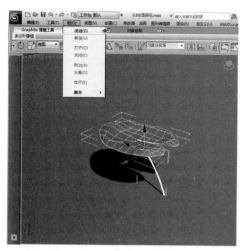

图9-27 成组操作

3. 复制模型

1 调节视图的预览角度，选择成组后的模型，再使用键盘"Shift+移动"快捷键将荷叶模型进行复制操作，如图 9-28 所示。

2 使用键盘"Shift+移动"快捷键，将荷叶模型进行多次的复制操作，并调节其不同的显示角度与位置，使荷叶模型错落有致地显示在场景中，如图 9-29 所示。

 在模型复制完成以后，对模型进行不同样式的调节，增加场景的自然效果。

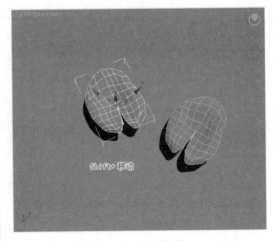

图9-28 复制操作

3 在主工具栏单击 🖑 渲染按钮，渲染荷叶模型的效果，如图 9-30 所示。

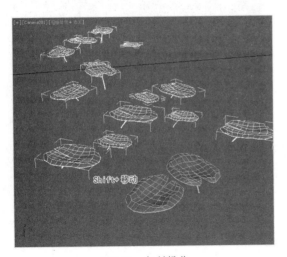

图9-29 复制操作

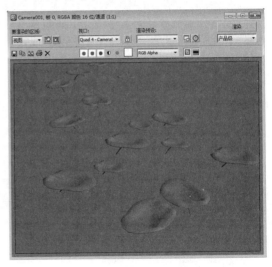

图9-30 荷叶模型效果

↗ 9.2.2 浮叶模型

"浮叶模型"部分的制作流程分为 3 部分，包括①绘制样条线、②生成三维模型、③复制模型，如图 9-31 所示。

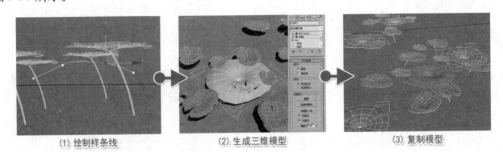

(1) 绘制样条线　　　　　(2) 生成三维模型　　　　　(3) 复制模型

图9-31 制作流程

1. 绘制样条线

① 在 创建面板 图形中选择样条线的"线"命令，然后在"前视图"荷叶模型的下方绘制线段，作为浮叶模型的截面图形，如图 9-32 所示。

② 在 修改面板中的"顶点"模式下，选择线段中部的两个顶点，然后单击鼠标"右"键，并在弹出的四元菜单中选择【工具 1】→【Bezier】命令选项，如图 9-33 所示。

 提示　Bezier 曲线可以由很多顶点进行定义，每个顶点由另外两个控制端点切向矢量的点控制。

③ 在"前视图"中选择顶点并通过 Bezier 控制曲线弧度，如图 9-34 所示。

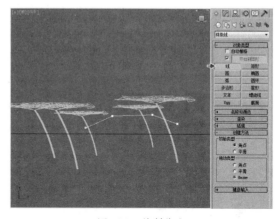

图9-32　绘制线段

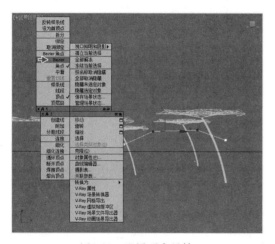

图9-33　设置顶点属性

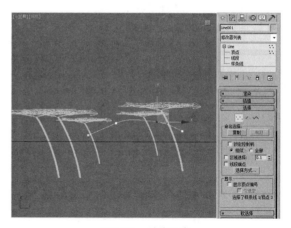

图9-34　调节弧度

2. 生成三维模型

① 切换视图至"透视图"，在 修改面板中为截面图形添加"车削"命令，如图 9-35 所示。

 提示　车削通过绕轴旋转一个图形或 NURBS 曲线来创建 3D 对象。

② 在"参数"卷展栏中设置度数值为 360，然后勾选"焊接内核"项，再设置对齐为"最小"方式，得到浮叶模型效果，如图 9-36 所示。

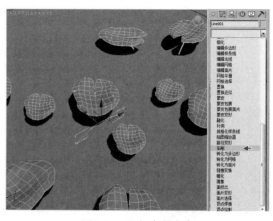

图9-35　添加车削命令

"焊接内核"项目可以通过将旋转轴中的顶点焊接来简化网格。如果要创建一个变形目标，需禁用此选项。

③ 在"透视图"中选择浮叶模型，然后在 修改面板中添加"FFD 4×4×4（自由变形）"修改命令，再编辑调整浮叶模型轮廓的不规则形状，如图 9-37 所示。

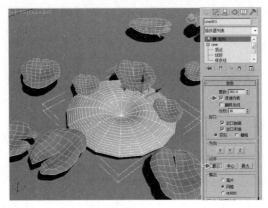

图9-36　车削设置

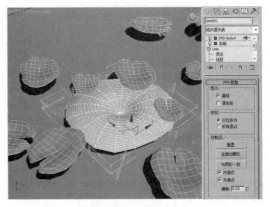

图9-37　添加修改命令

3. 复制模型

① 使用键盘"Shift＋移动"快捷键，将浮叶模型进行多次的复制操作，并调节其不同的位置与大小，如图 9-38 所示。

② 切换视图至"前视图"，沿 Y 轴方向调整浮叶模型的位置，使浮叶模型显示在荷叶模型的下方，如图 9-39 所示。

③ 在主工具栏单击 渲染按钮，渲染浮叶模型的效果，如图 9-40 所示。

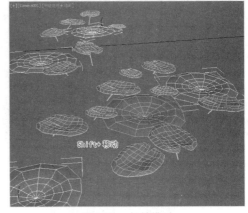

图9-38　复制模型

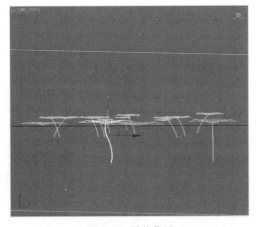

图9-39　调整位置

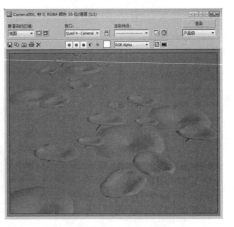

图9-40　浮叶模型效果

⤴ 9.2.3 荷花模型

"荷花模型"部分的制作流程分为 3 部分，包括①枝干与叶片、②复制花瓣模型、③其他荷花模型，如图 9-41 所示。

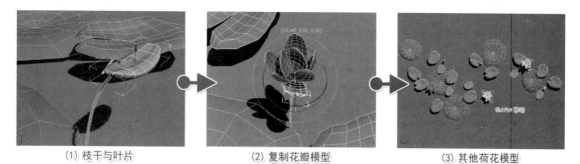

(1) 枝干与叶片   (2) 复制花瓣模型   (3) 其他荷花模型

图9-41 制作流程

1. 枝干与叶片

☐1 在❋创建面板◯图形中选择样条线的"线"命令，在"渲染"卷展栏中勾选"在渲染中启用"与"在视口中启用"项，设置厚度值为 2.5，然后在"前视图"绘制线段，作为荷花模型的枝干模型，如图 9-42 所示。

☐2 在❋创建面板◯几何体中选择标准基本体的"长方体"命令，然后在"顶视图"荷花的枝干模型位置建立一个长方体，再设置长度值为 50、宽度值为 20、高度值为 3，继续设置长度分段值为 5、宽度分段值为 4、高度分段值为 1，作为花瓣的基础模型，如图 9-43 所示。

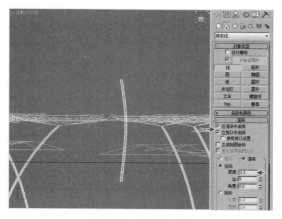

图9-42 枝干模型

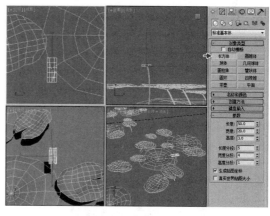

图9-43 创建长方体

☐3 将"顶视图"全屏化显示，并选择长方体模型，然后在☑修改面板中添加"编辑多边形"修改命令，如图 9-44 所示。

☐4 将"编辑多边形"命令切换至▪顶点编辑模式，使用主工具栏中的▣缩放工具沿 X 轴方向，将"长方体"顶底的两组顶点进行缩小操作，如图 9-45 所示。

☐5 在▪顶点编辑模式下，调节"长方体"的轮廓，使其呈现出叶片状，如图 9-46 所示。

☐6 切换视图至"透视图"，选择"长方体"中部的两组顶点，然后沿 Z 轴方向向上进行调整，使其产生凸起效果，如图 9-47 所示。

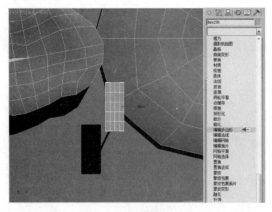

图9-44 添加修改命令

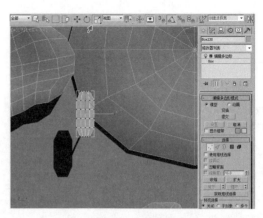

图9-45 缩放顶点

图9-46 编辑顶点

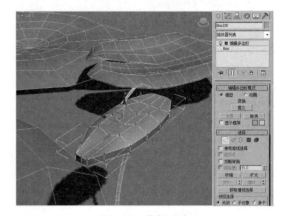

图9-47 编辑顶点

7 选择模型中间的顶点，沿 Z 轴方向向下进行调整，增加模型起伏的效果，如图 9-48 所示。

8 在"透视图"中选择花瓣模型，然后在 修改面板中添加"弯曲"修改命令，在"参数"卷展栏中设置角度值为 60、方向值为 90，使花瓣模型得到弯曲效果，如图 9-49 所示。

"弯曲"修改器允许将当前选中对象围绕单独轴弯曲 360 度，在对象几何体中产生均匀弯曲。可以在任意三个轴上控制弯曲的角度和方向，也可以对几何体的一段限制弯曲。

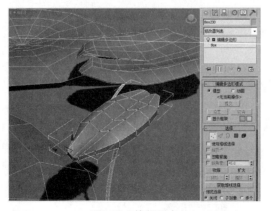

图9-48 编辑顶点

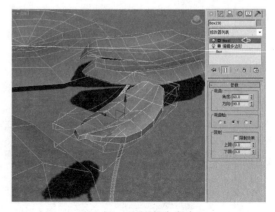

图9-49 添加弯曲命令

[9] 在 ✎ 修改面板中继续为花瓣模型添加"网格平滑"修改命令，然后设置"细分量"卷展栏中的迭代次数值为 2、平滑度值为 1，使花瓣模型显示平滑的效果，如图 9-50 所示。

[10] 选择主工具栏中的 ✛ 移动工具，调整花瓣模型的位置使其边缘与枝干模型的顶端对齐，如图 9-51 所示。

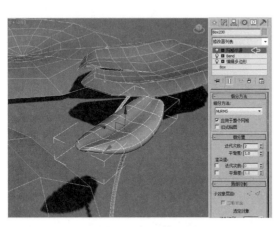

图9-50 添加网格平滑

图9-51 枝干与叶片效果

2. 复制花瓣模型

[1] 调整"透视图"的观察视角，选择花瓣模型并在 📇 层级面板下单击"仅影响轴"按钮，然后沿 Y 轴方向调整其中心轴的位置到花瓣模型的边缘处，并在枝干模型的顶端位置，如图 9-52 所示。

轴的位置调节将影响到模型复制时的效果。

[2] 在主工具栏中单击 ↺ 旋转工具按钮，配合键盘"Shift"键沿 Z 轴 150 度方向复制花瓣模型，在弹出的"克隆选项"对话框中设置对象类型为"复制"方式、副本数值为 2，如图 9-53 所示。

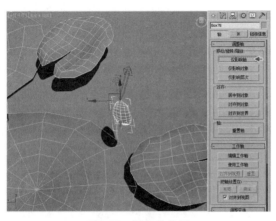

图9-52 调整轴位置

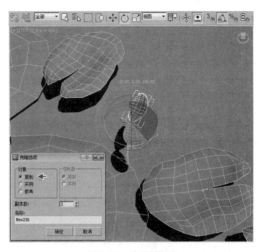

图9-53 复制模型

③ 选择第三个花瓣模型，使用主工具栏中的🔄旋转工具沿 X 轴方向调整至 35 度位置，如图 9-54 所示。

④ 选择第二个花瓣模型，使用主工具栏中的🔄旋转工具沿 X 轴方向调整至 –70 度位置，如图 9-55 所示。

⑤ 选择第一个花瓣模型，使用主工具栏中的🔄旋转工具沿 X 轴方向调整至 65 度位置，使花瓣模型产生自然生长的效果，如图 9-56 所示。

⑥ 选择第二个花瓣模型，使用键盘"Shift＋旋转"快捷键沿 X 轴方向复制模型，再选择复制出的模型，继续使用键盘"Shift＋旋转"快捷键沿 Z 轴方向复制模型，并在弹出的"克隆选项"

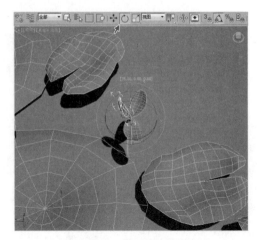

图9-54　调整模型角度

对话框中设置对象类型为"复制"方式、副本数值为 5，得到多个花瓣模型，如图 9-57 所示。

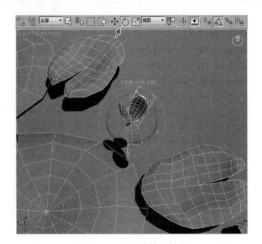

图9-55　调整模型角度

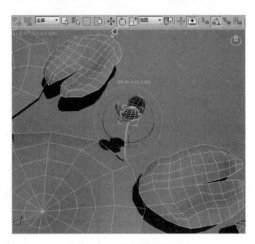

图9-56　调整模型角度

⑦ 使用主工具栏中的🔄旋转工具，调整花瓣模型不同的显示角度，如图 9-58 所示。

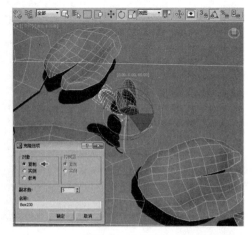

图9-57　复制模型

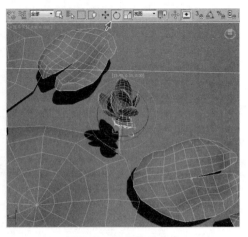

图9-58　调整模型角度

⑧ 使用键盘"Shift ＋ 旋转"快捷键，复制并调整花瓣模型使其产生层见叠出的效果，如图 9-59 所示。

⑨ 在"透视图"中选择所有花瓣模型及底部的枝干模型，然后在菜单中选择【组】→【成组】命令，完成荷花模型的制作，如图 9-60 所示。

图9-59　复制调整模型

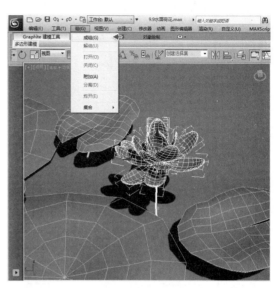

图9-60　成组操作

3. 其他荷花模型

① 使用 ⊹ 创建面板中的"长方体"及"线"命令，并配合 ◪ 修改面板中的命令制作其他荷花模型，如图 9-61 所示。

② 切换至"摄影机视图"，然后调节所有荷花模型的自然分布效果，如图 9-62 所示。

图9-61　建立模型

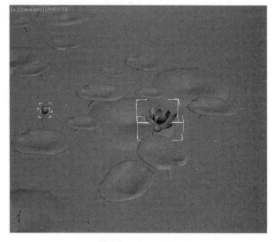

图9-62　模型效果

③ 在"透视图"中使用键盘"Shift ＋ 移动"快捷键复制并调整荷花模型的不同显示位置，如图 9-63 所示。

④ 在主工具栏单击 ◌ 渲染按钮，渲染制作完成的荷花模型效果，如图 9-64 所示。

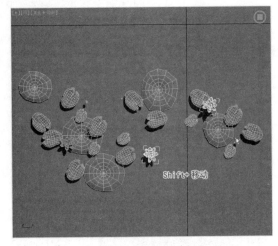

图9-63 复制模型

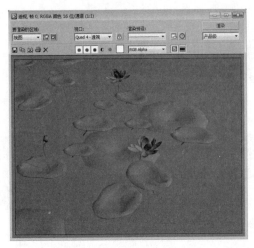

图9-64 荷花模型效果

↗ 9.2.4 材质设置

"材质设置"部分的制作流程分为3部分，包括①水面材质、②材质UV设置、③其他材质设置，如图9-65所示。

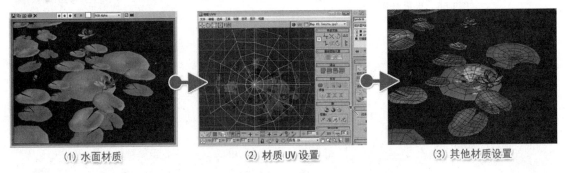

(1) 水面材质　　　　　　(2) 材质UV设置　　　　　　(3) 其他材质设置

图9-65 制作流程

1. 水面材质

1 在主工具栏中单击▣材质编辑器按钮，选择一个空白材质球并设置名称为"水面"。在"Blinn基本参数"卷展栏中设置高光级别值为120、光泽度值为90，然后在"贴图"卷展栏中设置凹凸项的贴图类型为"噪波"贴图方式，再设置凹凸数量值为15；为反射项赋予贴图类型为"光线跟踪"贴图方式，然后设置反射数量值为80，最后将设置完成的材质赋予场景中的水面模型，如图9-66所示。

2 在菜单中选择【渲染】→【环境】命令，在弹出的"环境和效果"对话框中单击环境光颜色块，在颜色选择器中设置环境的颜色，如图9-67所示。

3 单击主工具栏中的▣渲染按钮，渲染场景修改环境颜色后的效果，如图9-68所示。

4 在主工具栏中单击▣材质编辑器按钮，选择一个空白材质球并设置名称为"花"。在"Blinn基本参数"卷展栏中设置漫反射颜色为深棕色、高光级别值为9、光泽度值为10及自发光值为66，然后在"贴图"卷展栏中设置漫反射颜色项的贴图类型为"渐变"贴图方式，并在"渐变参数"卷展栏中调节渐变的颜色，最后将设置完成的材质赋予场景中的荷花模型，如图9-69所示。

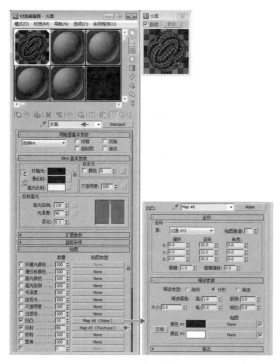

图9-66　水面材质

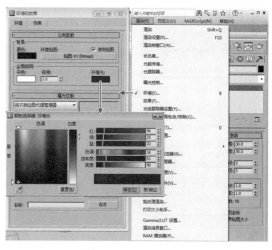

图9-67　设置环境颜色

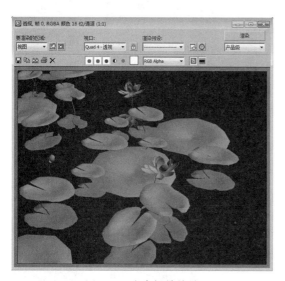

图9-68　渲染场景效果

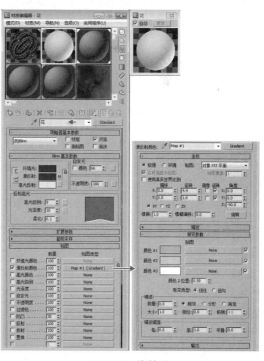

图9-69　花材质

[5] 在"材质编辑器"中选择一个空白材质球，并设置名称为"叶"。在"Blinn 基本参数"卷展栏中设置漫反射颜色为墨绿色、高光级别值为 28 及光泽度值为 27，然后在"贴图"卷展栏中设置漫反射颜色项的贴图类型为"渐变"贴图方式，并在"渐变参数"卷展栏中调节渐变的颜

色，为颜色 1 与颜色 2 项添加本书配套光盘中的"A.bmp"贴图，颜色 3 项添加本书配套光盘中的"heye.bmp"贴图，最后将设置完成的材质随机赋予场景中的荷叶模型，如图 9-70 所示。

⑥ 单击主工具栏中的 渲染按钮，渲染场景中荷花、荷叶及水面的效果，如图 9-71 所示。

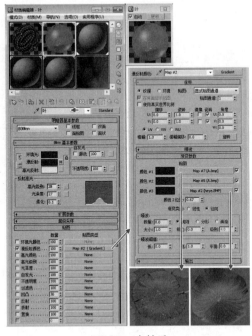

图9-70　叶材质

图9-71　渲染场景效果

2. 材质UV设置

① 在主工具栏中单击 材质编辑器按钮，选择一个空白材质球并设置名称为"残荷"。在"明暗器基本参数"卷展栏中勾选双面项，然后在"贴图"卷展栏中为漫反射颜色项增加本书配套光盘中的"weitu.jpg"贴图，不透明度项添加本书配套光盘中的"heibai 副本 .jpg"贴图，最后将设置完成的材质随机赋予场景中的荷叶模型，如图 9-72 所示。

② 切换至"透视图"并选择场景中的浮叶模型，在 修改面板为模型添加"UVW 贴图"命令，然后在"参数"卷展栏中设置贴图类型为"平面"方式，再设置长度值为 120、宽度值为 137，调节 UVW 控制的范围，如图 9-73 所示。

③ 在 修改面板为模型添加"展开 UV"命令，然后单击"编辑 UV"卷展栏中的打开 UV 编辑器按钮，在弹出的"编辑 UVW"界面中调整显示范围，如图 9-74 所示。

④ 在"材质编辑器"中选择一个空白材质球，并设置名称为"枝干"。在"Blinn 基本参数"卷展栏中设

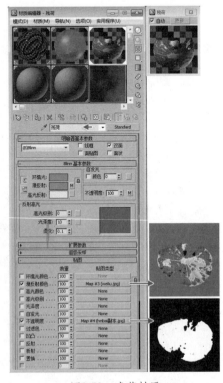

图9-72　残荷材质

置漫反射颜色为绿色、高光级别值为 30 及光泽度值为 36，并将设置完成的材质赋予场景中的枝干模型，如图 9-75 所示。

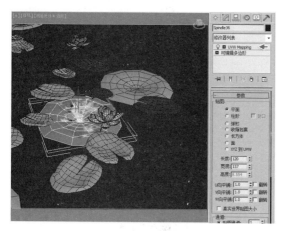

图9-73　设置UVW贴图

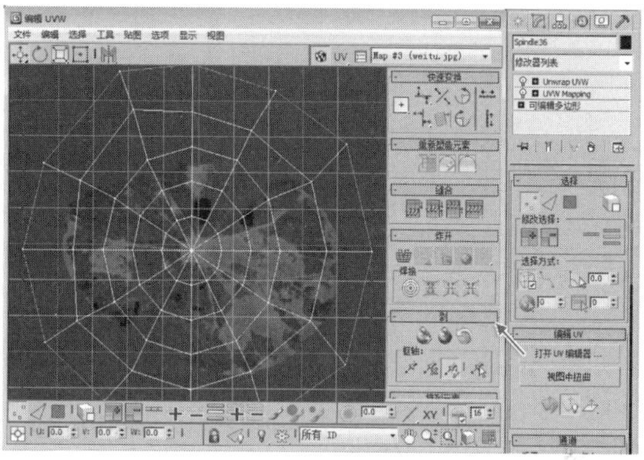

图9-74　展开UV操作

⑤ 单击主工具栏中的 ⊙ 渲染按钮，渲染场景中的残叶及枝干效果，如图 9-76 所示。

图9-75　枝干材质

图9-76　渲染场景效果

3. 其他材质设置

① 在主工具栏中单击 材质编辑器按钮，选择一个空白材质球并设置名称为"叶 2"。在"贴图"卷展栏中为漫反射颜色项增加本书配套光盘中的"heye3.bmp"贴图，再将设置完成的材质随机赋予场景中的荷叶模型，如图 9-77 所示。

② 在"材质编辑器"中选择一个空白材质球，并设置名称为"残荷 2"。在"明暗器基本参数"卷展栏中勾选双面项，然后在"贴图"卷展栏中为漫反射颜色项增加本书配套光盘中的

"A.bmp"贴图，不透明度项添加本书配套光盘中的"A2.bmp"贴图，最后再将设置完成的材质随机赋予场景中的荷叶模型，如图 9-78 所示。

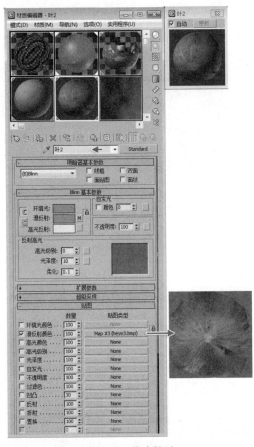

图9-77　荷叶材质

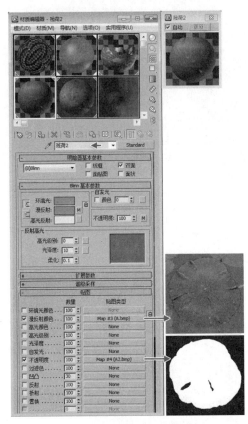

图9-78　荷叶材质

3　在"透视图"观察场景中的材质随机分布效果，如图 9-79 所示。

4　单击主工具栏中的 渲染按钮，渲染为模型添加的材质效果，如图 9-80 所示。

图9-79　场景效果

图9-80　材质效果

↗ 9.2.5 灯光设置

"灯光设置"部分的制作流程分为 3 部分，包括①摄影机设置、②主灯光照明、③辅助灯光设置，如图 9-81 所示。

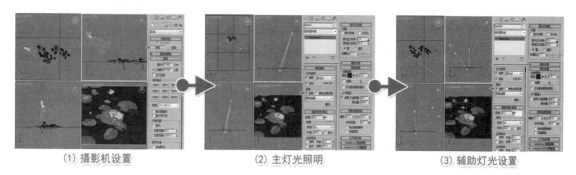

(1) 摄影机设置　　　　　　　　(2) 主灯光照明　　　　　　　　(3) 辅助灯光设置

图9-81　制作流程

1. 摄影机设置

⌐1⌐ 进入 ✱ 创建面板的 📷 摄影机子面板并单击"目标"按钮，然后在"前视图"中拖拽建立目标摄影机，如图 9-82 所示。

⌐2⌐ 保持摄影机的选择状态并在"透视图"调整观察视角，然后在菜单中选择【视图】→【从视图创建摄影机】命令，将摄影机自动匹配到当前"透视图"的角度，如图 9-83 所示。

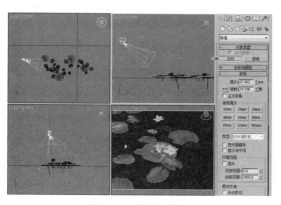

图9-82　建立摄影机

图9-83　匹配摄影机

⌐3⌐ 在视图左上角的提示文字处单击鼠标"右"键，从弹出的菜单中选择【摄影机】→【Camera001（摄影机 001）】命令，将视图切换至"摄影机视图"，如图 9-84 所示。

⌐4⌐ 单击主工具栏中的 🗘 渲染按钮，渲染摄影机视角的效果，如图 9-85 所示。

图9-84 切换摄影机视图

图9-85 摄影机视角效果

2. 主灯光照明

1 在 创建面板中单击 灯光面板下的"目标聚光灯"按钮，在"前视图"中拖拽建立并调整其位置，然后在 修改面板的"常规参数"卷展栏中开启"阴影"项并设置类型为"阴影贴图"，在"聚光灯参数"卷展栏中设置聚光区／光束值为5、衰减区／区域值为25，在"强度／颜色／衰减"卷展栏中设置倍增值为0.8，在"阴影参数"卷展栏中设置颜色为墨绿色，最后在"阴影贴图参数"卷展栏中设置大小值为512、采样范围值为6，如图9-86所示。

2 单击主工具栏中的 渲染按钮，渲染为场景增加主光照明后的效果，可以看到场景比较暗，所以继续为场景添加其他补光照明，如图9-87所示。

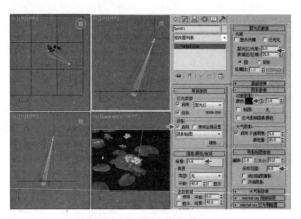

图9-86 设置目标聚光灯

图9-87 主光照明效果

3. 辅助灯光设置

1 在 创建面板中单击 灯光面板下的"目标聚光灯"按钮，在"前视图"中拖拽建立并调整其位置，然后在 修改面板的"聚光灯参数"卷展栏中设置聚光区／光束值为5、衰减区／区域值为25，在"强度／颜色／衰减"卷展栏中设置倍增值为0.1、颜色为淡黄色，在"阴影参数"卷展栏中设置颜色为墨绿色，最后在"阴影贴图参数"卷展栏中设置大小值为512、采样范围值为6，如图9-88所示。

2 单击主工具栏中的 ⬚ 渲染按钮，渲染为场景增加辅光照明后的效果，可以看到场景暗部比较暗，继续为场景添加其他补光照明，如图 9-89 所示。

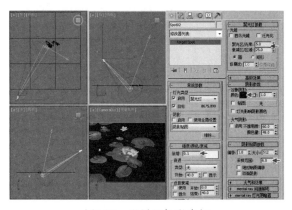

图9-88 设置目标聚光灯

图9-89 辅助光效果

3 在 ✹ 创建面板中单击 💡 灯光面板下的"目标聚光灯"按钮，在"前视图"中拖拽建立并调整其位置，然后在 ✎ 修改面板的"聚光灯参数"卷展栏中设置聚光区／光束值为 5、衰减区／区域值为 25，在"强度／颜色／衰减"卷展栏中设置倍增值为 0.1、颜色为淡黄色，在"阴影参数"卷展栏中设置颜色为墨绿色，最后在"阴影贴图参数"卷展栏中设置大小值为 512、采样范围值为 6，如图 9-90 所示。

4 单击主工具栏中的 ⬚ 渲染按钮，渲染为场景增加辅光照明后的效果，可以看到场景远处比较暗，所以继续为场景添加其他补光照明，如图 9-91 所示。

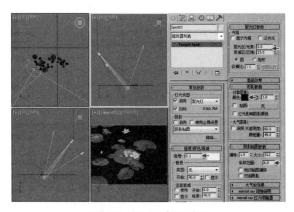

图9-90 设置目标聚光灯

图9-91 辅助光效果

5 在 ✹ 创建面板中单击 💡 灯光面板下的"目标聚光灯"按钮，在"前视图"中拖拽建立并调整其位置，然后在 ✎ 修改面板的"常规参数"卷展栏中开启"阴影"项并设置类型为"阴影贴图"，在"聚光灯参数"卷展栏中设置聚光区／光束值为 5、衰减区／区域值为 25，在"强度／颜色／衰减"卷展栏中设置倍增值为 0.2、颜色为淡黄色，在"阴影参数"卷展栏中设置颜色为墨绿色，最后在"阴影贴图参数"卷展栏中设置大小值为 512、采样范围值为 6，如图 9-92 所示。

6 单击主工具栏中的 渲染按钮，渲染场景最终灯光的照明效果，如图9-93所示。

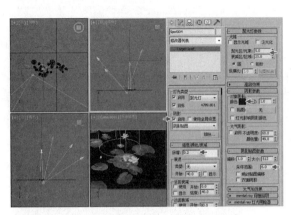

图9-92 设置目标聚光灯

图9-93 最终灯光效果

9.2.6 渲染设置

"渲染设置"部分的制作流程分为3部分，包括①环境设置、②输出尺寸设置、③光跟踪器设置，如图9-94所示。

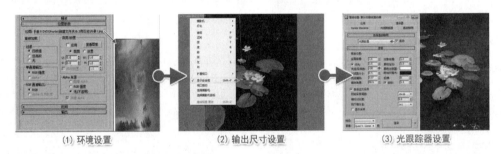

(1) 环境设置　　　　(2) 输出尺寸设置　　　　(3) 光跟踪器设置

图9-94 制作流程

1. 环境设置

1 在菜单中选择【渲染】→【环境】命令，并在弹出的"环境和效果"对话框中单击环境贴图下的按钮，然后赋予本书配套光盘提供的"外景1.jpg"贴图，如图9-95所示。

2 在主工具栏中单击 材质编辑器按钮，将环境贴图以"实例"的方式拖拽复制到一个空白材质球上，在"坐标"卷展栏中设置贴图为"球形环境"类型，通过材质编辑器控制环境的贴图方式，如图9-96所示。

提示 贴图的包裹类型设置主要控制场景以外的空间效果，主要用于对反射效果的控制。

图9-95 添加环境贴图

③ 单击主工具栏中的 渲染按钮，渲染为场景增加环境贴图的效果，如图 9-97 所示。

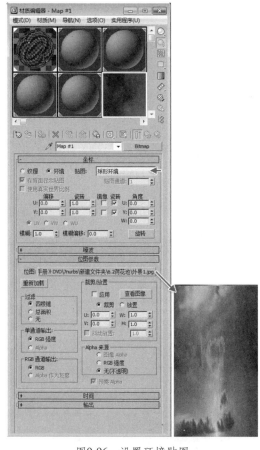

图9-96　设置环境贴图

图9-97　添加环境贴图效果

2. 输出尺寸设置

① 单击主工具栏中的 渲染设置按钮打开"渲染设置"对话框，在"公用"选项的"公用参数"卷展栏中设置输出大小的宽度值为 375、高度值为 500，设置渲染范围如图 9-98 所示。

> 提示　带有反射材质效果的材质在渲染时速度较慢，所以在预览时尽量使用较小的尺寸，在最终完成制作并输出时再设置大尺寸渲染。

② 在视图左上角提示文字处单击鼠标"右"键，从弹出的菜单中选择"显示安全框"命令，将视图场景按输出尺寸进行显示，如图 9-99 所示。

③ 单击主工具栏中的 渲染按钮，渲染为场景设置输出尺寸的效果，如图 9-100 所示。

图9-98　渲染设置

图9-99　显示安全框

图9-100　输出尺寸设置效果

3. 光跟踪器设置

1 在 创建面板中单击 灯光面板下的"天光"按钮，然后在场景中建立灯光，如图 9-101 所示。

2 单击主工具栏中的 渲染按钮，渲染为场景增加天光的效果，如图 9-102 所示。

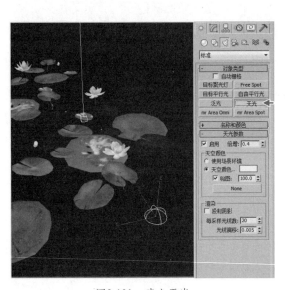

图9-101　建立天光

图9-102　添加天光效果

3 单击主工具栏中的 渲染设置按钮打开"渲染设置"对话框，在"高级照明"选项的"选择高级照明"卷展栏中选择光跟踪器方式，在"参数"卷展栏中设置全局倍增值为 1、光线／采样数值为 150，如图 9-103 所示。

4 单击主工具栏中的 渲染按钮，渲染水面荷花范例的最终效果如图 9-104 所示。

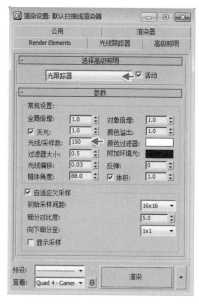

图9-103 光跟踪器设置

图9-104 最终效果

9.3 范例——室内客厅

"室内客厅"范例主要使用图形配合挤出等修改命令搭建场景，通过 VRay 材质为模型增加质感，最后再使用 VRay 渲染器对场景进行渲染输出，如图 9-105 所示。

图9-105 范例效果

"室内客厅"范例的制作流程分为 6 部分，包括①框架模型、②顶棚模型、③家具模型、④辅助模型、⑤装饰模型、⑥场景渲染设置，如图 9-106 所示。

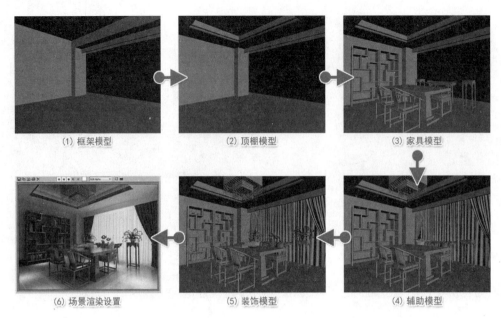

(1) 框架模型　　　　　　　　(2) 顶棚模型　　　　　　　　(3) 家具模型

(6) 场景渲染设置　　　　　　(5) 装饰模型　　　　　　　　(4) 辅助模型

图9-106　制作流程

9.3.1　框架模型

"框架模型"部分的制作流程分为3部分，包括①绘制地面、②创建墙壁、③添加顶棚，如图 9-107 所示。

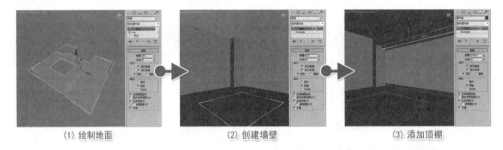

(1) 绘制地面　　　　　　　　(2) 创建墙壁　　　　　　　　(3) 添加顶棚

图9-107　制作流程

1. 绘制地面

① 在 创建面板 图形中选择样条线的"矩形"命令，设置"参数"卷展栏中的长度值为1800、宽度值为 1800，然后在场景中创建矩形，如图 9-108 所示。

② 切换视图至"顶视图"，在 创建面板 图形中选择样条线的"线"命令，然后在矩形外部绘制房间的轮廓图形，如图 9-109 所示。

③ 切换视图至"透视图"，在轮廓图形的选择状态下，在 修改面板单击"几何体"卷展栏

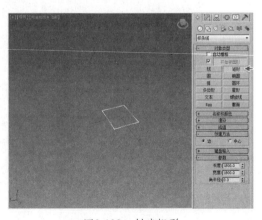

图9-108　创建矩形

中的"附加"命令，然后在场景中加选矩形图形，如图 9-110 所示。

将多个图形组合并"附加"后才可以使用"挤压"修改命令转化为三维模型。

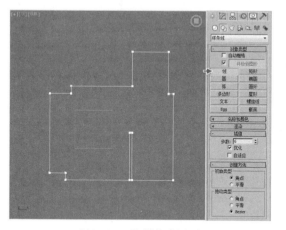

图9-109　绘制轮廓图形

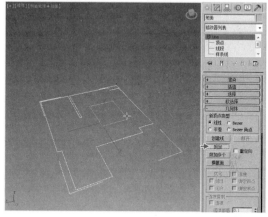

图9-110　附加操作

4 切换至四视图显示，观察附加操作后的图形效果，如图 9-111 所示。

5 在 修改面板中为图形添加"挤出"命令，并在"参数"卷展栏中设置数量值为 5，完成地面模型的制作，如图 9-112 所示。

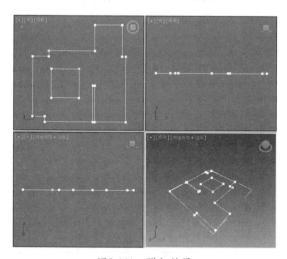

图9-111　附加效果

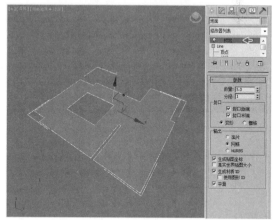

图9-112　地面效果

2. 创建墙壁

1 使用键盘"Shift＋移动"快捷键将地面模型进行复制操作，然后切换至 修改面板的线层级，在样条线编辑模式下选择中间的矩形图形，再单击键盘"Delete"键将矩形进行删除操作，如图 9-113 所示。

2 在 修改面板中为图形添加"挤出"命令，并在"参数"卷展栏中设置数量值为 2700，然后取消"封口始端"与"封口末端"项的选择状态，完成墙体模型的制作，如图 9-114 所示。

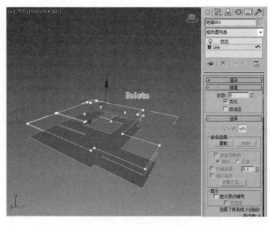

图9-113　删除矩形

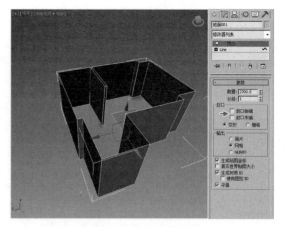

图9-114　挤出墙体操作

[3] 在创建面板图形中选择样条线的"矩形"命令，并设置"参数"卷展栏中的长度值为 1800、宽度值为 1800，然后在场景中的地面矩形位置创建图形，如图 9-115 所示。

[4] 在修改面板为矩形添加"挤出"命令，然后在"参数"卷展栏中设置数量值为 5，完成地面中心的花片装饰模型的制作，如图 9-116 所示。

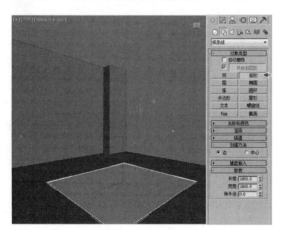

图9-115　创建矩形

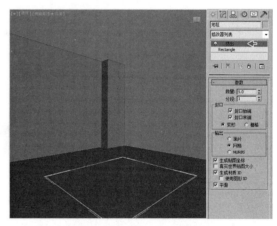

图9-116　挤出花片模型

3. 添加顶棚

[1] 切换视图至"顶视图"，在创建面板图形中选择样条线的"线"命令，然后沿墙体外侧绘制轮廓图形，在主工具栏中的移动工具上单击鼠标"右"键，并设置 Z 轴的位移参数值为 2700，将轮廓图形移至棚顶位置；最后在修改面板为轮廓图形添加"挤出"命令，完成顶棚模型的制作，如图 9-117 所示。

[2] 在创建面板图形中选择样条线的"矩形"命令，并设置"参数"卷展栏中的长度值为 3760、宽度值为 780，然后在场景中

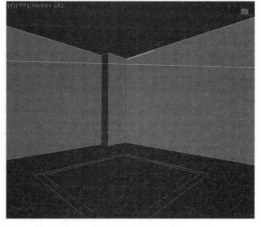

图9-117　挤出顶棚模型

的横梁位置创建矩形，如图 9-118 所示。

③ 在 ☑ 修改面板中为矩形添加"挤出"命令，然后在"参数"卷展栏中设置数量值为 −400，向下挤出横梁模型，如图 9-119 所示。

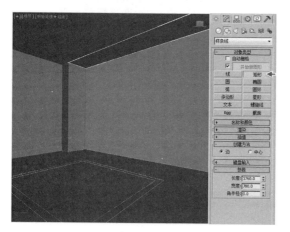

图9-118　创建矩形

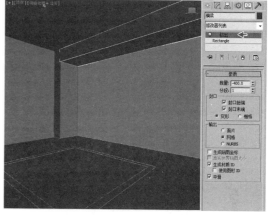

图9-119　挤出横梁模型

④ 使用 ☀ 创建面板 ◯ 几何体的"平面"命令，在窗口的顶底位置添加窗框模型，如图 9-120 所示。

⑤ 在 ☀ 创建面板 ◯ 图形中选择样条线的"矩形"命令，并设置"参数"卷展栏中的长度值为 3760、宽度值为 50，然后在场景中的横梁的中间位置创建矩形，如图 9-121 所示。

场景的建立需要通过多个物体相互搭建组合，所以需预先对场景结构有所了解。

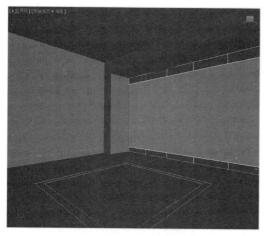

图9-120　添加窗框模型

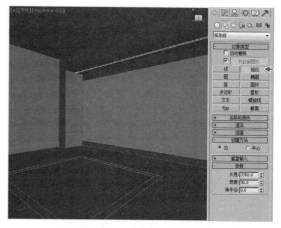

图9-121　创建矩形

⑥ 在 ☑ 修改面板中为矩形添加"挤出"命令，并在"参数"卷展栏中设置数量值为 −200，向下挤出窗帘盒模型，如图 9-122 所示。

⑦ 单击主工具栏中的 ▢ 渲染按钮，渲染场景中的框架模型效果，如图 9-123 所示。

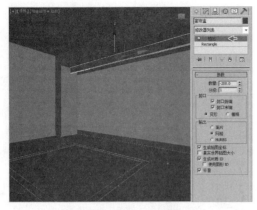

图9-122　挤出窗帘盒模型

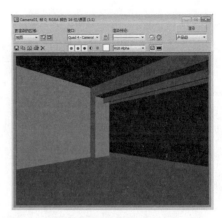

图9-123　框架模型效果

9.3.2　顶棚模型

"顶棚模型"部分的制作流程分为 3 部分，包括①吊棚模型、②装饰模型、③棚灯模型，如图 9-124 所示。

(1) 吊棚模型　　　　　　　(2) 装饰模型　　　　　　　(3) 棚灯模型

图9-124　制作流程

1. 吊棚模型

$\boxed{1}$ 切换视图至"顶视图"，在 创建面板 图形中选择样条线的"线"命令，然后在场景中绘制吊棚的轮廓图形，如图 9-125 所示。

$\boxed{2}$ 在 创建面板 图形中选择样条线的"矩形"命令，并设置"参数"卷展栏中的长度值为 2600、宽度值为 200，然后在场景中创建矩形，如图 9-126 所示。

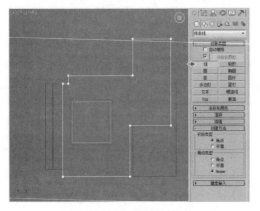

图9-125　绘制图形

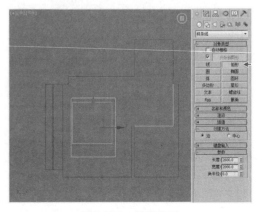

图9-126　创建矩形

3 选择吊棚的轮廓图形，在 ⌨修改面板单击"几何体"卷展栏中的"附加"命令，然后在场景中加选矩形图形，如图 9-127 所示。

4 在 ⌨修改面板中为吊棚图形添加"挤出"命令，并在"参数"卷展栏中设置数量值为80，将其沿 Z 轴方向向上移动至顶棚的下方位置，完成吊棚模型的制作，如图 9-128 所示。

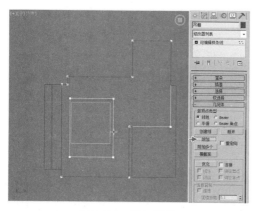

图9-127　附加操作

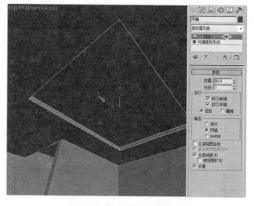

图9-128　挤出吊棚模型

2. 装饰模型

1 在 ✷创建面板 ⌂图形中选择样条线的"矩形"命令，并设置"参数"卷展栏中的长度值为 2600、宽度值为 2000，然后在场景中吊棚的矩形位置创建装饰的路径图形，如图 9-129 所示。

2 切换视图至"前视图"，在 ✷创建面板 ⌂图形中选择样条线的"线"命令，然后在场景中绘制装饰的截面图形，如图 9-130 所示。

3 将视图切换至"透视图"，选择装饰的路径图形，然后在 ✷创建面板 ○几何体中选择

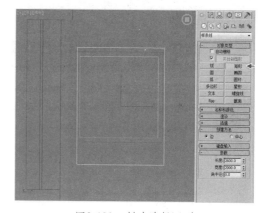

图9-129　创建路径图形

复合对象下的"放样"命令，在"创建方法"卷展栏下单击"获取图形"按钮再拾取装饰的截面图形，使截面图形沿矩形路径进行生成，完成装饰模型的制作，如图 9-131 所示。

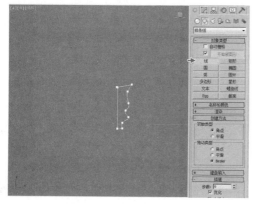

图9-130　绘制截面图形

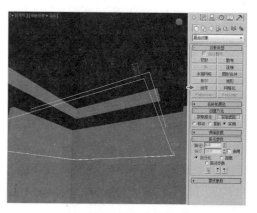

图9-131　制作装饰模型

> **提示** "获取图形"类型是将图形指定给选定路径或更改当前指定的图形。

4 切换至 ☑ 修改面板，在"蒙皮参数"卷展栏中设置图形步数值为 2、路径步数值为 2，使模型效果更加平滑，如图 9-132 所示。

> **提示** "图形步数"可以设置横截面图形的每个顶点之间的步数，该值会影响围绕放样周界的边的数目。"路径步数"可以设置路径的每个主分段之间的步数，该值会影响沿放样长度方向的分段的数目。

5 选择装饰模型，将其沿 Z 轴方向向上移动至吊棚的矩形位置，如图 9-133 所示。

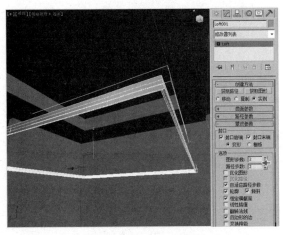

图9-132 放样设置

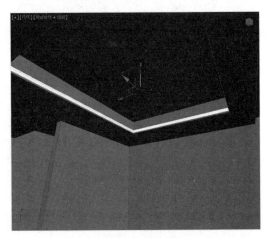

图9-133 位移模型

3. 棚灯模型

1 将视图切换至"顶视图"，在 ☀ 创建面板 ☑ 图形中选择样条线的"矩形"命令，并设置"参数"卷展栏中的长度值为 100、宽度值为 100，然后在场景中创建矩形图形，如图 9-134 所示。

2 在 ☀ 创建面板 ☑ 图形中选择样条线的"矩形"命令，设置"参数"卷展栏中的长度值为 70、宽度值为 70，然后在场景中矩形的中心位置创建图形，如图 9-135 所示。

3 切换视图至"透视图"，在外部矩形的选择状态下，在 ☑ 修改面板单击"几何体"卷展栏中的"附加"命令，然后在场景中加选中心的矩形图形，如图 9-136 所示。

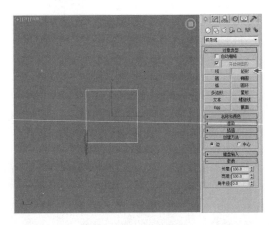

图9-134 创建矩形

4 在 ☑ 修改面板为图形添加"倒角"命令，然后在"倒角值"卷展栏中设置"级别 1"的高度值为 3，再设置"级别 2"的高度值为 3、轮廓值为 –5，完成棚灯的外框模型制作，如图 9-137 所示。

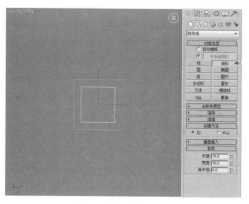

图9-135　创建矩形

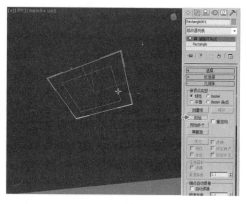

图9-136　附加操作

⑤ 在 ❋ 创建面板 ◯ 几何体中选择标准基本体下的"管状体"命令，并设置"参数"卷展栏中的半径 1 值为 30、半径 2 值为 25 及高度值为 5，然后在场景中外框模型的中心位置创建管状体，作为灯罩的基础模型，如图 9-138 所示。

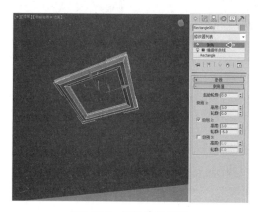

图9-137　棚灯外框模型

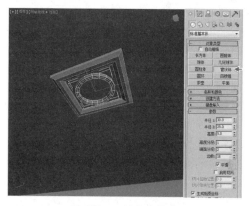

图9-138　创建管状体

⑥ 在 ⬚ 修改面板为管状体添加"编辑多边形"命令，然后再将修改命令切换至 ■ 多边形编辑模式并选择内侧的一组多边形，如图 9-139 所示。

⑦ 在"编辑多边形"卷展栏中单击"挤出"工具的 ■ 参数按钮，并在弹出的"挤出多边形"浮动对话框中设置挤出高度值为 3，完成灯罩模型的制作，如图 9-140 所示。

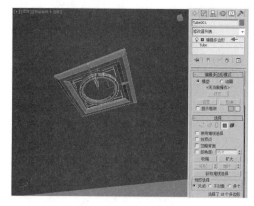

图9-139　添加编辑多边形命令

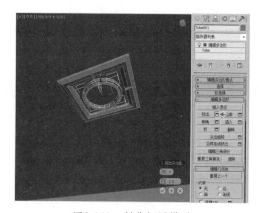

图9-140　制作灯罩模型

⑧ 在 创建面板 几何体中选择标准基本体下的"圆柱体"命令，并设置"参数"卷展栏中的半径值为 25、高度值为 1，然后在场景中灯罩模型的中心位置创建圆柱体，作为灯片模型，如图 9-141 所示。

⑨ 在场景中选择棚灯的外框模型、灯罩模型与灯片模型，然后在菜单中选择【组】→【成组】命令，如图 9-142 所示。

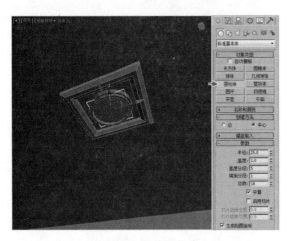

图9-141　创建圆柱体

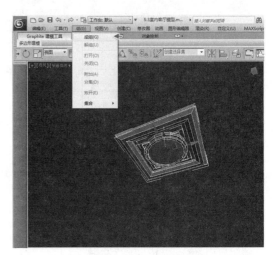

图9-142　成组操作

⑩ 选择成组后的棚灯模型，再使用键盘"Shift＋移动"快捷键，将棚灯模型进行多次复制操作并调整其位置，如图 9-143 所示。

⑪ 单击主工具栏中的 渲染按钮，渲染场景中的顶棚模型效果，如图 9-144 所示。

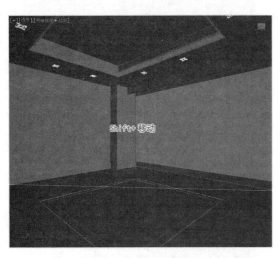

图9-143　复制操作

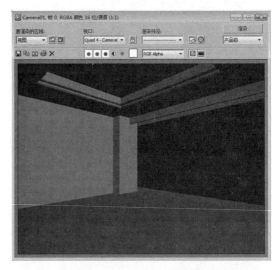

图9-144　顶棚模型效果

9.3.3　家具模型

"家具模型"部分的制作流程分为 3 部分，包括①桌椅模型、②茶几模型、③书架模型，如图 9-145 所示。

(1) 桌椅模型　　　　　　　(2) 茶几模型　　　　　　　(3) 书架模型

图9-145　制作流程

1. 桌椅模型

1 在 ▓ 创建面板 ○ 几何体中选择标准基本体下的"长方体"命令，并设置"参数"卷展栏中的长度值为 430、宽度值为 430 及高度值为 40，然后在场景中创建长方体，作为桌腿的底座模型，如图 9-146 所示。

2 在 ▓ 创建面板 ○ 几何体中选择标准基本体下的"长方体"命令，并设置"参数"卷展栏中的长度值为 250、宽度值为 250 及高度值为 50，然后在场景中底座模型的中心位置创建长方体，完成桌腿的底座模型部分的制作，如图 9-147 所示。

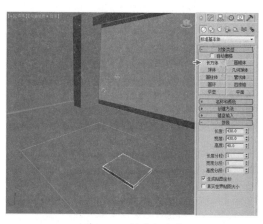

图9-146　创建长方体

3 在 ▓ 创建面板 ○ 几何体中选择标准基本体下的"长方体"命令，并设置"参数"卷展栏中的长度值为 180、宽度值为 180 及高度值为 540，然后在场景中底座模型的中心位置创建长方体，作为桌腿的顶部模型，如图 9-148 所示。

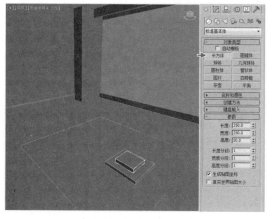

图9-147　创建长方体

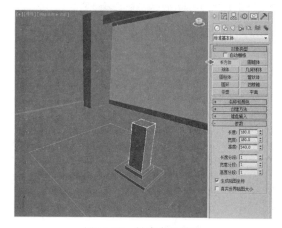

图9-148　创建桌腿模型

4 在 ▨ 修改面板为桌腿的顶部模型添加"FFD 2×2×2（自由变形）"修改命令，选择顶部所有的控制点并使用主工具栏中的 ▨ 缩放工具沿 X、Y 和 Z 三个轴向同时进行缩小操作，将顶部模型编辑成梯形形状，如图 9-149 所示。

提示 由于 FFD 2×2×2（自由变形）修改命令每项只有两个控制点，所以适合制作梯形的模型效果。

5 选择桌腿部分的所有模型，再使用键盘"Shift＋移动"快捷键，沿 Y 轴方向将桌腿模型进行复制操作，如图 9-150 所示。

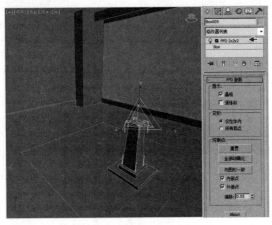

图9-149 缩放操作

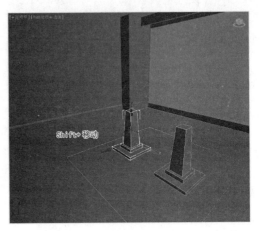

图9-150 复制操作

6 在 创建面板 几何体中选择扩展基本体下的"切角长方体"命令，并设置"参数"卷展栏中的长度值为 1600、宽度值为 940、高度值为 60 及圆角值为 5，然后在场景中桌腿模型的顶部位置创建切角长方体，作为桌面模型，如图 9-151 所示。

7 切换视图至"顶视图"，在 创建面板 图形中选择样条线的"矩形"命令，并设置"参数"卷展栏中的长度值为 1200、宽度值为 500 及角半径值为 20，然后在场景中创建切角矩形，准备制作椅子模型，如图 9-152 所示。

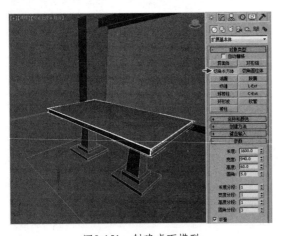

图9-151 创建桌面模型

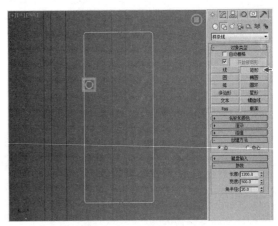

图9-152 创建切角矩形

8 在 修改面板中为切角矩形添加"挤出"命令，并在"参数"卷展栏中设置数量值为20，作为长椅的座板模型，如图 9-153 所示。

9 在 创建面板 图形中选择样条线的"矩形"命令，并在"渲染"卷展栏中勾选"在渲染中启用"与"在视口中启用"项，设置厚度值为 20，然后在"顶视图"中的座板模型位置创建矩形框，作为长椅的桌框模型，如图 9-154 所示。

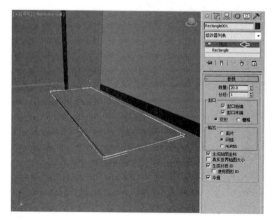

图9-153　挤出座板模型

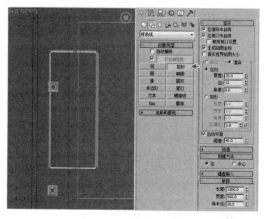

图9-154　创建矩形框

10 切换视图至"透视图"并选择桌框模型，再使用键盘"Shift + 移动"快捷键，沿 Z 轴方向将座框模型进行复制操作，如图 9-155 所示。

11 切换视图至"前视图"，在 创建面板 图形中选择样条线的"线"命令，并在"渲染"卷展栏中勾选"在渲染中启用"与"在视口中启用"项，设置厚度值为 20，然后在座板模型的底部位置建立直线，作为长椅的椅腿模型，如图 9-156 所示。

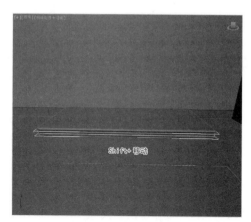

图9-155　复制操作

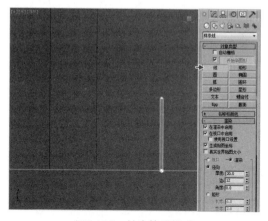

图9-156　创建椅腿模型

12 切换视图至"透视图"，使用键盘"Shift + 移动"快捷键，对椅腿模型进行复制操作并设置"克隆选项"对话框中的副本数值为 3，再将其移动至座板模型四个角的位置处，如图 9-157 所示。

13 在 创建面板 图形中选择样条线的"矩形"命令，并在"渲染"卷展栏中勾选"在渲染中启用"与"在视口中启用"项，设置厚度值为 20，然后在"左视图"中的座板模型的顶部位置创建矩形框，作为长椅的椅背模型，如图 9-158 所示。

14 使用 创建面板 图形中的"线"命令，并将"渲染"卷展栏进行设置后，再绘制长椅的扶手模型，如图 9-159 所示。

15 使用 创建面板 图形中的"矩形"命令，并对"渲染"卷展栏进行设置后，在椅背模型的中间位置创建矩形框，如图 9-160 所示。

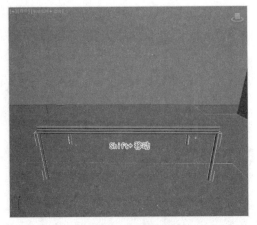

图9-157　复制操作

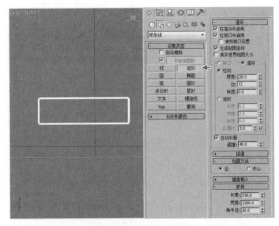

图9-158　创建椅背模型

图9-159　建立扶手模型

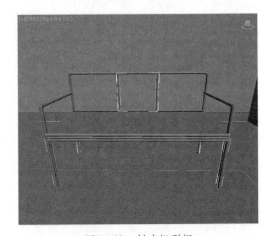

图9-160　创建矩形框

16 通过 ※ 创建面板 ② 图形中的"线"与"矩形"命令，再将"渲染"卷展栏进行设置后，在座框模型的底部位置创建框架模型，如图9-161所示。

17 使用 ※ 创建面板 ② 图形中的"圆"与"线"命令，并对"渲染"卷展栏进行设置后，在椅背模型的矩形框中创建装饰模型，如图9-162所示。

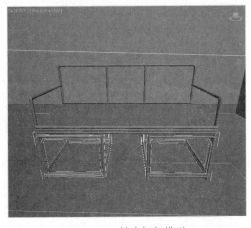

图9-161　创建框架模型

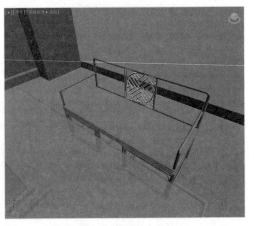

图9-162　创建装饰模型

18 使用 ❋ 创建面板 ♋ 图形中的"线"命令,并对"渲染"卷展栏进行设置后,在椅背模型与扶手模型的位置创建装饰模型,如图 9-163 所示。

19 在 ❋ 创建面板 ◯ 几何体中选择扩展基本体下的"切角长方体"命令,并设置"参数"卷展栏中的长度值为 450、宽度值为 450、高度值为 60 及圆角值为 10,然后在场景中座板模型的上方位置创建切角长方体,作为长椅的坐垫模型,再将坐垫模型沿 Y 轴方向进行复制位移操作,如图 9-164 所示。

图9-163　创建装饰模型

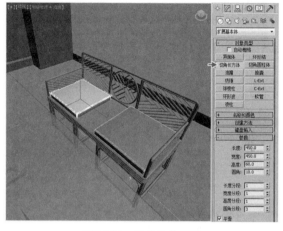

图9-164　创建坐垫模型

20 使用 ❋ 创建面板 ♋ 图形中的"线"命令,在桌子模型的侧面先建立 4 个椅腿模型,再建立椅腿间的连接模型完成底部的框架制作;然后使用 ❋ 创建面板 ◯ 几何体中的"切角长方体"命令配合 ◿ 修改面板中的"编辑多边形"修改命令,在框架模型的上方创建椅子的座板模型;再使用 ❋ 创建面板中的"线"命令绘制椅背的侧面图形并配合 ◿ 修改面板中的"挤出"命令完成椅背模型的制作;继续使用 ❋ 创建面板中的"线"命令绘制扶手与座板间的连接模型;最后通过 ❋ 创建面板中的"线"命令绘制扶手模型完成椅子框架模型的制作,如图 9-165 所示。

21 在 ❋ 创建面板 ◯ 几何体中选择扩展基本体下的"切角长方体"命令,并设置"参数"卷展栏中的长度值为 500、宽度值为 450、高度值为 50 及圆角值为 10,然后在场景中座板模型的上方位置创建切角长方体,作为椅子的坐垫模型,如图 9-166 所示。

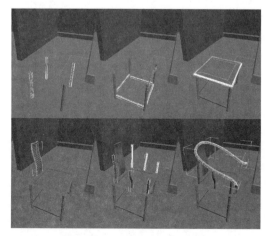

图9-165　创建椅子框架模型

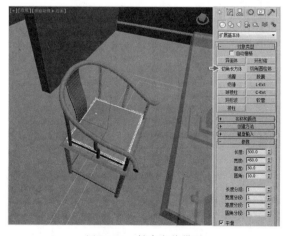

图9-166　创建坐垫模型

22 选择椅子模型，再使用键盘"Shift＋移动"快捷键，将模型沿 Y 轴方向进行复制位移操作，如图 9-167 所示。

23 单击主工具栏中的◎渲染按钮，渲染场景中的桌椅模型效果，如图 9-168 所示。

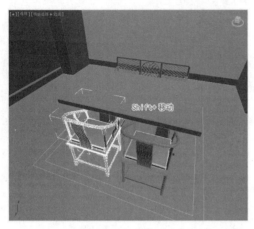

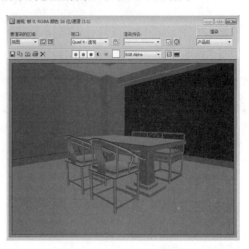

图9-167　复制操作　　　　　　　　　　　　图9-168　桌椅模型效果

2. 茶几模型

1 使用▓创建面板◙图形中的"线"命令，绘制茶几底部的框架模型；继续使用▓创建面板◙图形中的"线"命令，绘制桌面的截面图形并配合◪修改面板中的"挤出"命令完成桌面模型的制作；再使用▓创建面板◙图形中的"线"命令，绘制桌面下方的护板图形并配合◪修改面板中的"挤出"命令制作护板模型，最终完成茶几模型的效果，如图 9-169 所示。

2 在茶几模型的侧面位置，继续使用▓创建面板◙图形中的"线"命令，配合◪修改面板中的"挤出"命令搭建出花架模型，并使用主工具栏中的▥镜像工具，将花架模型镜像复制到茶几模型的另一侧位置，如图 9-170 所示。

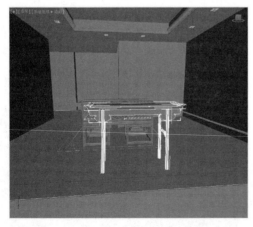

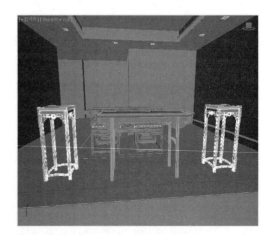

图9-169　创建茶几模型　　　　　　　　　　图9-170　创建花架模型

3 单击主工具栏中的◎渲染按钮，渲染"透视图"中茶几模型及花架模型的显示效果，如图 9-171 所示。

4 切换视图至"摄影机视图"再单击主工具栏中的◎渲染按钮，渲染场景中茶几模型的显示效果，如图 9-172 所示。

图9-171　透视图效果

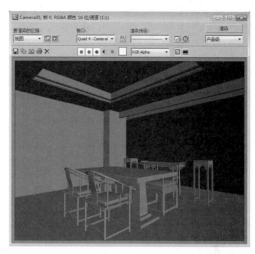
图9-172　茶几模型效果

3. 书架模型

1 在 创建面板 图形中选择样条线的"线"命令，然后在"前视图"中绘制书架的轮廓图形，如图 9-173 所示。

2 在 修改面板中为轮廓图形添加"挤出"命令，并在"参数"卷展栏中设置数量值为300，完成书架的框架模型制作，如图 9-174 所示。

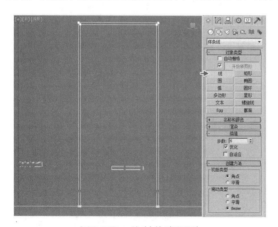
图9-173　绘制轮廓图形

图9-174　挤出框架模型

3 在 创建面板 图形中选择样条线的"线"命令，然后在"前视图"中框架模型的位置绘制线段，如图 9-175 所示。

4 在 修改面板中的"渲染"卷展栏中勾选"在渲染中启用"与"在视口中启用"项，并设置厚度值为 40，作为框架的封边模型，如图 9-176 所示。

5 使用 创建面板 图形中的"线"命令，再将"渲染"卷展栏进行设置后，在书架模型的底部位置绘制直线，作为书架的底部封边效果，如图 9-177 所示。

6 在 创建面板 图形中选择样条线的"线"命令，然后在"前视图"中书架模型的下部绘制隔板图形，如图 9-178 所示。

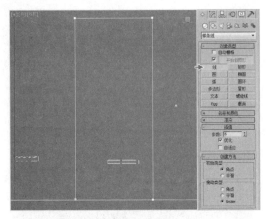

图9-175　绘制线段

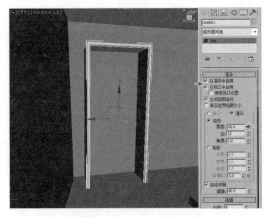

图9-176　创建封边模型

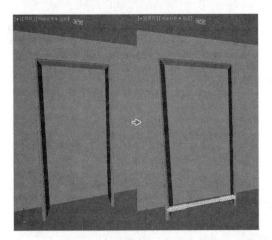

图9-177　制作底部封边模型

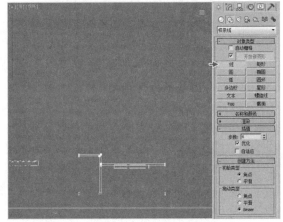

图9-178　绘制隔板图形

7 在 修改面板中为隔板图形添加"挤出"命令，并在"参数"卷展栏中设置数量值为300，完成书架的隔板模型制作，如图9-179所示。

8 使用 创建面板 图形中的"线"命令，再将"渲染"卷展栏进行设置后，在隔板模型位置绘制隔板的封边效果，如图9-180所示。

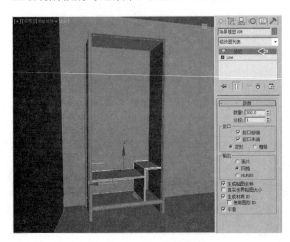

图9-179　挤出隔板模型

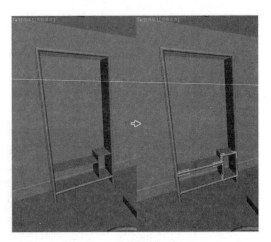

图9-180　绘制隔板封边效果

9 为书架添加隔板模型及其对应的封边模型，完成书架模型的制作，如图 9-181 所示。

10 选择书架部分的所有模型，然后在菜单中选择【组】→【成组】命令，并在弹出的"组"对话框中设置组名为"书架"，如图 9-182 所示。

11 选择书架模型，在主工具栏中单击 镜像工具，并在弹出的"镜像"对话框中设置镜像轴为 X 轴、偏移值为 -1000 及克隆方式为复制，最后单击"确定"按钮完成镜像复制的操作，如图 9-183 所示。

12 单击主工具栏中的 渲染按钮，渲染"透视图"中书架模型的显示效果，如图 9-184 所示。

图9-181 制作书架模型

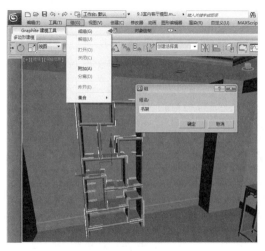

图9-182 成组操作

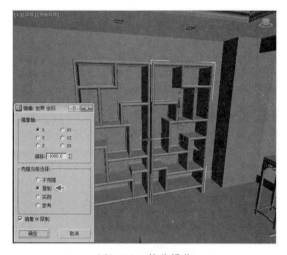

图9-183 镜像操作

13 切换视图至"摄影机视图"再单击主工具栏中的 渲染按钮，渲染家具模型效果，如图 9-185 所示。

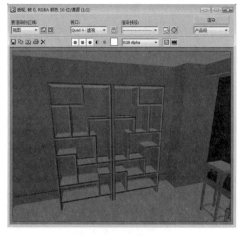

图9-184 书架模型效果

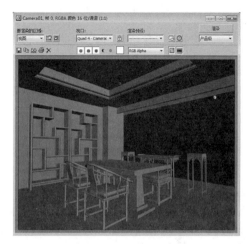

图9-185 家具模型效果

↗ 9.3.4　辅助模型

"辅助模型"部分的制作流程分为 3 部分，包括①窗帘模型、②靠垫模型、③吊灯模型，如图 9-186 所示。

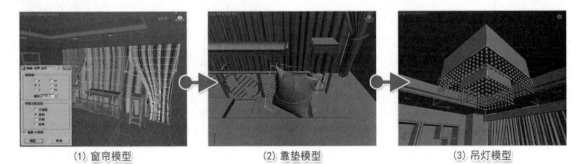

(1) 窗帘模型　　　　　　　(2) 靠垫模型　　　　　　　(3) 吊灯模型

图9-186　制作流程

1. 窗帘模型

⬚1⬚ 将视图切换至"顶视图"中，在 ⬚创建面板⬚图形中选择样条线的"线"命令，然后在场景中的窗帘盒侧面位置绘制波浪线，作为纱帘的截面图形，如图 9-187 所示。

⬚2⬚ 在 ⬚修改面板中为波浪线添加"挤出"命令，并在"参数"卷展栏中设置数量值为 2300、分段值为 5，完成纱帘模型的制作，如图 9-188 所示。

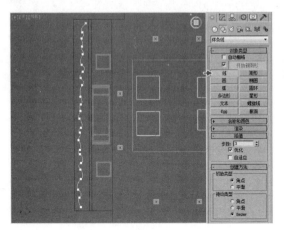

图9-187　绘制纱帘截面

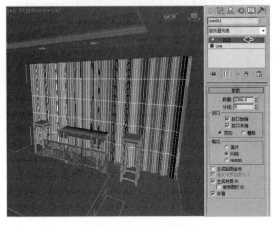

图9-188　挤出纱帘模型

⬚3⬚ 在 ⬚修改面板中为纱帘模型添加"FFD 4×4×4（自由变形）"修改命令，再编辑控制点的位置使纱帘模型产生飘动的效果，如图 9-189 所示。

⬚4⬚ 将视图切换至"顶视图"中，在 ⬚创建面板⬚图形中选择样条线的"线"命令，然后在场景中窗帘盒与纱帘之间的位置绘制稍短波浪线，作为窗帘的截面图形，如图 9-190 所示。

⬚5⬚ 在 ⬚修改面板中为波浪线添加"挤出"命令，并在"参数"卷展栏中设置数量值为 2300、分段值为 10，完成窗帘模型的制作，如图 9-191 所示。

⬚6⬚ 在 ⬚修改面板中为窗帘模型添加"FFD 4×4×4（自由变形）"修改命令，再编辑模型下半部分控制点的位置使窗帘模型产生收起的效果，如图 9-192 所示。

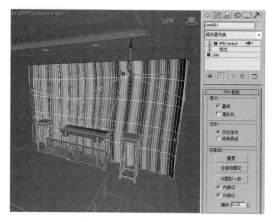

图9-189　编辑纱帘模型

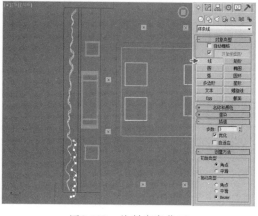

图9-190　绘制窗帘截面

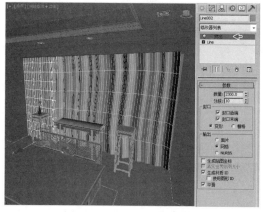

图9-191　挤出窗帘模型

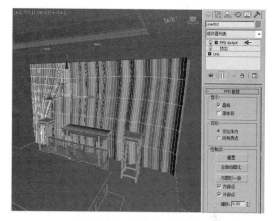

图9-192　编辑窗帘模型

7 选择窗帘模型，在主工具栏中单击 镜像工具，并在弹出的"镜像"对话框中设置镜像轴为 Y 轴、偏移值为 2700 及克隆方式为复制，最后单击"确定"按钮完成镜像复制的操作，如图 9-193 所示。

8 使用 创建面板 图形中的"线"命令，绘制窗帘的拉绳模型，再单击主工具栏中的 渲染按钮，渲染场景中窗帘模型的效果，如图 9-194 所示。

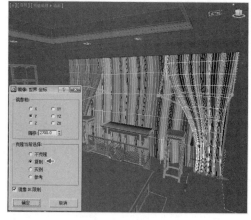

图9-193　镜像操作

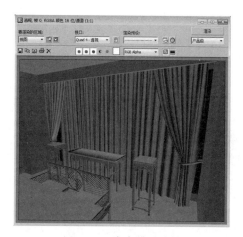

图9-194　窗帘模型效果

2. 靠垫模型

1 在创建面板几何体中选择标准基本体的"长方体"命令，并设置长度值为350、宽度值为150、高度值为350，继续设置长度分段值为5、宽度分段值为3、高度分段值为6，然后在场景中长椅模型的位置建立长方体，作为靠垫的基础模型，如图9-195所示。

2 在修改面板中为长方体添加"FFD 4×4×4（自由变形）"修改命令，如图9-196所示。

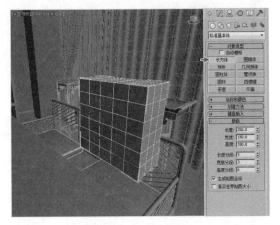

图9-195　创建长方体

图9-196　添加修改命令

3 使用主工具栏中的缩放工具沿X轴方向，将长方体四周的所有控制点进行缩小操作，得到靠垫模型中间凸起的效果，如图9-197所示。

提示　在进行模型制作时可以根据几何体特征进行变形处理。

4 将视图切换至"前视图"中，使用主工具栏中的缩放工具沿X轴方向，将长方体中心的控制点进行放大操作，使靠垫模型中间凸起的效果更加明显，如图9-198所示。

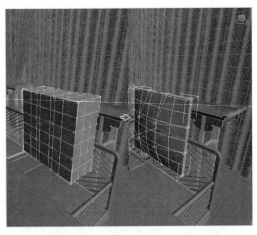

图9-197　缩小操作

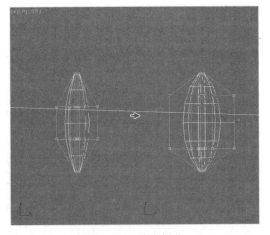

图9-198　放大操作

5 选择靠垫模型，然后在修改面板中添加"编辑多边形"修改命令并切换至顶点编辑模式，使用主工具栏中的 ✛ 移动工具调整顶点位置编辑模型轮廓，得到靠垫模型的最终效果，如图 9-199 所示。

6 使用主工具栏中的 ✛ 移动及 ○ 旋转工具，将靠垫模型放置在长椅模型的转角位置，再单击主工具栏中的 ○ 渲染按钮，渲染场景中靠垫模型的效果，如图 9-200 所示。

7 首先使用工具栏中的 ▦ 镜像工具，将靠垫模型镜像复制到长椅模型的另一侧转角位置；再通过"长方体"命令配合"FFD 4×4×4（自由变形）"修改命令完成椅子上方靠垫模型的制作；最后单击主工具栏中的 ○ 渲染按钮，渲染场景中所有靠垫模型的效果，如图 9-201 所示。

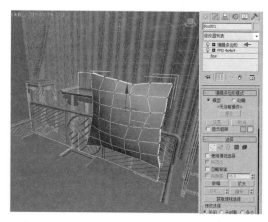

图9-199　调整顶点位置

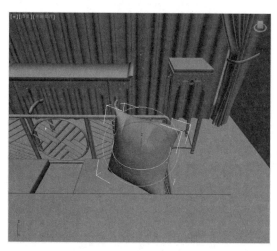

图9-200　靠垫模型效果

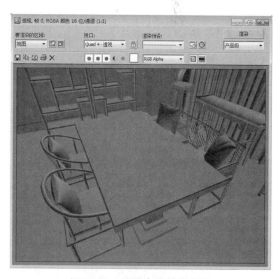

图9-201　最终靠垫模型效果

3. 吊灯模型

1 在 ✱ 创建面板 ○ 几何体中选择标准基本体的"长方体"命令，然后在场景中吊棚模型的中心位置创建长方体；在 ✎ 修改面板中为长方体添加"编辑多边形"修改命令并切换至 ▣ 多边形编辑模式，选择长方体底部的多边形配合工具栏中的 ▣ 缩放工具沿 X 与 Y 轴方向进行稍微的缩小操作；再单击"挤出"工具的 ▣ 参数按钮，在弹出的"挤出多边形"浮动对话框中设置挤出高度值为稍小的负值，将长方体底部制作出凹槽效果，完成吊灯的底座模型制作，如图 9-202 所示。

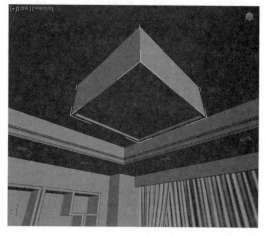

图9-202　创建底座模型

[2] 使用键盘"Shift + 移动"快捷键将底座模型沿 Z 轴方向向下进行复制操作，再使用主工具栏中的□缩放工具将其进行等比例缩小操作，完成吊灯的主体模型制作，如图 9-203 所示。

[3] 在□创建面板○几何体中选择标准基本体的"球体"命令，并将面数进行减少设置，然后在吊灯的底座模型下方位置创建球体，再将球体进行矩阵操作，得到吊灯的装饰珠模型效果，如图 9-204 所示。

图9-203　复制操作

图9-204　创建装饰模型

[4] 单击主工具栏中的□渲染按钮，渲染场景中吊灯模型的效果，如图 9-205 所示。

[5] 切换视图至"透视图"再单击主工具栏中的□渲染按钮，渲染辅助模型效果，如图 9-206 所示。

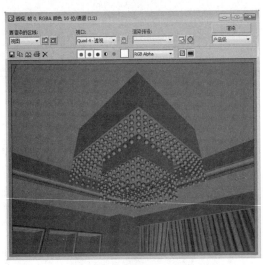

图9-205　吊灯模型效果

图9-206　辅助模型效果

↗ 9.3.5　装饰模型

"装饰模型"部分的制作流程分为 3 部分，包括①桌面装饰模型、②窗口装饰模型、③书架装饰模型，如图 9-207 所示。

（1）桌面装饰模型　　　　　　　（2）窗口装饰模型　　　　　　　（3）书架装饰模型

图9-207　制作流程

1. 桌面装饰模型

$\boxed{1}$ 选择 ❖ 创建面板 ⬚ 图形中的"线"命令，在场景中桌面上方位置绘制盘子及隔热垫的半侧截面图形，再使用 ✐ 修改面板中的"车削"命令完成盘子模型及隔热垫模型的制作，如图 9-208 所示。

$\boxed{2}$ 使用 ❖ 创建面板 ⬚ 图形中的"矩形"命令配合 ✐ 修改面板中的"挤出"命令，在场景中桌面上方位置完成茶池模型的制作，如图 9-209 所示。

图9-208　车削模型

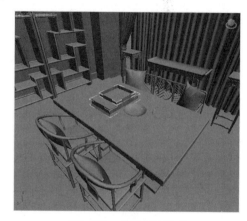

图9-209　创建茶池模型

$\boxed{3}$ 在茶池模型中使用 ❖ 创建面板中的"线"命令配合 ✐ 修改面板中的"车削"命令完成茶具模型的制作；然后在盘子模型中使用 ❖ 创建面板中的"长方体"命令配合 ✐ 修改面板中的"编辑多边形"命令完成糕点模型的制作，如图 9-210 所示。

$\boxed{4}$ 单击主工具栏中的 ⬚ 渲染按钮，渲染场景中桌面装饰模型的效果，如图 9-211 所示。

图9-210　创建茶具及糕点模型

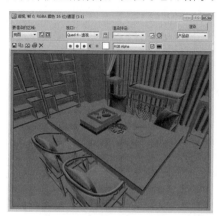

图9-211　桌面装饰模型效果

2. 窗口装饰模型

1 在茶几模型的上方位置使用✳创建面板中的"平面"命令配合✍修改面板中的"编辑多边形"命令，完成布料模型的制作，如图9-212所示。

2 在茶几模型的上方位置使用✳创建面板中的"长方体"命令配合✍修改面板中的"编辑多边形"命令完成鱼镂空模型的制作效果；再通过✳创建面板中的"线"及"平面"命令配合✍修改面板中的"车削"及"编辑多边形"命令完成小盆栽模型的制作，如图9-213所示。

图9-212　创建布料模型

图9-213　创建装饰模型

3 在花架模型的上方位置使用✳创建面板中的"线"命令配合✍修改面板中的"车削"命令完成花盆模型的制作；然后通过✳创建面板中的"线"命令绘制茎部模型；最后使用✳创建面板中的"平面"命令配合✍修改面板中的"编辑多边形"命令完成叶片及花模型的制作，如图9-214所示。

4 单击主工具栏中的◉渲染按钮，渲染场景中窗口装饰模型的效果，如图9-215所示。

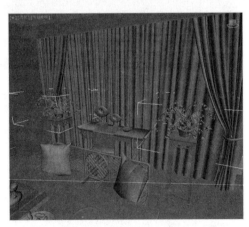

图9-214　创建盆栽模型

图9-215　窗口装饰模型效果

3. 书架装饰模型

1 在✳创建面板◉几何体中选择标准基本体的"长方体"命令，在书架中创建书籍模型，如图9-216所示。

2 使用✳创建面板◉几何体中的"长方体"命令配合✍修改面板中的"编辑多边形"命令完成锦盒模型的制作，如图9-217所示。

图9-216　创建书籍模型

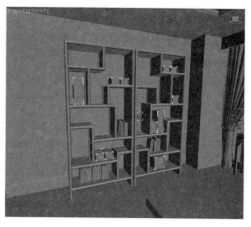

图9-217　创建锦盒模型

③ 使用 ✳ 创建面板 ○ 几何体中的"长方体"及"球体"命令配合 ▧ 修改面板中的"编辑多边形"命令完成书架中其他装饰模型的制作，如图 9-218 所示。

④ 单击主工具栏中的 ⬮ 渲染按钮，渲染场景中装饰模型的效果，如图 9-219 所示。

图9-218　创建装饰模型

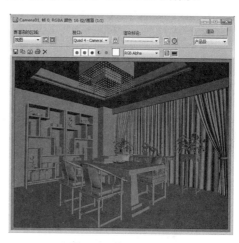

图9-219　装饰模型效果

↗ 9.3.6　场景渲染设置

"场景渲染设置"部分的制作流程分为 3 部分，包括①材质设置、②灯光设置、③渲染设置，如图 9-220 所示。

(1) 材质设置　　　　(2) 灯光设置　　　　(3) 渲染设置

图9-220　制作流程

1. 材质设置

1 在主工具栏中单击 材质编辑器按钮，选择一个空白材质球并设置名称为"地砖"，单击"标准"材质按钮切换至"VR材质"类型。然后在"基本参数"卷展栏中设置反射光泽度值为0.85、细分值为20；选择"双向反射分布函数"卷展栏中的"反射"类型；在"贴图"卷展栏中为漫反射及凹凸项添加本书配套光盘中的"地砖.jpg"贴图并设置凹凸数量值为10，再为反射项添加"衰减"贴图并设置衰减类型为"菲涅耳"方式；最后将设置完成的材质赋予场景中的地面模型，如图9-221所示。

2 在"材质编辑器"中选择一个空白材质球并设置名称为"地砖-花片"，单击"标准"材质按钮切换至"VR材质"类型。然后在"基本参数"卷展栏中设置反射光泽度值为0.85、细分值为20；选择"双向反射分布函数"卷展栏中的"反射"类型；在"贴图"卷展栏中为漫反射及凹凸项添加本书配套光盘中的"地砖-花片.jpg"贴图并设置凹凸数量值为20，再为反射项添加"衰减"贴图并设置衰减类型为"菲涅耳"方式；最后将设置完成的材质赋予场景中地面的花片模型，如图9-222所示。

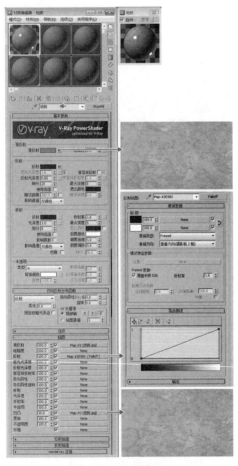

图9-221 地砖材质

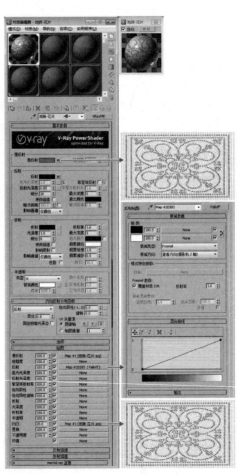

图9-222 花片材质

3 在场景中选择地面模型，然后在 修改面板为其添加"UVW贴图"命令，并在"参数"卷展栏中设置贴图类型为"长方体"方式、长度值为800及宽度值为800，得到理想的地砖尺寸，如图9-223所示。

4 单击主工具栏中的 📷 渲染按钮，渲染场景中地面的材质效果，如图 9-224 所示。

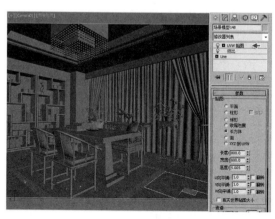

图9-223 设置UVW贴图

图9-224 地面材质效果

5 在主工具栏中单击 🎨 材质编辑器按钮，选择一个空白材质球并设置名称为"木纹 - 家具"，单击"标准"材质按钮切换至"VR 材质"类型。然后在"基本参数"卷展栏中设置反射颜色为淡黄色、反射光泽度值为 0.7 及细分值为 8；选择"双向反射分布函数"卷展栏中的"反射"类型；在"贴图"卷展栏中为漫反射项及凹凸项添加本书配套光盘中的"木纹 - 家具 .jpg"贴图并设置凹凸数量值为 30，再为反射项添加"衰减"贴图并设置衰减类型为"垂直／平行"方式；最后将设置完成的材质赋予场景中的家具模型，如图 9-225 所示。

6 在"材质编辑器"中选择一个空白材质球并设置名称为"靠枕"，单击"标准"材质按钮切换至"VR材质"类型。然后在"基本参数"卷展栏中设置反射颜色为淡黄色、反射光泽度值为 0.7 及细分值为 8；选择"双向反射分布函数"卷展栏中的"反射"类型；在"贴图"卷展栏中为漫反射项添加本书配套光盘中的"靠枕 .jpg"贴图，为凹凸项添加本书配套光盘中的"靠枕 - 凹凸 .jpg"贴图并设置凹凸数量值为 –50；最后将设置完成的材质赋予场景中的靠垫模型，如图 9-226 所示。

7 在"材质编辑器"中选择一个空白材质球并设置名称为"布料 - 红色"，单击"标准"材质按钮切换至"VR 材质"类型。然后在"基本参数"卷展栏中设置反

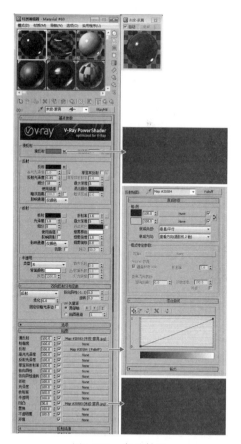

图9-225 家具材质

射颜色为暗红色、反射光泽度值为 0.75 及细分值为 15；选择"双向反射分布函数"卷展栏中的"反射"类型；在"贴图"卷展栏中为漫反射项添加本书配套光盘中的"布料 - 红色 .jpg"贴图；最后将设置完成的材质赋予场景中椅子上方的坐垫模型，如图 9-227 所示。

图9-226 靠枕材质

图9-227 坐垫材质

⑧ 单击主工具栏中的 ◎ 渲染按钮，渲染场景中家具、靠枕及坐垫的材质效果，如图 9-228 所示。

⑨ 在主工具栏中单击 ▦ 材质编辑器按钮，选择一个空白材质球并设置名称为"窗帘-灰色"。在"Blinn 基本参数"卷展栏中设置漫反射颜色为深灰色、高光级别值为 0，最后将设置完成的材质赋予场景中的窗帘模型，如图 9-229 所示。

⑩ 在"材质编辑器"中选择一个空白材质球并设置名称为"壁纸-黄色"，单击"标准"材质按钮切换至"VR 材质"类型。然后在"基本参数"卷展栏中设置漫反射颜色为淡黄色、反射光泽度值为 1 及细分值为 20；选择"双向反射分布函数"卷展栏中的"反射"类型；在"贴图"卷展栏中为凹凸项添加本书配套光盘中的"壁纸-凹凸.jpg"贴图并设置凹凸数量值为 15；最后将设置完成的材质赋予场景中的墙体模型，如图 9-230 所示。

⑪ 在"材质编辑器"中选择一个空白材质球并设置名称为"窗帘-白色"，单击"标准"材质按钮切换至"VR 双面材质"类型。在"参数"卷展栏中勾选"强制单面子材质"项，再将正面材质的"标准"类型切换至"VR 材质"方式；然后在"基本参数"卷展栏中设置漫反射颜色为白色、反射光泽度值为 1 及细分值为 12，再设置折射光泽度值为 0.95 及细分值为 4；选择"双向反射分布函数"卷展栏中的"反射"类型；在"贴图"卷展栏中为漫反射项添加"输出"贴图，为折射项添加"衰减"贴图并设置衰减类型为"垂直/平行"方式；最后将设置完成的材质赋予场景中的纱帘模型，如图 9-231 所示。

图9-228　家具部分材质效果

图9-229　窗帘材质

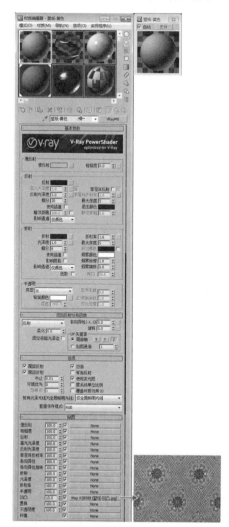

图9-230　墙体材质

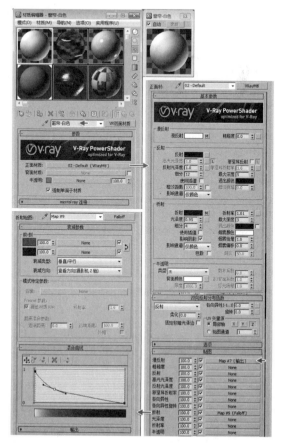

图9-231　纱帘材质

12 单击主工具栏中的 渲染按钮，渲染场景中墙体及窗帘的材质效果，如图9-232所示。

13 在主工具栏中单击 材质编辑器按钮，选择一个空白材质球并设置名称为"饰品-皮革"，单击"标准"材质按钮切换至"VR材质"类型。然后在"基本参数"卷展栏中设置反射光泽度值为0.54、细分值为8；选择"双向反射分布函数"卷展栏中的"多面"类型；在"贴图"卷展栏中为漫反射项及反射项添加本书配套光盘中的"饰品-皮革.jpg"贴图并设置凹凸数量值为4；最后将设置完成的材质赋予场景中的装饰模型，如图9-233所示。

图9-232　墙体及窗帘材质效果

图9-233　皮革材质

14 在"材质编辑器"中选择一个空白材质球并设置名称为"饰品-雕塑"，单击"标准"材质按钮切换至"VR材质"类型。然后在"基本参数"卷展栏中设置漫反射颜色为白色、反射颜色为深棕色、反射光泽度值为0.85及细分值为8；选择"双向反射分布函数"卷展栏中的"反射"类型；最后将设置完成的材质赋予场景中的雕塑装饰模型，如图9-234所示。

15 在"材质编辑器"中选择一个空白材质球并设置名称为"封面"，单击"标准"材质按钮切换至"VR材质"类型。然后在"基本参数"卷展栏中设置漫反射颜色为淡绿色、反射光泽度值为0.95及细分值为8；选择"双向反射分布函数"卷展栏中的"沃德"类型；在"贴图"卷展栏中为漫反射项添加本书配套光盘中的"饰品-书.jpg"贴图；最后将设置完成的材质赋予场景中的书籍模型，如图9-235所示。

图9-234　雕塑材质

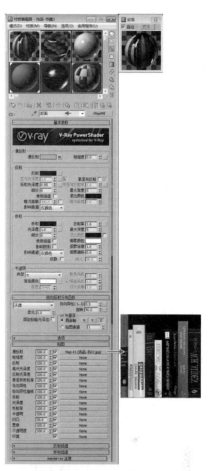

图9-235　书籍材质

16 在"材质编辑器"中选择一个空白材质球并设置名称为"饰品-盒子盖"。在"Blinn 基本参数"卷展栏中设置高光级别值为 54、光泽度值为 29，在"贴图"卷展栏中为漫反射颜色项添加本书配套光盘中的"饰品-盒子.jpg"贴图；最后将设置完成的材质赋予场景中的锦盒模型，如图9-236 所示。

17 在"材质编辑器"中选择一个空白材质球并设置名称为"小盆栽-花瓣"。在"Blinn 基本参数"卷展栏中设置环境光与漫反射颜色为紫色、高光级别值为 5、光泽度值为 25 及自发光值为 30，在"贴图"卷展栏中为漫反射颜色项添加"渐变"贴图；最后将设置完成的材质赋予场景中的花瓣模型，如图 9-237 所示。

18 在"材质编辑器"中选择一个空白材质球并设置名称为"装饰植物-花盆"，单击"标准"

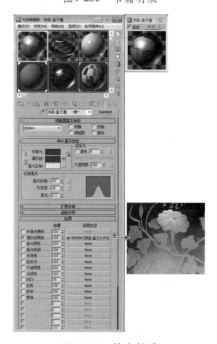

图9-236　锦盒材质

材质按钮切换至"VR材质"类型。然后在"基本参数"卷展栏中设置反射光泽度值为 0.9、细分值为 8；选择"双向反射分布函数"卷展栏中的"反射"类型；在"贴图"卷展栏中为漫反射项添加本书配套光盘中的"瓷器.jpg"贴图；最后将设置完成的材质赋予场景中的花盆模型，如图 9-238 所示。

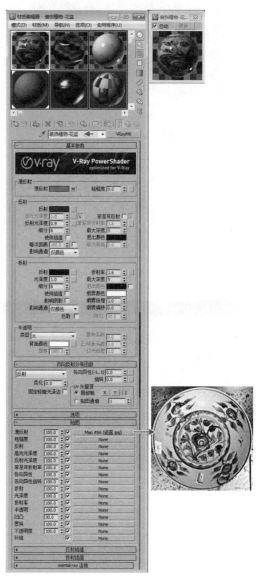

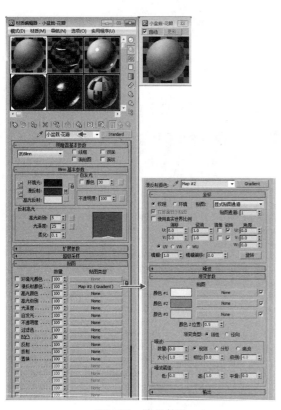

图9-237　花瓣材质　　　　　　　　　　图9-238　花盆材质

19 单击主工具栏中的 渲染按钮，渲染场景中装饰模型的材质效果，如图 9-239 所示。

20 在主工具栏中单击 材质编辑器按钮，选择一个空白材质球并设置名称为"棚面壁纸"，单击"标准"材质按钮切换至"VR材质"类型。然后在"基本参数"卷展栏中设置反射颜色为淡黄色、反射光泽度值为 0.6 及细分值为 15；选择"双向反射分布函数"卷展栏中的"反射"类型；在"贴图"卷展栏中为漫反射项添加本书配套光盘中的"壁纸.jpg"贴图；最后将设置完成的材质赋予场景中的顶棚模型，如图 9-240 所示。

21 在"材质编辑器"中选择一个空白材质球并设置名称为"镜子"，单击"标准"材质按钮切换至"VR材质"类型。然后在"基本参数"
卷展栏中设置反射颜色为浅灰色、反射光泽度
值为 0.85 及细分值为 18；选择"双向反射分
布函数"卷展栏中的"反射"类型；最后将设
置完成的材质赋予场景中吊灯的装饰珠模型，
如图 9-241 所示。

22 单击主工具栏中的 渲染按钮，渲染
场景中的材质效果，如图 9-242 所示。

图9-240 顶棚材质

图9-239 装饰模型材质效果

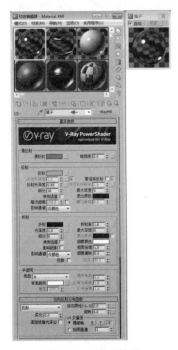

图9-241 镜面材质

图9-242 材质设置效果

2. 灯光设置

1 在 创建面板 灯光中选择 VRay 下的 "VR 灯光"命令按钮，然后在"左视图"中窗口的位置创建灯光，如图 9-243 所示。

2 保持灯光的选择状态并切换至 修改面板，在"参数"卷展栏中首先设置常规的类型为"平面"方式并勾选"启用视口着色"项，然后设置强度的倍增值为 4 及模式颜色为淡蓝色，再设置大小的 1/2 长度值为 1688、1/2 宽度值为 1188，开启选项中的"不可见"项目，最后设置采样的细分值为 8，如图 9-244 所示。

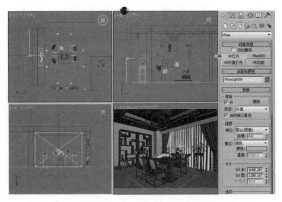

图9-243　创建VR灯光

3 单击主工具栏中的 渲染按钮，渲染场景中窗口位置的灯光效果，如图 9-245 所示。

图9-244　设置灯光

图9-245　窗口位置灯光效果

4 在 创建面板 灯光中选择 VRay 下的 "VR 灯光"命令按钮，然后在场景中吊棚的位置创建灯光，切换至 修改面板中，在"参数"卷展栏中首先设置常规的类型为"平面"方式并勾选"启用视口着色"项，然后设置强度的倍增值为 5 及模式颜色为桔黄色，再设置大小的 1/2 长度值为 33、1/2 宽度值为 1284，开启选项中的"不可见"项目，最后设置采样的细分值为 8，如图 9-246 所示。

5 单击主工具栏中的 渲染按钮，渲染场景中吊棚位置的一侧灯带效果，如图 9-247 所示。

6 使用 创建面板 灯光中的 "VR 灯光"命令，完成场景中吊棚位置的其他灯带效果，如图 9-248 所示。

7 单击主工具栏中的 渲染按钮，渲染场景中吊棚位置的灯带效果，如图 9-249 所示。

8 在 创建面板 灯光中选择光度学下的"目标灯光"命令按钮，然后在"前视图"中棚灯模型的位置拖拽建立灯光。首先在 修改面板的"常规参数"卷展栏中启用"阴影"并选择"VRay 阴影"方式及灯光分布类型为"光度学 Web"方式；然后在"分布"卷展栏中添加本书配套光盘中的"筒灯"光域网文件；最后在"强度／颜色／衰减"卷展栏中设置过滤颜色为桔黄色、强度值为 34000，作为场景的筒灯照明，如图 9-250 所示。

图9-246　设置灯光

图9-247　灯带效果

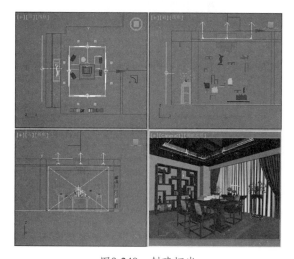

图9-248　创建灯光

图9-249　灯带效果

9　单击主工具栏中的 渲染按钮，渲染场景中书架模型位置的筒灯效果，如图 9-251 所示。

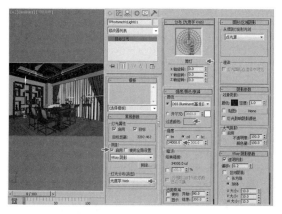

图9-250　设置目标灯光

图9-251　筒灯效果

10 使用键盘"Shift + 移动"快捷键复制出所有的筒灯照明,并将其对应放置在棚灯模型的位置,如图 9-252 所示。

11 单击主工具栏中的 渲染按钮,渲染场景中的灯光照明效果,如图 9-253 所示。

图9-252 复制灯光

图9-253 灯光效果

3. 渲染设置

1 单击主工具栏中的 渲染设置按钮开启"渲染设置"对话框,首先在"V-Ray"选项的"图像采样器(反锯齿)"卷展栏中设置抗锯齿过滤器为"Mitchell-Netravali"类型;然后在"颜色贴图"卷展栏中设置类型为"指数"方式、暗色倍增值为1及亮度倍增值为1,这样可以快速得到合理的曝光效果,如图 9-254 所示。

2 单击"渲染设置"对话框中的"渲染"按钮,渲染当前场景效果,如图 9-255 所示。

3 在"渲染设置"对话框的"间接照明"选项中,首先设置"间接照明"卷展栏中全局照明为开启状态、首次反弹的全局照明引擎为"发光图"类型及二次反弹的全局照明引擎为"灯光缓存"类型;然后在"发光图"卷展栏中设置当前预置为"低"并激活选项的"显示计算相位"与"显示直接光"项,如图 9-256 所示。

> 提示 "间接照明"卷展栏主要控制是否使用全局光照,全局光照渲染引擎使用什么样的搭配方式,以及对间接照明强度的全局控制。

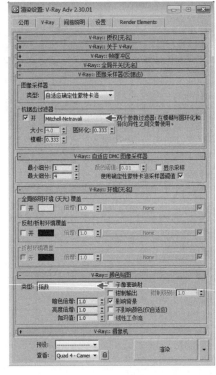

图9-254 渲染设置

4 在"间接照明"选项中设置"灯光缓存"卷展栏中的细分值为 500,再激活"显示计算相位"项,提高渲染器计算的渲染画质,如图 9-257 所示。

5 单击"渲染设置"对话框中的"渲染"按钮,渲染当前场景效果,如图 9-258 所示。

图9-255　渲染场景效果

图9-256　渲染设置

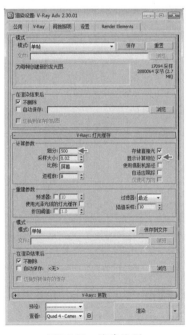

图9-257　渲染设置

图9-258　渲染场景效果

6 在"渲染设置"对话框的"设置"选项中，在"DMC 采样器"卷展栏中设置噪波阈值为 0.005，使渲染器控制区域内噪点尺寸能得到更加细腻的处理，如图 9-259 所示。

DMC 采样卷展栏主要用来设置关于光线的多重采样追踪计算，对模糊反射、面光源、景深等效果的计算精度和速度调节，也可以对全局细分进行倍增处理。

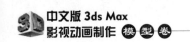
7 单击"渲染设置"对话框中的"渲染"按钮，渲染室内客厅范例的最终效果，如图 9-260 所示。

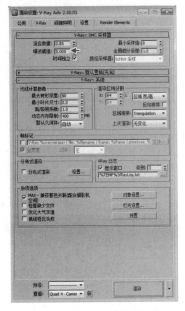

图9-259 渲染设置

图9-260 范例最终效果

9.4 范例——宁静庭院

"宁静庭院"范例主要使用图形先绘制结构，然后使用挤出、车削和扫描产生三维模型，再配合布尔和编辑多边形丰富模型结构，将多个物体组合成完整的场景模型，充分将场景制作所用到的技术进行整合，将模型、材质、灯光和渲染完整展现，表现出室外场景的真实性和艺术性，如图 9-261 所示。

图9-261 范例效果

"宁静庭院"范例的制作流程分为 6 部分，包括①主体模型、②左侧模型、③右侧模型、④围栏模型、⑤植物模型、⑥渲染设置，如图 9-262 所示。

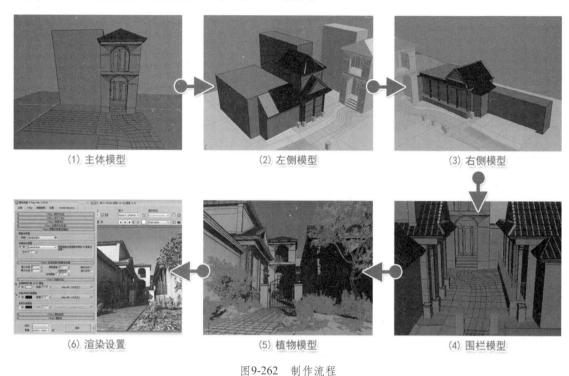

(1) 主体模型　　　　　　　(2) 左侧模型　　　　　　　(3) 右侧模型

(6) 渲染设置　　　　　　　(5) 植物模型　　　　　　　(4) 围栏模型

图9-262　制作流程

↗ 9.4.1　主体模型

"主体模型"部分的制作流程分为 3 部分，包括①楼体模型、②屋顶模型、③辅助模型，如图 9-263 所示。

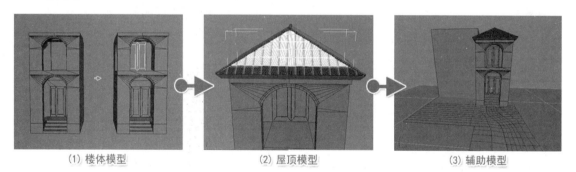

(1) 楼体模型　　　　　　　(2) 屋顶模型　　　　　　　(3) 辅助模型

图9-263　制作流程

1. 楼体模型

⊡1⊡ 在 ⬚创建面板◯几何体中选择标准基本体的"长方体"命令，并设置长度值为 450、宽度值为 250、高度值为 800、长度分段值为 3、宽度分段值为 2 及高度分段值为 3，然后在场景中建立长方体，作为楼体的基础模型，如图 9-264 所示。

[2] 使用 ✷创建面板 ◯几何体中的"长方体"命令，并设置长度值为250、宽度值为350、高度值为800，然后在楼体模型内部的偏上方位置建立长方体，作为布尔运算的元素，如图9-265所示。

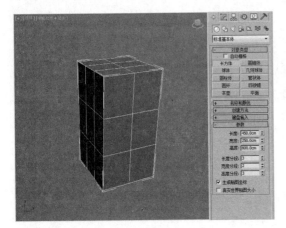

图9-264　创建长方体

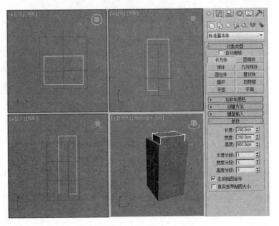

图9-265　创建长方体

[3] 选择场景中的楼体模型，在 ✷创建面板 ◯几何体中单击复合对象中的"布尔"命令按钮，然后在"拾取布尔"卷展栏中单击"拾取操作对象B"按钮，最后在场景中点击拾取中间的长方体元素，完成布尔运算的操作，如图9-266所示。

 布尔运算当中先选择的物体为A，后拾取的物体为B。

[4] 在"透视图"观察通过"布尔"操作后的模型效果，如图9-267所示。

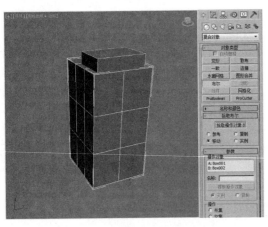

图9-266　布尔操作

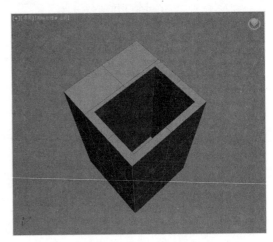

图9-267　布尔效果

[5] 在 ✷创建面板 ◯图形中选择样条线的"线"命令，然后在"前视图"楼体模型的下方位置绘制拱门图形，如图9-268所示。

[6] 在 ◿修改面板中为图形添加"挤出"命令，并在"参数"卷展栏中设置数量值为100，完成拱门模型的制作，作为布尔运算的元素模型，如图9-269所示。

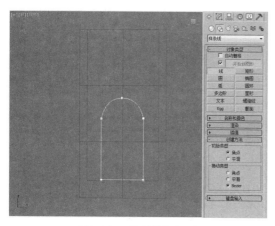

图9-268　绘制拱门图形

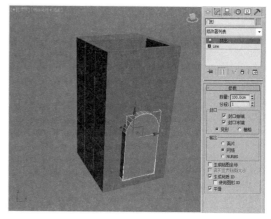

图9-269　挤出拱门模型

[7] 选择场景中的楼体模型，在 :: 创建面板 ◯ 几何体中单击复合对象中的"布尔"命令按钮，然后在"拾取布尔"卷展栏中单击"拾取操作对象 B"按钮，最后在场景中点击拾取拱门模型元素，完成布尔运算的操作，如图 9-270 所示。

[8] 在"透视图"观察通过"布尔"操作后的模型效果。再使用 :: 创建面板中的"线"命令绘制上方的拱门图形，并将其"挤出"为三维模型后，同样使用"布尔"命令完成上部拱门的镂空效果，如图 9-271 所示。

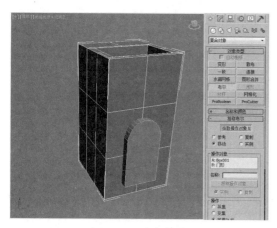

图9-270　布尔操作

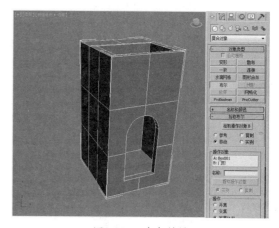

图9-271　布尔效果

[9] 切换视图至"左视图"，使用 :: 创建面板 ◯ 图形中的"线"命令，然后在楼体模型的下方位置绘制台阶的截面图形，如图 9-272 所示。

[10] 在 ◢ 修改面板中为台阶图形添加"挤出"命令，并在"参数"卷展栏中设置数量值为200，完成台阶模型的制作，作为布尔运算的元素模型，如图 9-273 所示。

[11] 选择场景中的楼体模型，在 :: 创建面板 ◯ 几何体中单击复合对象中的"布尔"命令按钮，然后在"拾取布尔"卷展栏中单击"拾取操作对象 B"按钮，最后在场景中点击拾取台阶模型元素，完成布尔运算的操作，如图 9-274 所示。

提示

当执行布尔运算后，不可返回以往模型历史记录再次编辑。

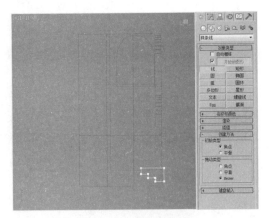

图9-272 绘制台阶图形

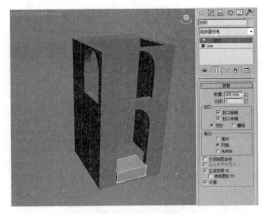

图9-273 挤出台阶模型

12 在"透视图"观察通过"布尔"操作后的模型效果，如图 9-275 所示。

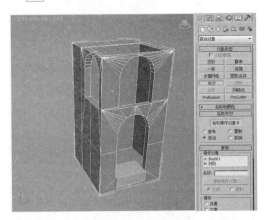

图9-274 布尔操作

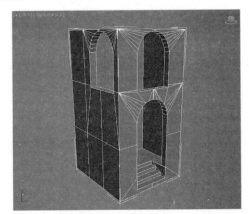

图9-275 布尔效果

13 在 创建面板 几何体中选择标准基本体的"长方体"命令，并设置长度值为 300、宽度值为 240、高度值为 10 及宽度分段值为 3，然后在"前视图"中台阶的上方位置建立长方体，作为门的基础模型，如图 9-276 所示。

14 选择长方体模型，然后在 修改面板中添加"编辑多边形"修改命令并切换至 顶点编辑模式，使用主工具栏中的 移动工具，选择模型中间两组顶点沿 X 轴方向向左侧位移操作，重新调整多边形尺寸，如图 9-277 所示。

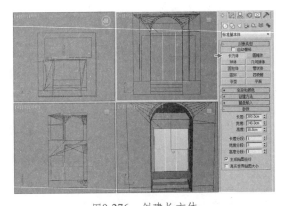

图9-276 创建长方体

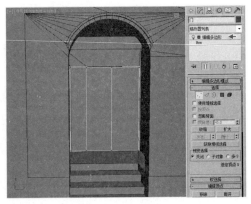

图9-277 添加编辑多边形命令

15 在█修改面板中将"编辑多边形"命令切换至█多边形编辑模式，然后在场景中选择模型的三个多边形面，再单击"倒角"工具的█参数按钮，在弹出的"倒角"浮动对话框中设置倒角高度值为 0.2、轮廓值为 −15，如图 9-278 所示。

16 保持多边形的选择状态再单击"挤出"工具的█参数按钮，在弹出的"挤出多边形"浮动对话框中设置挤出高度值为 −11，如图 9-279 所示。

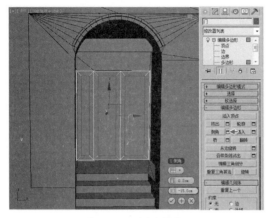

图9-278　倒角操作

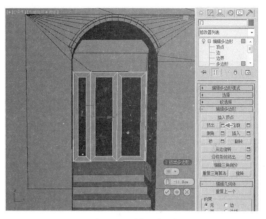

图9-279　挤出操作

17 在"透视图"观察制作的门模型效果，如图 9-280 所示。

18 使用█创建面板的"长方体"命令配合█修改面板的"编辑多边形"命令制作上方的门模型，完成楼体模型的制作，如图 9-281 所示。

图9-280　门模型效果

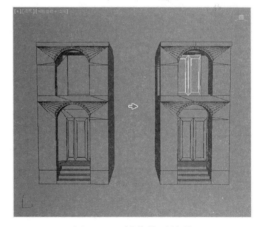

图9-281　楼体模型效果

2. 屋顶模型

1 切换视图至"前视图"，使用█创建面板█图形中的"线"命令，在楼体模型的顶部绘制屋顶的截面图形，如图 9-282 所示。

2 在█修改面板中为屋顶截面图形添加"挤出"命令，并在"参数"卷展栏中设置数量值为 500，完成屋顶的基础模型，如图 9-283 所示。

3 在█修改面板中为屋顶模型添加"编辑多边形"修改命令并切换至█顶点编辑模式，使用"编辑几何体"卷展栏中的"切割"命令在房檐的两顶点间添加一条边，如图 9-284 所示。

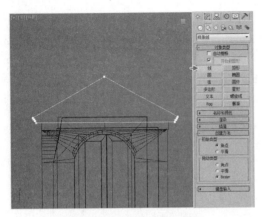

图9-282 绘制屋顶截面图形

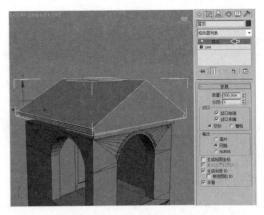

图9-283 挤出屋顶模型

4 将"编辑多边形"命令切换至■多边形编辑模式，选择切割所得到的三角形再单击"挤出"工具的□参数按钮，在弹出的"挤出多边形"浮动对话框中设置挤出高度值为10，如图9-285所示。

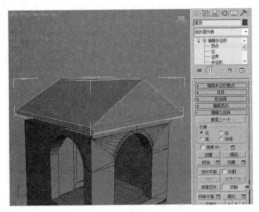

图9-284 切割操作

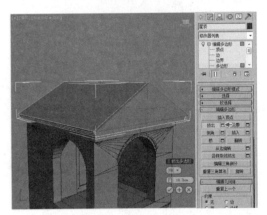

图9-285 挤出操作

5 将"编辑多边形"命令切换至 顶点编辑模式，在"左视图"使用主工具栏的□缩放工具将模型顶部的所有顶点沿X轴方向进行缩小操作，得到梯形的斜面效果，如图9-286所示。

6 在"透视图"观察制作的屋顶模型效果，如图9-287所示。

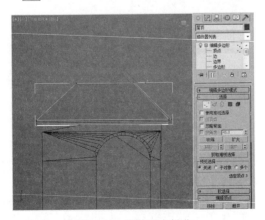

图9-286 缩放顶点操作

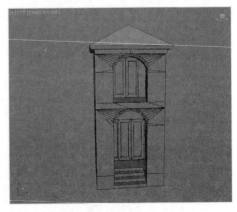

图9-287 屋顶模型效果

[7] 在 ※ 创建面板 ○ 几何体中选择扩展基本体的"切角长方体"命令，并设置长度值为 12、宽度值为 300、高度值为 12、圆角值为 2.5、宽度分段值为 10 及圆角分段值为 3，然后在"顶视图"房檐的位置建立切角长方体，作为屋脊的基础模型，如图 9-288 所示。

[8] 切换视图至"透视图"，选择切角长方体并单击鼠标"右"键，在弹出的四元菜单中选择【转换为】→【转换为可编辑多边形】命令，如图 9-289 所示。

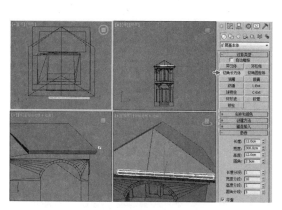

图9-288 创建切角长方体

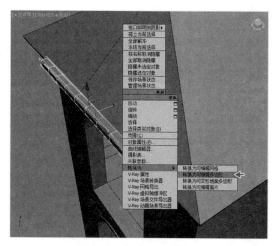

图9-289 转换为可编辑多边形

[9] 在 ☑ 修改面板将"可编辑多边形"命令切换至 ☑ 边编辑模式，选择切角长方体中间的所有边，再使用"切角"工具在所选边的旁边全部增加出一组新边，如图 9-290 所示。

[10] 在 ☑ 修改面板中将"可编辑多边形"命令切换至 ※ 顶点编辑模式，切换视图至"前视图"并使用主工具栏中的 ※ 移动工具沿 Y 轴方向将选择的顶点垂直向下位移操作，如图 9-291 所示。

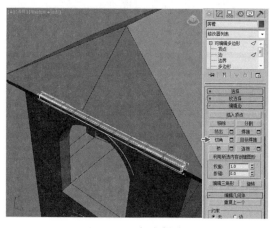

图9-290 切角操作

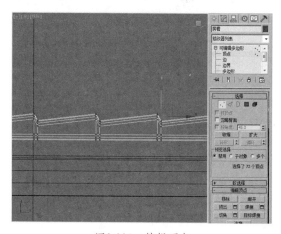

图9-291 编辑顶点

[11] 使用主工具栏中的 ※ 移动工具沿 X 轴方向将选择的顶点水平向左侧位移操作，如图 9-292 所示。

[12] 切换视图至"透视图"并使用主工具栏的 ☑ 缩放工具将选择的顶点沿 Y 轴方向进行缩小操作，完成屋脊模型的制作，如图 9-293 所示。

[13] 在主工具栏中使用 ○ 旋转工具将屋脊模型调整到屋顶的边脊位置，如图 9-294 所示。

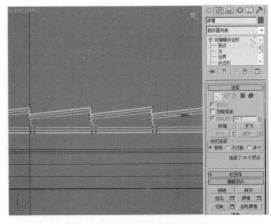

图9-292　编辑顶点

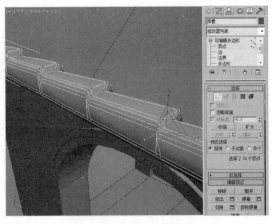

图9-293　缩放操作

14 使用主工具栏中的 镜像工具将屋脊模型镜像复制到另一侧的边脊位置，再制作顶部的屋脊效果，如图 9-295 所示。

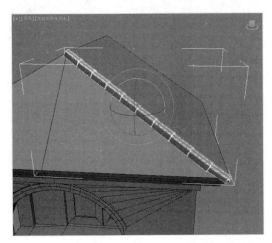

图9-294　调整模型角度

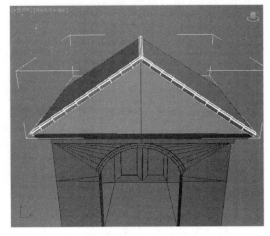

图9-295　复制屋脊模型

15 在 创建面板 几何体中选择标准基本体的"长方体"命令，并设置长度值为 35、宽度值为 30、高度值为 2 及宽度分段值为 10，然后在"前视图"中建立长方体，作为瓦片的基础模型，如图 9-296 所示。

16 切换视图至"透视图"，选择长方体模型并单击鼠标"右"键，在弹出的四元菜单中选择【转换为】→【转换为可编辑多边形】命令，如图 9-297 所示。

17 在 修改面板中将"可编辑多边形"命令切换至 多边形编辑模式，然后在场景中选择长方体中部的一组多边形，再单击"倒角"工具的 参数按钮，在弹出的"倒角"浮动对话框中设置倒角高度值为 1、轮廓值为 –0.5，制作瓦片上的流水槽效果，如图 9-298 所示。

18 在 多边形编辑模式下选择长方体余下的一组多边形，再单击"倒角"工具的 参数按钮，在弹出的"倒角"浮动对话框中设置倒角高度值为 1、轮廓值为 –0.5，如图 9-299 所示。

19 切换视图至"顶视图"，在 修改面板中将"可编辑多边形"命令切换至 顶点编辑模式，并使用主工具栏中的 移动工具调整瓦片模型边缘处的顶点位置，制作瓦片间重叠位置的处理效果，如图 9-300 所示。

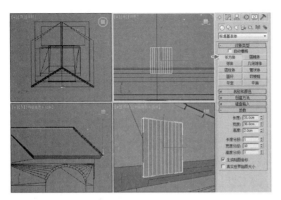

图9-296　创建长方体

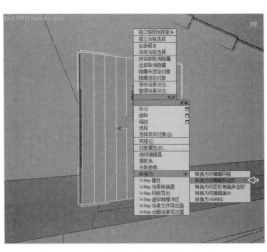

图9-297　转换为可编辑多边形

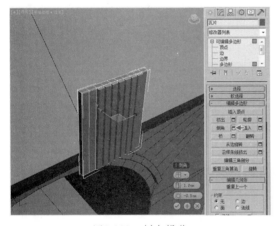

图9-298　倒角操作

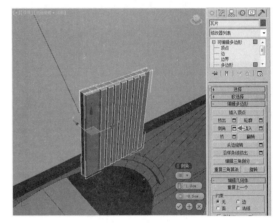

图9-299　倒角操作

20 使用主工具栏中的 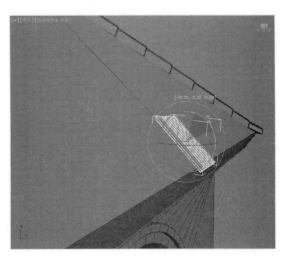 旋转工具将瓦片模型沿 X 轴方向调整至 –50°位置，如图 9-301 所示。

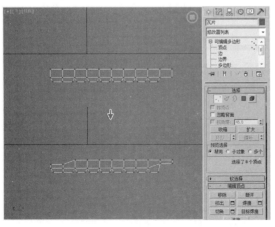

图9-300　编辑顶点操作

图9-301　旋转操作

21 选择瓦片模型并使用键盘"Shift+移动"快捷键，将瓦片模型进行复制操作，再选择与边脊模型重叠处的瓦片模型，将其切换至 :: 顶点编辑模式下编辑重叠部分的顶点位置，使顶点位置在与边脊模型的交接处，如图 9-302 所示。

22 使用键盘"Shift+移动"快捷键，将瓦片模型进行复制操作，完成屋顶模型的制作，如图 9-303 所示。

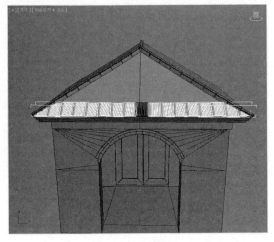

图9-302　复制操作

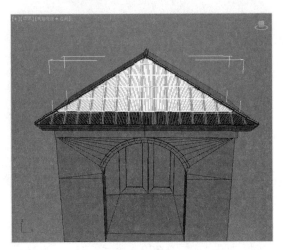

图9-303　屋顶模型效果

3. 辅助模型

1 在 :: 创建面板 ◯ 几何体中选择标准基本体的"长方体"命令，并设置长度值为 290、宽度值为 650、高度值为 1000，然后在场景中楼体模型的左侧位置建立长方体，如图 9-304 所示。

2 在 :: 创建面板 ◯ 几何体中选择标准基本体的"平面"命令，并设置长度值为 3500、宽度值为 3500、长度分段值为 4 及宽度分段值为 4，然后在场景中模型的下方位置建立平面，作为场景的地面模型，如图 9-305 所示。

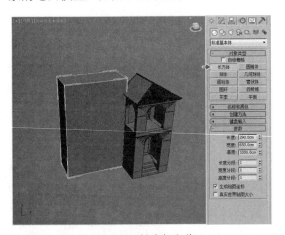

图9-304　创建长方体

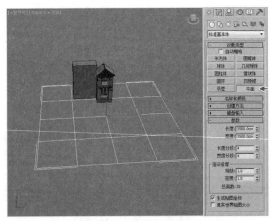

图9-305　创建地面模型

3 在 :: 创建面板 ◯ 几何体中选择标准基本体的"平面"命令，并设置长度值为 1000、宽度值为 130、长度分段值为 20 及宽度分段值为 4，然后在"顶视图"台阶的前方位置建立平面，作为场景的路面模型，如图 9-306 所示。

4 选择路面模型，然后在 修改面板中添加 "FFD（长方体）" 命令，并在 "FFD 参数" 卷展栏中单击 "设置点数" 按钮，将点数设置为 8×2×2 的控制方式，如图 9-307 所示。

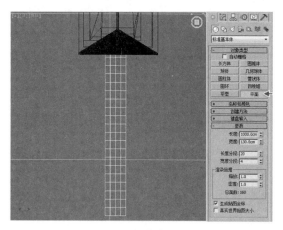

图9-306　创建路面模型

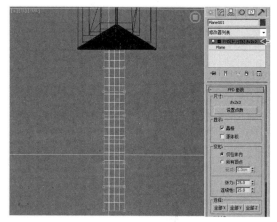

图9-307　添加修改命令

5 在 "顶视图" 中使用主工具栏中的 移动与 旋转工具将控制点进行调整，完成小路的蜿蜒效果，如图 9-308 所示。

6 在 创建面板 几何体中选择标准基本体的 "平面" 命令，并设置长度值为 700、宽度值为 130、长度分段值为 2 及宽度分段值为 10，然后在场景中路面模型的前方位置建立平面，作为石板路的基础模型，如图 9-309 所示。

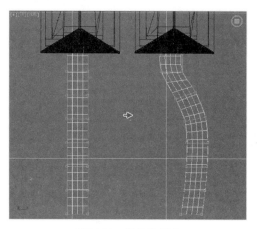

图9-308　调整控制点

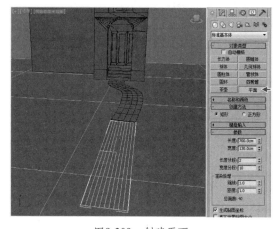

图9-309　创建平面

7 选择平面模型并单击鼠标 "右" 键，在弹出的四元菜单中选择【转换为】→【转换为可编辑多边形】命令，如图 9-310 所示。

"转化为多边形" 修改器允许在修改器堆栈中应用对象转化。同时，在应用通用修改器比如法线、材质或 UVW 贴图时，会有助于显示控制事先的对象类型。

8 在 修改面板将 "可编辑多边形" 命令切换至 边编辑模式，选择平面模型半侧的所有边，然后在"编辑边"卷展栏中单击"连接"的■参数按钮，如图9-311所示。

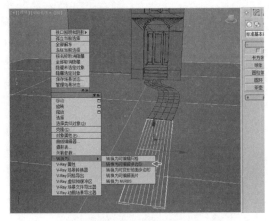

图9-310　转换为可编辑多边形

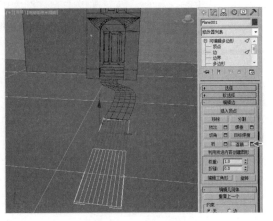

图9-311　编辑边

⑨ 单击"连接"■参数按钮后，在弹出的"连接边"浮动对话框中设置分段值为10，添加结构线，如图9-312所示。

⑩ 在◢边编辑模式下，选择添加的所有边，然后在"编辑边"卷展栏中单击"切角"按钮，继续添加边的操作，如图9-313所示。

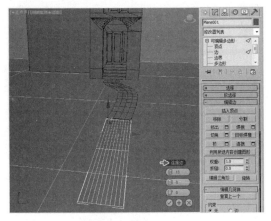

图9-312　分段设置

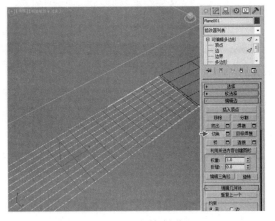

图9-313　切角操作

⑪ 在◢边编辑模式下，间隔选择边，然后在"编辑边"卷展栏中单击"切角"按钮，完成间隔线添加边的操作，如图9-314所示。

⑫ 在◢修改面板中将"可编辑多边形"命令切换至■多边形编辑模式，然后在场景中选择分割出的多边形，再单击"倒角"工具的■参数按钮，在弹出的"倒角"浮动对话框中设置倒角高度值为1、轮廓值为 –0.5，制作石板路效果，如图9-315所示。

⑬ 单击主工具栏中的◎渲染按钮，渲染场景中石板路效果，如图9-316所示。

⑭ 切换至◢边编辑模式下，继续使用"切角"按钮，完成添加边的操作，如图9-317所示。

⑮ 使用🔆创建面板◎几何体中的"平面"命令配合◢修改面板中的"编辑多边形"命令，沿小路方向在其两侧添加地面模型，如图9-318所示。

⑯ 使用"编辑多边形"命令继续编辑小路两侧的地面模型，并使其产生起伏效果，如图9-319所示。

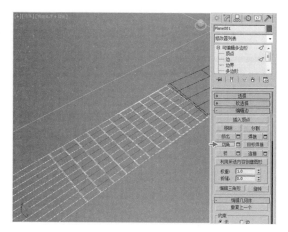

图9-314　切角操作

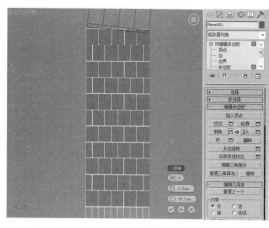

图9-315　倒角操作

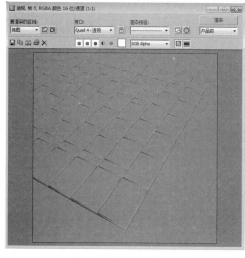

图9-316　石板路效果

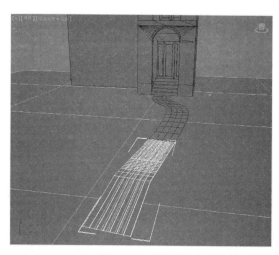

图9-317　编辑边

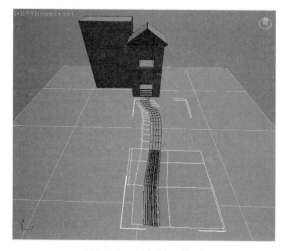

图9-318　添加地面模型

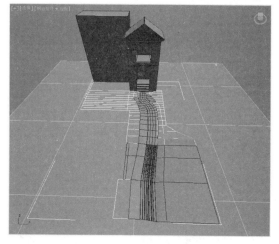

图9-319　编辑多边形操作

17 在"透视图"中观察制作的辅助模型效果，如图 9-320 所示。

[18] 单击主工具栏中的 🖼 渲染按钮，渲染场景中主体模型效果，如图 9-321 所示。

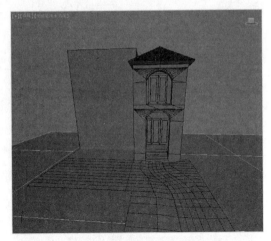

图9-320　辅助模型效果

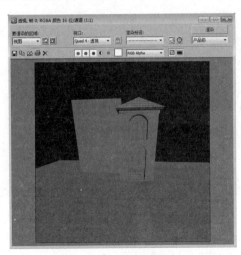

图9-321　主体模型效果

➚ 9.4.2　左侧模型

"左侧模型"部分的制作流程分为 3 部分，包括①屋身模型、②屋顶模型、③辅助模型，如图 9-322 所示。

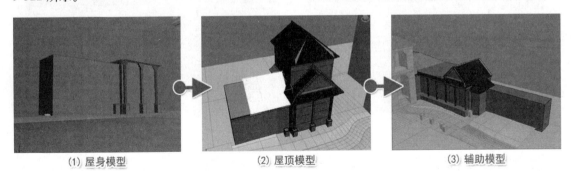

(1) 屋身模型　　　　　　　(2) 屋顶模型　　　　　　　(3) 辅助模型

图9-322　制作流程

1. 屋身模型

[1] 在 ☀ 创建面板 ◎ 几何体中选择标准基本体的"长方体"命令，并设置长度值为 400、宽度值为 500 及高度值为 380，然后在场景中主体模型的左前方及小路模型的左侧创建长方体，作为屋身的基础模型，如图 9-323 所示。

[2] 使用 ☀ 创建面板 ◎ 几何体中的"长方体"命令，并设置长度值为 500、宽度值为 200 及高度值为 350，然后在场景中屋身模型的旁边创建长方体，完成屋身模型的基础制作，如图 9-324 所示。

[3] 在 ☀ 创建面板 ◎ 几何体中选择扩展基本体的"切角长方体"命令，在场景中屋身模型的前方位置创建罗马柱的底座模型，如图 9-325 所示。

[4] 使用 ☀ 创建面板 ◎ 图形中的"线"命令配合 ◢ 修改面板中的"挤出"命令，在底座模型的上方位置建立罗马柱模型，如图 9-326 所示。

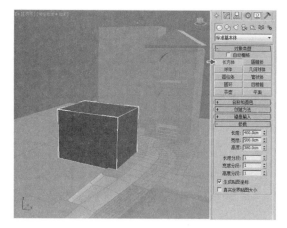

图9-323　创建长方体

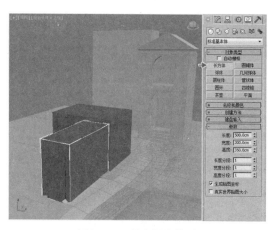

图9-324　创建屋身模型

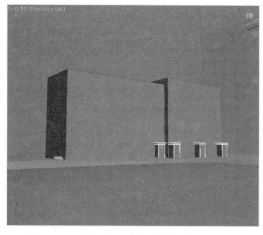

图9-325　创建底座模型

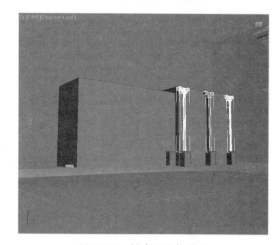

图9-326　创建罗马柱模型

⑤　使用❋创建面板◯几何体中的"平面"命令，在场景中罗马柱模型的顶部位置建立平面，如图 9-327 所示。

⑥　在"透视图"中观察制作的屋身模型效果，如图 9-328 所示。

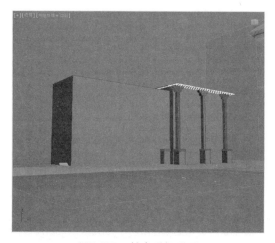

图9-327　创建顶部平面

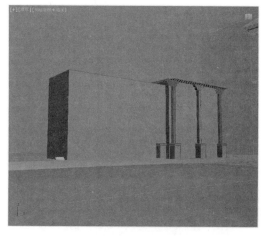

图9-328　屋身模型效果

2. 屋顶模型

1 在 ✳ 创建面板 ◯ 几何体中选择标准基本体的
"长方体"命令，然后在场景中屋身模型的顶部位置创
建长方体，如图 9-329 所示。

2 使用 ✳ 创建面板 ◯ 图形中的"线"命令，在
屋身模型的上方位置绘制屋顶的截面图形，然后通过
☑ 修改面板中的"挤出"命令将图形转换为三维模型，
最后在 ☑ 修改面板中为模型添加"编辑多边形"修改
命令，制作出屋顶的基础模型效果，如图 9-330 所示。

3 使用 ✳ 创建面板 ◯ 几何体中的"切角长方体"
命令配合 ☑ 修改面板中的"编辑多边形"命令，制作

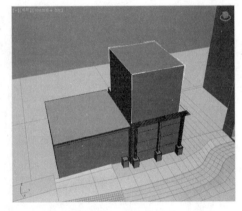

图9-329　创建长方体

屋脊模型；再使用 ✳ 创建面板 ◯ 几何体中的"长方体"命令配合 ☑ 修改面板中"编辑多边形"命
令下的"倒角"工具，制作流水槽效果，并在"编辑多边形"命令的 ⋮ 顶点编辑模式下调整瓦片
模型最终效果，如图 9-331 所示。

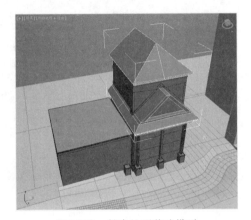

图9-330　创建屋顶基础模型

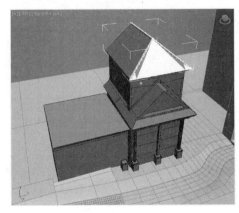

图9-331　创建屋脊及瓦片模型

4 使用键盘"Shift＋移动"快捷键将瓦片模型进行复制操作，并通过 ◯ 旋转工具调整瓦片
模型的角度，使其与屋顶另一侧的坡面相吻合，如图 9-332 所示。

5 使用同样的操作方式完成下方屋顶的屋脊模型及瓦片模型的制作，如图 9-333 所示。

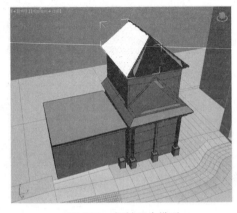

图9-332　复制瓦片模型

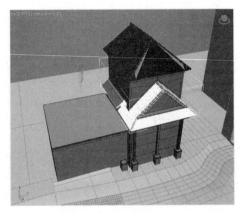

图9-333　创建屋脊及瓦片模型

6 在侧面屋身模型的上方位置使用 ❋ 创建面板 ◯ 图形中的"线"命令绘制三角图形，并通过 ⬚ 修改面板中的"挤出"命令将图形挤出为屋顶的基础模型；再通过"Shift＋移动"快捷键将瓦片模型进行复制操作，并通过 ✛ 移动工具与 ⟳ 旋转工具调整瓦片模型的角度位置，完成侧面屋顶上的瓦片制作，如图9-334所示。

7 在"透视图"中观察制作的屋顶模型效果，如图9-335所示。

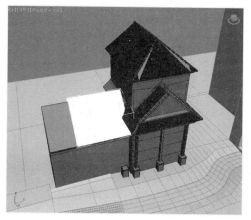

图9-334　侧面屋顶模型制作

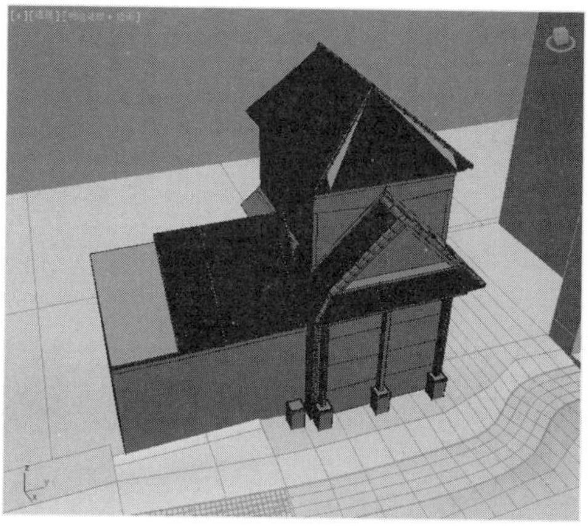

3. 辅助模型

1 在 ❋ 创建面板 ◯ 几何体中选择标准基本体的"长方体"命令，并设置长度值为630、宽度值为850及高度值为530，然后在场景中创建长方体，如图9-336所示。

2 在 ❋ 创建面板 ◯ 几何体中选择标准基本体的"长方体"命令，并设置长度值为300、宽度值为950及高度值为900，然后在场景中创建长方体，如图9-337所示。

3 在"透视图"中观察搭建的左侧模型效果，如图9-338所示。

图9-335　屋顶模型效果

图9-336　创建长方体

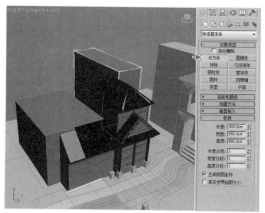

图9-337　创建辅助模型

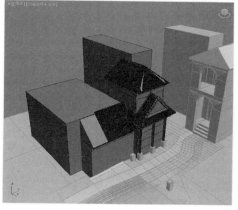

图9-338　左侧模型效果

9.4.3 右侧模型

"右侧模型"部分的制作流程分为3部分,包括①屋身模型、②屋顶模型、③辅助模型,如图 9-339 所示。

(1) 屋身模型　　(2) 屋顶模型　　(3) 辅助模型

图9-339　制作流程

1. 屋身模型

1 在 创建面板 几何体中选择标准基本体的"长方体"命令,并设置长度值为1000、宽度值为 400 及高度值为 400,然后在场景中主体模型的右前方及小路模型的右侧创建长方体,作为屋身的基础模型,如图 9-340 所示。

2 使用键盘"Shift + 移动"快捷键将长方体进行复制操作,作为布尔运算的元素模型,如图 9-341 所示。

3 选择底部的长方体模型,在 创建面板 几何体中单击复合对象中的"布尔"命令按钮,然后在"拾取布尔"卷展栏中单击"拾取操作对象 B"按钮,最后在场景中点击拾取上方的长方体模型元素,完成布尔运算的操作,如图 9-342 所示。

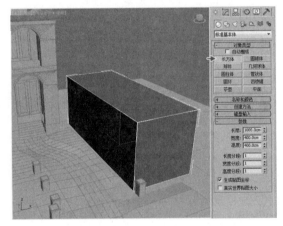

图9-340　创建长方体

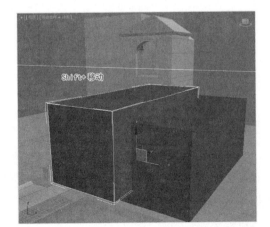

图9-341　复制操作

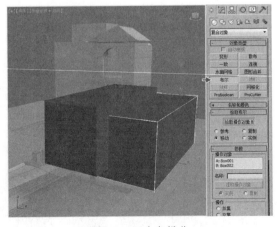

图9-342　布尔操作

4 在 ✳ 创建面板 ◎ 几何体中选择标准基本体的"长方体"命令，并设置长度值为 150、宽度值为 80 及高度值为 200，然后在场景中屋身模型的中间位置创建长方体，作为布尔运算的元素模型，如图 9-343 所示。

5 选择屋身模型，在 ✳ 创建面板 ◎ 几何体中单击复合对象中的"布尔"命令按钮，然后在"拾取布尔"卷展栏中单击"拾取操作对象 B"按钮，最后在场景中点击拾取中间的长方体模型元素，完成布尔运算的操作，如图 9-344 所示。

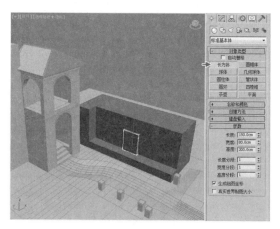
图9-343　创建长方体

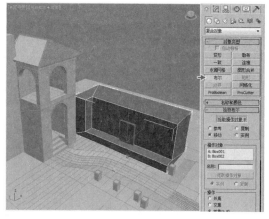
图9-344　布尔操作

6 在"透视图"中观察布尔运算后的屋身模型效果，如图 9-345 所示。

7 使用 ✳ 创建面板 ◎ 几何体中的"长方体"命令，在场景中屋身模型的一侧位置创建长方体，完成屋身基础模型的创建，如图 9-346 所示。

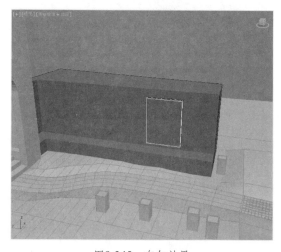
图9-345　布尔效果

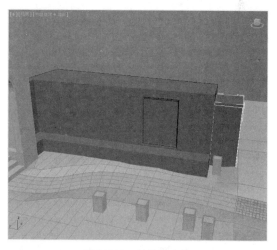
图9-346　创建长方体

8 使用 ✳ 创建面板的"线"命令配合 ◪ 修改面板中的"挤出"命令完成罗马柱模型的制作；再使用 ✳ 创建面板的"平面"命令创建柱体上方的顶面模型，如图 9-347 所示。

9 在"透视图"中观察制作的屋身模型效果，如图 9-348 所示。

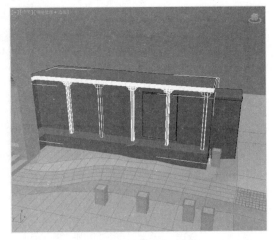

图9-347　创建顶面模型

图9-348　屋身模型效果

2. 屋顶模型

[1] 使用 ⁑ 创建面板 ◎ 图形中的"线"命令，在屋身模型的上方位置绘制屋顶的截面图形，然后通过 ∥ 修改面板中的"挤出"命令将图形转换为三维模型，最后在 ∥ 修改面板中为模型添加"编辑多边形"修改命令，制作出屋顶的基础模型效果，如图 9-349 所示。

[2] 使用 ⁑ 创建面板 ◎ 图形中的"线"命令，在小屋身模型的上方位置绘制屋顶的截面图形，然后再通过 ∥ 修改面板中的"挤出"命令制作出小屋顶模型的效果，如图 9-350 所示。

[3] 使用 ⁑ 创建面板 ◎ 几何体中的"切角长方体"命令配合 ∥ 修改面板中的"编辑多边形"命令，制作出屋脊模型，如图 9-351 所示。

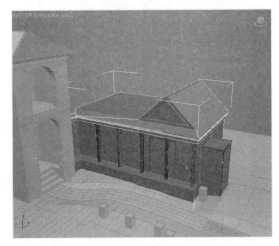

图9-349　创建屋顶基础模型

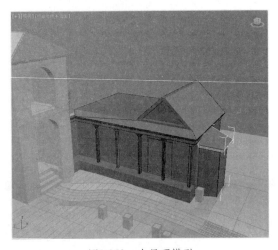

图9-350　小屋顶模型

图9-351　创建屋脊模型

4 使用⊞创建面板◯几何体中的"长方体"命令配合⬕修改面板中"编辑多边形"命令下的"倒角"工具，制作流水槽效果；在"编辑多边形"命令的⬛顶点编辑模式下使用主工具栏中的⊕移动工具按瓦的结构调整瓦片模型；再通过"Shift + 移动"快捷键将瓦片模型进行复制，完成屋顶瓦片模型的制作，如图 9-352 所示。

5 使用⊞创建面板◯几何体中的"长方体"命令配合⬕修改面板中"编辑多边形"命令，制作屋檐模型；再选择瓦片模型并使用键盘"Shift + 移动"快捷键进行复制操作，结合⊕移动工具与⟳旋转工具调整瓦片模型在屋檐上的角度位置，如图 9-353 所示。

图9-352 创建瓦片模型

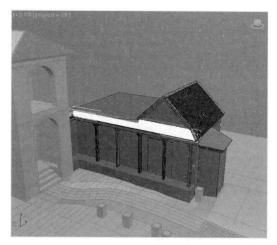

图9-353 创建屋檐模型

6 选择瓦片模型并使用"Shift + 移动"快捷键进行复制操作，结合⊕移动与⟳旋转工具调整瓦片模型在小屋顶上的角度位置，如图 9-354 所示。

7 在"透视图"中观察制作的屋顶模型效果，如图 9-355 所示。

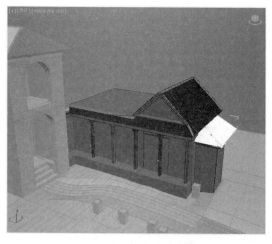

图9-354 小屋顶部效果

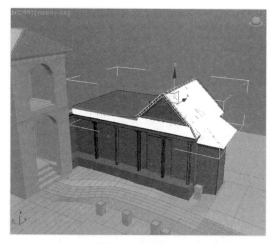

图9-355 屋顶模型效果

3. 辅助模型

1 在⊞创建面板◯几何体中选择标准基本体的"长方体"命令，并设置长度值为 780、宽度值为 670 及高度值为 400，然后在场景中创建长方体，作为屋身模型，如图 9-356 所示。

2 在创建面板几何体中选择标准基本体的"四棱锥"命令，并设置宽度值为700、深度值为550及高度值为350，然后在场景中屋身模型的上方位置创建四棱锥，作为屋顶模型，如图9-357所示。

3 在创建面板几何体中选择标准基本体的"长方体"命令，并设置长度值为830、宽度值为210及高度值为340，然后在场景中创建长方体，作为场景中的辅助模型，如图9-358所示。

4 在"透视图"中观察搭建的右侧模型效果，如图9-359所示。

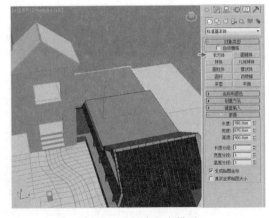

图9-356 创建屋身模型

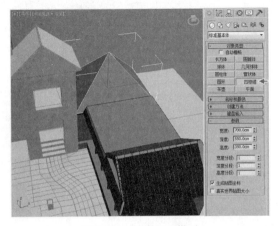

图9-357 创建屋顶模型

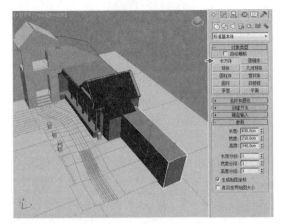

图9-358 创建辅助模型

5 单击主工具栏中的渲染按钮，渲染场景效果，如图9-360所示。

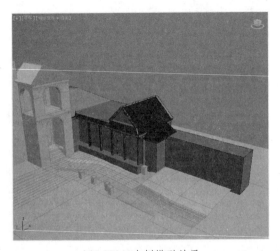

图9-359 右侧模型效果

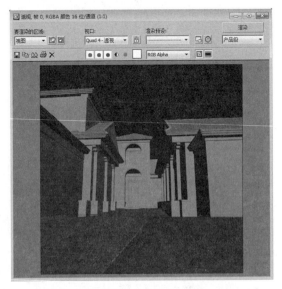

图9-360 渲染场景效果

↗ 9.4.4 围栏模型

"围栏模型"部分的制作流程分为 3 部分，包括①大门模型、②栅栏模型、③灯饰模型，如图 9-361 所示。

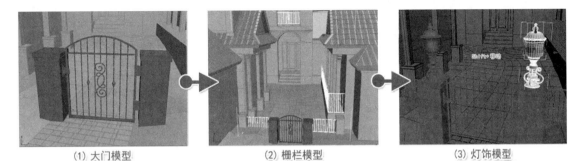

(1) 大门模型　　　　　　　(2) 栅栏模型　　　　　　　(3) 灯饰模型

图9-361　制作流程

1. 大门模型

1 在创建面板几何体中选择扩展基本体的"切角长方体"命令，并设置长度值为 37、宽度值为 37、高度值为 100 及圆角值为 1，然后在场景中创建切角长方体，作为石柱的底部模型，如图 9-362 所示。

2 在创建面板几何体中选择扩展基本体的"切角长方体"命令，并设置长度值为 40、宽度值为 40、高度值为 7 及圆角值为 1，然后在场景中石柱模型的顶部位置创建模型，搭建完成石柱模型的效果，如图 9-363 所示。

3 在场景中选择石柱的顶底模型，然后单击修改面板中的"VRay 置换模式"命令，并

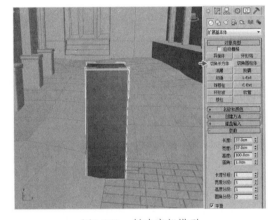

图9-362　创建底部模型

在"参数"卷展栏中设置类型为"3D 贴图"方式，为纹理贴图项添加本书配套光盘中的"石板 Brick ＿ Color.jpg"贴图，再设置数量值为 −0.7，如图 9-364 所示。

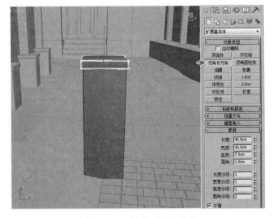

图9-363　创建顶部模型

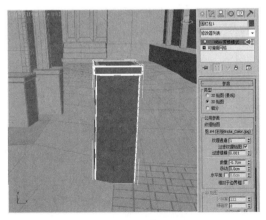

图9-364　置换设置

4 单击主工具栏中的 🔄 渲染按钮，渲染场景中石柱模型的置换效果，如图 9-365 所示。

5 选择石柱模型再使用"Shift + 移动"快捷键进行复制操作，如图 9-366 所示。

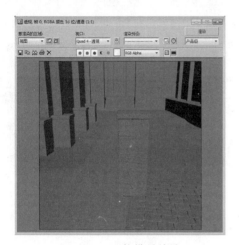

图9-365 石柱模型效果

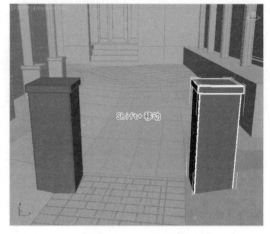

图9-366 复制操作

6 使用 ✳ 创建面板 🔘 图形中的"线"命令，在左侧石柱模型的内侧绘制接链件的截面图形，然后通过 🖉 修改面板中的"挤出"命令制作接链件模型，如图 9-367 所示。

7 使用 ✳ 创建面板 🔘 几何体中的"长方体"及"圆柱体"命令，在场景中接链件模型上创建门碰的底座模型，如图 9-368 所示。

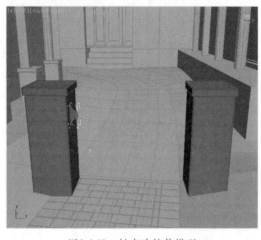

图9-367 创建连接件模型

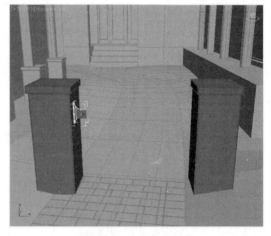

图9-368 创建底座模型

8 使用 ✳ 创建面板 🔘 几何体中的"球体"命令结合主工具栏中的 🔲 缩放工具，制作门碰模型，如图 9-369 所示。

9 使用 ✳ 创建面板 🔘 几何体中的"长方体"命令，在右侧石柱模型的内侧创建合页的接链件模型，如图 9-370 所示。

10 使用 ✳ 创建面板 🔘 几何体中的"长方体"命令，在右侧石柱模型的接链件上创建合页模型，如图 9-371 所示。

11 选择合页模型再使用"Shift + 移动"快捷键沿 Z 轴方向向下进行复制模型，如图 9-372 所示。

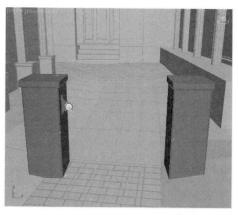

图9-369　创建门碰模型

图9-370　创建连接件模型

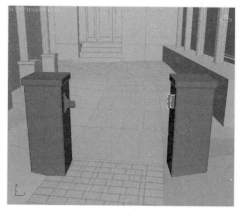

图9-371　创建合页模型

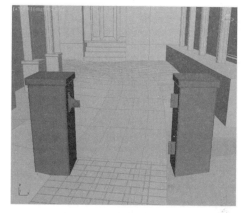

图9-372　复制合页模型

12 在 创建面板 图形中选择样条线的"矩形"命令，并在"参数"卷展中设置长度值为 105 及宽度值为 100，然后在"前视图"中门碰模型与合页模型之间创建矩形，作为大门的基础图形，如图 9-373 所示。

13 选择矩形图形，然后在 修改面板中为其添加"编辑样条线"命令并切换至"顶点"编辑模式，使用其中的"插入"命令在顶部线段的中间添加顶点操作，再使用主工具栏中的 移动工具将顶点沿 Y 轴方向向上位移，如图 9-374 所示。

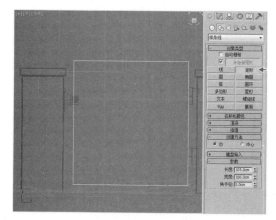

图9-373　创建矩形

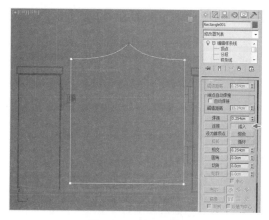

图9-374　插入顶点

[14] 框选图形上方的三个顶点，并单击鼠标"右"键，将点模式切换为"Bezier"方式，使图形顶部产生圆弧效果完成大门轮廓的编辑，如图 9-375 所示。

[15] 选择大门的轮廓图形，切换至 修改面板的矩形层级，然后在"渲染"卷展栏中勾选"在渲染中启用"与"在视口中启用"项，并设置矩形的长度值为 4 及宽度值为 2，如图 9-376 所示。

系统默认图形是不可以被渲染的，只有开启应用于渲染项目才可预览。

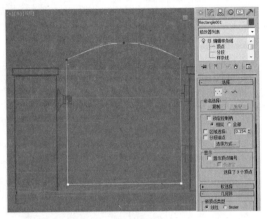

图9-375 编辑顶点

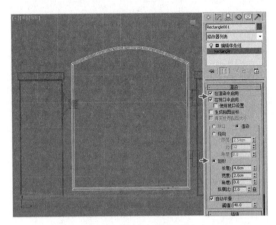

图9-376 设置矩形

[16] 在 创建面板 图形中选择样条线的"线"命令，并设置"渲染"参数后，在"前视图"大门轮廓图形中水平创建一条直线，如图 9-377 所示。

[17] 在 创建面板 几何体中选择标准基本体的"平面"命令，并在"参数"卷展栏中设置长度值为 110、宽度值为 1.5 及长度分段值为 200，然后在"前视图"大门轮廓图形中垂直创建平面，如图 9-378 所示。

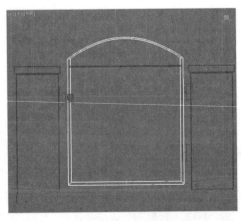

图9-377 创建线段

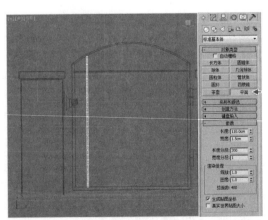

图9-378 创建平面

[18] 在 修改面板中为平面添加"扭曲"修改命令，并在"参数"卷展栏中设置扭曲的角度值为 3000 及扭曲轴为"Y"轴，作为大门中的栏杆模型，如图 9-379 所示。

提示 "扭曲"修改器在对象几何体中产生一个旋转效果（就像拧湿抹布），可以控制任意三个轴上扭曲的角度，并设置偏移来压缩扭曲相对于轴点的效果，也可以对几何体的一段限制扭曲。

19 选择栏杆模型再使用"Shift＋移动"快捷键沿 X 轴方向水平复制模型，在弹出的"克隆选项"对话框中设置对象类型为"复制"方式，副本数值为 8，并依据大门的轮廓形状调整"平面"的长度值参数；选择大门中间位置的栏杆模型再单击"Shift"键进行原地复制操作，调整这两根栏杆模型的上下长度值，使栏杆中间产生空白，准备添加铁艺模型，如图 9-380 所示。

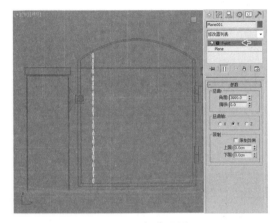

图9-379 扭曲设置

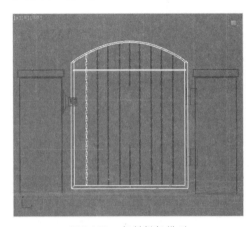

图9-380 复制栏杆模型

20 在 创建面板 图形中选择样条线的"线"命令，然后在"前视图"大门中间的空白位置绘制铁艺的路径线段，如图 9-381 所示。

21 在 创建面板 几何体中选择标准基本体的"平面"命令，并在"参数"卷展栏中设置长度值为 40、宽度值为 1.5 及长度分段值为 200，然后在场景中创建平面，如图 9-382 所示。

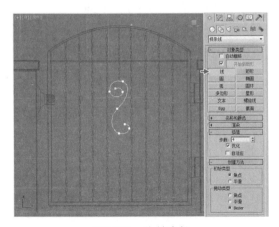

图9-381 绘制路径

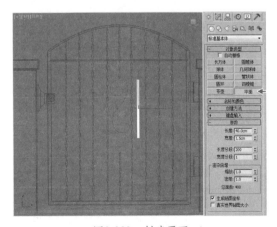

图9-382 创建平面

22 选择平面模型，在 修改面板中添加"路径变形绑定"命令，展开"参数"卷展栏设置百分比值为 50、拉伸值为 2.2、扭曲值为 3000 及路径变形轴为"Y"轴，单击"拾取路径"按钮，然后在场景中点击拾取铁艺的路径线段，再单击"转到路径"按钮，完成绑定路径的操作，

如图 9-383 所示。

23 使用主工具栏中的 镜像工具，将铁艺模型沿 Z 轴方向镜像复制操作，完成铁艺模型的整体制作效果，如图 9-384 所示。

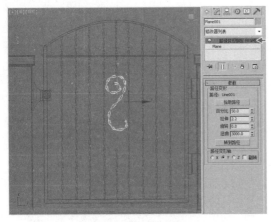

图9-383 绑定路径

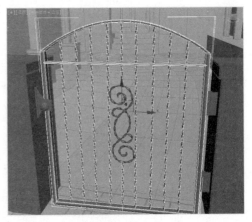

图9-384 铁艺模型

24 使用 创建面板 几何体中的"球体"命令，在铁艺模型两侧的栏杆上组建装饰球模型，如图 9-385 所示。

25 在"透视图"中观察制作的大门模型效果，如图 9-386 所示。

图9-385 创建装饰球模型

图9-386 大门模型效果

2. 栅栏模型

1 切换视图至"顶视图"，使用 创建面板 图形中的"线"命令，在大门模型的左侧绘制围栏线段，如图 9-387 所示。

2 切换至 修改面板中，在"渲染"卷展栏中勾选"在渲染中启用"与"在视口中启用"项，并设置矩形的长度值为 2 及宽度值为 5，如图 9-388 所示。

3 创建平面并通过"扭曲"命令制作出栏杆模型，再使用"Shift + 移动"快捷键沿 X 轴方向复制模型，在弹出的"克隆选项"对话框中设置对象类型为"复制"方式，副本数值为 15，如图 9-389 所示。

4 使用"Shift + 移动"快捷键沿 Y 轴方向复制栏杆模型，如图 9-390 所示。

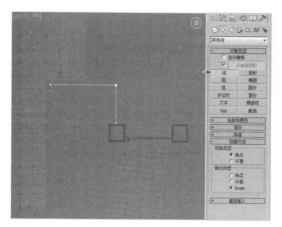

图9-387　绘制围栏线段

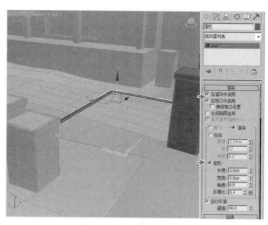

图9-388　线段渲染设置

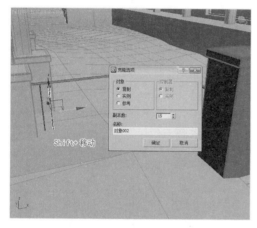

图9-389　创建栏杆模型

图9-390　复制栏杆模型

⑤ 使用❈创建面板○几何体中的"球体"命令，在栏杆模型上组建装饰球模型，如图 9-391 所示。

⑥ 使用主工具栏中的♏镜像工具，将大门左侧栅栏模型沿 X 轴方向镜像复制到右侧，制作大门两侧的栅栏模型效果，如图 9-392 所示。

图9-391　创建装饰球模型

图9-392　镜像操作

图9-393 其他栅栏模型　　　　　　　图9-394 栅栏模型效果

3. 灯饰模型

1 切换视图至"前视图"，使用▒创建面板▒图形中的"线"命令，在石柱模型顶部绘制灯座的半侧截面图形，如图 9-395 所示。

2 在▒修改面板中为截面图形添加"车削"命令，并在"参数"卷展栏中设置度数值为 360，得到灯座模型效果，如图 9-396 所示。

3 使用▒创建面板▒图形中的"线"命令，在灯座模型上方绘制灯罩的半侧截面图形，如图 9-397 所示。

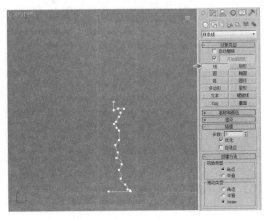

图9-395 绘制灯座半侧截面

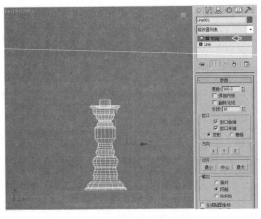

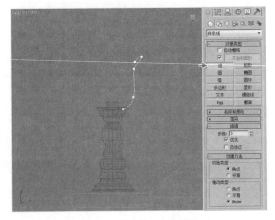

图9-396 车削灯座模型　　　　　　　图9-397 绘制灯罩半侧截面

④ 在 ☑ 修改面板中为截面图形添加"车削"命令，并在"参数"卷展栏中设置度数值为360，得到灯罩模型效果，如图 9-398 所示。

⑤ 使用 ❋ 创建面板 ◎ 图形中的"线"命令，在灯罩模型上方绘制灯盖的半侧截面图形，如图 9-399 所示。

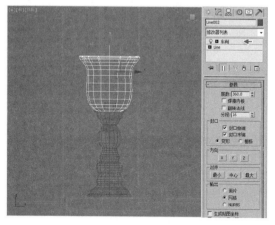

图9-398　车削灯罩模型

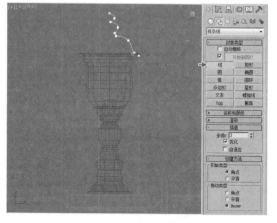

图9-399　绘制灯盖半侧截面

⑥ 在 ☑ 修改面板中为截面图形添加"车削"命令，并在"参数"卷展栏中设置度数值为360，得到灯盖模型效果，如图 9-400 所示。

⑦ 在 ❋ 创建面板 ◎ 几何体中选择"几何球体"命令，并设置"参数"卷展栏中的半径值为 5、分段值为 2 及基点面类型为"二十面体"方式，然后在灯罩模型的内部创建灯泡模型，如图 9-401 所示。

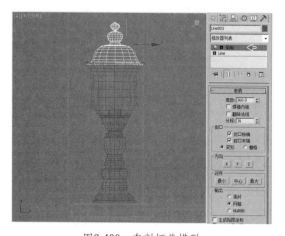

图9-400　车削灯盖模型

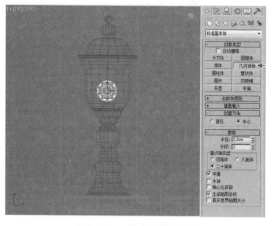

图9-401　创建灯泡模型

⑧ 在场景中选择灯饰的所有模型，然后在菜单中选择【组】→【成组】命令，并在弹出的"组"对话框中输入组名为"灯"，如图 9-402 所示。

⑨ 选择成组后的灯模型，再使用"Shift＋移动"快捷键沿 X 轴方向，将灯饰模型复制到右侧石柱模型的顶部，如图 9-403 所示。

⑩ 在"透视图"观察制作的灯饰模型效果，如图 9-404 所示。

⑪ 单击主工具栏中的 ◎ 渲染按钮，渲染场景中围栏模型效果，如图 9-405 所示。

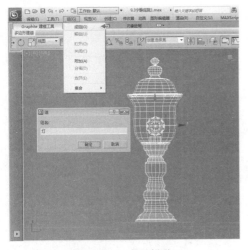

图9-402 成组操作

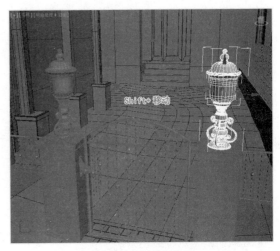

图9-403 复制灯模型

图9-404 灯饰模型效果

图9-405 围栏模型效果

9.4.5 植物模型

"植物模型"部分的制作流程分为 3 部分，包括①树木模型、②矮草模型、③落叶模型，如图 9-406 所示。

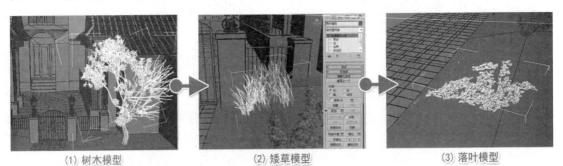

（1）树木模型　　　　　　（2）矮草模型　　　　　　（3）落叶模型

图9-406 制作流程

1. 树木模型

[1] 在 ☀ 创建面板 ○ 几何体中选择"圆柱体"命令，并设置"参数"卷展栏中的半径值为 5、高度值为 400、高度分段值为 5、边数值为 6 及勾选"平滑"项，然后在场景中创建圆柱体，作为树干的基础模型，如图 9-407 所示。

[2] 切换视图至"透视图"，选择圆柱体并单击鼠标"右"键，在弹出的四元菜单中选择【转换为】→【转换为可编辑多边形】命令，如图 9-408 所示。

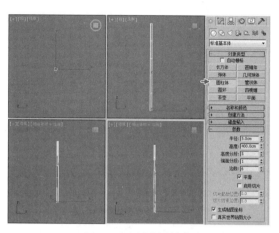

图9-407　创建圆柱体

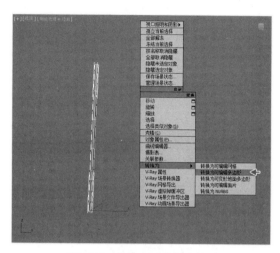

图9-408　转换为可编辑多边形

[3] 在 ✐ 修改面板将"可编辑多边形"命令切换至 ⦂ 顶点编辑模式，使用主工具栏中的 ▣ 缩放工具将圆柱体从下至上的顶点进行逐渐的缩小操作，使树干模型呈锥形状，如图 9-409 所示。

[4] 使用主工具栏中的 ✥ 移动工具，调整树干的弯曲效果，如图 9-410 所示。

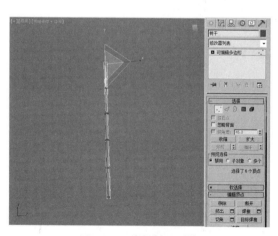

图9-409　编辑树干形状

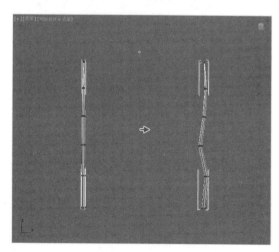

图9-410　调整弯曲效果

[5] 在 ✐ 修改面板将"可编辑多边形"命令切换至 ◢ 边编辑模式，选择树干模型底部的所有边，并使用"编辑边"卷展栏中的"连接"工具为其添加段数，如图 9-411 所示。

[6] 使用"编辑边"卷展栏中的"连接"工具为树干模型添加段数，使弯曲的效果更加平滑，如图 9-412 所示。

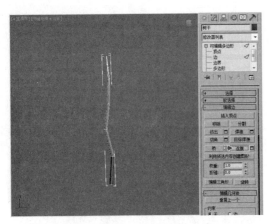

图9-411　连接操作

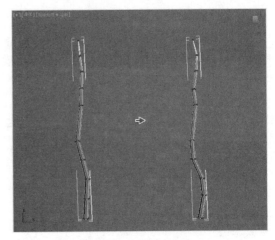

图9-412　添加段数

7　选择树干模型上部的一组边，使用"编辑边"卷展栏中的"切角"工具为树干模型添加段数，准备制作树枝模型，如图 9-413 所示。

8　将"可编辑多边形"命令切换至 ■ 多边形编辑模式并选择切出的一个多边形面，再使用"编辑边"卷展栏中的"挤出"工具为树干模型添加树枝效果，如图 9-414 所示。

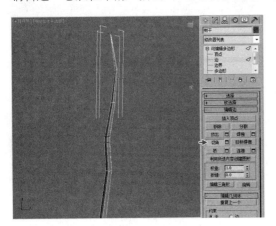

图9-413　切角操作

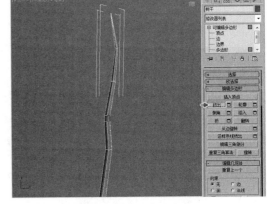

图9-414　挤出操作

9　在 修改面板将"可编辑多边形"命令切换至 边编辑模式，选择树枝部分的所有边，再单击"连接"的 参数按钮，在弹出的"连接边"浮动对话框中设置分段值为3，如图 9-415 所示。

10　使用主工具栏中的 移动及 旋转工具，调整树枝部分的弯曲角度，对比效果如图 9-416 所示。

11　在"可编辑多边形"的 边编辑模式下，选择树干模型中部的一组边，使用"编辑边"卷展栏中的"切角"工具为树干模型

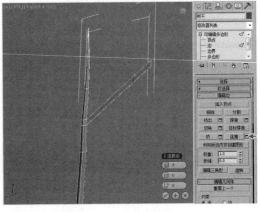

图9-415　连接操作

添加段数，准备制作中部的树枝模型，如图 9-417 所示。

[12] 将"可编辑多边形"命令切换至 ■多边形 编辑模式并选择树干中部的一个多边形面，再使用 "编辑边"卷展栏中的"挤出"工具为树干模型添加 树枝效果，如图 9-418 所示。

[13] 在 ✐ 修改面板将"可编辑多边形"命令切换 至 ✐ 边编辑模式，选择树枝部分的所有边，再单击 "连接"的 ■ 参数按钮，在弹出的"连接边"浮动对 话框中设置分段值为 4，如图 9-419 所示。

[14] 使用主工具栏中的 ✥ 移动及 ↻ 旋转工具，调 整树枝部分的弯曲角度，对比效果如图 9-420 所示。

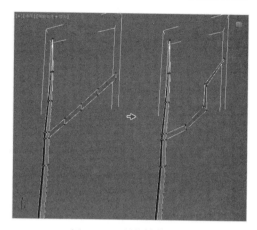

图9-416 调整树枝效果

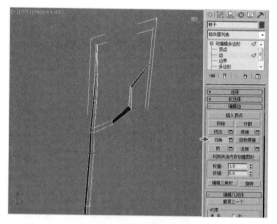

图9-417 切角操作

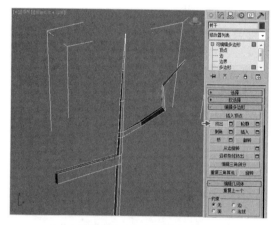

图9-418 挤出树枝部分

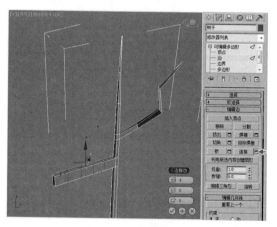

图9-419 连接操作

图9-420 调整树枝效果

[15] 在"可编辑多边形"的 ✐ 边编辑模式下，选择树枝模型中部的一组边，使用"编辑边" 卷展栏中的"切角"工具为树枝模型添加段数，准备制作分枝模型，如图 9-421 所示。

[16] 将"可编辑多边形"命令切换至 ■多边形编辑模式并选择树枝中部的一个多边形面，再 使用"编辑边"卷展栏中的"挤出"工具为树枝模型添加分枝效果，如图 9-422 所示。

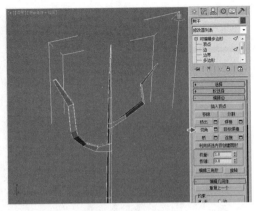

图9-421　切角操作

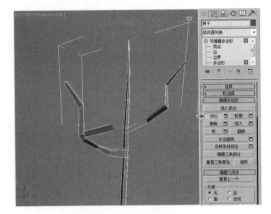

图9-422　挤出操作

[17] 使用"连接"工具为分枝模型添加段数，再使用主工具栏中的 ✥ 移动及 ◯ 旋转工具，调整分枝部分的弯曲角度，对比效果如图9-423所示。

[18] 在 ◢ 修改面板中为树干模型添加"网格平滑"命令，观察树干与树枝的连接处过渡效果不够平滑，为此处添加段数，如图9-424所示。

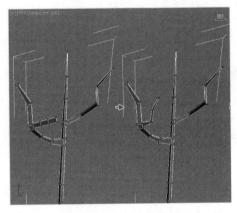

图9-423　调整分枝效果

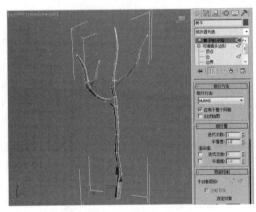

图9-424　添加网格平滑命令

[19] 在 ◢ 修改面板关闭"网格平滑"的显示并切换至"可编辑多边形"的 ◢ 边编辑模式，使用"编辑边"卷展栏中的"连接"工具为树干的中部添加段数，如图9-425所示。

[20] 在 ◢ 修改面板开启"网格平滑"的显示，然后在场景中观察树干与树枝的连接处过渡效果得到了平滑的处理，如图9-426所示。

[21] 使用"可编辑多边形"命令，为树干模型添加树枝效果，如图9-427所示。

[22] 在"编辑几何体"卷展栏中使用"附加"工具，将树干与树枝模型进行合并操作，如图9-428所示。

[23] 在场景中选择树干模型，然后单击 ◢ 修改面板中的"VRay置换模式"命令，并在"参数"卷展栏中设置类型为"3D贴图"方式，为纹理贴图项添加本书配套光盘中的"木板 Wood __ SPEC.jpg"贴图，再设置数量值为 –2.2，如图9-429所示。

提示　"置换"修改器以力场的形式推动和重塑对象的几何外形，可以直接从修改器 Gizmo 应用它的变量力，或者从位图图像应用。

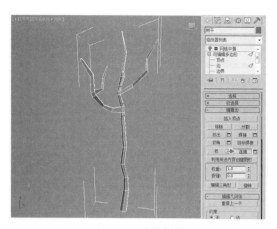

图9-425　连接操作

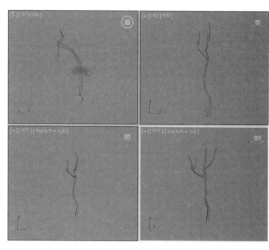

图9-426　树干平滑效果

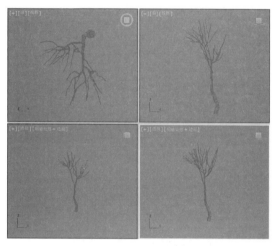

图9-427　添加树枝效果

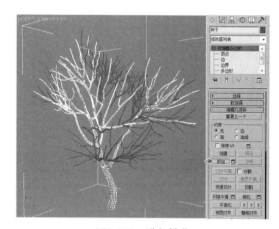

图9-428　附加操作

24　单击主工具栏中的 渲染按钮，渲染场景中的树干模型效果，如图 9-430 所示。

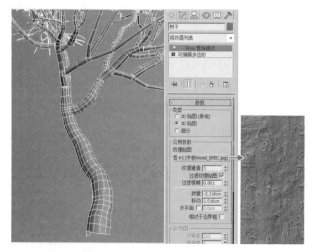

图9-429　置换设置

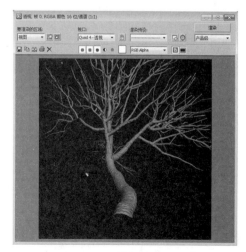

图9-430　树干模型效果

[25] 切换视图至"顶视图",在 ⬚ 创建面板 ◯ 几何体中选择标准基本体的"平面"命令,并在"参数"卷展栏中设置长度值为 10、宽度值为 5、长度分段值为 4 及宽度分段值为 2,然后在场景中创建平面,作为树叶的基础模型,如图 9-431 所示。

[26] 在 ⬚ 修改面板中为平面添加"编辑多边形"命令,如图 9-432 所示。

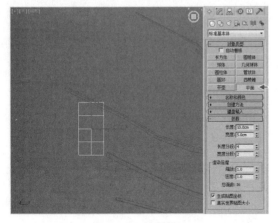

图9-431　创建平面

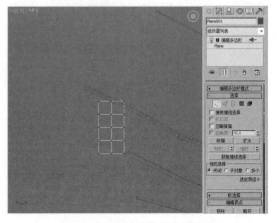

图9-432　添加编辑多边形命令

[27] 将"编辑多边形"命令切换至 ⬚ 顶点编辑模式,通过主工具栏中的 ✛ 移动及 ⬚ 缩放工具调整平面至树叶状,如图 9-433 所示。

[28] 切换视图至"透视图",选择树叶模型中部的一组顶点,使用主工具栏中的 ✛ 移动工具沿 Z 轴方向向下位移操作,如图 9-434 所示。

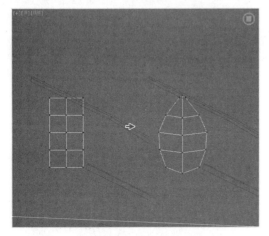

图9-433　编辑轮廓

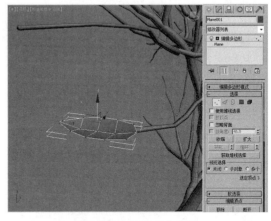

图9-434　调整顶点位置

[29] 选择树叶模型,然后在 ⬚ 修改面板为其添加"弯曲"命令,在"参数"卷展栏中设置弯曲角度值为 60、方向值为 −90 及弯曲轴为"Y"轴,如图 9-435 所示。

[30] 选择树叶模型并单击鼠标"右"键,在弹出的四元菜单中选择【转换为】→【转换为可编辑多边形】命令,如图 9-436 所示。

[31] 使用"Shift＋移动"快捷键将树叶模型进行复制操作,再使用主工具栏中的 ✛ 移动及 ◯ 旋转工具调整树叶模型的角度位置,最后使用"编辑几何体"卷展栏中的"附加"工具将树叶模型进行组合操作,如图 9-437 所示。

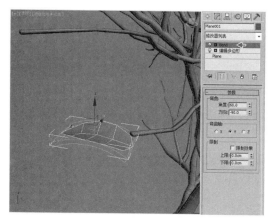

图9-435　弯曲设置

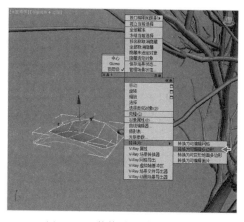

图9-436　转换为可编辑多边形

[32] 使用"Shift＋移动"快捷键将树叶模型组进行复制操作，并通过主工具栏中的 ✛ 移动及 ↻ 旋转工具调整树叶模型的不同位置及角度，如图 9-438 所示。

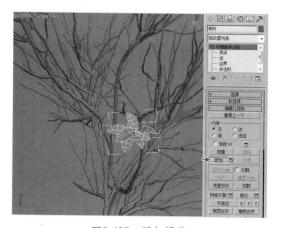

图9-437　附加操作

图9-438　复制树叶模型

[33] 使用"Shift＋移动"快捷键复制树叶模型，并通过主工具栏中的 ✛ 移动及 ↻ 旋转工具调整其不同的位置及角度，完成树模型的制作，如图 9-439 所示。

[34] 使用主工具栏中的 ✛ 移动工具将树模型放置到院外右侧房屋的前方位置，如图 9-440 所示。

图9-439　树模型效果

图9-440　放置树模型

35 使用 ✳ 创建面板 ◯ 几何体中的 "圆柱体" 命令配合 ☑ 修改面板中的 "编辑多边形" 命令，在场景中大门右侧位置创建枝干模型，如图 9-441 所示。

36 使用 ✳ 创建面板 ◯ 几何体中的 "平面" 命令配合 ☑ 修改面板中的 "编辑多边形" 命令，在枝干模型中添加树叶模型，如图 9-442 所示。

37 在 "透视图" 中观察制作的树木模型效果，如图 9-443 所示。

提示 如果物体网格数量较多，可以使用 "优化" 修改器减少对象中面和顶点的数目。这样可以在简化几何体和加速渲染的同时仍然保留可接受的图像。进行每个更改时，"前/后" 读数都给出关于减少的精确反馈。

图9-441　创建枝干模型

图9-442　添加树叶模型

图9-443　树木模型效果

2. 矮草模型

1 切换视图至 "前视图"，在 ✳ 创建面板 ◯ 几何体中选择标准基本体的 "平面" 命令，并在 "参数" 卷展栏中设置长度值为 40、宽度值为 2 及长度分段值为 4，然后在场景中创建平面，作为草叶的基础模型，如图 9-444 所示。

2 选择草叶模型并单击鼠标 "右" 键，在弹出的四元菜单中选择【转换为】→【转换为可编辑多边形】命令，如图 9-445 所示。

3 将 "可编辑多边形" 命令切换至 ⠇ 顶点编辑模式，先通过主工具栏中的 ▣ 缩放工具调整草叶的轮廓形状，再通过主工具栏中的 ✛ 移动调

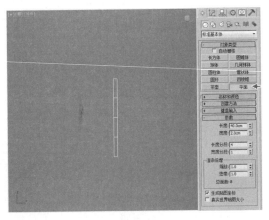

图9-444　创建平面

整草叶的弯曲弧度, 如图 9-446 所示。

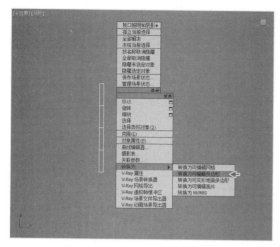

图9-445　转换为可编辑多边形

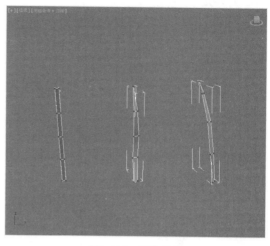

图9-446　顶点编辑

4 使用 "Shift + 移动" 快捷键复制草叶模型, 并通过主工具栏中的💠移动及🔄旋转工具调整其不同的位置及角度, 如图 9-447 所示。

5 使用 "编辑几何体" 卷展栏中的 "附加" 工具将草叶模型进行合并操作, 完成矮草模型的制作效果, 如图 9-448 所示。

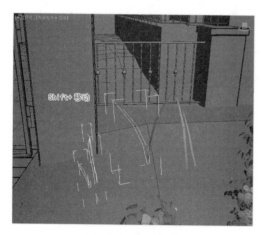

图9-447　复制操作

图9-448　矮草模型效果

3. 落叶模型

1 在💠创建面板🔵几何体中选择 "长方体" 命令, 并设置 "参数" 卷展栏中的长度值为 4.5、宽度值为 1、高度值为 1 及长度分段值为 3, 然后在场景中小路右侧的地面上创建长方体, 作为落叶的基础模型, 如图 9-449 所示。

2 在✏修改面板为长方体添加 "编辑多边形" 命令, 如图 9-450 所示。

3 将 "编辑多边形" 命令切换至💠顶点编辑模式, 通过主工具栏中的💠移动、🔄旋转及🔲缩放工具调整长方体轮廓形状的弯曲效果, 如图 9-451 所示。

4 在场景中建立 "长方体" 并配合 "编辑多边形" 命令, 编辑落叶模型轮廓形状的褶皱效果, 如图 9-452 所示。

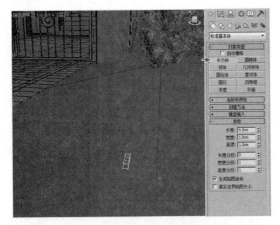

图9-449　创建长方体

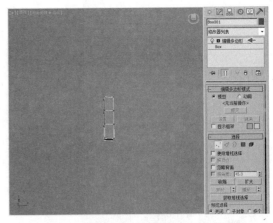

图9-450　添加编辑多边形命令

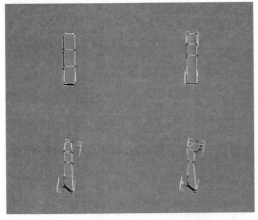

图9-451　编辑模型弯曲形状

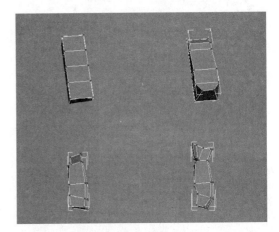

图9-452　编辑模型褶皱形状

⑤ 在场景中继续创建"长方体"并配合"编辑多边形"命令，编辑落叶模型残缺的轮廓形状，如图9-453所示。

⑥ 通过"编辑几何体"卷展栏中的"附加"工具将落叶模型进行合并操作，如图9-454所示。

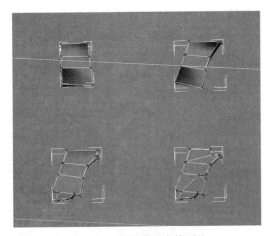

图9-453　编辑模型残缺形状

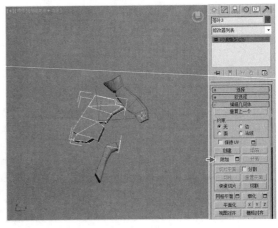

图9-454　附加操作

⑦ 使用"Shift＋移动"快捷键复制落叶模型，并通过主工具栏中的 ✛ 移动及 ↻ 旋转工具调整其不同的位置及角度，完成落叶模型部分的制作，如图 9-455 所示。

⑧ 在"透视图"中观察制作的落叶模型效果，如图 9-456 所示。

⑨ 使用几何体配合"编辑多边形"命令完成场景中的植物模型的制作，如图 9-457 所示。

图9-455　复制操作

图9-456　落叶模型效果

图9-457　植物模型效果

↗ 9.4.6　渲染设置

"渲染设置"部分的制作流程分为 3 部分，包括①材质设置、②灯光设置、③渲染设置，如图 9-458 所示。

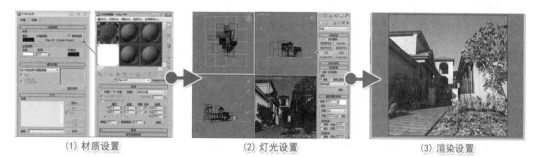

（1）材质设置　　　　　　（2）灯光设置　　　　　　（3）渲染设置

图9-458　制作流程

1. 材质设置

① 在主工具栏中单击 ▦ 材质编辑器按钮，选择一个空白材质球并设置名称为"屋顶"，单击

"标准"材质按钮切换至"VR 材质"类型。然后在"基本参数"卷展栏中设置反射光泽度值为 0.6、细分值为 10；在"贴图"卷展栏中为漫反射及凹凸项添加"混合"贴图并设置凹凸数量值为 76，在漫反射项的"混合参数"卷展栏中为颜色 1 添加本书配套光盘中的"屋顶 roof.jpg"贴图、为颜色 2 添加"VR 污垢"贴图并设置混合量值为 41，在凹凸项的"混合参数"卷展栏中为颜色 1 添加"细胞"贴图、为颜色 2 添加本书配套光盘中的"屋顶 roof.jpg"贴图及混合量项添加"顶点颜色"贴图，最后将设置完成的材质赋予场景中的屋顶模型，如图 9-459 所示。

 提示 在材质设置卷展栏中单击"标准"按钮，在弹出的材质类型对话框中添加 VRay 材质类型，系统将自动切换至 VRay 渲染器的材质系统。

2 在"材质编辑器"中选择一个空白材质球并设置名称为"木门"，单击"标准"材质按钮切换至"VR 材质"类型。然后在"基本参数"卷展栏中设置漫反射颜色为深棕色、反射颜色为灰色、反射光泽度值 0.74 及细分值为 8，勾选"菲涅耳反射"项并设置菲涅耳折射率为 1.5，最后将设置完成的材质赋予场景中的门模型，如图 9-460 所示。

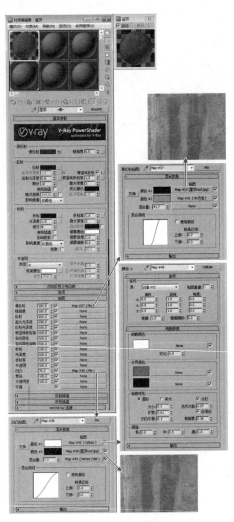

图9-459 屋顶材质

图9-460 门材质

③ 在"材质编辑器"中选择一个空白材质球并设置名称为"玻璃",单击"标准"材质按钮切换至"VR 材质"类型。然后在"基本参数"卷展栏中设置反射与折射颜色为白色,勾选"菲涅耳反射"项并设置菲涅耳折射率为 4.1,最后将设置完成的材质赋予场景中的玻璃模型,如图 9-461 所示。

④ 在"材质编辑器"中选择一个空白材质球并设置名称为"黄顶",单击"标准"材质按钮切换至"VR 材质"类型。然后在"基本参数"卷展栏中设置漫反射颜色为土灰色、反射颜色为灰色、反射光泽度值为 0.58 及细分值为 13,勾选"菲涅耳反射"项并设置菲涅耳折射率为 1.9、最大深度值为 2,最后将设置完成的材质赋予场景中的屋顶模型,如图 9-462 所示。

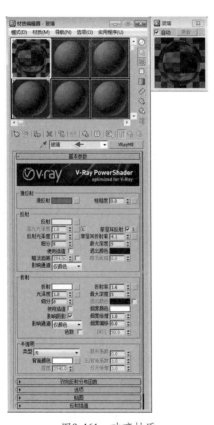

图9-461　玻璃材质

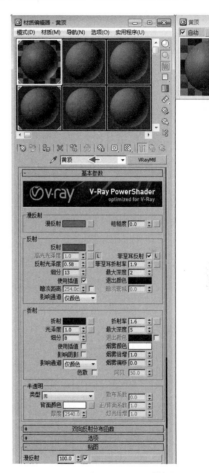

图9-462　屋顶材质

⑤ 在"材质编辑器"中选择一个空白材质球并设置名称为"砖墙",单击"标准"材质按钮切换至"VR 材质"类型。然后在"基本参数"卷展栏中设置反射颜色为暗灰色、反射光泽度值为 0.66 及细分值为 8,勾选"菲涅耳反射"项并设置菲涅耳折射率为 1.6;在"贴图"卷展栏中为漫反射项添加"混合"贴图,在"混合参数"卷展栏中为颜色 1 添加本书配套光盘中的"砖墙 Bricks.jpg"贴图、颜色 2 添加"VR 污垢"贴图并设置混合量值为 42,再为凹凸项添加"法线凹凸"贴图,在"参数"卷展栏中为法线项添加本书配套光盘中的"砖墙 Bricks＿NRM.jpg"贴图,最后将设置完成的材质赋予场景中的墙体模型,如图 9-463 所示。

⑥ 单击主工具栏中的 渲染按钮,渲染场景的当前材质效果,如图 9-464 所示。

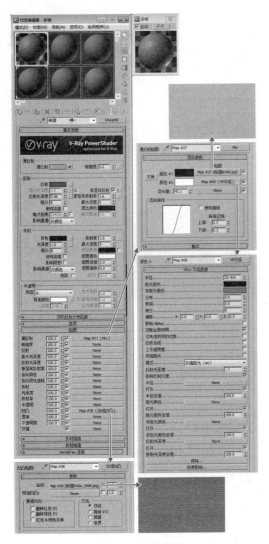

图9-463　砖墙材质

图9-464　渲染当前材质效果

[7] 在主工具栏中单击 材质编辑器按钮，选择一个空白材质球并设置名称为"水泥柱"，单击"标准"材质按钮切换至"VR材质"类型。然后在"基本参数"卷展栏中设置粗糙度值为0.2、反射光泽度值为0.53，勾选"菲涅耳反射"项并设置菲涅耳折射率为1.6；在"贴图"卷展栏中为漫反射项添加本书配套光盘中的"石板Bricks__Color.jpg"贴图，最后将设置完成的材质赋予场景中柱子模型，如图9-465所示。

[8] 在"材质编辑器"中选择一个空白材质球并设置名称为"栏杆"，单击"标准"材质按钮切换至"VR材质"类型。然后在"基本参数"卷展栏中设置粗糙度值为0.2、反射颜色为灰色、反射光泽度值为0.64，勾选"菲涅耳反射"项并设置菲涅耳折射率为2.1，最后将设置完成的材质赋予场景中的栅栏模型，如图9-466所示。

[9] 在"材质编辑器"中选择一个空白材质球并设置名称为"小路"，单击"标准"材质按钮切换至"VR材质"类型。然后在"基本参数"卷展栏中设置漫反射颜色为土黄色、反射颜色为灰色、反射光泽度值为0.67，勾选"菲涅耳反射"项并设置菲涅耳折射率为2；在"贴图"卷展栏中为漫反射项添加本书配套光盘中的"小路bricks.jpg"贴图，为凹凸项添加"法线凹凸"贴

图，在"参数"卷展栏中为法线项添加本书配套光盘中的"小路 bricks __ NRM2.jpg"贴图、为附加凹凸项添加"噪波"贴图并设置凹凸数量值为 48，最后将设置完成的材质赋予场景中的路面模型，如图 9-467 所示。

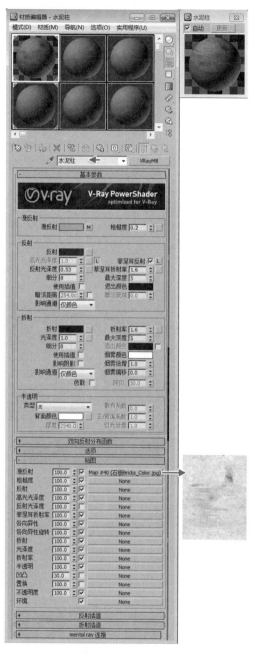

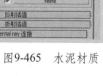

图9-465　水泥材质

图9-466　栏杆材质

10 在"材质编辑器"中选择一个空白材质球并设置名称为"干草"，单击"标准"材质按钮切换至"VR 材质"类型。然后在"基本参数"卷展栏中设置粗糙度值为 0.2；在"贴图"卷展栏中为漫反射项添加本书配套光盘中的"干草 Bark.jpg"贴图，为凹凸项添加本书配套光盘中的"干草 Bark __ DISP.jpg"贴图，最后将设置完成的材质赋予场景中的地面模型，如图 9-468 所示。

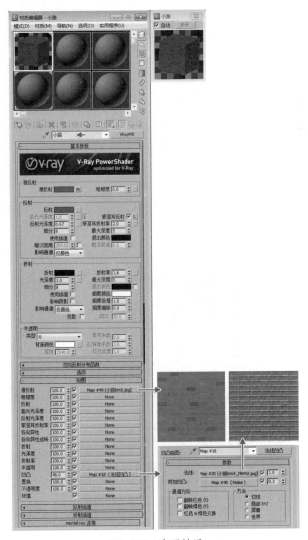

图9-467　路面材质

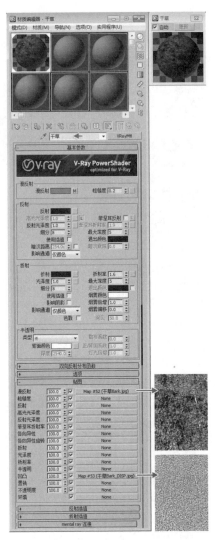

图9-468　干草材质

11 单击主工具栏中的 渲染按钮，渲染场景的当前材质效果，如图9-469所示。

12 在主工具栏中单击 材质编辑器按钮，选择一个空白材质球并设置名称为"植物"，单击"标准"材质按钮切换至"VR材质"类型。然后在"基本参数"卷展栏中设置漫反射颜色为草绿色、反射光泽度值为0.66，勾选"使用插值"与"菲涅耳反射"项并设置菲涅耳折射率为1.8、最大深度值为2；在"贴图"卷展栏中为漫反射项添加"衰减"贴图，为凹凸项添加"斑点"贴图并设置凹凸数量值为3，最后将设置完成的材质赋予场景中的植物模型，如图9-470所示。

13 在"材质编辑器"中选择一个空白材质

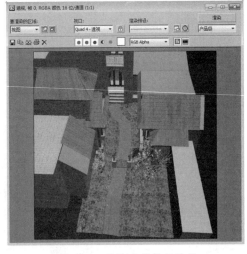

图9-469　渲染当前材质效果

球并设置名称为"宽叶植物",单击"标准"材质按钮切换至"VR 材质"类型。然后在"基本参数"卷展栏中设置漫反射颜色为土黄色、反射光泽度值为 0.73,勾选"菲涅耳反射"项并设置菲涅耳折射率为 1.5;在"贴图"卷展栏中为漫反射项添加本书配套光盘中的"叶 grass.jpg"贴图,最后将设置完成的材质赋予场景中的植物模型,如图 9-471 所示。

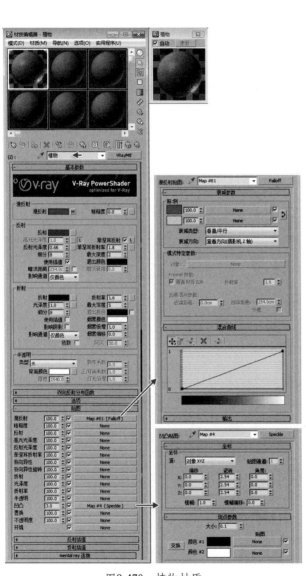

图9-470　植物材质

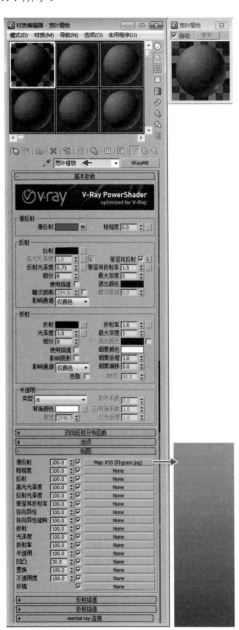

图9-471　宽叶材质

14 在"材质编辑器"中选择一个空白材质球并设置名称为"叶子",单击"标准"材质按钮切换至"VR 材质"类型。然后在"基本参数"卷展栏中设置漫反射颜色为草绿色、反射光泽度值为 0.66,勾选"使用插值"与"菲涅耳反射"项并设置菲涅耳折射率为 2.3、最大深度值为 2;在"贴图"卷展栏中为漫反射项添加"衰减"贴图、凹凸项添加"法线凹凸"贴图及不透明度项

添加本书配套光盘中的"叶Alpha.jpg"贴图，最后将设置完成的材质赋予场景中的叶子模型，如图9-472所示。

15 在"材质编辑器"中选择一个空白材质球并设置名称为"树干"，单击"标准"材质按钮切换至"VR材质"类型。然后在"基本参数"卷展栏中设置漫反射颜色为浅灰色、反射光泽度值为0.49及细分值为16，勾选"菲涅耳反射"项并设置菲涅耳折射率为2；在"贴图"卷展栏中为漫反射项添加"衰减"贴图设置其数量值为78、反射项添加本书配套光盘中的"树皮bark__diffuse.jpg"贴图及凹凸项添加"法线凹凸"贴图设置其数量值为86，最后将设置完成的材质赋予场景中的树干模型，如图9-473所示。

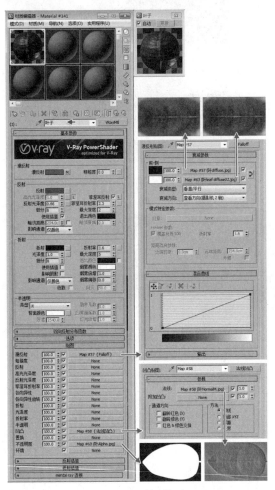

图9-472　叶子材质　　　　　图9-473　树干材质

16 单击主工具栏中的 渲染按钮，渲染场景的当前材质效果，如图9-474所示。

17 切换视图至"摄影机视图"，在菜单中选择【渲染】→【环境】命令，如图9-475所示。

18 在"材质编辑器"中选择一个空白材质球，单击"标准"材质按钮切换至"渐变坡度"类型，在"渐变坡度参数"卷展栏中设置渐变类型为"线性"方式并通过颜色滑块设置渐变颜色。最后将设置完成的材质球拖拽至"环境和效果"对话框中的环境贴图上，完成环境贴图的制作，如图9-476所示。

19 单击主工具栏中的 渲染按钮，渲染场景中的材质效果，如图9-477所示。

图9-474　渲染当前材质效果

图9-475　为场景添加环境

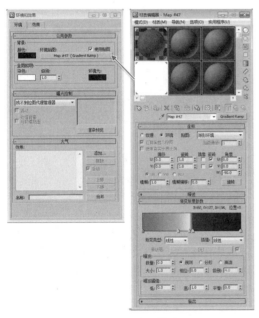

图9-476　设置环境贴图

图9-477　最终材质效果

2. 灯光设置

　　1 在 ✳ 创建面板的 🎥 摄影机面板中选择 VRay 下的 "VR 物理摄影机" 按钮，并在 "基本参数" 卷展栏中设置类型为 "照相机" 方式、焦距值为 40 及光圈数值为 8，然后在场景中拖拽建立摄影机，如图 9-478 所示。

　　2 在 ✳ 创建面板中单击 🔦 灯光面板下的 "目标平行光" 按钮，然后在 "左视图" 中拖拽建立灯光，作为场景的主光照明，如图 9-479 所示。

　　3 在 ⚙ 修改面板的 "常规参数" 卷展栏中开启 "阴影" 项并设置类型为 "VRay 阴影" 方式，在 "平行光参数" 卷展栏中设置聚光区／光束值为 2400、衰减区／区域值为 2500，在 "强度／颜色／衰减" 卷展栏中设置倍增值为 65、颜色为淡黄色，最后在 "VRay 阴影参数" 卷展

栏中勾选"透明阴影"项并设置偏移值为 0.2、球体方式、UVW 大小值为 25 及细分值为 8，如图 9-480 所示。

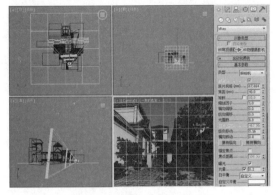

图9-478　创建VR物理摄影机

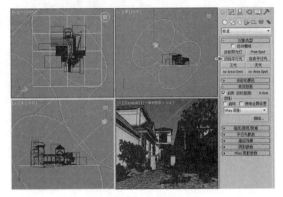

图9-479　创建主灯光

4　单击主工具栏中的 渲染按钮，渲染场景中的主光照明效果，如图 9-481 所示。

图9-480　设置灯光

图9-481　主灯光效果

5　在 创建面板的 灯光面板中选择 VRay 下的"VR 灯光"按钮，并在"参数"卷展栏中设置常规的类型为"平面"方式、勾选"启用视口着色"项，再设置模式颜色为淡黄色、大小的 1/2 长度值为 130 及 1/2 宽度值为 130，然后在"前视图"建立灯光，作为场景的辅助灯光，如图 9-482 所示。

6　在 创建面板的 灯光面板中选择标准下的"泛光"按钮，并在"常规参数"卷展栏中开启"阴影"项并设置类型为"阴影贴图"方式，在"强度／颜色／衰减"卷展栏中设置倍增值为 25、颜色为白色，然后在"顶视图"场景的边缘位置建立灯光，如图 9-483 所示。

7　在 创建面板的 灯光面板中选择标准下的"泛光"按钮，并在"常规参数"卷展栏中开启"阴影"项并设置类型为"阴影贴图"方式，在"强度／颜色／衰减"卷展栏中设置倍增值为 30、颜色为白色，然后在"顶视图"地面的边缘位置建立灯光，如图 9-484 所示。

8　单击主工具栏中的 渲染按钮，渲染场景中最终的灯光照明效果，如图 9-485 所示。

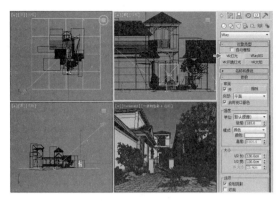

图9-482　创建VR灯光

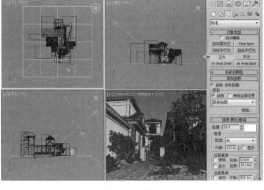

图9-483　创建泛光灯

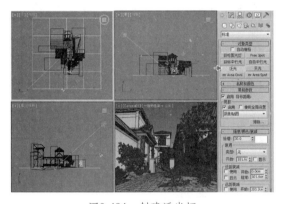

图9-484　创建泛光灯

图9-485　最终灯光效果

3. 渲染设置

[1] 单击主工具栏中的 渲染设置按钮开启"渲染设置"对话框，首先在"V-Ray"选项的"图像采样器（反锯齿）"卷展栏中设置图像采样器类型为"自适应细分"方式及抗锯齿过滤器为"Catmull-Rom"类型；然后在"环境"卷展栏中开启"全局照明环境覆盖"与"反射／折射环境覆盖"项，再为两项添加"VR 天空"贴图后设置"全局照明环境覆盖"项的颜色为淡蓝色、倍增值为 72.89，如图 9-486 所示。

[2] 在"渲染设置"对话框的"间接照明"选项中，设置"间接照明"卷展栏中全局照明为开启状态、首次反弹的全局照明引擎为"发光图"类型及二次反弹的全局照明引擎为"灯光缓存"类型；然后在"发光图"卷展栏中设置当前预置为"中"并激活选项的"显示计算相位"项，如图 9-487 所示。

[3] 单击"渲染设置"对话框中的"渲染"按钮，渲染

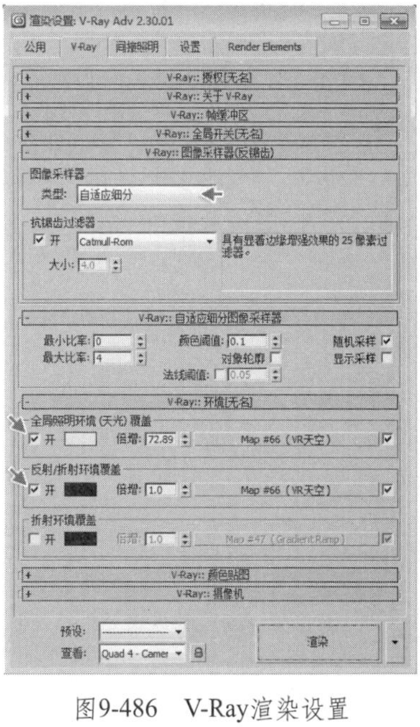

图9-486　V-Ray渲染设置

宁静庭院范例的最终效果，如图 9-488 所示。

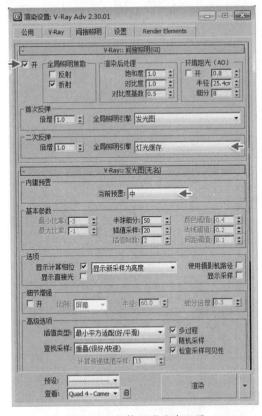

图9-487　间接照明渲染设置

图9-488　范例最终效果

9.5　本章小结

　　本章主要对 3ds Max 制作场景的类型进行讲解，配合"水面荷花"、"室内客厅"和"宁静庭院"实际范例，介绍了实际制作中的流程和技术特点。

　　通过对本章的学习，可以制作很多类别的场景模型，比如"卧室"、"电话亭"、"办公室"、"太空舱"等，应将本章学习到的场景内容充分理解。

9.6　课后训练

　　制作一个"休闲别墅"模型，充分地掌握场景的室内和室外模型制作。

　　提示　将别墅的基础模型定位，然后依次建立一楼框架模型、二楼框架模型、顶棚模型、玻璃模型、支架模型，再添加装饰棱模型、道具模型、墙体模型和植物模型，最后通过材质和灯光丰富别墅场景的效果，制作流程如图 9-489 所示。制作完成的"休闲别墅"模型效果如图 9-490 所示。

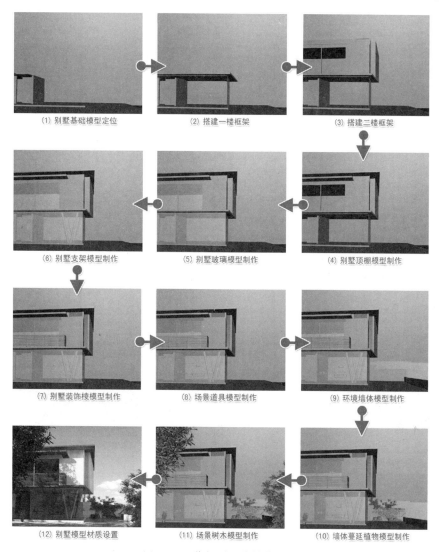

图9-489　休闲别墅的制作流程

图9-490　休闲别墅的模型效果